Moderne Kurzwellen-Empfangstechnik

Von

Dr. M. J. O. Strutt

Eindhoven

Mit 176 Abbildungen im Text

Springer-Verlag Berlin Heidelberg GmbH 1939

ISBN 978-3-662-40609-0   ISBN 978-3-662-41087-5 (eBook)

DOI 10.1007/978-3-662-41087-5

Vorwort.

Die Nachrichtenübermittlung auf kurzen und ultrakurzen Wellen (unter 50 m Wellenlänge) hat nach dem Ende des Weltkrieges eine Ausdehnung erlangt, die wohl kaum vorausgesehen worden ist. Zur Entwicklung, wenn nicht zur Entdeckung dieses heute im Weltverkehr fast wichtigsten Gebietes der Nachrichtentechnik hat die unermüdliche und vielfach selbstlose Arbeit der Amateure sehr viel beigetragen. Ihnen verdanken wir die erste Kurzwellentelephonie zwischen den Kontinenten: Europa-Amerika, Europa-Ostasien. Forscher aller Länder haben den neu eröffneten Weg beschritten und im Laufe der letzten 10 Jahre den heutigen Kurzwellen-Weltfunk aufgebaut. In letzter Zeit sind für die Kurzwellenübertragung wieder neue Gebiete erschlossen: Fernsehen, Flugzeugbaken, Schiffssignalanlagen, Erkennen von entfernten Objekten mit gebündelten Wellen, Militär-Nachrichtenwesen.

Erst in den letzten Jahren sind die experimentellen und theoretischen Grundlagen für die Berechnung und den Bau von Empfangsgeräten im Kurzwellengebiet in ausreichender Weise geschaffen worden, damit hier die gleiche Sicherheit erreicht werden kann wie im Gebiet der längeren Wellen. Es handelt sich namentlich um die Eigenschaften der Verstärkerröhren für kurze Wellen. Die experimentellen Grundlagen für die Messungen dieser Röhreneigenschaften wurden durch absolute Strom- und Spannungsmessungen gelegt, die bis 20 cm Wellenlänge herab durchgeführt worden sind. Die Messungen der Röhreneigenschaften führten zur Betrachtung mannigfacher Schaltungen und im Anschluß daran zu Verbesserungen dieser Eigenschaften. Als Beispiel für den erzielten Fortschritt sei erwähnt, daß bei 1 m Wellenlänge jetzt Verstärkungszahlen von 50 und mehr je Verstärkerstufe erreicht sind, während vor kurzer Zeit die entsprechenden Zahlen etwa 2 bis 3 betrugen, bei einem viel höheren Rauschpegel, als jetzt erreicht ist.

Der Anstoß zur geschlossenen Darstellung der im letzten Absatz erwähnten Arbeiten, die unter der Leitung des Verf. im „Natuurkundig Laboratorium der N. V. Philips' Gloeilampenfabrieken" ausgeführt wurden, geht auf eine Vortragsreihe zurück, die Verf. auf Anregung von Herrn Prof. Dr. G. Holst und auf Einladung des „Koninklijk Instituut van Ingenieurs" an der Technischen Hochschule in Delft 22. bis 23. April 1938 gehalten hat. Der Titel lautete: „Moderne Kurzwellen-Empfangstechnik". (Auszug erschienen in den Funktechnischen Monatsheften 1938 H. 10 und 11.) Ziel des Buches ist, ein Gesamtbild des jetzigen Standes der Kurzwellen-Empfangstechnik zu geben. Durch die mitgeteilten Grundlagen wird der Kurzwellenempfang auf den gleichen Stand gebracht, den der Rundfunkempfang seit Jahren erreicht hat. Der Hauptteil des Buches beruht auf eigenen Arbeiten auf dem Kurzwellengebiet (seit 1927). Ich möchte an dieser Stelle besonders meinen Mitarbeitern Dr. K. S. KNOL, N. S. MARKUS und Dr. A. VAN DER ZIEL danken. Daneben wurden andere Arbeiten aus den Laboratorien der Philipswerke verwendet, und ich möchte gleichfalls den betreffenden Herren hierfür danken. Auch das Fachschrifttum ist selbstverständlich weitgehend berücksichtigt worden (vgl. Liste am Schluß des Buches).

Im ganzen Text ist mit Absicht die Verwendung komplizierter Berechnungen vermieden worden. Überall sind praktische Einheiten verwendet. Die Formeln sind in übersichtlicher Form, die direkte numerische Anwendung gestattet (z. B. durchwegs BRIGGscher Logarithmus) angeschrieben. Hierdurch und durch eine möglichst einfache und anschauliche Darstellung der Zusammenhänge ist das Buch voraussichtlich für einen weiten Leserkreis geeignet: Studierende an technischen Hochschulen und Lehranstalten, Ingenieure des Nachrichtenwesens, insbesondere auch für militärische und Fernsehzwecke, Rundfunkgerätefabriken und ihre Ingenieure und die große Gruppe von Amateuren, die sich mit Kurzwellen- und Fernsehempfang beschäftigen.

Das Manuskript wurde von mehreren Herren durchgesehen und an manchen Stellen durch wertvolle Bemerkungen bereichert. Ihnen allen und insbesondere Herrn Prof. Dr. G. HOLST und Herrn Dr. E. OOSTERHUIS möchte ich an dieser Stelle für ihr liebenswürdiges Interesse danken.

Eindhoven, im August 1939.

M. STRUTT.

Inhaltsverzeichnis.

Einleitung.

Dieses Buch ist im wesentlichen für jeden verständlich, der mit dem OHMschen Gesetz vertraut ist. Dabei ist dieses Gesetz in erweitertem Umfang, auf Wirk- und Blindwiderstand bezogen, verwendet worden. Der Inhalt des Gesetzes ist folgender: Es sei eine sinusförmig mit der Zeit veränderliche Wechselspannung der Amplitude E vorgelegt. Diese Wechselspannung entstamme einer Quelle ohne inneren Widerstand (in der Praxis mit sehr kleinem inneren Widerstand). Die zwei Anschlußpunkte dieser Quelle werden mit den zwei Anschlußpunkten einer Impedanz (auch Scheinwiderstand genannt) verbunden. Es fließt dann, falls diese Impedanz nur lineare (spannungs- und stromunabhängige) Elemente enthält, ein Wechselstrom, der ebenfalls eine Sinusfunktion der Zeit ist, mit der Amplitude J. Den Quotienten E/J nennen wir den absoluten Betrag Z der Impedanz. Wenn wir Spannung und Strom auf den gleichen Streifen untereinander als Funktion der Zeit aufzeichnen, so fallen die Zeitpunkte, welche den Spannungsmaxima entsprechen, im allgemeinen nicht mit den Zeitpunkten zusammen, welche den Strommaxima entsprechen. Wir messen diese Zeitdifferenz in Grad, wobei einer ganzen Periode der Spannungs- oder Stromkurve der Wert $360°$ entspricht. Wir vergleichen jene Spannungs- und Strommaxima, welche das gleiche Vorzeichen haben und weniger als $180°$ auseinanderliegen. Die Zeitdifferenz in Grad zwischen solchen Maxima nennen wir den Phasenwinkel. Tritt das Strommaximum um $90°$ früher auf als das entsprechende Spannungsmaximum, so nennen wir die Impedanz einen negativen Blindwiderstand, tritt das Strommaximum um $90°$ später auf, so nennen wir die Impedanz einen positiven Blindwiderstand. Eine verlustfreie Kapazität ist ein negativer, eine verlustfreie Selbstinduktion ein positiver Blindwiderstand. Wenn der Phasenwinkel 0 ist, so ist die Impedanz ein Wirkwiderstand. Allgemein kann man die betrachteten Impedanzen durch eine Reihenschaltung eines Wirkwiderstandes R und eines Blindwiderstandes B darstellen. In diesem Fall ist der absolute Betrag Z der Impedanz durch $Z^2 = R^2 + B^2$ bestimmt und der Phasenwinkel φ durch $\mathrm{tg}\,\varphi = B/R$. Offenbar ist $B = Z \sin \varphi$ und $R = Z \cos \varphi$. Wird die Wechselspannung durch $E \cos \omega t$ dargestellt, so lautet die Formel für den Wechselstrom $J \cos(\omega t - \varphi)$. Im Falle $R = 0$ und B negativ ist $\varphi = -90°$. Das Strommaximum tritt in diesem Falle um 90° früher auf als das Spannungsmaximum, wie oben angegeben. Statt durch eine Reihenschaltung kann die Impedanz auch durch eine Parallelschaltung eines Wirkwiderstandes r mit einem Blindwiderstand b zustande kommen. Der absolute Betrag Z wird in diesem Fall: $Z = br(b^2 + r^2)^{-1/2}$, und der Phasenwinkel φ ergibt sich aus: $\mathrm{tg}\,\varphi = r/b$. Reziproke Impedanz = Admittanz.

Im ganzen Buch sind praktische Einheiten verwendet (Volt, Amp., Gauß, Ohm, Farad, Henry, Sek.). Die dielektrische Konstante ε ist eine reine Zahl und im Vakuum gleich 1, ebenso wie die Permeabilität μ. Die Bedeutung der in jedem Paragraphen verwendeten Zeichen ist im § selber angegeben. (1 Gauß gleicht der neueren Einheit 1 Oersted.)

Die bei Wechselstromaufgaben sehr nützliche komplexe Rechenweise ist im Text der leichteren Verständlichkeit wegen ganz vermieden worden. Im Anhang sind einige Ergebnisse, welche im Text ohne genügende Begründung benutzt wurden, abgeleitet. Bei diesen Ableitungen ist im Anhang die komplexe Rechenweise überall dort verwendet, wo sie zur bequemen Berechnung beiträgt. Diese Ableitungen des Anhanges können aber vom nur technisch interessierten Leser übergangen werden, ohne daß dadurch das Verständnis der wichtigsten Zusammenhänge beeinträchtigt würde.

Das behandelte Wellengebiet ist 50—0,2 m.

Am Ende jedes Paragraphen sind die im Text verwendeten Schrifttumsstellen ziffernmäßig zusammengestellt worden. Diese Ziffern beziehen sich auf das alphabetische Verzeichnis des Schrifttums in Abschnitt VIII.

I. Empfangsantennen.

§ 1. Allgemeines über Wellenstrahlung. Die elektromagnetische Strahlung ist eine Form der Energiefortpflanzung, welche auf Schwingungen der elektrischen Feldstärke F und der magnetischen Feldstärke H im Raum beruht. Wenn wir eine Strahlung mit ebener Wellenfront (Fläche gleicher Schwingungsphase) betrachten, so ist die Richtung der genannten Feldstärken parallel zur Frontebene. Daher nennt man diese Schwingungen transversal. Die Strahlungsrichtung ist senkrecht zur Wellenfront und die Strahlungsintensität wird durch einen Strahlungsvektor (gerichtete Größe) S in der Strahlungsrichtung dargestellt. Dieser Vektor ist ebenfalls eine periodische Funktion der Zeit.

Eine besonders einfache Form dieser Wellenstrahlung ist der Fall linearer Polarisation. Hierbei ist die elektrische Feldstärke stets zu einer bestimmten Richtung in den Wellenfronten parallel. Diese Richtung nennt man die Polarisationsrichtung der Strahlung. Die magnetische Feldstärke ist stets senkrecht zur elektrischen gerichtet. Beide Feldstärken sind bei einwelliger Strahlung Sinusfunktionen der Zeit.

Elektrische und magnetische Feldstärken in ein und derselben Wellenfrontebene erreichen zur gleichen Zeit ihr Maximum als Funktion der Zeit. Abb. 1 veranschaulicht eine solche linear polarisierte ebene Strahlung.

Der Wert der mittleren Strahlungsintensität kann durch den Energiebetrag ausgedrückt werden, der pro Sekunde durch eine ebene Flächeneinheit senkrecht hindurchgeht. Als Einheit wählen wir 1 Watt cm^{-2}. Wenn wir eine Strahlungsquelle betrachten, die in alle Richtungen die gleiche Strahlungsintensität aussendet, so ist es bei gegebener Leistung der Quelle leicht, in einem gegebenen Abstand die mittlere Strahlungsintensität zu berechnen. Es sei z. B. eine Quelle mit 50 kW Leistung vorgelegt. Dann beträgt die Strahlungsintensität in 100 km Abstand $50 \cdot 10^3/[4\pi \cdot (10^7)^2]$ $= 12,5 \cdot 10^{-11}/\pi$ Watt cm^{-2}. Wir können die Strahlungsintensität S entweder in der elektrischen Feldstärke F oder in der magnetischen Feldstärke H ausdrücken. Durch die Maxwellschen Grundgleichungen der Elektrizitätslehre sind F und H verknüpft. Wir drücken den Effektivwert F in Volt cm^{-1} und den Effektivwert H in Gauß aus. Dann gilt in unserem Fall der linearen Polarisation für die Augenblickswerte sowie für die Effektivwerte:

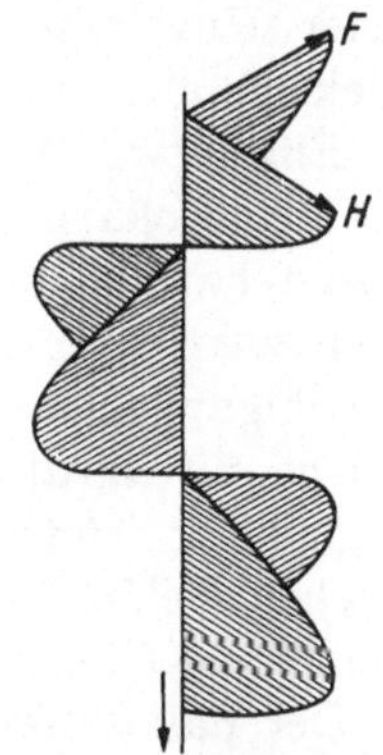

Abb. 1. Veranschaulichung einer ebenen elektromagnetischen Welle geradliniger Polarisation (Richtung der elektrischen Feldstarke F). Die magnetische Feldstärke H ist im Raume bei einer solchen Welle stets senkrecht zur elektrischen Feldstärke. In Ebenen senkrecht zur Fortpflanzungsrichtung (Pfeilrichtung) schwingt die magnetische Feldstärke H gleichphasig mit der elektrischen Feldstärke F.

$$(1,1) \qquad 300\,H = F$$

und, bei Verwendung der Effektivwerte:

$$(1,2) \qquad S = \frac{10}{4\pi}\,H\,F\ \text{Watt cm}^{-2}.$$

(Diese Formel (1, 2) ist ein einfacher Ausdruck des Poyntingschen Satzes). Folglich wird:

$$(1,3) \qquad S = \frac{1}{120\,\pi}\,F^2 = \frac{3000}{4\,\pi}\,H^2.$$

Im behandelten Zahlenbeispiel ist somit der Effektivwert der elektrischen Feldstärke F gleich $(120 \cdot \pi \cdot S)^{1/2} = (1,5 \cdot 10^{-8})^{1/2} = 1,22 \cdot 10^{-4}$ Volt/cm oder etwa 12 mV/m. Der Effektivwert der magnetischen Feldstärke H wird $(4\pi S/3000)^{1/2} = (16,7 \cdot 10^{-14})^{1/2} = 4,09 \cdot 10^{-7}$ Gauß. Wir dürfen dieses Zahlenbeispiel nicht ohne weiteres auf Rundfunksender anwenden. Denn unsere Annahme kugelförmig homogener Strahlung entspricht keineswegs den wirklichen Verhältnissen. Als praktisches Beispiel diene folgendes. Der Rundfunksender Luxemburg (Wellenlänge etwa 1300 m) erzeugt bei etwa 200 kW Senderleistung in einem Abstand von etwa 200 km eine elektrische Feldstärke von etwa 5 mV/m. Bei kugelförmig homogener Strahlung mit 200 kW Antennenstrahlungsleistung wäre die elektrische Feldstärke in 200 km Entfernung etwa 12 mV/m, also etwas größer als die beobachtete Feldstärke. Die Differenz kann zum Teil auf Rechnung zusätzlicher Strahlungsabsorption im Erdboden sowie in der Atmosphäre geschrieben werden. Als zweites Beispiel erwähnen wir, daß Kurzwellensender (etwa 20 m Wellenlänge), die in den Vereinigten Staaten stehen, auf dem europäischen Kontinent bei etwa 100 kW Antennenleistung elektrische Feldstärken von der Größenordnung von $10\,\mu V/m$ erzeugen. Bei homogener Kugelausbreitung der Wellen wäre in 5000 km Abstand eine effektive elektrische Feldstärke von etwa $350\,\mu V/m$ zu erwarten.

Eine etwas kompliziertere Form der Wellenstrahlung ist der Fall der Kreispolarisation. Wir betrachten eine Wellenfrontebene. In dieser Ebene hat die elektrische Feldstärke im Falle der Kreispolarisation zwei zueinander senkrechte Komponenten gleicher Amplitude, deren Schwingungsphase sich um eine Viertelperiode unterscheidet. Das gleiche gilt für die magnetische Feldstärke, wobei in einem bestimmten Augenblick stets die magnetische Feldstärke senkrecht zur elektrischen Feldstärke gerichtet ist. Auch im Falle der Kreispolarisation können die Gleichungen (1, 1), (1, 2) und (1, 3) angewandt werden.

Der Fall elliptischer Polarisation nimmt eine Zwischenstellung zwischen jenem der linearen und jenem der kreisförmigen Polarisation ein. Wenn wir wieder, wie im Falle der Kreispolarisation, zwei aufeinander senkrechte Komponenten der elektrischen Feldstärke betrachten, so liegt der Unterschied der elliptischen Polarisation gegenüber der Kreispolarisation darin, daß im ersten Fall diese Komponenten entweder ungleiche Amplitude oder einen anderen Phasenunterschied als eine Viertelperiode oder beides haben.

Während im Falle linearer Polarisation eine Richtung im Raume ermittelt werden kann, in der die elektrische Feldstärke dauernd Null ist (analog für die magnetische Feldstärke), ist in den anderen Polarisationsfällen keine solche Richtung vorhanden.

Wir fragen nun, wie die Polarisation eintreffender Radiowellen, namentlich im Kurzwellengebiet, im allgemeinen ist. Hierbei können zwei Fälle unterschieden werden: 1. Sender und Empfänger arbeiten mit „Sichtwellen". 2. Die Wellen werden zwischen Sender und Empfänger mehrfach an der Ionosphäre (Kennelly-Heaviside-Schichten) reflektiert und durch Beugung um die Erdkrümmung herumgeleitet. Der erste Fall tritt im Gebiet extrem kurzer Wellen (unterhalb etwa 5 m Wellenlänge) auf. Hierbei wird die Empfangsfeldstärke bei Wellenlängen, kleiner als etwa 50 cm, bedeutend verringert, sobald man vom Empfänger aus den Sender nicht mehr sehen kann. Der zweite Fall tritt bei Kurzwellenübertragung auf größeren Abständen auf (Wellenlänge etwa über 5 m). Im ersten Fall ist die Polarisation der beim Empfänger eintreffenden Wellen völlig durch die Sendeantennen-Anordnung bestimmt. Sendet diese linear polarisierte Wellen aus, so empfängt man auch solche Wellen gleicher Polarisationsrichtung. Im zweiten Fall ist die Polarisation der eintreffenden Wellen fast immer elliptisch und oft kreisförmig.

Eine zweite wichtige Frage betrifft die Richtung eintreffender Wellen. Auch hier können die beiden erwähnten Fälle betrachtet werden. Im ersten Fall ist die Lage klar. Im zweiten Fall gelangen die Wellen vom Sender zum Empfänger in der Hauptsache durch Reflexion(-en) an der Ionosphäre. Durch Anwendung des Satzes: Einfallswinkel gleich Reflexionswinkel kann die Richtung der eintreffenden Wellen roh geschätzt werden, wenn die Höhe der reflektierenden Schicht bekannt ist. Diese ist größenordnungsmäßig 100 km, hängt aber stark von der Wellenlänge, vom Sonnenstand sowie von atmosphärischen Einflüssen ab. Es treten auch seitliche Abweichungen der Richtung eintreffender Wellen von der Großkreisebene durch Sende- und Empfangsstation auf.

Schrifttum: *42, 45a, 48, 56a, 65a, 71, 82, 92, 94, 96, 97, 98, 98a, 104.*

§ 2. Strahlungsleistungsaufnahme und -abgabe. Wir betrachten ein System ebener elektromagnetischer Wellen, das auf seinem Wege einer Empfangsantennenanordnung begegnet. Diese Antennenanordnung entnimmt aus der Wellenstrahlung Leistung, und diese Leistung wird teils in der Antennenanordnung selber, teils in angeschlossenen Schaltungen infolge OHMscher Verluste in Wärme umgesetzt. Wir können uns eine geschlossene Fläche denken, welche die Antennenanordnung ganz umhüllt. Durch diese Fläche hindurch strömt eine bestimmte Leistung in den umhüllten Innenraum hinein, und ein Teil dieser Leistung strömt auch wieder heraus. Die Differenz beider Beträge ist der eben genannte Leistungsverbrauch des Antennengebildes mit zugehörigen Schaltungen.

Es ist unsere Aufgabe, die Leistung, welche die Empfangsantenne an die angeschlossene Schaltung (das Empfangsgerät) abgibt, aus den Daten des Antennengebildes, der betreffenden Schaltung und aus dem eintreffenden elektromagnetischen Wellensystem zu ermitteln. Die abgegebene Leistung ist bei Verwendung linearer Schaltelemente der Strahlungsleistung der eintreffenden Wellen proportional.

Wir können diesen Verhältnissen etwas genauer nachgehen, indem wir die obengenannte Hüllfläche mit der Oberfläche der Antennendrähte zusammenfallen lassen. Infolge der aus dem Wellenfeld aufgenommenen Leistung fließen in den Antennendrähten Wechselströme. Durch diese Wechselströme strahlt das Antennengebilde auch wieder Leistung aus. Wir nehmen zunächst an, daß die Differenz zwischen aufgenommener und ausgestrahlter Leistung gering sei, verglichen mit diesen Leistungsbeträgen und in erster Näherung gegenüber diesen Leistungen vernachlässigt werden kann. Die Wechselströme im Antennengebilde können in diesem Falle angenähert durch Gleichsetzung der ausgestrahlten und der aufgenommenen Leistung berechnet werden. Diese Berechnung wird in § 3 ausgeführt.

Ein Empfangsantennengebilde wird bei eintreffenden ebenen Wellen aus verschiedenen Richtungen nicht immer die gleiche Leistung aufnehmen. Diese Richteigenschaften eines Empfangsantennengebildes können aus dem Richtungsdiagramm (ausgestrahlte Leistung in großem Abstand von der Antenne als Funktion der Richtung) der gleichen Anordnung bei Benutzung als Sendeantenne durch Anwendung des Reziprozitätssatzes entnommen werden. Eine für unsere Zwecke nützliche Formulierung dieses Satzes lautet: Wenn eine Wechselspannung am Speiseende einer Sendeantenne A_1 angelegt wird und im Empfangsende einer Empfangsantenne A_2 infolgedessen mit einem Meßgerät der Impedanz Null ein Wechselstrom gemessen wird, so wird der gleiche Strom (nach Amplitude und Phase) mit demselben Meßgerät am Ende der Antenne A_1 gemessen, wenn am Ende der Antenne A_2 dieselbe Wechselspannung angelegt wird. Wir denken uns die Antenne A_1 in großem Abstand von A_2, und die Antenne A_1 soll nach allen Richtungen des Raumes die gleiche Leistung ausstrahlen bzw. aufnehmen. Die Verbindungslinie der Antennen A_1 und A_2 stellt für A_2 eine bestimmte Richtung der eintreffenden Wellen dar. Nach dem obigen Satz ist die Abhängigkeit der Empfangsstromstärke der Antenne A_2 von der Empfangsrichtung die gleiche, wie die Abhängigkeit der ausgestrahlten Feldstärke von der Senderichtung bei Benutzung von A_2 als Sendeantenne. Wir können in dieser Weise die Richtungsabhängigkeit der Empfangsstromstärke einer Antenne aus dem Senderichtdiagramm berechnen.

Diese Empfangsrichtungsabhängigkeit kann auch direkt berechnet werden, indem wir für eintreffende ebene Wellen aus verschiedenen Richtungen die Empfangsstromstärke bestimmen. Welche der zwei Berechnungsarten die einfachere ist, muß für jeden Fall besonders geprüft werden.

Schrifttum: *31, 92, 103, 119.*

§ 3. Wechselstromverteilung auf einem geraden Draht. Wir nehmen an, daß die elektrische und die magnetische Feldstärke der eintreffenden Wellen Sinusfunktionen der Zeit sind. Das gleiche gilt dann auch für die erzeugte Stromstärke im Draht. Wenn wir einen geraden, frei ausgespannten Draht betrachten, so leuchtet ein, daß an den Drahtenden der Wechselstrom stets Null sein wird. Wenn x eine Koordinate längs des Drahtes ist, wobei das eine Ende mit $x = 0$ und das andere mit $x = l$ zusammenfällt, so ist $\sin(\pi x/l)$ eine solche Funktion. Auch $\sin(2\pi x/l)$, $\sin(3\pi x/l)$ usw. erfüllen die Bedingungen. Man kann jede Funktion von x, die für $x = 0$ und für $x = l$ gleich Null ist, als eine unendliche Reihe (FOURIERsche Reihe) von diesen Funktionen:

$$(3,1) \qquad A_1 \sin(\pi x/l) + A_2 \sin(2\pi x/l) + A_3 \sin(3\pi x/l) + \cdots$$

darstellen. Die Koeffizienten A_1, A_2, A_3, ... können, wie wir unten zeigen werden, aus den weiteren Bedingungen unserer Aufgabe berechnet werden.

Wir nehmen zunächst an, die Stromstärke im Antennendraht werde durch eine einzige Sinusfunktion: $A_1 \sin (x\,\pi/l)$ dargestellt und A_1 sei 1 Amp. Für einen Antennendraht von 5,2 mm Durchmesser und einer Länge, die genau gleich 7,5 m bei einer Frequenz der elektrischen Schwingungen von 20 M Hz ist, haben wir die verschiedenen Komponenten der elektrischen und der magnetischen Feldstärke, welche infolge dieses Antennenstromes an der Drahtoberfläche entstehen, berechnet (Abb. 2 und 3). Die senkrecht zur Drahtoberfläche gerichtete elektrische Feldstärke F_r hat für Drähte, die dünn sind im Vergleich zur Länge und abgesehen von der Umgebung der Drahtenden (vgl. Anhang) nur eine Komponente, deren Phase um 90° von derjenigen der elektrischen Stromstärke verschieden ist. Die magnetische Feldstärke H hat nur eine tangential zur Drahtoberfläche in einer Ebene senkrecht zur Drahtachse gerichtete Komponente, die gleichphasig mit der elektrischen Stromstärke schwingt. Die parallel zur Drahtachse gerichtete elektrische Feldstärke F hat eine Komponente F_{x1}, die gegenphasig mit der elektrischen Stromstärke schwingt (180° Phasenunterschied), und eine Komponente F_{x2}, deren Phase um

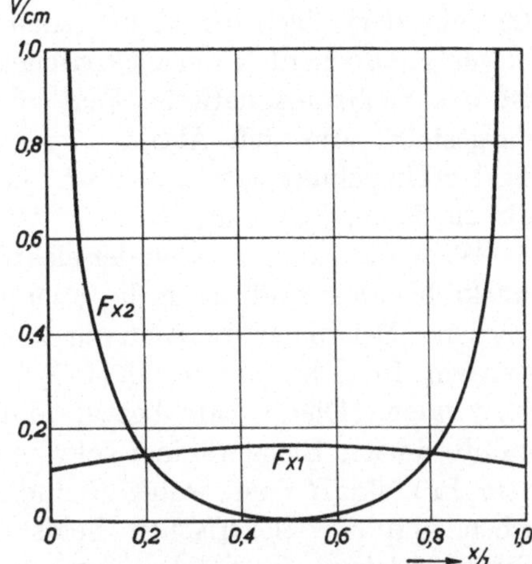

Abb. 2. Komponenten der elektrischen Feldstärke an der Oberfläche eines Antennendrahtes von 5,2 mm Durchmesser und einer Länge l, gleich einer halben Wellenlänge, wobei diese Wellenlänge zu 15 m angenommen ist. Die Stromamplitudenverteilung entlang der Antennenlänge ist durch $A \sin (\pi x/l)$ gegeben, wobei A zu 1 Amp. angenommen ist. Gezeichnet sind die Amplituden der Komponenten der elektrischen Feldstärke in Volt/cm, parallel zur Drahtachse gerichtet, wobei F_{x1} gegenphasig mit dem Wechselstrom im Draht schwingt, während die Phase von F_{x2} um 90° von derjenigen des Wechselstromes verschieden ist.

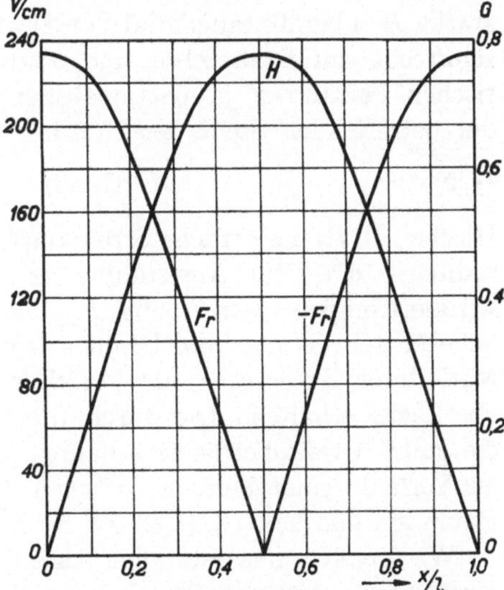

Abb. 3. Für den gleichen Draht, bei gleicher Wellenlänge und gleichem Strom wie in Abb. 2, ist die Amplitude H der magnetischen Feldstärke an der Drahtoberfläche, tangential zu dieser Oberfläche in Ebenen senkrecht zur Drahtachse gerichtet, ausgedrückt in Gauß gezeichnet. Außerdem ist die Amplitude F_r der elektrischen Feldstärke gezeichnet, die senkrecht zur Drahtoberfläche gerichtet ist, ausgedrückt in Volt/cm, wobei F_r einen Phasenunterschied von 90° mit dem Wechselstrom im Draht aufweist.

$90°$ von derjenigen der elektrischen Stromstärke verschieden ist. Mit diesen Komponenten der elektrischen und der magnetischen Feldstärke ist das elektromagnetische Feld an der Drahtoberfläche erschöpfend dargestellt. Aus den Abb. 2 und 3 ist ersichtlich, daß überall, außer in der Umgebung von $x = 0{,}5\,l$, die Komponente F_r weit größer ist als die Komponente F_{x1}.

Wenn die Komponenten der elektrischen und der magnetischen Feldstärke bekannt sind, kann die Energiestrahlung der Antenne berechnet werden. Bei dieser Berechnung können mehrere Wege eingeschlagen werden. Im Anschluß an Gl. (1, 2) kann man den POYNTINGschen Satz verwenden. Dieser Satz besagt, daß die Energiestrahlung durch ein infinitesimales Element einer gekrümmten Fläche hindurch proportional dem Produkt HF ist, wobei H und F die Komponenten der magnetischen und der elektrischen Feldstärke bezeichnen, die parallel zur Tangentialebene des Flächenelementes gerichtet sind, während F und H senkrecht zueinander angenommen sind. Indem über alle Elemente einer geschlossenen Fläche integriert wird, erhält man die Gesamtstrahlung durch diese geschlossene Fläche hindurch. Als solche Fläche kann die Oberfläche des Antennendrahtes gewählt werden, wobei ein dünner kreiszylindrischer Draht mit ebenen Endkreisflächen vorausgesetzt wird. Wenn wir von diesen Endflächen und von ihrer unmittelbaren Umgebung absehen, ist die Amplitude der magnetischen Feldstärke H überall tangential zur Drahtoberfläche gerichtet in Ebenen, senkrecht zur Drahtachse, und zwar ist die Amplitude dieser magnetischen Feldstärke proportional zur Wechselstromamplitude $J(x)$ an der betreffenden Stelle des Drahtes (vgl. Abb. 3):

$$(3, 2) \qquad\qquad H\,(\text{Gauß}) = J\,(x)/5\,r_0.$$

Hierbei ist Jx die örtliche Stromamplitude in Ampere und r_0 der Drahtradius in cm. Zur Anwendung des POYNTINGschen Satzes brauchen wir die Komponenten F_{x1} und F_{x2} der elektrischen Feldstärke. Der zeitliche Mittelwert der vom Draht ausgestrahlten Leistung (Wirkleistung) wird durch Integration des Produktes $F_{x1}H$ über die ganze Drahtoberfläche erhalten. Die durch Integration des Produktes $F_{x2}H$ über die ganze Drahtoberfläche erhaltene Leistung (Blindleistung) schwingt im Verlaufe einer Periode zwischen dem Draht und dem umgebenden Raum hin und her. Gl. (3, 2) gilt für jede Stromverteilung nach Gl. (3, 1).

Wir denken uns jetzt den Draht im Bereiche einer ebenen, fortschreitenden elektromagnetischen Welle angeordnet. Im Draht entsteht ein Wechselstrom, der zeitlich synchron mit den Feldstärken im Wellenzug verläuft. Die Amplitude dieses Wechselstromes $J(x)$ ist räumlich nach Gl. (3, 1) über die Drahtachse verteilt. Wir bilden nun jene räumliche Komponente der eintreffenden elektrischen Feldstärke, welche parallel zur Drahtachse gerichtet ist, und multiplizieren diese

Feldstärkekomponente mit der örtlichen magnetischen Feldstärke an der Drahtoberfläche nach Gl. (3, 2). Dieses Produkt integrieren wir über die gesamte Oberfläche des Drahtes und erhalten die Leistung, welche der Draht aus dem eintreffenden Wellenzug entnimmt. Nebenbei bemerken wir, daß die magnetische Feldstärke der ebenen Wellen bei der Ausführung dieser Integration keinen Beitrag zur genannten Leistung liefert. Folglich kann sie, wie es oben geschah, außer acht gelassen werden.

Es muß Gleichgewicht herrschen zwischen der vom Draht abgestrahlten und der vom Draht aufgenommenen Leistung. Wenn im Draht keine (oder nur sehr wenig) Leistung verlorengeht, müssen beide Beträge einander gleich sein. Aus dieser Bedingung ergeben sich Bestimmungsgleichungen für die Werte A_1, A_2, A_3, ..., welche nach Gl. (3, 1) die axiale Verteilung der Wechselstromamplitude entlang dem Draht darstellen. Man kann so vorgehen, daß von vornherein diese Stromverteilung z. B. durch drei Glieder, mit A_1, A_2 und A_3 dargestellt wird. Dann ergeben sich aus der Gleichsetzung der Leistungsbeträge drei Gleichungen für die drei Unbekannten A_1, A_2, A_3. Im besonders einfachen Fall, daß die Polarisationsrichtung (Richtung der elektrischen Feldstärke) der eintreffenden Welle parallel zur Drahtachse ist, können aus Symmetriegründen nur A-Werte mit ungeradzahligen Zeigern, also A_1, A_3, A_5, ..., auftreten. Dieses Verfahren ist für jede betrachtete Richtung der eintreffenden Wellen zu wiederholen. Die Stromverteilung auf der Empfangsantenne ist eine Funktion dieser Richtung.

Als Zahlenbeispiel zu den gerade behandelten Berechnungen betrachten wir einen geraden Draht, der im Zuge einer ebenen, fortschreitenden, linear polarisierten Welle angeordnet ist, wobei die Polarisationsrichtung (Richtung der elektrischen Feldstärke) zur Drahtachse parallel ist. Die Amplitude der Feldstärke in der ebenen Welle sei F Volt/m, die Wellenlänge λ sei 20 m, der Drahthalbmesser 0,145 cm. Wir geben die Werte A_1, A_3 und A_5 an, und zwar für Verhältnisse $2l/\lambda$ gleich 0,96, 0,98 und 1,00. Wenn die elektrische Feldstärke in der ebenen Welle an der Stelle des Drahtes durch $F \cos(\omega t)$ dargestellt wird, erhält man folgende Amplituden und Phasen der Stromkomponenten:

Tabelle 3,1.

$2l/\lambda$	0,96	0,98	1,00
A_1 (Amp)$/F$ (V/m)	$0{,}0884 \cos(\omega t + 0{,}16)$	$0{,}0857 \cos(\omega t - 0{,}24)$	$0{,}0749 \cos(\omega t - 0{,}54)$
A_3/F	$-0{,}0016 \cos(\omega t + 0{,}18)$	$-0{,}0014 \cos(\omega t - 0{,}21)$	$-0{,}0011 \cos(\omega t - 0{,}46)$
A_5/F	$0{,}0006 \cos(\omega t + 0{,}16)$	$0{,}0005 \cos(\omega t - 0{,}20)$	$0{,}0004 \cos(\omega t - 0{,}46)$

Aus dieser Tabelle kann geschlossen werden, daß die höheren Harmonischen der Stromverteilung auf dem Antennendraht im betrachteten Fall gegenüber der Grundwelle nur sehr gering sind. Es erscheint daher in analogen Fällen gerechtfertigt, als erste Näherung mit der

Grundwelle zu rechnen. Weiter vermittelt die Tabelle 3, 1 einen guten Begriff von der in Frage kommenden Größenordnung der Antennenströme. Man achte auf den Phasenwechsel zwischen 0,96 und 0,98.

Genau wie bei $2l \approx \lambda$ die Grundwelle A_1 am beträchtlichsten wird, ist in obigem Fall bei $2l \approx 3\lambda$ der Wert A_3 am größten, bei $2l \approx 5\lambda$ der Wert A_5 usw.

Schrifttum: Anhang, sowie *33, 56, 58, 59, 60, 73a, 75, 89a, 93*.

§ 4. Impedanz eines geraden Empfangsantennendrahtes. Wir denken uns einen geraden Empfangsantennendraht, der sich von $x = 0$ bis $x = l$ erstreckt, an einer Stelle x_0 aufgeschnitten. Es entstehen dann zwei Anschlußstellen, und dies führt zu folgender Fragestellung (Abb. 4). Eine Wechselspannungsquelle Q (Abb. 4) ohne innere Impedanz sei bei $x = x_0$ an die Antenne angeschlossen. Welcher Wechselstrom fließt zwischen der Quelle Q und den zwei Anzapfstellen der Antenne? Es sei darauf hingewiesen, daß bei dieser Fragestellung die Zuleitung von der Quelle Q zur Antenne sehr kurz gedacht ist in bezug auf die betrachtete Wellenlänge.

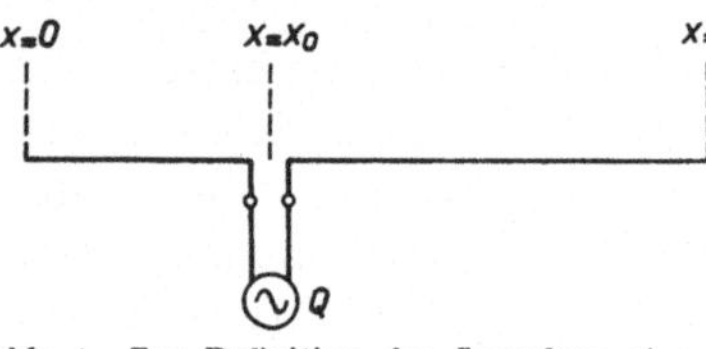

Abb. 4. Zur Definition der Impedanz einer Antenne, bestehend aus einem geraden Draht.

Ebenso soll der gegenseitige Abstand der Anschlußstellen klein in bezug auf die Wellenlänge sein. Der Quotient der Wechselspannung der Quelle Q und des genannten Wechselstromes von der Quelle zur Antenne wird die Impedanz der Antenne an der Stelle $x = x_0$ genannt.

Bei der Beantwortung dieser Frage gehen wir von einer sinusförmigen Stromverteilung auf der Antenne aus. Wir bemerken, daß bei der Speisung einer geraden Antenne in einem Punkt durch eine Wechselspannungsquelle nach Abb. 4 eine von der hier angenommenen abweichende Stromverteilung entstehen kann. Wir nehmen aber absichtlich hier jene Stromverteilung auf der Antenne an, welche sich bei Empfangsantennen einstellt, damit wir unsere Ergebnisse auf solche Antennen anwenden können. Wie aus § 3 hervorgeht, ist eine sinusförmige Stromverteilung nur dann eine gute Näherung für die wirkliche Stromverteilung auf einer Empfangsantenne, wenn die Antennenlänge ungefähr ein ungerades Vielfaches der halben Wellenlänge beträgt und wenn die eintreffenden Wellen parallel zur Antenne polarisiert sind. Auf solche Antennenlängen beschränken wir uns daher bei den Betrachtungen in diesem Paragraphen. Die Antennenstromamplitude sei:

$$(4,1) \qquad\qquad J(x) = A_n \sin\frac{n\pi x}{l},$$

wobei n ungefähr gleich 1, gleich 3 usw. sein kann, je nachdem die Antennenlänge l ungefähr gleich einer halben, anderthalber usw. Wellenlänge λ ist. Es ist $n = 2l/\lambda$. Die von der Antenne ausgestrahlte Wirkleistung, welche der aus dem eintreffenden Wellenfeld aufgenommenen Wirkleistung gleich ist, sei $\frac{1}{2} \cdot R A_n^2$ und die Blindleistung $\frac{1}{2} \cdot X A_n^2$. Wir nennen R und X den Wirkwiderstand und den Blindwiderstand der Antenne. Diese Werte sind nach obigem nur für n ungefähr gleich 1, 3 usw. festgelegt. In Tabelle 4, 1 sind diese Werte in Ohm für verschiedene n angegeben.

Tabelle 4, 1.

$n = 2l/\lambda$	1	3	5
R (Ohm) .	73	106	120
X (Ohm) .	43	47	47

Für größere Werte von n sind R und X angenähert durch die Formeln:

$$(4, 2) \qquad R = \left[0{,}58 + 0{,}43 \lg\left(\frac{4\pi l}{\lambda}\right)\right] \cdot 30 \text{ Ohm};$$

$$(4, 3) \qquad X = \left[1{,}57 - \frac{\lambda}{4\pi l}\right] \cdot 30 \text{ Ohm}$$

zu berechnen (lg ist der BRIGGsche Logarithmus). Der Wert von X ändert für einen Wert von n, der etwas geringer als 1 ist, sein Zeichen. Ein positives Zeichen von X bedeutet, daß die gesamte Impedanz der Antenne, von der Wechselstromquelle (Abb. 4) aus gesehen, durch eine Reihenschaltung eines Widerstandes R (Ohm) und einer Selbstinduktion gleich X/ω (Henry) dargestellt werden kann. Hierbei ist ω die Kreisfrequenz des Wechselstromes. Ein negatives Zeichen von X würde bedeuten, daß die Antennenimpedanz als Reihenschaltung eines Widerstandes R (Ohm) und einer Kapazität gleich $(\omega X)^{-1}$ (Farad) dargestellt werden kann. Wenn X verschwindet, nennt man die Antenne abgestimmt. Eine abgestimmte gerade Antenne hat eine Impedanz, welche durch einen Widerstand R (vgl. Tabelle 4, 1 und Formel 4, 2) gegeben ist. Die Verkürzung einer abgestimmten Antenne gegenüber dem Werte $n = 1$, hängt vom Verhältnis der Antennenlänge l zum Drahthalbmesser r_0 ab und liegt für normale Drähte in der Größenordnung von 5 %. Eine abgestimmte Halbwellenantenne ist also ungefähr 3 bis 5 % kürzer als eine halbe Wellenlänge.

Wir können jetzt die am Anfang dieses Paragraphen gestellte Frage nach der Antennenimpedanz an der Stelle x_0 (vgl. Abb. 4) beantworten. Die Antennenstromamplitude an der Stelle x_0 beträgt nach Gl. (4, 1):

$$J(x_0) = A_n \sin\frac{n\pi x_0}{l} \, .$$

Damit die Antenne eine Wirkleistung $\frac{1}{2} \cdot R A_1^2$ ausstrahlen kann, muß diese Wirkleistung auch im Punkte x_0 zugeführt werden, was zu einem Wirkwiderstand:

$$(4, 4) \qquad R(x_0) = \frac{R}{\sin^2(n\pi x_0/l)} \text{ (Ohm)}$$

führt. In analoger Weise ist der Blindwiderstand:

$$(4, 5) \qquad X(x_0) = \frac{X}{\sin^2(n\pi x_0/l)} \text{ (Ohm)}.$$

Offenbar werden die Ausdrücke (4, 4) und (4, 5) für gewisse Werte von $n\pi x_0/l$ unendlich groß. Die Ursache hierfür ist, daß in den betreffenden Punkten der Antennenstrom unserer Voraussetzung (4, 1) gemäß verschwindet. Inwiefern entspricht dies der Wirklichkeit? Aus § 3 wissen wir, daß die Darstellung des Antennenstromes durch Gl. (4, 1) als eine Näherung betrachtet werden muß. In Wirklichkeit wird deshalb der Antennenstrom in den betrachteten Punkten nicht verschwinden, sondern nur klein sein im Vergleich zu A_n. Folglich werden die Werte $R(x_0)$ und $X(x_0)$ in Wirklichkeit für diese Punkte nicht unendlich groß, sondern nur sehr beträchtlich im Vergleich zu R und X.

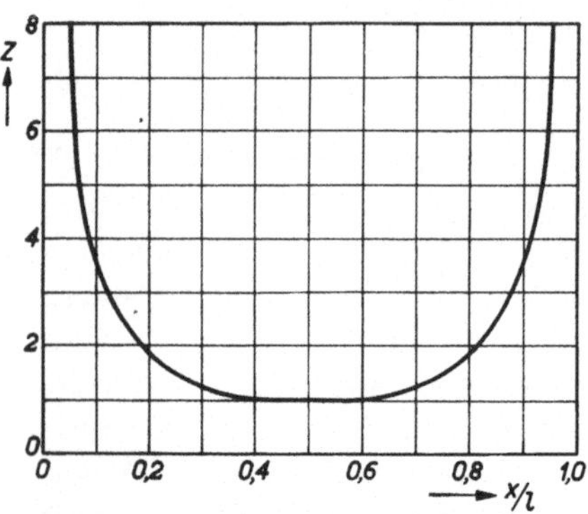

Abb. 5. Vertikal: Der absolute Betrag der Strahlungsimpedanz Z in willkürlichem Maßstab pro Längeneinheit der Antennenlänge bei einem geraden Empfangsantennendraht, der sich von $x = 0$ bis $x = l$ erstreckt und wobei die Stromamplitudenverteilung durch $A_1 \sin(\pi x/l)$ gegeben ist (Halbwellenantenne). Horizontal: x/l. Z ist umgekehrt proportional zu $\sin(\pi x/l)$. Die Antennendrahtenden empfangen relativ am meisten.

Für praktische Anwendungen interessieren uns aber in der Hauptsache jene Punkte x_0, für die $R(x_0)$ und $X(x_0)$ möglichst klein sind. Wir brauchen also auf diesen Punkt hier nicht weiter einzugehen.

Es erscheint interessant, auf die Verteilung der Antennenstrahlungsimpedanz über die gesamte Antennenlänge, d. h. auf die Beiträge der einzelnen Teile der Antennenlänge zur Gesamtenergieaufnahme bzw. zur Gesamtenergiestrahlung, etwas näher einzugehen. Wir betrachten eine Halbwellenantenne mit einer Stromverteilung nach Gl. (4, 1) mit $n = 1$. Die Leistungsaufnahme dieser Antenne aus einem ebenen, linear polarisierten Wellenfeld, wobei die Polarisationsrichtung (Richtung der elektrischen Feldstärke) parallel zur Antenne ist, wird für jedes Element der Antennenlänge durch Multiplikation der Tangentialkomponente der magnetischen Feldstärke nach Gl. (3, 2) mit der elektrischen Feldstärke der eintreffenden Welle erhalten. Offenbar ist dieses Produkt proportional zur Antennenstromstärke $J(x)$ des betrachteten Längenelementes. Man kann nun für dieses Element der Antennenlänge eine Strahlungsimpedanz dadurch definieren, daß die berechnete Strahlungsleistungsaufnahme durch das Quadrat des Betrages der örtlichen Antennenstromstärke dividiert wird. Diese „Differentialstrahlungsimpedanz" des betrachteten Elementes der Antennenlänge ist dann offenbar umgekehrt proportional zum örtlichen Antennenstrom $J(x)$. In Abb. 5 ist die Kurve der Differentialstrahlungsimpedanz der Leistungsaufnahme einer Halbwellenempfangsantenne unter den angegebenen Bedingungen veranschaulicht. Offenbar ist der Beitrag der

Antennendrahtenden relativ am größten. Eine analoge Betrachtung kann für die Leistungsausstrahlung eines Antennendrahtes mit sinusförmiger Stromverteilung angestellt werden. Um diese Strahlungsleistung zu erhalten, müssen die Komponenten F_{x1} und F_{x2} der elektrischen Feldstärke an der Leiteroberfläche nach Abb. 2 mit der örtlichen Stromstärke nach Gl. (4, 1) multipliziert werden. Die Differentialstrahlungsimpedanz kann wieder genau wie oben definiert werden, und man erhält hierfür eine der Abb. 5 ähnliche Kurve.

Schrifttum: *33, 56, 58, 59, 60, 75, 89a, 93*.

§ 5. Frequenzcharakteristik einer geraden Empfangsantenne. Als Frequenzcharakteristik bezeichnen wir den Verlauf des Empfangsstromes bei konstanter Größe der Feldstärken im eintreffenden Wellenzug für verschiedene Frequenzen dieser Feldstärken. Die Tabelle (3, 1) enthält eine solche Frequenzcharakteristik. Hierbei ist das Verhältnis l/λ verändert worden und somit bei fester Antennenlänge die Wellenlänge λ der eintreffenden Welle. Während in § 3 die Berechnung der Frequenzcharakteristik einer Antenne an sich, ohne Belastung durch angeschaltete Geräte, behandelt wurde, ist das Ziel des vorliegenden Paragraphen, diese Charakteristik für den praktisch wichtigen Fall einer belasteten Empfangsantenne zu betrachten.

Die für eine Empfangsantenne günstigste Belastung kann dadurch ermittelt werden, daß man die Antenne für den Anschluß an die weiteren Empfangsanordnungen durch eine Wechselspannungsquelle, die eine innere Impedanz Null besitzt, in Reihe mit einer Impedanz, gleich der Antennenimpedanz im Anschlußpunkt, ersetzt. Als Beispiel wählen wir eine Halbwellenempfangsantenne, die sich von $x = 0$ bis $x = l$ erstreckt und deren Stromamplitudenverteilung durch $A_1 \sin(\pi x/l)$ gegeben ist. Der Anschlußpunkt soll in der Antennenmitte liegen. Die Antennenlänge sei derart gewählt (etwas kürzer als die halbe Wellenlänge, vgl. § 4), daß die Impedanz im Anschlußpunkt ein reiner

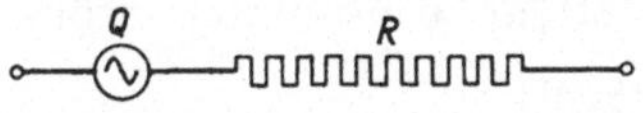

Abb. 6. Ersatzschaltbild einer abgestimmten Empfangsantenne. Eine Wechselspannungsquelle Q, die keine innere Impedanz aufweist, in Reihe mit einem Widerstand R, der gleich dem Antennenwiderstand im Anschlußpunkt bei Abstimmung der Antenne auf die empfangene Wellenlänge ist. Die Wechselspannung der Quelle Q ist zur elektrischen Feldstärke an der Stelle der Antenne proportional. Für eine Halbwellenantenne ist die Wechselspannungsamplitude E aus der parallel zur Antenne gerichteten Feldstärkeamplitude F nach Gl. (5,5) zu berechnen.

Wirkwiderstand R ist (vgl. § 4) und etwa 69 Ohm [vgl. Abb. 7 und Gl. (5,8)] beträgt. Dann kann die Empfangsantenne im Anschlußpunkt durch eine Wechselspannungsquelle Q in Reihe mit einem Widerstand R von 69 Ohm ersetzt werden (Abb. 6). Wir fragen nun, welche Impedanz eine an die Antenne angeschlossene Anordnung haben soll, damit ein möglichst großer Bruchteil der von der Antenne empfangenen Leistung an diese Anordnung weitergegeben wird. Nach einer bekannten Regel muß die Anordnung in diesem Fall einen Widerstand R_a besitzen, welcher dem Antennenwiderstand R gleich ist. Dies ist also in unserem

Falle die Belastungsimpedanz der Antenne. Durch diesen Belastungswiderstand R_a fließt, da er in der Antennenmitte der Halbwellenantenne unseres Beispiels angeordnet ist, die Wechselstromamplitude A_1.

Wir wollen die durch R_a fließende Stromamplitude berechnen. Hierzu wenden wir die in § 3 erläuterte Rechenweise an, nach welcher für eine Halbwellenantenne der Koeffizient A_1 aus der Gleichsetzung der von der Antenne aus dem Wellenfeld aufgenommenen Leistung und der von der Antenne wieder abgegebenen Leistung folgt. Die von der Antenne aufgenommene Leistung folgt aus der Integration des Produktes FH über die gesamte Drahtoberfläche, wobei F die Amplitude der elektrischen Feldstärke im eintreffenden ebenen Wellenzug und H die Amplitude der magnetischen Feldstärke an der Drahtoberfläche nach Gl. (3, 2) bezeichnet. Es soll F parallel zur Drahtachse gerichtet sein. Wegen der Gl. (3, 2) erhält man unter Berücksichtigung von (1, 2):

$$(5, 1) \qquad \frac{10}{4\pi}\int_0^l dx \cdot 2\pi r_0 \cdot FH = \frac{10}{4\pi}\int_0^l dx \cdot 2\pi r_0 \cdot F \cdot \frac{J(x)}{5 r_0} = F\int_0^l J(x)\,dx$$

$$= F\int_0^l A_1 \sin\left(\frac{\pi x}{l}\right) dx = \frac{2l}{\pi} A_1 F.$$

Der in Gl. (5, 1) errechnete Betrag ist, da wir mit den Amplituden von Strom und Feldstärke gerechnet haben, gleich der doppelten aufgenommenen Leistung der Antenne. Die doppelte ausgestrahlte Leistung beträgt in absoluter Größe nach den Erläuterungen in § 4:

$$(5, 2) \qquad\qquad -A_1^2 (R^2 + X^2)^{1/2}.$$

Indem wir die Summe der Ausdrücke (5, 1) und (5, 2) gleich Null setzen, gilt für A_1 im Falle eines Belastungswiderstandes $R_a = 0$ die Formel:

$$(5, 3) \qquad\qquad A_1 = \frac{2}{\pi} \frac{lF}{(R^2 + X^2)^{1/2}}.$$

Wir können auch den Phasenwinkel des Stromes gegenüber der Feldstärke aus den angegebenen Gleichungen errechnen und finden hierfür:

$$(5, 4) \qquad\qquad \mathrm{tg}\,\varphi = \frac{X}{R},$$

wenn die elektrische Feldstärke durch $F \cos(\omega t)$ und die Stromamplitude durch $A_1 \cos(\omega t - \varphi)$ dargestellt werden.

Die Gl. (5, 3) erlaubt unmittelbar die Bestimmung der Wechselspannungsamplitude der Spannungsquelle Q im Ersatzschaltbild Abb. 6 der behandelten Empfangsantenne. Diese Amplitude E ist durch die Formel:

$$(5, 5) \qquad\qquad E = \frac{2}{\pi} \cdot l \cdot F$$

gegeben, ist also etwas kleiner als das Produkt von Antennenlänge und elektrischer Feldstärke der eintreffenden Welle. Wenn die Antenne durch einen Widerstand R_a belastet ist, so ist dieser Widerstand R_a in Reihe mit dem Antennenwiderstand R zu schalten, wenn man das Schaltbild der Abb. 6 benutzt. Folglich ist Gl. (5, 3) durch:

$$(5,6) \qquad A_1^1 = \frac{E}{[(R + R_a)^2 + X^2]^{1/2}}$$

zu ersetzen und Gl. (5, 4) durch

$$(5,7) \qquad \operatorname{tg}\varphi' = \frac{X}{R + R_a}.$$

Hiermit ist die gestellte Aufgabe, den Antennenstrom mit Belastungswiderstand zu berechnen, gelöst. Aus Gl. (5, 6) ergibt sich, daß der Antennenstrom bei abgestimmter Antenne ($X = 0$) und bei richtig bemessenem Belastungswiderstand, d. h. $R_a = R$, auf die Hälfte des Wertes bei unbelasteter Antenne sinkt.

Wir können jetzt an die Hauptaufgabe dieses Paragraphen: die Berechnung der Frequenzcharakteristik belasteter Antennen, herangehen. Diese Frequenzabhängigkeit von A_1^1 bei festem F, l und somit festem E, während λ veränderlich ist, hängt nach Gl. (5, 6) direkt mit der Frequenzabhängigkeit von R und X zusammen. Es zeigt sich, daß R und X in der Umgebung der Antennenabstimmung einer Halbwellenantenne durch die Formeln:

$$(5,8) \qquad R = 73\,(1 - \alpha_1 v)\ \text{Ohm},$$

$$(5,9) \qquad X = 42{,}5\,(1 - \alpha_2 v)\ \text{Ohm}$$

dargestellt werden. Hierbei gilt: $v = 100\,(1 - 2l/\lambda)$, während bei der Formel (5, 9) α_2 vom Verhältnis der Wellenlänge zum Drahtradius abhängt und α_1 in Gl. (5, 8) ein Zahlenfaktor der Größenordnung 0,01 ist (vergl. Abb. 7). Wenn wir mit Hilfe der Formeln (5, 9), (5, 8) und (5, 6) die Stromamplitude als Funktion von $2l/\lambda$ berechnen, erhalten wir beispielsweise die in Abb. 7 zusammengestellten Kurven.

Als Anwendung dieser berechneten Frequenzcharakteristiken betrachten wir den Empfang von Fernsehsignalen. Wenn wir uns auf den Londoner Fernsehsender beziehen, wird der Ton mit einer Trägerwellenfrequenz von 41,5 MHz ausgesandt und das Bild mit einer Trägerfrequenz von 45 MHz (vgl. Abb. 8). Einschließlich der Seitenbänder müssen wir damit rechnen können, daß die Antenne ein Frequenzgebiet von 41 bis 48 MHz (vgl. Abb. 8) ungeschwächt empfängt. Gegenüber der Mitte des Frequenzbandes (44,5 MHz) umfaßt dieses Gebiet $\pm 3{,}5/44{,}5$ $= \pm 7{,}9\%$. Da das Verhältnis $2l/\lambda$ in Abb. 7 der Frequenz proportional ist, muß auch in dieser Abb. 7 darauf geachtet werden, ob ein ungeschwächter Empfang in einem Gebiet von $\pm 7{,}9\%$ von der Resonanzmitte entfernt vorhanden ist. Da die Resonanzstelle bei $2l = 0{,}97\,\lambda$ liegt, sind also diese Grenzen des Bandes bei ungefähr $2l = 0{,}89\,\lambda$ und $2l = 1{,}05\,\lambda$ gelegen. Wenn die Antenne unbelastet ist (Kurve 1), tritt offenbar innerhalb dieses Übertragungsbandes bereits eine unzulässige Schwächung auf. Dagegen ist bei der mit 69 Ohm be-

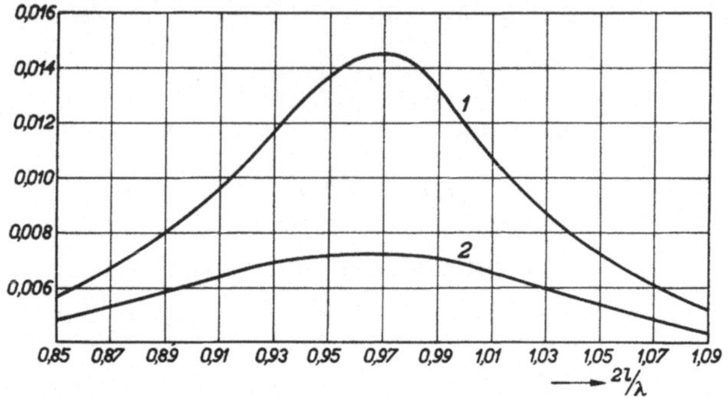

Abb. 7. Vertikal: Reziproke Antennenimpedanz Z in Ohm^{-1}. Kurve 1: $Z = (R^2 + X^2)^{1/2}$, wobei R und X aus Gl. (5, 8) und (5, 9) berechnet sind. Kurve 2: $Z = [(R + R_a)^2 + X^2]^{1/2}$, wobei R und X wieder den genannten beiden Gleichungen entnommen sind, wahrend $R_a = 69$ Ohm gewählt ist. Horizontal: Doppelte Antennenlänge $2l$ dividiert durch Wellenlänge λ der eintreffenden Welle. Wenn E die Wechselspannungsamplitude ist, welche aus der elektrischen Feldstärkeamplitude F, die parallel zur Antenne gerichtet ist, nach der Formel $E = 2lF/\pi$ berechnet wird (Ersatzwechselspannungsamplitude der Antenne), so kann die Wechselstromamplitude A_1 in der Antennenmitte (Anschlußstelle) aus $A_1 = E/Z$ berechnet werden. Die Abbildung gilt für ein bestimmtesVerhältnis der Wellenlänge λ zum Antennendrahthalbmesser r_0.

lasteten Antenne (Kurve 2) die Empfangsstromamplitude an den Enden des Bandes gegenüber der Resonanzstelle um weniger als 27% des Maximalwertes gesunken, was bereits bedeutend günstiger ist als bei

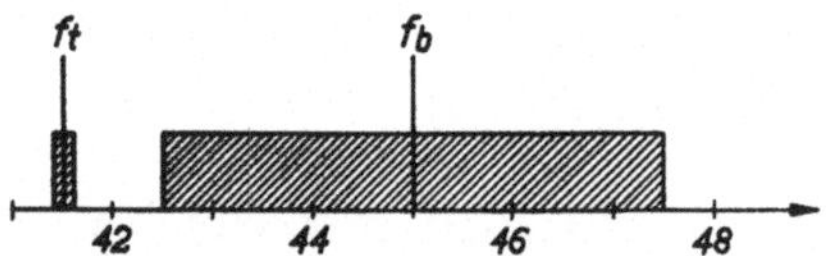

Abb. 8. Relative Lagen der Trägerfrequenzen der Tonübertragung (f) und der Bildübertragung (f) des Londoner Fernsehsenders mit den Modulationsseitenbändern. Horizontal: Frequenz in Mega-Hertz.

der unbelasteten Antenne. Durch Vergrößerung des Belastungswiderstandes kann leicht eine noch flachere Frequenzcharakteristik der Halbwellenantenne erreicht werden, wobei aber zugleich die Empfangsstromstärke bei konstanter Feldstärke sinkt. Eine solche Vergrößerung des Belastungswiderstandes ist unerläßlich, wenn wir z. B. mehrere Fernsehstationen mit der gleichen Antenne empfangen wollen (vgl. auch Abb. 49).

Schrifttum: *56, 58, 59, 60, 89a.*

§ 6. Richtcharakteristik einer geraden Empfangsantenne. Aus den Überlegungen in § 3 und § 4 geht hervor, daß in einer geraden Antenne kein Empfangsstrom auftritt, wenn die eintreffende ebene elektromagnetische Welle keine elektrische Feldstärkekomponente parallel zur Antennenachse aufweist. Wir können dies auch so ausdrücken, daß die Antenne in der Achsenrichtung nichts empfängt. Dies ist ein besonders einfacher Fall des gerichteten Empfangs. Bei einer Empfangsantenne verstehen wir unter der Empfangscharakteristik im allgemeinen das Verhältnis der Antennenstromamplitude in einem Strombauch zur elektrischen Feldstärke in einem ebenen eintreffenden Wellenzug als Funktion des Winkels zwischen der Antenne und den Wellenfrontebenen (Ebenen gleicher Schwingungsphase im Wellenzug). An Stelle des Winkels zwischen der Antenne und den Frontebenen kann auch der Winkel zwischen Antenne und der Einfallsrichtung der Wellen als Veränderliche benutzt werden. Die Summe beider Winkel ist $90°$.

In Abb. 9 ist eine Reihe von parallelen Wellenfrontebenen dargestellt worden und ein gerader Antennendraht, der sich von $A\,(x = 0)$ bis $B\,(x = l)$ erstreckt. Der Winkel zwischen der Antenne und den Frontebenen ist α, jener zwischen der Antenne und der Wellenfortpflanzungsrichtung ist β. In den Wellenfrontebenen kann die elektrische Feldstärke F noch alle verschiedenen Richtungen haben. Wir nennen den Winkel zwischen dieser Feldstärke und der Antenne γ. Die Empfangsstromamplitude in der Antenne ist proportional zu $F \cos\gamma$. Der oben als Beispiel betrachtete Fall: $\alpha = 90°$ führt auch zu $\gamma = 90°$ und

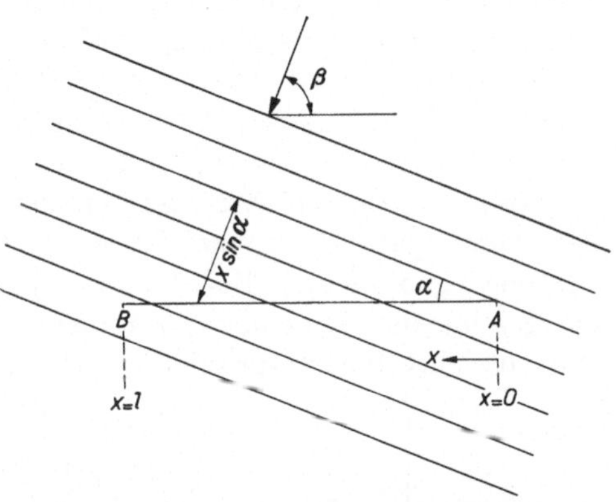

Abb. 9. Darstellung einer Reihe paralleler Wellenfrontebenen eines Systems von ebenen Wellen und eines Antennendrahtes, der von $A\,(x = 0)$ bis $B\,(x = l)$ gespannt ist. Die Fortpflanzungsrichtung der Wellen ist durch einen Pfeil bezeichnet.

daher zum Verschwinden der Empfangsstromstärke. Wir nehmen an, daß die Antennenlänge ungefähr ein Vielfaches der halben Wellenlänge sei, und daß die Antennenstromamplitude durch die Formel $A_n \sin(n\pi x/l)$ dargestellt wird, wenn das genannte Vielfache n ist. Die von einem Element der Antennenlänge zwischen x und $x + dx$ aufgenommene Leistung ist proportional zu [vgl. Gl. (5, 1)]:

$$(6,1) \qquad\qquad A_n \cdot F \cos\gamma \cdot \sin(n\pi x/l) \cdot dx.$$

Setzen wir F an der Stelle $x = 0$ gleich $F_0 \cos\omega t$, so weist die Feldstärke F an der Stelle x gegenüber F_0 einen Phasenwinkel $(2\pi x \sin\alpha)/\lambda$ auf (vgl. Abb. 9). Denn der räumliche Phasenwegunterschied von F gegenüber F_0 beträgt $x \sin\alpha$ (Abb. 9), und ein Wegunterschied von λ bedeutet einen Phasenunterschied von 2π. Die Feldstärke an der Stelle x ist also $F_0 \cos(\omega t - 2\pi x \sin\alpha/\lambda)$. Je nachdem nun der Ausdruck (6,1) positiv oder negativ ist, für einen festgelegten Zeitpunkt t, steuert das genannte Element der Antennenlänge zwischen x und $x + dx$ positiv oder negativ zur gesamten Leistungsaufnahme der Antenne aus dem ebenen Wellenzuge bei. Die Gesamtleistungsaufnahme der Antenne hängt offenbar von α ab [vgl. Gl. (6, 1)]. Hieraus erhalten wir dann in einfacher Weise die Richtcharakteristik der Antenne.

Ein einfaches Beispiel zu diesen Überlegungen ergibt sich für den Fall, daß n gerade ist und $\alpha = 0°$. Offenbar wird der Ausdruck (6, 1) dann für genau ebensoviel Antennenelemente negativ wie positiv, d. h. die Antenne nimmt bei dieser Stromverteilung aus einem solchen ebenen Wellenzug gar keine Leistung auf.

Wir erläutern jetzt das Polardiagramm einer Empfangsantenne. Dies ist eine Darstellung der Richtcharakteristik, wobei der Winkel zwischen der Einfallsrichtung und der Antennenachse in Polarkoordinaten aufgetragen ist. Für jeden Winkel β ist in der betreffenden Richtung das Verhältnis der Antennenstromamplitude im Strombauch zur elektrischen Feldstärkeamplitude im eintreffenden ebenen Wellenzug abgetragen. Hierbei wird angenommen, daß die Polarisationsrichtung der Wellen parallel zu einer Ebene durch die Antennenachse liegt. In der oben gebrauchten Bezeichnung ist also $\gamma = \alpha = 90° - \beta$. Durch Integration des Ausdrucks (6, 1) über die ganze Antennenlänge erhält man für das Polardiagramm in Abhängigkeit von α den Ausdruck:

$$(6, 2) \qquad \begin{cases} & \dfrac{\cos^2\left(\dfrac{n\pi}{2}\sin\alpha\right)}{\cos\alpha} \quad \text{für } n = 1, 3, 5, \ldots \\[2em] \text{und} & \\[1em] & -\dfrac{\sin^2\left(\dfrac{n\pi}{2}\sin\alpha\right)}{\cos\alpha} \quad \text{für } n = 2, 4, 6, \ldots \end{cases}$$

Der absolute Wert der Ausdrücke (6, 2) ist in Abb. 10 für $n = 1, 2, 3$ gezeichnet worden. Diese Polardiagramme muß man um die strichpunktierte Gerade rotieren lassen, um das wirkliche räumliche Polardiagramm für jeden der gezeichneten Fälle zu erhalten. Das Verhältnis der Stromamplitude A_n im Strombauch zur Feldstärkeamplitude kann leicht aus den Formeln und Angaben von §4 und §5 erhalten werden für den Fall, daß $\alpha = 0°$ ist. Hierzu benutzen wir die Impedanzwerte der Tabelle (4, 1) und die Formeln von §5. Die Gesamtantennenlänge sei l und die Antenne sei abgestimmt, d. h. der Blindwiderstand X nach Tabelle (4, 1) soll verschwinden. Da der Fall $n = 1$ bereits in §5 behandelt wurde, ist der nächste Fall, den wir hier betrachten, $n = 3$. Wenn wir hierbei die Antennenlänge in drei gleiche Teile spalten, so heben die Wirkungen zweier Teile einander offenbar auf, während sich für den dritten Teil aus der Berechnung (5, 1) die doppelte von der Antenne aufgenommene Leistung ergibt:

$$(6, 3) \qquad\qquad -\frac{2\,l}{3\,\pi}\,A_3 F_0\,.$$

Hierbei ist F_0 die Amplitude der elektrischen Feldstärke, A_3 die Stromamplitude im Strombauch und l die gesamte Antennenlänge. Die doppelte, von der Antenne ausgestrahlte Leistung ist:

$$(6, 4) \qquad\qquad (A_3)^2\, R\,,$$

wobei R der Tabelle (4, 1) für $n = 3$ zu entnehmen ist ($R = 106$ Ohm). Wenn man die Summe von (6, 3) und (6, 4) gleich Null setzt, ergibt sich:

$$(6, 5) \qquad\qquad A_3 = \frac{2\,l}{3\,\pi} \frac{F_0}{R}.$$

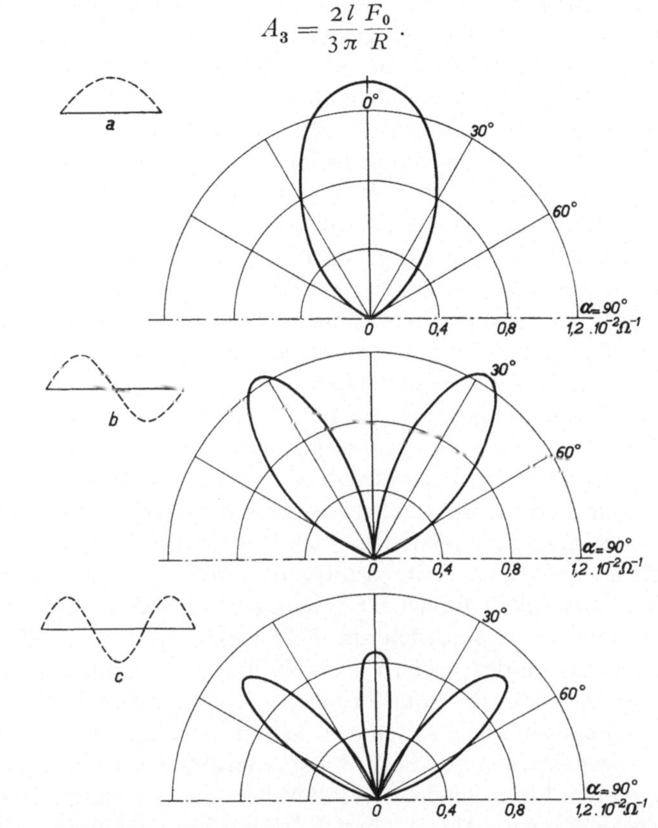

Abb. 10. Empfangsrichtdiagramme von geraden Antennen, deren Länge gleich einer halben Wellenlänge (a) einer ganzen Wellenlänge (b) und anderthalber Wellenlänge (c) ist. Der Winkel α ist der gleiche wie in Abb. 9. Abgetragen ist J/E als Funktion von α. Hierbei ist J die Antennenstromamplitude im Strombauch und E wird aus der Feldstärkeamplitude F der eintreffenden Welle nach der Formel $E = 2lF/n\pi$ berechnet (l Antennenlänge, $n = 1$ im Falle a, $n = 2$ im Falle b und $n = 3$ im Falle c). Da E in Volt und J in Ampere ausgedruckt ist, wird der Quotient J/E in Ohm^{-1} ausgedrückt. Für die Impedanz R der Antenne a ist 73 Ohm, für jene der Antenne b der Wert 93 Ohm und für jene der Antenne c der Wert 106 Ohm angenommen [Tabelle (4, 1)]. Der Blindwiderstand ist in den drei Fällen gleich Null gesetzt. Bei Belastung der Antenne durch einen äußeren Wirkwiderstand R_a müssen die Werte J/E in den Diagrammen mit $R/(R + R_a)$ multipliziert werden. Die Kurven lehren, daß bei einer Halbwellenantenne bei gegebener Feldstärke der eintreffenden Wellen für die günstigste Richtung ($\alpha = 0$) ein größerer Empfangsstrom im Strombauch auftritt als bei den anderen Antennen für irgendeine Richtung. Die Polarisationsrichtung der eintreffenden Wellen ist parallel zur Ebene, die durch die Antenne und die Fortpflanzungsrichtung bestimmt ist. Links sind gestrichelt die angenommenen Stromamplitudenverteilungen auf den Antennen a, b, c angegeben.

In ganz analoger Weise ergibt sich für $n = 5$, daß die Stromamplitude im Strombauch A_5 durch die Formel:

$$(6, 6) \qquad\qquad A_5 = \frac{2\,l}{5\,\pi} \frac{F}{R}$$

gegeben wird und allgemein für jede ungerade Zahl n:

$$(6, 7) \qquad\qquad A_n = \frac{2\,l}{n\,\pi} \frac{F}{R}.$$

Da hierbei l jedesmal die gesamte Antennenlänge bedeutet, hat der Faktor $2\,lF/n\pi$ für jedes ungerade n den gleichen Wert. Nur R nimmt, wie aus der Tabelle (4, 1) und aus der Formel (4, 2) hervorgeht, bei steigendem n zu. Es ist daher in den betrachteten Fällen nicht möglich, etwa eine größere Stromamplitude im Strombauch zu erreichen, als für den Fall $n = 1$ (Halbwellenantenne). Wenn wir uns der Ersatzschaltbilder in Abb. 6 bedienen und die Antenne in einem Strombauch anzapfen, ist die Wechselspannungsamplitude der Spannungsquelle in allen Fällen die gleiche. Aber R nimmt bei steigendem n zu. Wenn man diese Erkenntnis auf die Polardiagramme von Abb. 10 anwendet, ergibt sich, daß die größte Länge vom Nullpunkt bis zum Scheitel der Hauptschleife für $n = 1$ größer ist als jene für $n = 3$ und diese wieder größer als für $n = 5$ usw., und zwar im Verhältnis [vgl. Tabelle (4, 1) und Formel (4, 2)] 1/73 zu 1/106 zu 1/120, wenn man abgestimmte Antennen betrachtet [Blindwiderstand X der Tabelle (4, 1) gleich Null].

Analoge Betrachtungen können für die Fälle einer geraden Zahl n angestellt werden, wobei $\alpha \neq 90°$ angenommen werden muß, da für $\alpha = 90°$ die Empfangsstromamplitude verschwindet. Wir werden diese Betrachtungen nicht ausführen und verweisen nach der Abb. 10, in der die Größe der Schleifen relativ im richtigen Maßstab gezeichnet ist, sowie nach dem Anhang. Für praktische Zwecke kann hieraus mit genügender Genauigkeit für jede Empfangsrichtung das Verhältnis der Stromamplitude im Strombauch zur Feldstärkeamplitude in absoluter Größe bestimmt werden, sofern es sich um abgestimmte Antennen mit nur einer einzigen sinusförmigen Stromkomponente handelt. Für nicht abgestimmte Antennen gelten analoge Überlegungen, wie in § 5 angegeben. Auch die Frequenzcharakteristiken von geraden Antennen, deren Länge mehrere Halbwellenlängen beträgt, sind den gezeichneten Kurven in Abb. 7 ähnlich. Beim Vorhandensein mehrerer Stromkomponenten ist nach den Angaben in § 3 zu verfahren. Hiernach lassen sich die Amplituden und Phasenwinkel der Stromkomponenten für jede Empfangsrichtung berechnen.

Schrifttum: Anhang, sowie *19, 60, 71*.

§ 7. Richtcharakteristiken von Kombinationen gleicher paralleler Antennen. Wir werden zunächst die bei der Ersatzschaltung einer Empfangsantenne nach Abb. 6 in § 5 aufgestellten Begriffe auf mehrere Antennen erweitern. In Abb. 11 sind zwei Antennen gezeichnet. Einfachheitshalber sei angenommen, es seien beides Halbwellenantennen. Bei der Antenne $A\,A$ ist in der Mitte eine Wechselspannungsquelle Q_1 ohne inneren Widerstand angeschlossen und bei der Antenne $B\,B$ eine Quelle Q_2 im Punkt C. Es fragt sich nun, welche Wechselströme hierdurch in den beiden Antennen erzeugt werden. Die Stromamplitude im Strombauch der Antenne $A\,A$ sei J_1, jene im Strombauch der Antenne $B\,B$ sei J_2. Wenn die Wechselspannung der Quelle Q_1 durch $E_1 \cos\omega t$

und jene der Quelle Q_2 durch $E_2 \cos(\omega t - \psi)$ dargestellt wird, so kann der Wechselstrom im Strombauch der Antenne AA durch $J_1 \cos(\omega t - \psi_1)$ und jener im Strombauch der Antenne BB durch $J_2 \cos(\omega t - \psi_2)$ dargestellt werden, und es gilt:

$$(7,1) \quad E_1 \cos \omega t = Z_{11} J_1 \cos(\omega t - \psi_1 - \varphi_{11}) + Z_{12} J_2 \cos(\omega t - \psi_2 - \varphi_{12});$$

$$(7,2) \quad E_2 \cos(\omega t - \psi) = Z_{21} J_1 \cos(\omega t - \psi_1 - \varphi_{21})$$
$$+ Z_{22} J_2 \cos(\omega t - \psi_2 - \varphi_{22}).$$

Die Bedeutung der Faktoren Z_{11}, Z_{12}, Z_{21}, Z_{22}, welche die Dimensionen von Impedanzen haben, ist aus den Gleichungen (7, 1) und (7, 2) leicht abzuleiten. Wenn nur eine einzige Antenne AA vorhanden ist, ergibt sich aus Gl. (7, 1) der Antennenstrom bei bekannter Spannung. Folglich ist Z_{11} der absolute Wert und φ_{11} der Phasenwinkel der

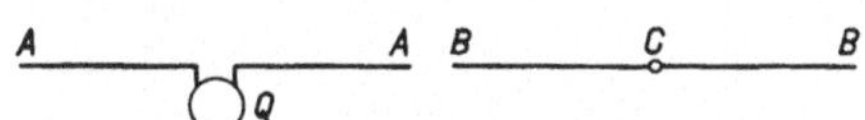

Abb. 11. Zwei gerade parallele Antennen mit einer Wechselspannungsquelle (ohne innere Impedanz) Q. Die Wechselspannung dieser Quelle folgt bei Empfangsantennen direkt aus der Antennenlänge und aus der Feldstärke (vgl. § 5).

Impedanz der Antenne AA (vgl. § 4). Das gleiche gilt in bezug auf Z_{22} und φ_{22} für die Antenne BB. Die Werte Z_{12} und φ_{12} bestimmen Größe und Phase des Stromes in der Antenne BB infolge einer an die Antenne AA angeschlossenen Wechselspannung. In diesem Fall kommt der Strom in der Antenne BB dadurch zustande, daß die Antenne AA elektromagnetische Strahlung sendet, derzufolge an der Stelle der Antenne BB eine elektrische Feldstärke entsteht, die ihrerseits wieder den Strom der Antenne BB erzeugt. Man nennt Z_{12} den absoluten Wert und φ_{12} den Phasenwinkel der gegenseitigen Impedanz der Antennen AA und BB. In analoger Weise ergibt sich die Bedeutung von Z_{21} und φ_{21}. Der Reziprozitätssatz (§ 2) führt dazu, daß: $Z_{12} = Z_{21}$ und $\varphi_{12} = \varphi_{21}$. Man kann die Formeln (7, 1) und (7, 2) auf mehr als zwei Antennen ausdehnen, indem man die gegenseitigen Impedanzen nebst zugehörigen Phasenwinkeln zwischen allen verschiedenen Antennen einführt.

Im behandelten Fall der Gleichungen (7, 1) und (7, 2) ist die Wechselspannung $E_1 \cos \omega t$ bei Empfangsantennen durch die elektrische Feldstärke der eintreffenden Welle am Ort der Antenne und durch die Antennenlänge gegeben. Im Falle einer Halbwellenantenne ist $E_1 = 2\,lF/\pi$, wenn l die Antennenlänge und F die elektrische Feldstärkeamplitude der eintreffenden Welle, die parallel zur Antenne gerichtet angenommen wird, darstellen. Im übrigen verweisen wir für andere Empfangsantennen nach den Betrachtungen in § 6. Die Gl. (7, 1) und (7, 2) sowie ihre Verallgemeinerungen auf mehrere Antennen gelten für alle Arten von Empfangsantennen, also nicht nur für gerade Antennendrähte.

Die Impedanzen Z_{11} und Z_{22} sind bereits aus § 4 bekannt. Für zwei parallele Antennendrähte, deren Länge genau eine halbe Wellenlänge beträgt (Abb. 12), ist in Abb. 13 der Betrag Z_{12} und der Phasenwinkel φ_{12} als Funktion des Abstandes d (Abb. 12) gezeichnet. Die Abnahme des Betrages Z_{12} mit dem Abstand d der Antennen erfolgt für Abstände über einer halben Wellenlänge ungefähr umgekehrt proportional zu d. Wenn Z_{12} klein ist im Vergleich zu Z_{11} und zu Z_{22}, werden die Ströme J_1 und J_2 fast ganz durch den ersten Summanden

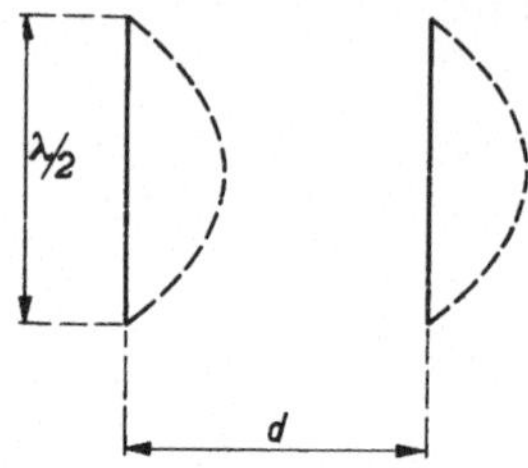

Abb. 12. Anordnung zweier paralleler Halbwellenantennen, deren Enden ein Rechteck bilden. Gestrichelt: Stromamplitudenverteilung auf den Antennen.

rechts in der Gl. (7, 1) und den zweiten Summanden rechts in der Gl. (7, 2) bestimmt, unter Vernachlässigung der übrigen Summanden. Wir nähern uns bei abnehmendem Z_{12} dem Fall, daß die Wechselwirkung der Antennen vernachlässigt werden kann.

Es soll jetzt auf zwei gleiche parallele Halbwellenantennen nach Abb. 12

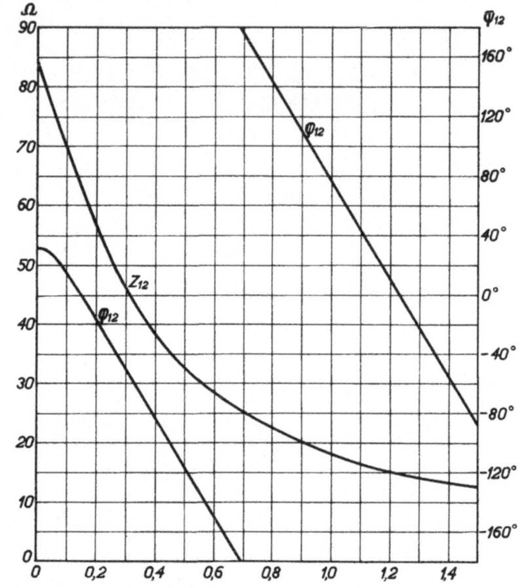

Abb. 13. Gegenseitige Impedanz im absoluten Betrag Z_{12} und im Phasenwinkel φ_{12} der zwei Antennen von Abb. 12 (Antennenlängen exakt gleich einer halben Wellenlänge). Vertikal links Z_{12} in Ohm und rechts φ_{12} in Grad. Horizontal: Antennenabstand d (Abb. 12) dividiert durch Wellenlänge λ. Der gegenseitige Wirkwiderstand ist $Z_{12}\cos\varphi_{12} = R_{12}$ und der gegenseitige Blindwiderstand $Z_{12}\sin\varphi_{12} = X_{12}$. Anwendung von Z_{12} und φ_{12} in Gl. (7, 1) und (7, 2).

eine ebene Welle treffen, deren Frontebenen parallel zur Ebene durch die Antennen sind, während die Polarisationsrichtung (Richtung der elektrischen Feldstärke) parallel zu den Antennen ist. In diesem Fall ist in den Gl. (7, 1) und (7, 2) $Z_{11} = Z_{22} = Z$, $\varphi_{11} = \varphi_{22} = \varphi$, $E_1 = E_2 = E$ und $\psi = 0$, wodurch $J_1 = J_2 = J$ und $\psi_1 = \psi_2 = \psi_0$ wird. Die aus (7, 1) und (7, 2) entstehenden Gleichungen sind gleich und ergeben:

$$(7,3) \qquad \frac{J}{E} = \left[Z \cos(\psi_0 + \varphi) + Z_{12} \cos(\psi_0 + \varphi_{12}) \right]^{-1},$$

$$(7,4) \qquad \operatorname{tg} \psi_0 = -\frac{Z_{12}\sin\varphi_{12} + Z\sin\varphi}{Z_{12}\cos\varphi_{12} + Z\cos\varphi}.$$

In diesen Formeln sind Z_{12} und φ_{12} aus Abb. 13 bekannt, während für Z und φ aus § 5 die Werte $Z = 84{,}5$ Ohm und $\varphi = 30{,}15°$ erhalten werden. Wir betrachten zunächst den Quotienten J/E für $d = 0$

(Abb. 12). In diesem Fall zweier sehr nahe zusammenliegender Antennen ist $Z = Z_{12}$ und $\varphi_{12} = \varphi = -\psi_0$. Folglich wird J/E gleich $1/2\,Z = 1/169 = 0{,}592 \cdot 10^{-2}\,\text{Ohm}^{-1}$. Wenn d sehr groß ist (zwei Antennen in großem Abstand parallel), wird $Z_{12} = 0$, folglich $\psi_0 = -\varphi$ und $J/E = 1/Z = 1/84{,}5 = 1{,}18 \cdot 10^{-1}\,\text{Ohm}^{-2}$. Für zwischenliegende Werte von d/λ kann J/E aus Abb. 14 bestimmt werden. Zur Berechnung dieser Abb. 14 sei bemerkt, daß Gl. (7, 3) unter Berücksichtigung von (7, 4) wie folgt geschrieben werden kann:

$$(7,5) \quad \begin{cases} \dfrac{J}{E} = [(R + R_{12})^2 \\ \qquad + (X + X_{12})^2]^{-1/2}, \end{cases}$$

wo $R = Z\cos\varphi$, $R_{12} = Z_{12}\cos\varphi_{12}$, $X = Z\sin\varphi$ und $X_{12} = Z_{12}\sin\varphi_{12}$. Wenn Z und Z_{12} die absoluten Beträge zweier Impedanzen sind, deren Wirk- und Blindwiderstände durch R, R_{12}, X, X_{12} dargestellt werden, so drückt Gl. (7, 5) aus, daß die Antennenstromamplitude J aus der wirksamen Antennenspannungsamplitude erhalten wird, durch Betrachtung einer Serienschaltung einer Spannungsquelle (E) mit den beiden Impedanzen Z und Z_{12}. Aus Abb. 14 ist zu ersehen, daß es einen günstigsten Wert des Antennenabstandes d gibt, für den J/E, also der Antennenstrom, bei gegebener Empfangsfeldstärke am größten wird, und zwar ist dieser günstigste Wert etwa $d = 0{,}6\,\lambda$ bis $0{,}7\,\lambda$. Für Werte $d > \lambda$ weicht der Wert J/E nur verhältnismäßig wenig vom

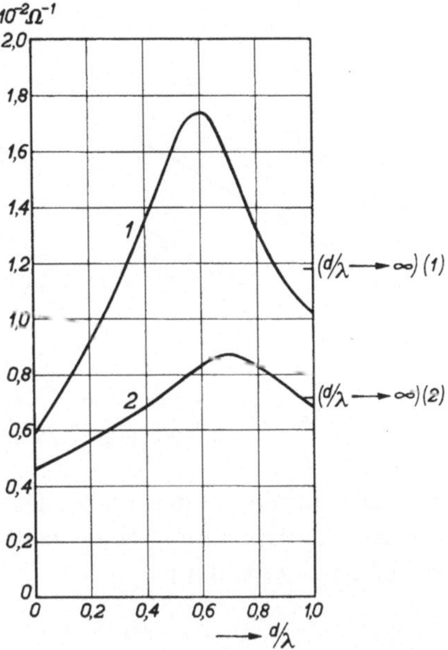

Abb. 14. Vertikal: Verhältnis der Antennenstromamplitude J (Amp.) im Strombauch zur Wechselspannung $2lF/\pi$, wobei l die Antennenlänge (cm) und F die Feldstärkeamplitude der eintreffenden Wellen an der Stelle der Antenne (Volt/cm) ist. Dieses Verhältnis ist in Ohm⁻¹ ausgedrückt. Horizontal: Abstand d der Halbwellenantennen der Abb. 12 dividiert durch die Wellenlänge. Die Wellenfrontebenen sind parallel zur Ebene durch die Antennen und die Polarisationsrichtung ist parallel zu den Antennen. Kurve 1: Antennenwirkwiderstand ist 73 Ohm und Antennenblindwiderstand ist 42,5 Ohm. Der eingezeichnete Wert für $d/\lambda \to \infty$ gilt bei sehr großem gegenseitigen Abstand der Antennen und stimmt mit dem aus Abb. 7 (Kurve 1) für $2l/\lambda = 1$ folgenden Wert überein. Kurve 2: Antennenwirkwiderstand plus Belastungswiderstand ist 140 Ohm, Blindwiderstand ist Null. Die Kurven lehren, daß ein Abstand der Antennen von 0,6 λ für Empfang aus der betrachteten Richtung am günstigsten ist.

Endwert für $d/\lambda \to \infty$, der $1{,}18 \cdot 10^{-2}\,\text{Ohm}^{-1}$ beträgt, ab. Die Gestalt der Kurven Abb. 14 hängt von der Abstimmung der einzelnen Halbwellenantennen, also von R und X, ab und ist in der Kurve 1 der Abb. 14 für $R = 73$ Ohm und $X = 42{,}5$ Ohm dargestellt. Als zweites Beispiel betrachten wir den Fall, daß jede der beiden Antennen in der Mitte eine Anschlußstelle hat, an die eine äußere Impedanz angeschlossen ist, welche für beide Antennen den Wirkwiderstand R_a

und den Blindwiderstand X_a hat. Die Formel (7, 5) schreibt sich dann:

$$(7,6) \qquad \frac{J}{E} = [(R + R_{12} + R_a)^2 + (X + X_{12} + X_a)^2]^{-1/2}.$$

In der Abb. 14, Kurve 2, ist der Ausdruck (7, 6) dargestellt für R_a = 67 Ohm und $X_a = -42{,}5$ Ohm. Auch hier zeigt sich, daß bei einem Abstand $d = 0{,}7\,\lambda$ der Quotient J/E am günstigsten ist, insbesondere auch noch günstiger als für eine Einzelantenne $(d/\lambda \to \infty)$.

Abb. 15 zeigt zwei parallele Antennen 1 und 2 im Grundriß und einen ebenen, eintreffenden Wellenzug, wobei W eine Wellenfrontebene darstellt. Die elektrische Feldstärkeamplitude an der Stelle der Antenne 1 möge F_1 betragen. Die Ersatzwechselspannung einer Halbwellenantenne an der Stelle 1 mit der Länge l wird dann:

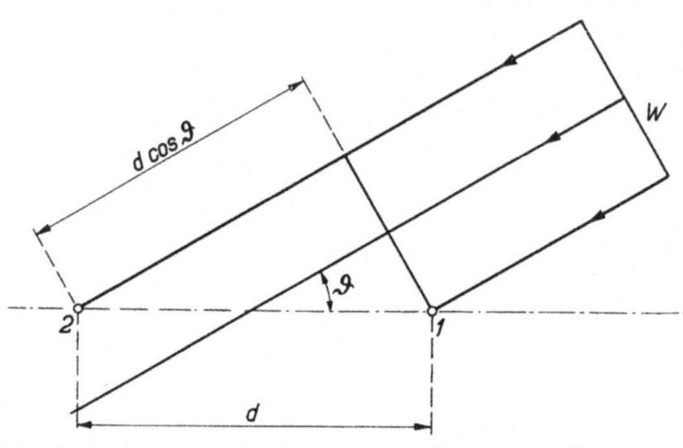

Abb. 15. Anordnung zweier Antennen 1 und 2, wie in Abb. 12, von oben gesehen, mit eingezeichneter Lage einer Wellenfront W und Bezeichnung des Einfallswinkels ϑ.

$$E_1 \cos \omega t = \frac{2\,l}{\pi} F_1 \cos \omega t$$

und die Ersatzwechselspannung der Halbwellenantenne 2 ist:

$$E_2 \cos (\omega t - \psi) = \frac{2\,l}{\pi} F_1 \cos (\omega t - \psi),$$

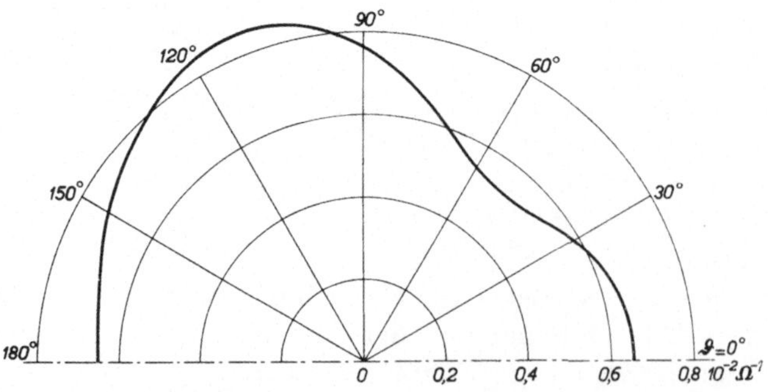

Abb. 16. Verhältnis der Antennenstromamplitude J_2 (Amp.) im Strombauch zum Wert $2lF/\pi$, wobei l die Antennenlänge (cm) und F die Feldstärkenamplitude der eintreffenden Wellen (Volt/cm) ist, als Funktion des Einfallswinkels ϑ, für die Antenne 2 (vgl. Abb. 15). Der Abstand der Antennen (Abb. 15) ist $\lambda/2$. Antennenwirkwiderstand plus Belastungswiderstand ist 140 Ohm, Antennenblindwiderstand ist Null. Für $\vartheta = 90°$ stimmt der Wert in diesem Richtdiagramm überein mit jenem der Kurve 2, Abb. 14, für $d = 0{,}5\,\lambda$. Für die günstigste Richtung (etwa $\vartheta = 110°$) ist der Empfang etwa um 20% günstiger als für eine gleiche Einzelantenne ohne zweite Parallelantenne $(d/\lambda \to \infty$ in Abb. 14, Kurve 2).

wobei nach Abb. 15 für einen Einfallswinkel ϑ gilt:

$$\psi = \frac{2\,\pi\,d}{\lambda}\cos\vartheta\,,$$

da ein Wegunterschied λ einen Phasenwinkel ψ gleich 2π erzeugt. Aus den Gl. (7, 1) und (7, 2) lassen sich in einfacher Weise die Wechselströme $J_1\cos(\omega t - \psi_1)$ und $J_2\cos(\omega t - \psi_2)$ in den beiden Halbwellenantennen als Funktionen des Einfallswinkels des ebenen Wellenzuges berechnen. Unter Benutzung der gleichen Bezeichnungen, wie in Gl. (7, 6), ergibt sich:

$$(7,7)\quad \left(\frac{J_2}{E_1}\right)^2 = \frac{\{R_{12}-(R+R_a)\cos\psi+(X+X_a)\sin\psi\}^2+\{X_{12}+(R+R_a)\sin\psi-(X+X_a)\cos\psi\}^2}{\{R_{12}^2-X_{12}^2-(R+R_a)^2-(X+X_a)^2\}^2+\{2X_{12}R_{12}-2(X+X_a)(R+R_a)\}^2}\,.$$

Wir haben den Ausdruck (7, 7) als Funktion von ϑ berechnet (Richtcharakteristik) für $R + R_a = 140$ Ohm, $X = -X_a$ und für $d = 0{,}5\,\lambda$ (Abb. 16). Man kann sich

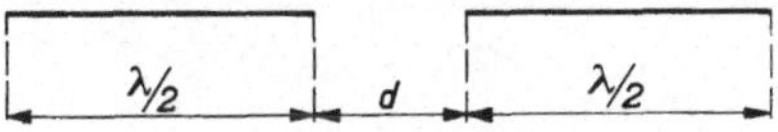

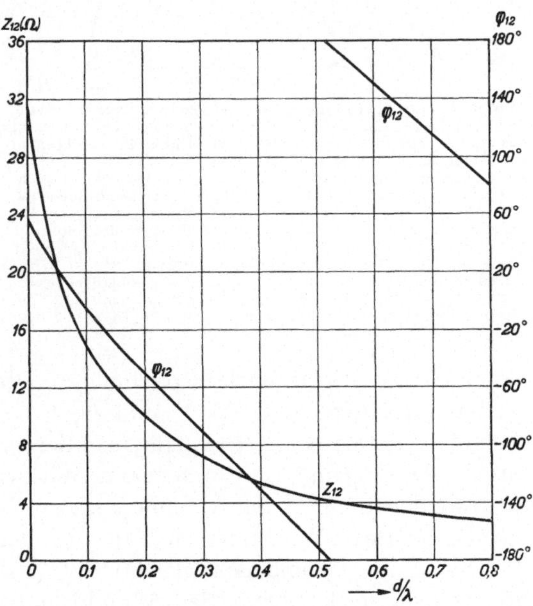

Abb. 17. Anordnung zweier Halbwellenantennen, die in einer Geraden liegen.

leicht davon überzeugen, daß die Formel (7, 7) für $\vartheta = 90°$ (vgl. Abb. 15) in die Formel (7, 6) übergeht, wie erforderlich. Der Phasenwinkel ψ_2 der Gl. (7, 1) ist durch die Formel:

$$(7,8)\quad \begin{cases} \psi_2 = \operatorname{arctg}\left(\dfrac{X_{12}+(R+R_a)\sin\psi-(X+X_a)\cos\psi}{R_{12}-(R+R_a)\cos\psi+(X+X_a)\sin\psi}\right) - \\[2mm] \qquad -\operatorname{arctg}\left(\dfrac{2X_{12}R_{12}-2(X+X_a)(R+R_a)}{R_{12}^2-X_{12}^2-(R+R_a)^2-(X+X_a)^2}\right) \end{cases}$$

bestimmt. Analoge Formeln ergeben sich für J_1/E_1 und für ψ_1.

Als nächsten Fall paralleler, gerader Antennen betrachten wir zwei Halbwellenantennen, die in einer Geraden angeordnet sind (Abb. 17). Die gegenseitige Impedanz Z_{12} zweier solcher Antennen ist in Abb. 18 im Betrag und im Phasenwinkel φ_{12} als Funktion des Abstandes d (Abb. 17) dargestellt. Auch in diesem Fall nimmt Z_{12} für Werte $d > 0{,}4\,\lambda$ ungefähr umgekehrt proportional dem Abstand d ab. Ein

Abb. 18. Koordinatenachsen wie in Abb. 13, aber mit Bezug auf die Anordnung der Abb. 17.

Vergleich der Abb. 13 und 18 lehrt, daß im zuletzt genannten Fall der Wert Z_{12} für den gleichen Abstand d (Abb. 17 und 12) viel kleiner ist als im zuerst behandelten. Die Gleichungen (7, 1) und (7, 2) gelten unverändert für die Antennenkombination der Abb. 17. Da nach Abb. 18 der Wert von Z_{12} für Abstände d von 0,2 λ und darüber gering ist im Vergleich mit Z_{11} und mit Z_{22}, ist die gegenseitige Beeinflussung der Antennen in Abb. 17 für diese Abstände gering zu nennen. Die Einzelantennen weisen daher bei dieser Anordnung fast die gleichen Eigenschaften auf, die sie ohne Anwesenheit der zweiten Antenne haben würden.

Schrifttum: Anhang, sowie *33, 71, 156.*

§ 8. Antennen mit Reflektoren und mit Wellenrichtern.

Wir betrachten wieder zwei parallele Halbwellenantennen (vgl. Abb. 15) und benutzen die eine Antenne (1 in Abb. 15) zum Empfang, während die andere (2 in Abb. 15) zur Erzeugung gewisser Richteffekte dienen soll. Das Verhältnis J_1/E_1 der Empfangsstromamplitude im Strombauch der

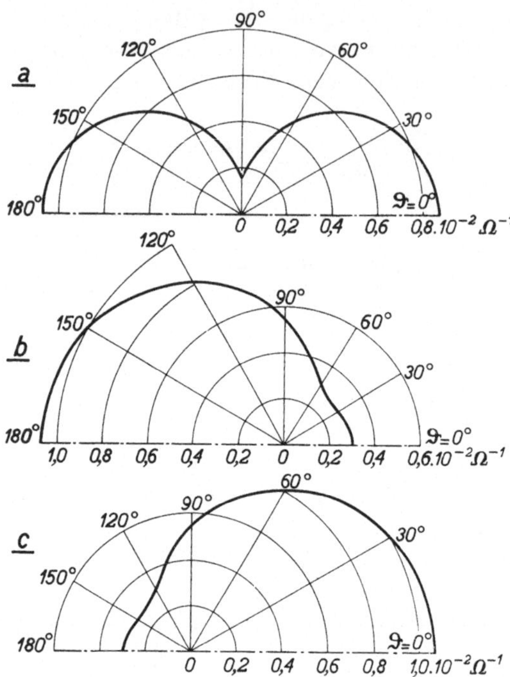

Abb. 19. Empfangsrichtdiagramme der Zweiantennenanordnung von Abb. 15 für die Antenne 1 dieser Anordnung. Abgetragen ist das gleiche Verhältnis wie in Abb. 16 (vgl. Unterschrift). Abstand der Antennen gleich $\lambda/8$. Winkel ϑ vgl. Abb. 15. Die Kurven müssen an der Strichpunktlinie gespiegelt werden, um die vollständigen Diagramme zu erhalten. Diagramm a: Blindwiderstand der Antenne 2 gleich Null, Diagramm b: Blindwiderstand der Antenne 2 gleich — 50 Ohm, Kurve c: Blindwiderstand der Antenne 2 gleich 50 Ohm. Für alle Kurven: Wirkwiderstand der Antenne 1 gleich 140 Ohm, Blindwiderstand der Antenne 1 gleich Null, Wirkwiderstand der Antenne 2 gleich 73 Ohm. Berechnung der Kurven nach Gl. (7, 1) und (7, 7). Für eine Einzelantenne mit 140 Ohm Wirkwiderstand ist die entsprechende Kurve ein Kreis mit dem Radius 0,0071 Ohm $^{-1}$.

Antenne 1 zur Ersatzwechselspannungsamplitude dieser Antenne kann wieder mit Hilfe der Gl. (7, 1) und (7, 2) berechnet werden. Die Antenne 1 sei derart belastet, daß die resultierende Impedanz im Anschlußpunkt (Antennenmitte) durch einen Wirkwiderstand $R_{11} = 140$ Ohm dargestellt wird. Für die Antenne 2 sei der Wirkwiderstand im Strombauch 73 Ohm. Wir unterscheiden drei Fälle: Blindwiderstand der Antenne 2 im Strombauch gleich Null (Fall I), Blindwiderstand im Strombauch gleich 50 Ohm (Fall II) und Blindwiderstand gleich — 50 Ohm (Fall III). Im Fall II kann die Impedanz der Antenne 2 im Strombauch durch einen Wirkwiderstand von 73 Ohm in Reihe mit einer Selbstinduktion dargestellt werden, im Fall III durch einen Wirkwiderstand von 73 Ohm in Reihe mit einer Kapazität. Daher kann der Fall II als „induktiver Fall", der Fall III als „kapazitiver Fall" bezeichnet

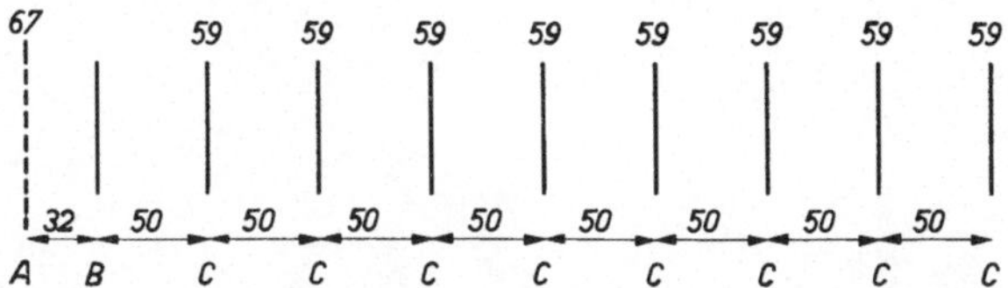

Abb. 20. Anordnung einer Anzahl von Wellenrichtern zu einem Wellenleiter. Eine Halbwellenempfangsantenne B ist auf 130 cm Wellenlänge abgestimmt. Hinter dieser Antenne B befindet sich eine Antenne A, die aus einem Kupferstab von 67 cm Länge besteht und als Wellenreflektor wirkt. Eine Anzahl von je 59 cm langen Kupferstäben C wirkt als Wellenleiter. Abstände der Antennen in cm. Die Abmessungen sind empirisch bestimmt worden.

werden. Für einen gegenseitigen Abstand d der Antennen von einer achtel Wellenlänge ist J_1/E_1 als Funktion des Einfallswinkels ϑ (vgl. Abb. 15) in den genannten drei Fällen berechnet worden (Abb. 19). Es können offenbar in diesen drei Fällen beträchtliche Richtwirkungen erzielt werden, wobei der Empfang von Wellen aus einer Vorzugsrichtung jenen einer in gleicher Weise belasteten Einzelantenne 1 be-

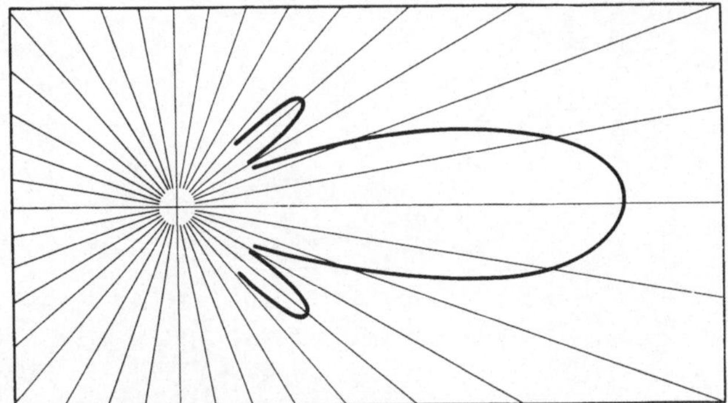

Abb. 21. Empfangsrichtdiagramm der Anordnung von Abb. 20 in willkürlichem Maßstab. (Verhältnis der Empfangsstromstärke zur Feldstärke im einfallenden ebenen Wellenzug als Funktion des Einfallswinkels.)

deutend übertrifft (vgl. Unterschrift der Abb. 19). Im Falle einer induktiven Hilfsantenne wirkt diese offenbar als „Wellenreflektor". Eine kapazitive Hilfsantenne wirkt dagegen in umgekehrter Weise, sie zieht die eintreffenden Wellen auf sich zu, man könnte sie „Wellenrichter" nennen. Wie aus § 5 bekannt ist, wirkt eine Antenne, deren Länge exakt eine halbe Wellenlänge beträgt, als „induktive Antenne" und somit als Wellenreflektor im obigen Sinn. Dagegen wirkt eine Antenne, deren Länge etwa 0,9 mal eine halbe Wellenlänge beträgt, als kapazitive Antenne und somit als Wellenrichter.

Die gerade erläuterte Eigenschaft einer kapazitiven Antenne, als Wellenrichter zu wirken, ist zur Konstruktion von „Wellenleitern"

benutzt worden, was an einem Beispiel erörtert werden soll. Eine
Antenne B ist mit einem Empfangsgerät verbunden (Abb. 20). An
der einen Seite befindet sich eine parallele Antenne A, die als Reflektor
dient, während eine Reihe von parallelen Antennen C derart angeordnet

Abb. 22. Anordnung zweier Wellenleiter nach Abb. 20 fur Sende- und Empfangszwecke. Die letzten
drei Abbildungen aus Philips techn. Rundschau Bd. 2 (1937).

ist, daß diese als Wellenrichter wirken. Ein Empfangsrichtdiagramm
dieser Anordnung in willkürlichem Maßstab findet man in Abb. 21.
Wir haben hier in der Kombination der Wellenrichter C einen „Wellenleiter" vor uns. Abb. 22 zeigt die Anordnung zweier solcher Wellenleiter für Sende- und Empfangszwecke. Die Abstimmung der Einzelantennen, die aus einfachen Kupferstäben bestehen, erfolgt in diesem
Beispiel auf empirischem Wege durch Verändern ihrer Länge. Bei

längeren Wellen (z. B. 10 m) kann die Abstimmung der Hilfsantennen durch Einschalten einer variablen Kapazität in die Mitte der Antennen erfolgen. Die Größenordnung der notwendigen Kapazität kann in einfacher Weise geschätzt werden. Die Länge der Einzelantennen soll z. B. exakt eine halbe Wellenlänge betragen. Der Blindwiderstand ist dann etwa 40 bis 50 Ohm und positiv. Will man die Antennen als Wellenrichter verwenden und einen Blindwiderstand von z. B. -50 Ohm erzielen, so muß der variable Kondensator einem Blindwiderstand von etwa $X = -100$ Ohm entsprechen. Der Betrag dieses Kondensatorblindwiderstandes ist durch $(2\,\pi f C)^{-1}$ gegeben, wenn f die Frequenz in Hertz und C die Kapazität in Farad darstellt. Folglich ist $C = 1/2\,\pi f X$. Bei 10 m Wellenlänge ist $f = 3 \cdot 10^7$ und für $X = -100$ Ohm wird $C = 53\ \mathrm{pF}$.

Als Anwendung von Wellenreflektorantennen betrachten wir die in Abb. 23 gezeichnete parabolische Anordnung. Die reflektierenden Hilfsantennen sind induktiv · abgestimmt. Eine genaue Berechnung der Empfangs-

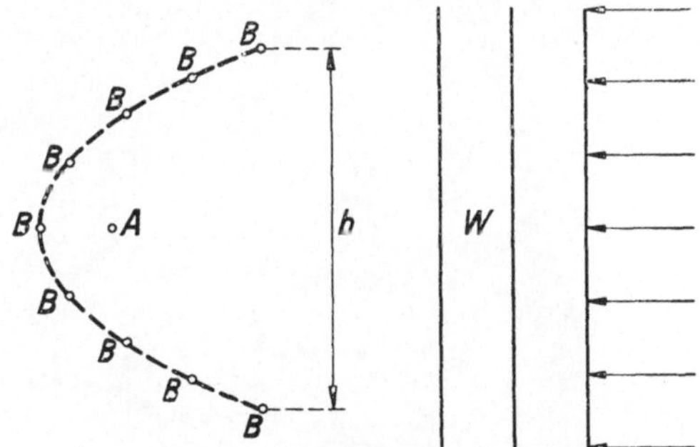

Abb. 23. Skizze einer Anordnung von induktiv abgestimmten Antennen B als parabolischer Reflektor um eine Empfangsantenne A. Öffnung der Parabel ist b. Ein ebener Wellenzug W trifft in der Pfeilrichtung auf die Empfangsanordnung.

eigenschaften dieser Anordnung der Abb. 23 könnte durch Anwendung eines Gleichungssystems stattfinden, das eine Erweiterung der Gl. (7, 1) und (7, 2) ist. Größenordnungsgemäß führt eine einfache Schätzung zum Ziel: Wir betrachten einen ebenen Wellenzug, der in Abb. 23 eingezeichnet worden ist. Eine abgestimmte Empfangsantenne mit dem Gesamtwiderstand R und einer Länge l gleich einer halben Wellenlänge würde aus diesem Wellenzug die Empfangsstromstärke (Effektivwert):

$$(8,1) \qquad J = \frac{2\,l}{\pi}\frac{F}{R}$$

entnehmen, wenn F den Effektivwert der elektrischen Feldstärke im ebenen Wellenzug darstellt. Hierbei soll F parallel zur Empfangsantenne gerichtet sein. Die von der Antenne aufgenommene mittlere Leistung beträgt $J^2 R$. Wir nehmen an, daß im Falle des Reflektorsystems die ganze Leistung, welche auf die Reflektoröffnung der Breite b (Abb. 23) trifft, von der Empfangsantenne aufgenommen wird. Diese Leistung L ist nach Gleichung (1, 3):

$$(8,2) \qquad L = \frac{1}{120\,\pi}F^2\,l\,b\,.$$

Diese Leistung ist auch gleich J^2R, wobei wir annehmen, daß R den gleichen Wert hat, wie im Falle einer Einzelantenne [Gl. (8, 1)]. Folglich wird:

$$(8,3) \qquad J = F\left(\frac{l\,b}{120\,\pi\,R}\right)^{1/2}.$$

Abb. 24. Vollparabolischer Reflektor um eine kleine vertikale Halbwellenempfangsantenne herum. Der Reflektor ist aus Holz hergestellt und mit einem Metallfarbenuberzug versehen. Diese Abbildung stammt aus Philips tech. Rundschau Bd. 2 (1937).

Das Verhältnis des Stromes (8, 3) zum Strom (8, 1) nennen wir die Verstärkung der Reflektoranordnung. Diese Verstärkung G beträgt demnach:

$$(8,4) \qquad G = \left(\frac{\pi\,b\,R}{480\,l}\right)^{1/2}.$$

Für ein Verhältnis $b/l = 10$ und $R = 73$ Ohm wäre demnach G etwa gleich $\sqrt{4,8} = 2,2$

An Stelle einer zylindrischen parabolischen Reflektoranordnung kann für sehr kurze Wellen ein Rotationsparaboloid (Abb. 24)benutzt werden. Auch für ein solches Paraboloid kann die Verstärkung näherungsweise aus einer einfachen Leistungsbetrachtung geschätzt werden. Hierzu nehmen wir an, die Öffnungsfläche des Reflektors habe einen Halbmesser r. Dann ist die Leistung, welche durch einen ebenen Wellenzug der effektiven Feldstärke F, welche parallel zur Antenne gerichtet sein soll, auf die Parabelöffnung trifft:

$$(8,5) \qquad L = \frac{1}{120\,\pi} F^2\,\pi\,r^2 .$$

Diese Leistung setzen wir gleich $J^2 R$, wobei wir annehmen, daß R, der Antennenwirkwiderstand, den gleichen Wert hat wie bei einer frei angeordneten Einzelantenne. Folglich ist:

$$(8,6) \qquad J = F\,r \left(\frac{1}{120\,R}\right)^{1/2} .$$

Die Verstärkung, welche die Empfangsstromstärke durch den Reflektor erfährt, wird erhalten, indem man (8, 6) durch (8, 1) dividiert $(l = \lambda/2)$:

$$(8,7) \qquad G = \frac{r}{\lambda}\,\pi \left(\frac{R}{120}\right)^{1/2} .$$

Als Zahlenbeispiel wählen wir: $r/\lambda = 6$ und $R = 73$ Ohm. Es ergibt sich $G = 15$. Diese Verstärkung ist offenbar bedeutend größer als für die oben betrachtete zylindrische Anordnung.

Es sei noch einmal hervorgehoben, daß die obigen Formeln für die Verstärkung G nur als Näherungen betrachtet werden dürfen, da wir auf Feinheiten der Reflexionsvorgänge nicht eingegangen sind. Diese Zahlen ergeben aber ein gutes Bild der zu erwartenden Wirkungen. Für genauere Formeln sei auf das Schrifttum hingewiesen.

Schrifttum: *38, 65, 71, 78, 79, 108, 122, 156, 161.*

§ 9. Reflexionswirkungen von Wänden und anderen Objekten.

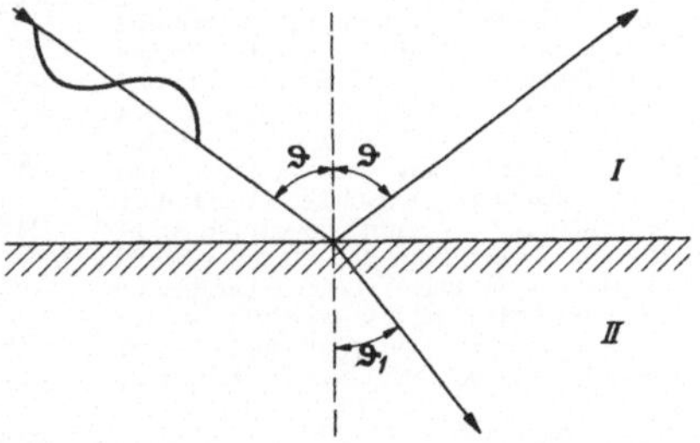

Wir betrachten einen ebenen Wellenzug, der auf eine Trennebene zwischen zwei Medien fällt (Abb. 25), die je einen unendlichen Halbraum erfüllen. Es lassen sich hierbei zwei Fälle unterscheiden:

Abb. 25. Reflexion und Brechung einer ebenen Welle (Fortpflanzungsrichtung ist die Pfeilrichtung in der Abbildung) an der ebenen Grenze zwischen zwei unendlich ausgedehnten Medien I und II. In der Abbildung ist angenommen, daß das Medium II einen größeren Brechungsindex hat als das Medium I.

1. Die Polarisationsrichtung (Richtung der elektrischen Feldstärke) der eintreffenden Welle ist parallel zur Trennungsebene. 2. Die Richtung der magnetischen Feldstärke der eintreffenden Welle ist parallel zur Trennungsebene. Als einfachsten

Fall nehmen wir zunächst an, das Medium II (Abb. 25) habe keine Leitfähigkeit und eine dielektrische Konstante ε. Wenn das obere Medium (I in Abb. 25) Luft ist, so beträgt die dielektrische Konstante ε hierfür 1 und die Leitfähigkeit ist ebenfalls Null. Der Brechungsindex n der Medien ist unter diesen Annahmen gleich der Quadratwurzel aus ε.

Die Fortpflanzungsrichtung der einfallenden ebenen Wellen (Pfeilrichtung in Abb. 25) soll den Winkel ϑ mit der Normalen zur Trennungsebene bilden. Nach bekannten Reflexionsgesetzen bildet die Fortpflanzungsrichtung der reflektierten ebenen Welle den gleichen Winkel ϑ mit der Normalen, wie die Fortpflanzungsrichtung der einfallenden Welle (Abb. 25). Im Medium II pflanzt sich eine gebrochene ebene Welle fort, deren Fortpflanzungsrichtung den Winkel ϑ_1 mit der Normalen bildet (Abb. 25). Nach dem Brechungsgesetz von SNELLIUS gilt:

$$(9, 1) \qquad n \sin \vartheta_1 = \sin \vartheta,$$

wobei n der Brechungsindex des Mediums II ist, während das Medium I den Brechungsindex 1 hat (Luft). Wenn die Feldstärkeamplitude der einfallenden Welle F beträgt, so wird diese Amplitude bei der reflektierten Welle im ersten obengenannten Fall (elektrische Feldstärke der eintreffenden Welle parallel zur Trennungsebene) gleich $f_1 F$ und im zweiten Fall (magnetische Feldstärke der eintreffenden Welle parallel zur Trennungsebene) gleich $f_2 F$. Die Polarisation der reflektierten sowie der gebrochenen Wellen ist in diesen Fällen gleich jener der einfallenden Wellen. Die Reflexionskoeffizienten f_1 und f_2 hängen vom

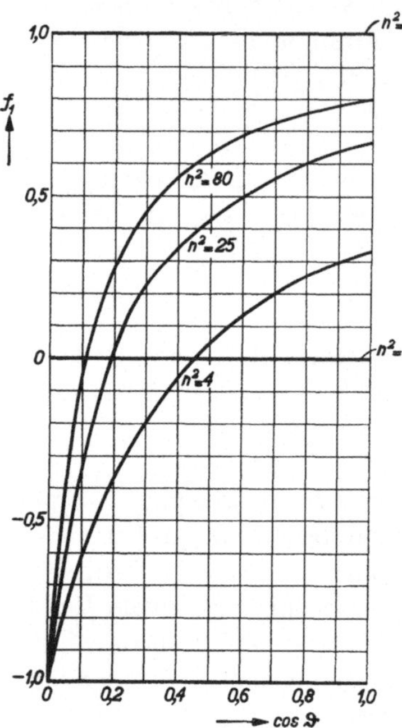

Abb. 26. Reflexionskoeffizient f_1 (vertikal) als Funktion von $\cos \vartheta$, wobei ϑ der Einfallswinkel des ebenen Wellenzuges bedeutet (vgl. Abb. 25) für verschiedene Brechungsindizes n. Die Amplituden der Feldstärken der reflektierten Wellen werden erhalten, indem man die Amplituden der Feldstärken im einfallenden Wellenzug mit f_1 multipliziert. Die Abbildung gilt für den Fall, daß die magnetische Feldstärke im ebenen Wellenzug parallel zur Trennungsebene (Abb. 25) gerichtet ist. Ein negatives Zeichen von f_1 bedeutet einen Phasensprung von 180° bei der Reflexion.

Brechungsindex n sowie vom Winkel ϑ ab. Für einige Werte von n sind sie in den Abb. 26 und 27 als Funktion von $\cos \vartheta$ dargestellt. Wenn f_1 oder f_2 ein negatives Zeichen hat, so bedeutet dies, daß die reflektierten Wellen im Reflexionspunkt einen Phasensprung von 180° erfahren. Wenn also die Feldstärke der eintreffenden Welle im Reflexionspunkt durch $F_e \cos \omega t$ gegeben ist, so lautet der Ausdruck für die Feldstärke der reflektierten Welle im Reflexionspunkt $F_r \cos (\omega t - \pi) = - F_r$

$\cos \omega t$. Aus der Abb. 27 ist zu ersehen, daß dieser Phasensprung von 180° im Falle 2 stets (bei allen Einfallswinkeln) auftritt, während aus Abb. 26 hervorgeht, daß im Falle 1 dieser Phasensprung nur für größere Einfallswinkel vorhanden ist.

Wenn das zweite Medium sowohl eine von 1 verschiedene dielektrische Konstante wie eine endliche Leitfähigkeit σ hat, können die reflektierten Wellen Phasenunterschiede zwischen 0 und 180° von den eintreffenden Wellen im Reflexionspunkt aufweisen. Um diese Verhältnisse zu illustrieren, ist in Abb. 28 der absolute Wert des Reflexionskoeffizienten $|f_1|$ für den Fall 1 sowie der Reflexionsphasensprung ψ in Grad als Funktion von $\cos \vartheta$ abgetragen, wobei eine dielektrische Konstante $\varepsilon = 6$ und eine Leitfähigkeit σ, gegeben durch $\lambda \sigma = 5/6000$ (σ Leitfähigkeit ausgedrückt in Ohm^{-1} cm^{-1} und λ Wellenlänge der eintreffenden Wellen in Luft, gemessen in m) angenommen sind. Wenn die eintreffende Welle im Reflexionspunkt eine Feldstärke $F_e \cos \omega t$ hat, so lautet der Ausdruck für die Feldstärke der reflektierten Welle in diesem Punkt $F_r \cos(\omega t + \psi)$, wobei $F_r = |f_1| \cdot F_e$ ist (Fall 1). Als Vergleichskurven sind in Abb. 29 die Werte $|f_1|$ und ψ für $n^2 = 4$ aus Abb. 26 nochmals in gleicher Weise gezeichnet wie in Abb. 28. In diesen beiden Abbildungen ist ψ für $\cos \vartheta = 0$ gleich $-180°$. Im Falle der Abb. 28 nimmt ψ gleichmäßig ab und erreicht für $\cos \vartheta = 1$ nicht ganz den Wert 0. In der Abb. 29 nimmt ψ für einen bestimmten ϑ-Wert unstetig von $-180°$ bis 0° ab. Auch die $|f_1|$-Kurven zeigen charakteristische Übereinstimmungen und andererseits Unterschiede.

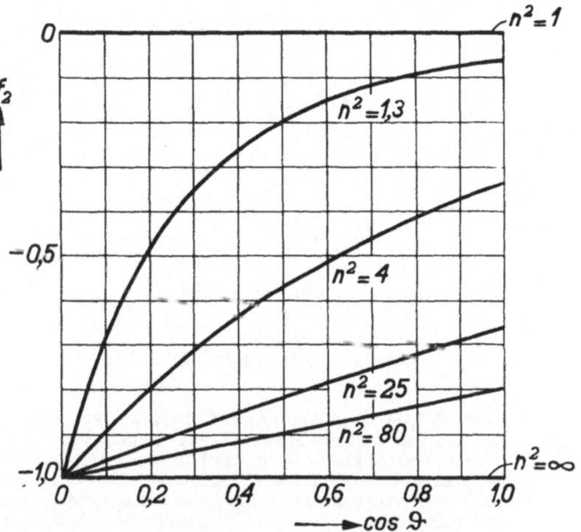

Abb. 27. Reflexionskoeffizient f_2 (vertikal) als Funktion von $\cos\vartheta$, wobei ϑ der Einfallswinkel der ebenen Wellen auf der Trennebene ist (vgl. Abb. 25) für verschiedene Brechungsindizes n. Die Abbildung gilt für den Fall, daß die elektrische Feldstärke der ebenen Wellen parallel zur Trennebene gerichtet ist. Im übrigen vgl. man Abb. 26.

Besonders hervorzuheben ist noch der Fall $n^2 = \infty$. Da die dielektrische Konstante normaler Reflexionsmedien nicht über etwa 80 (Wasser) steigt, kann dieser Fall nur durch sehr große Werte des Produktes $\lambda \sigma$ verwirklicht werden, also z. B. durch Metallwände. Im Falle 1 findet an einer solchen Trennungsebene Reflexion mit Erhaltung der Amplitude und der Phase statt (Totalreflexion), da $f_1 = 1$ ist (Abb. 26). Im Fall 2 tritt Reflexion mit Erhaltung der Amplitude und mit einem Phasensprung von 180° auf (Abb. 27) (vgl. Anhang).

Wir betrachten jetzt den Durchgang einer ebenen Welle durch eine ebene Wand bestimmter Dicke. Die Welle soll senkrecht auf die Wand treffen. Hierdurch wird die oben bezüglich der Polarisationsrichtung

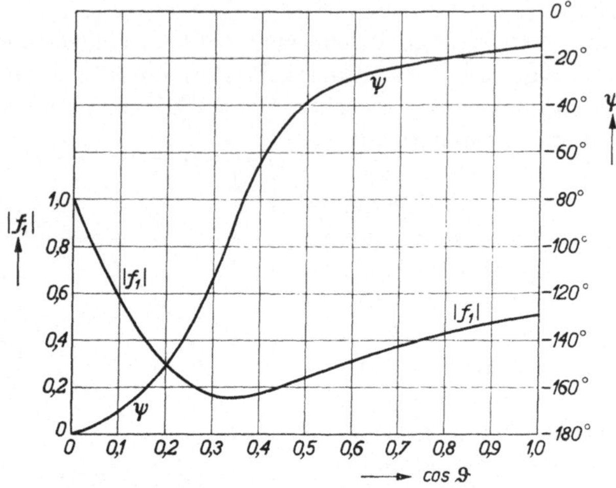

Abb. 28. Absoluter Wert $|f_1|$ und Phasenwinkel ψ (beide vertikal) des Reflexionskoeffizienten f_1 (vgl. Abb. 26) für den Fall, daß das Medium II (vgl. Abb. 25) sowohl eine dielektrische Konstante ε (in diesem Fall $\varepsilon = 6$) als eine Leitfähigkeit σ (in diesem Fall ist σ durch die Beziehung $\sigma\lambda = 5/6000$ gegeben, wobei σ in Ohm^{-1}cm^{-1} ausgedrückt ist und λ die Wellenlänge in Luft in m ist) aufweist. Wenn die elektrische Feldstärke der einfallenden Wellen an der Trennebene durch $F_e \cos\omega t$ gegeben ist, so lautet der Ausdruck für die Feldstärke der reflektierten Wellen an der Trennebene: $|f_1|\,F_e\cos(\omega t + \psi)$. Horizontal: $\cos\vartheta$, wobei ϑ der Einfallswinkel (vgl. Abb. 25) ist.

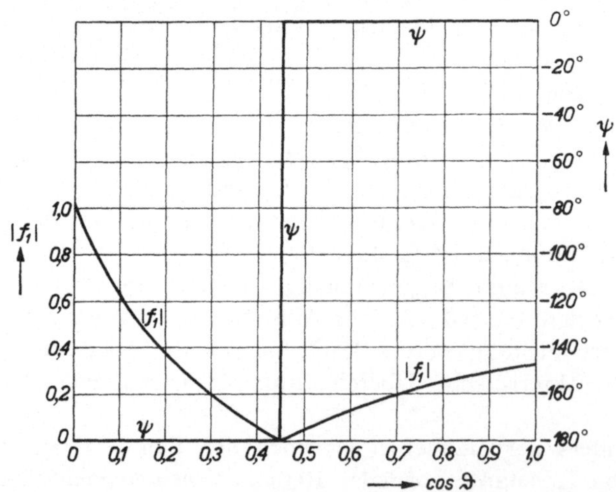

Abb. 29. Umzeichnung der Kurve für $n^2 = 4$ aus Abb. 26. Achsen wie in Abb. 28. In diesem Fall ändert sich der Phasenwinkel ψ des Reflexionskoeffizienten f_1 für einen gewissen $\cos\vartheta$-Wert sprunghaft von $-180°$ auf $0°$. Man beachte die Analogie sowie den Unterschied dieser Kurven mit jenen der Abb. 28. Dieser Vergleich trägt zum Verständnis des Einflusses der Leitfähigkeit des Mediums II auf die Reflexion bei.

der ebenen Welle getroffene Unterscheidung zweier Fälle überflüssig. In Abb. 30 ist das Verhältnis der Feldstärkeamplitude hinter der Wand zur Feldstärkeamplitude vor der Wand als Funktion von D/λ abgetragen, wobei D die Wanddicke und λ die Wellenlänge in Luft darstellen. Es sind Kurven für verschiedene Werte von δ gezeichnet, wobei $\operatorname{tg}\delta = \lambda\,\sigma \cdot 6 \cdot 10^3/\varepsilon$ ist, σ die Leitfähigkeit der Wand ($\Omega^{-1}\,\mathrm{cm}^{-1}$) und ε die dielektrische Konstante der Wand. Man nennt δ den Verlustwinkel der Wand. Aus der Abb. 30 ist zu ersehen, daß eine Wand mit dem Verlustwinkel 0 die Feldstärkeamplitude nicht wesentlich schwächt. Mit steigendem Verlustwinkel tritt eine zunehmende Schwächung ein, die außerdem stark mit steigender Wanddicke zunimmt.

Zur Beurteilung praktischer Fälle müssen wir über die Größenordnung des Verlustwinkels sowie der dielektrischen Konstanten von Stoffen, die Reflexionen verursachen können, im Bilde sein. Nach Messungen, die auf verschiedenem Wege ausgeführt wurden, gilt größenordnungsmäßig im gesamten Wellengebiet von etwa 1000 Hertz bis etwa 15 m Wellenlänge folgende Tabelle:

Tabelle (9, 1.)

	ε	σ (Ohm -1 cm -1)	$\operatorname{tg}\delta$ ($\lambda = 30$ m)
Seewasser	80	10^{-2}	22
Süßwasser	80	10^{-5}	0,022
Nasser Boden	10	$5 \cdot 10^{-5}$	0,90
Trockener Boden .	5	10^{-6}	0,036

Unterhalb etwa 10 m Wellenlänge tritt für manche Stoffe (z. B. feuchter Erdboden) eine Zunahme der Leitfähigkeit σ bei abnehmender Wellenlänge ein, wodurch σ bei 1 m Wellenlänge z. B. das Zehnfache des Wertes bei 10 m Wellenlänge erreicht. Die Kurven der Abb. 28 würden nach der Tabelle (9, 1) somit etwa zu nassem Erdboden bei 30 m Wellenlänge passen, die Kurven der Abb. 29 zu sehr trockenem Erdboden bei z. B. 15 m Wellenlänge. Die zu $\delta = \pi/4$ gehörige Kurve der Abb. 30 würde einer Wand entsprechen, deren Eigenschaften denjenigen des nassen Bodens der Tabelle (9, 1) bei etwa 30 m Wellenlänge analog sind.

Im Innern von Gebäuden können durch Zusammenwirken

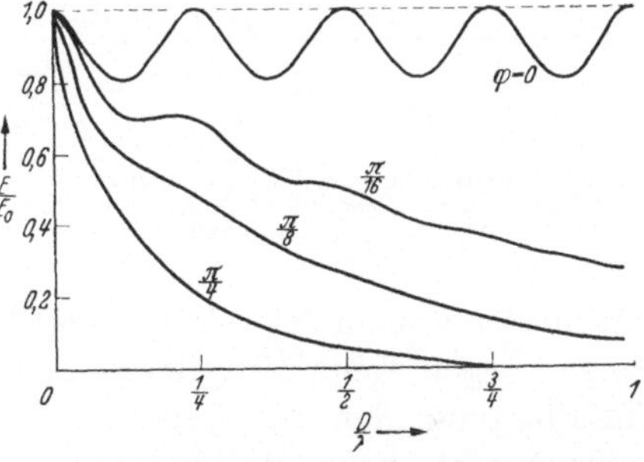

Abb. 30. Durchgang senkrecht einfallender, ebener Wellen durch eine Wand der Dicke D. Vertikal: Verhältnis der Feldstärke hinter der Wand zur Feldstärke vor der Wand (Amplituden). Horizontal: Verhältnis der Wanddicke D zur Wellenlänge λ. Kurven für verschiedene Verlustwinkel δ der Wand. (In der Abbildung ist φ statt δ geschrieben.) Der Verlustwinkel δ ist durch die Formel: $\operatorname{tg}\delta = \lambda\,\sigma \cdot 6 \cdot 10^3/\varepsilon$ gegeben, wobei λ die Wellenlänge in m, σ die Leitfähigkeit der Wand in Ohm $^{-1}$ cm $^{-1}$ und ε die dielektrische Konstante der Wand bedeuten. Für eine verlustfreie Wand (Kurve 0) tritt keine wesentliche Schwächung ein, für einen Verlustwinkel $\delta = \pi/4$ ist eine starke Schwächung vorhanden [vgl. auch Tabelle (9, 1)]. Es ist $\varepsilon = 4$.

verschiedener Reflexionen verwickelte Interferenzfiguren für die Feldstärkeverteilung entstehen. Eine Messung hierzu zeigt Abb. 31. Besonders bei Wellenlängen von der Größenordnung von 1 m liegen die Interferenzmaxima und -minima in Räumen eng zusammen. Wenn in einem solchen Raum ein Sender und ein Empfänger angeordnet sind, schwankt die Feldstärke beim Empfänger stark, wenn bei konstanter Senderstärke Änderungen der Anordnung von Objekten im Raum vorgenommen werden. Deshalb ist eine solche Anordnung besonders zur Sicherung von Räumen gegen Diebstahl und dergleichen gut verwendbar.

Analoge Verhältnisse sind auch im Freien vorhanden. Auch hier kann die Feldstärke am Empfangsort, welche durch Zusammenwirkung

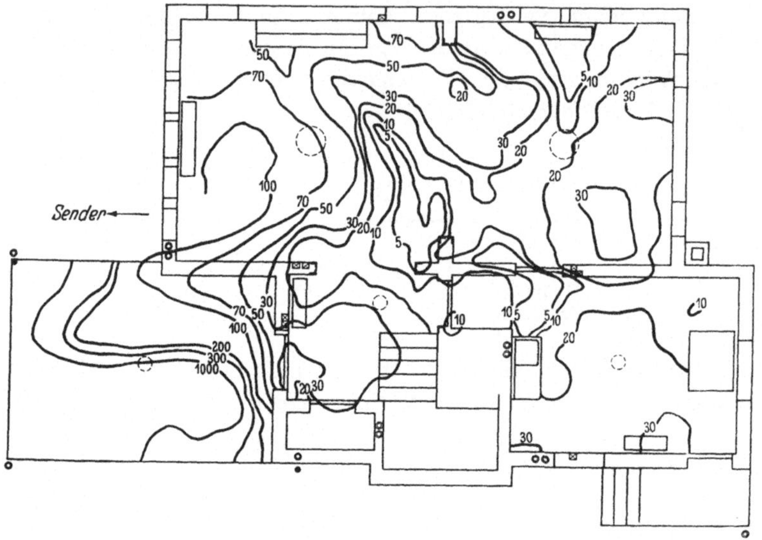

Abb. 31. Interferenzbild des Feldes im Innern von Wohnraumen. Die Pfeilrichtung weist zum Sender. Die Zahlen bei den „Höhenlinien" geben die relativen Feldstärkeamplituden der betreffenden Stellen an. Wellenlänge 6 m. Die größte horizontale Abmessung im Grundriß ist etwa 12 m.

verschiedener, zum Teil reflektierter Wellenzüge entsteht, starke Schwankungen zeigen, wenn die reflektierenden Objekte Bewegungen ausführen. Ein Flugzeug, das die Verbindungslinie Sender-Empfänger bei Meterwellen kreuzt, wobei die Flughöhe z. B. 500 m beträgt, verursacht deutlich meßbare Empfangsschwankungen. Man kann diese Erscheinungen besonders bei Verwendung von Richtantennen im Sende- und im Empfangsgerät zum „Sehen" von Objekten mittels elektrischer Wellen benutzen. Besonders im Nebel, bei Schneefall usw. dürfte diese Beobachtungsweise für Navigations- und militärische Zwecke große Verwendungsmöglichkeiten besitzen. Auch als Sicherung bestimmter Gebiete, z. B. an den Landesgrenzen, kommt ihr Bedeutung zu.

Die oben behandelten Reflexions- und Durchdringungseigenschaften der elektromagnetischen Wellen in bezug auf Medien mit verschiedenen Eigenschaften können zur Auffindung von Erzlagerstätten und zum

Studium geologischer Bodeneigenschaften benützt werden. Die zu verwendenden Wellenlängen sowie die Anordnung der Sender und Empfänger müssen den Bedingungen jedes Einzelfalles entsprechend gewählt werden.

Schrifttum: *45a, 50, 65, 91, 124, 125, 126, 127, 129, 134, 165.*

§ 10. Der Einfluß von Reflexionswirkungen auf Empfangsantennen. Bei der Behandlung dieses Einflusses können wir zwei Fälle unterscheiden: 1. Der Abstand der reflektierenden Medien von der Empfangsantenne ist groß, gemessen an der Wellenlänge in Luft. 2. Dieser Abstand ist mit der Wellenlänge vergleichbar.

Im 1. Fall wird die Impedanz der Empfangsantenne durch die Reflexionswirkungen nicht geändert. Wir können den durch die einfallenden Wellen erzeugten Antennenstrom in gleicher Weise berechnen, wie oben für Einzelantennen und für Antennenkombinationen auseinandergesetzt wurde. Die Feldstärke am Ort der Empfangsantenne setzt sich dabei nach Größe, Phase und Richtung aus den Feldstärken der nichtreflektierten und der reflektierten Wellen zusammen. Als einfaches Beispiel betrachten wir den in Abb. 32 gezeichneten Fall einer Antenne, die parallel zu einer reflektierenden Trennebene T (z. B. der Erdoberfläche) angeordnet ist, während die Fortpflanzung der eintreffenden ebenen Wellen W senkrecht zu dieser Trennebene stattfindet. Die Polarisationsrichtung der Wellen ist parallel zur Antenne. Die Antenne wird zunächst durch die eintreffenden primären Wellen getroffen. Die Feldstärkeamplitude im eintreffenden primären Wellenzug sei F. Der Reflexions-

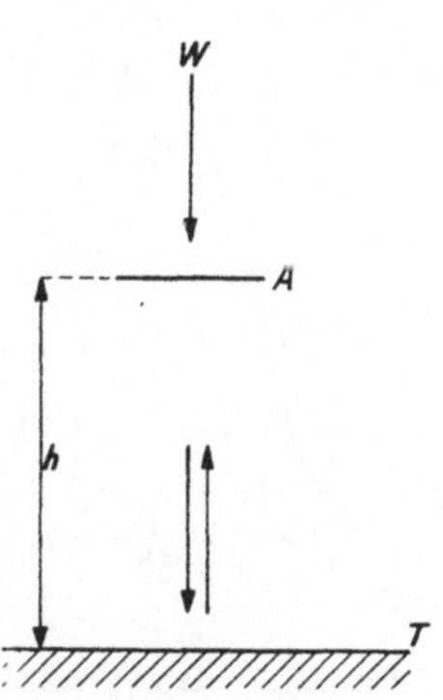

Abb. 32. Anordnung einer Antenne A parallel zur Trennungsebene T zwischen zwei Medien (Luft und Erde z. B.) in einer Höhe h. W bezeichnet die Fortpflanzungsrichtung der einfallenden Wellen. Polarisation der Wellen parallel zur Antenne.

koeffizient an der Trennebene ist f_2, folglich wird die Feldstärkeamplitude der reflektierten Welle $|f_2|F$, wobei $|f_2|$ den absoluten Betrag von f_2 darstellt. Die resultierende Feldstärke am Ort der Antenne ist:

$$(10, 1) \qquad F \cos \omega t + |f_2|F \cos (\omega t - \varphi + \psi).$$

In dieser Formel bedeutet ψ den Phasenwinkel bei der Reflexion (analog wie in Abb. 28 und 29), während φ den Phasenwinkel zum Ausdruck bringt, der durch den Weg entsteht, den die reflektierten Wellen gegenüber den Primärwellen mehr zurückgelegt haben. Da die Höhe der Antenne über der Trennebene gleich h ist, wird

$$(10, 2) \qquad \varphi = 2 \pi \frac{2h}{\lambda} \, ;$$

denn ein durchlaufener Weg von der Länge λ (Wellenlänge in Luft) bedeutet eine Phasendifferenz 2π, und der Gesamtweg ist $2h$. Aus

(10, 1) ergibt sich für die resultierende Feldstärkeamplitude am Ort
der Antenne der Ausdruck:

$$(10, 3) \qquad F_r = F \left\{ 1 + 2 |f_2| \cos(\varphi - \psi) + |f_2|^2 \right\}^{\frac{1}{2}}.$$

Diese Feldstärkeamplitude ist also eine periodische Funktion der
Antennenhöhe h. Als numerisches Beispiel wählen wir (vgl. Abb. 27;
diese Abbildung gilt in unserem Falle, da wir uns mit der elektrischen
Feldstärke befassen): $|f_2| = 0{,}5$ und $\psi = -180°$. In Abb. 33 ist die
Empfangsfeldstärke am Orte der Antenne als Funktion von h für diesen
Fall dargestellt. Wenn keine Reflexion stattfindet, ist in Abb. 33
offenbar $F_r/F = 1$. Durch die Reflexion kann also die Empfangsfeldstärke sowohl bedeutend erhöht als bedeutend geschwächt werden.

Die eben behandelten Ver-
hältnisse können bei Reflexionen von kurzen Wellen an den
Kennelly-Heaviside-Schichten
auftreten. Weiter spielen sie
beim Empfang von Fernsehwellen
eine Rolle. In einer Stadt wie
New York können z. B. mehrfach Reflexionen an Wolken-
kratzern auftreten. Beim Fernsehempfang können Reflexionen
der beschriebenen Art eine starke
Verzerrung der erwünschten Frequenzcharakteristik einer Antenne erzeugen. Wir können
diese Verzerrung der Frequenz-

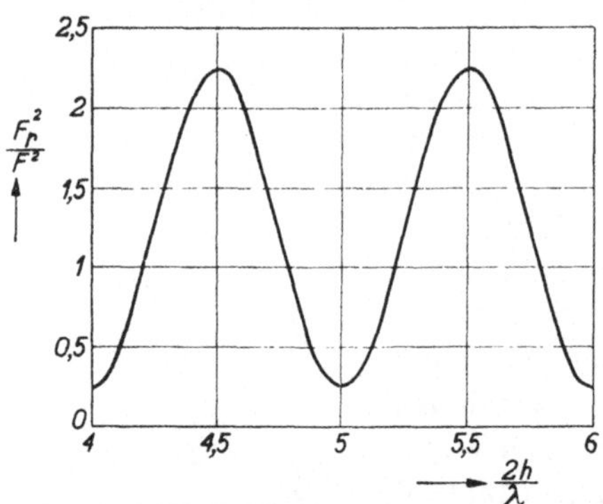

Abb. 33. Vertikal: Verhältnis des Quadrates der resultierenden Feldstärke F_r^2 am Ort der Antenne für die
Anordnung von Abb. 32 zum Quadrate der Feldstärke
F^2 im eintreffenden Wellenzug (W in Abb. 32). Horizontal: Doppelte Antennenhöhe $2\,h$ (Abb. 32) dividiert durch Wellenlänge λ. Reflexionskoeffizient f_2
der Trennebene T (Abb. 32) ist zu $-0{,}5$ angenommen
(d. h. $|f_2| = 0{,}5$ und $\psi = -180°$, vgl. auch Abb. 27).

charakteristik durch Reflexion am einfachen Beispiel der Abb. 33 ver-
folgen. Als zu übertragendes Frequenzgebiet nehmen wir die in Abb. 8
gezeichneten Verhältnisse an, also ein Gebiet von 41,5 bis 47,5 MHz.
Die in Abb. 32 gezeichnete Antenne soll für 44,5 MHz eine derartige
Höhe h über der reflektierenden Trennebene haben, daß $2\,h/\lambda = 4{,}5$ ist.
Dann wird für 41,5 MHz die Größe $2\,h/\lambda$ etwa gleich 4,2 und für 47,5 MHz
etwa gleich 4,8. Die Kurve der Abb. 33 gibt im Intervall $2\,h/\lambda$ von 4,2
bis 4,8 genau die Frequenzcharakteristik der Antenne infolge der Reflexion wieder. Diese Kennlinie muß noch mit der Frequenzcharakteristik der Antenne an sich (vgl. § 5) multipliziert werden, um die wirkliche Gesamtkennlinie der Antenne zu erhalten.

Eine zweite Folge der Reflexionen kann beim Fernsehempfang unter
Umständen bei der Projektion des Fernsehbildes in der Kathodenstrahlröhre auftreten. Das reflektierte Signal erreicht die Antenne etwas
später als das direkte Signal. Bei einem Weg $2\,h$ (Abb. 32) von z. B.

90 m ist diese Zeitdifferenz bei einer Fortpflanzungsgeschwindigkeit von $3 \cdot 10^8$ m/sec gleich $3 \cdot 10^{-7}$ sec. Zeitdifferenzen dieser Größe können durch die hohen Schreibgeschwindigkeiten des Kathodenstrahles auf dem Fluoreszenzschirm bereits zu einer Verzeichnung im Fernsehbild führen.

Wir behandeln jetzt den zweiten eingangs genannten Fall, daß die Antennenhöhe über einer reflektierenden Trennebene vergleichbar ist mit der Wellenlänge in Luft. In diesem Fall wird die Impedanz der Empfangsantenne durch die Reflexionswirkungen beeinflußt. Wir können diesen Einfluß durch eine einfache Überlegung verstehen. Im Medium unterhalb der Trennebene (Abb. 32) fließen durch die elektromagnetischen Wellen, die in dieses Medium eindringen, Wechselströme. Es treten also analoge Verhältnisse ein, wie wir sie in § 7 und § 8 für Antennen kennengelernt haben, in deren Nähe weitere Antennen angeordnet sind. Als Beispiel betrachten wir die Formel (7, 7). Der reziproke Wert der rechten Seite dieser Gleichung stellt das Quadrat der Impedanz der Antenne 2 dar, wenn man der Anwesenheit der Antenne 1 Rechnung trägt. Diese Impedanz weicht erheblich von der Impedanz ab, welche die Antenne 2 hat, wenn die Antenne 1 nicht vorhanden ist.

Die Beeinflussung der Antennenimpedanz durch die Wechselströme im unteren Medium (Abb. 32) ist besonders groß, wenn der Brechungsindex dieses Mediums sehr groß ist. Wir betrachten daher, um numerische Anhaltspunkte über diesen Einfluß zu gewinnen, den Fall eines unendlich großen Brechungsindexes. Aus Abb. 26 und 27 geht hervor, daß der Reflexionskoeffizient für den Fall, daß die magnetische Feldstärke der ebenen Wellen parallel zur Trennebene ist, gleich $+1$ ist und im Fall, daß die elektrische Feldstärke der ebenen Wellen parallel zur Trennebene ist, gleich -1, und zwar beidesmal unabhängig vom Einfallswinkel. Mit diesen Werten der Reflexionskoeffizienten hängen folgende „Spiegelungsregeln" für Vertikalantennen und für Horizontalantennen oberhalb eines Mediums mit unendlich großem Brechungsindex (bei einer horizontalen Trennebene) zusammen: Der Einfluß dieses Mediums auf eine vertikale Antenne kann ganz ersetzt werden durch den Einfluß einer zweiten Vertikalantenne, deren Lage spiegelbildlich in bezug auf die Trennebene ist und in der ein gleichphasiger Wechselstrom von spiegelbildlicher Verteilung in bezug auf jene Ebene fließt. Der Einfluß dieses Mediums auf eine Horizontalantenne kann ebenfalls durch eine spiegelbildlich gelegene Horizontalantenne ersetzt werden, in der ein Wechselstrom spiegelbildlicher Verteilung fließt, die aber einen Phasenwinkel von $180°$ in bezug auf jenen in der Horizontalantenne aufweist. Diese einfachen Spiegelungsregeln sind in Abb. 34 veranschaulicht worden. In Abb. 35 und Abb. 36 sind die Antennenwirkwiderstände R einer Halbwellenantenne im Verhältnis zum Wirk-

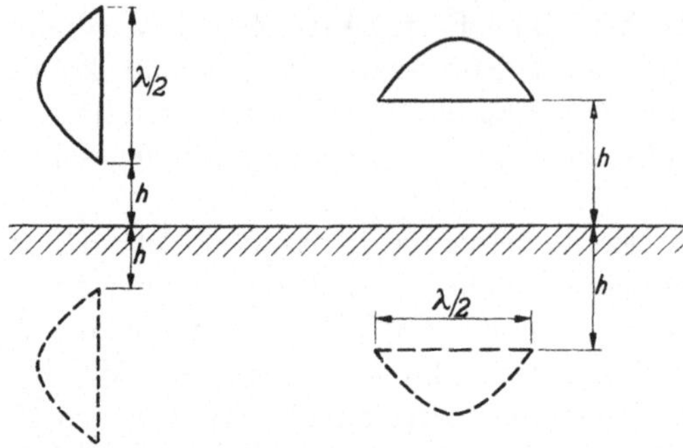

Abb. 34. Spiegelungsregeln zur Berechnung der Impedanz einer Vertikalantenne (links) sowie einer Horizontalantenne (rechts) über einer ebenen Trennungsfläche, wobei sich unterhalb dieser Trennebene ein Medium mit sehr großem Brechungsindex (dem absoluten Betrag nach) befindet, z. B. über einer ebenen, gut leitenden Metallplatte. Bei der Vertikalantenne muß mit einer spiegelbildlich gelegenen zweiten Vertikalantenne gleichphasiger Stromverteilung gerechnet werden. Bei der Horizontalantenne muß mit einer zweiten spiegelbildlich gelegenen Horizontalantenne gegenphasiger Stromverteilung (rechts in der Abbildung) gerechnet werden.

widerstand R_0 bei sehr großer Höhe über der Trennebene für die in Abb. 34 dargestellten Anordnungen gezeichnet worden. Als Widerstand R_0 ist 73 Ohm angenommen. Aus diesen beiden Abbildungen 35 und 36 kann geschlossen werden, daß der Einfluß der Eigenschaften des unteren Mediums (Abb. 34) auf den Wirkwiderstand einer im oberen Medium befind-

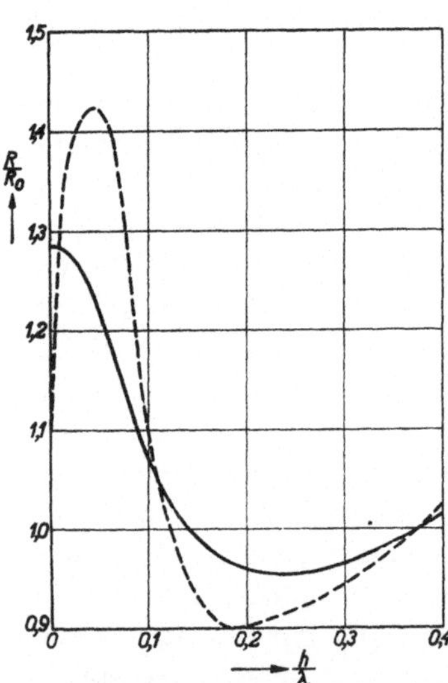

Abb. 35. Vertikal: Antennenwirkwiderstand R dividiert durch den Wirkwiderstand R_0 bei sehr großer Entfernung von der reflektierenden Ebene (also bei einer frei angeordneten Antenne) für eine Vertikalantenne als Funktion der Antennenhöhe h (vgl. Abb. 34 links) über der Trennebene dividiert durch die Wellenlänge λ in Luft (horizontal). Es ist eine Halbwellenantenne mit $R_0 = 73$ Ohm angenommen worden (Abb. 34 links). Ausgezogene Kurve: Das Medium unter der Trennebene hat einen sehr großen Brechungsindex (dem absoluten Betrag nach, also z. B. Metall). Gestrichelte Kurve: Das Medium unter der Trennebene ist Meereswasser, bei einer Wellenlänge von 20 cm in Luft.

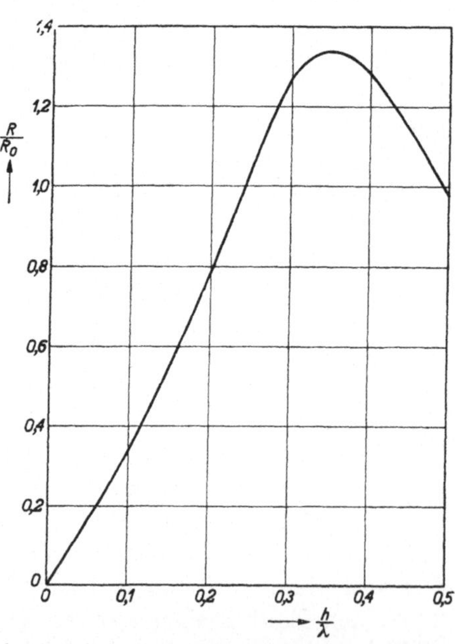

Abb. 36. Achsen wie bei Abb. 35, aber für eine Halbwellenhorizontalantenne (vgl. Abb. 34 rechts) und für das gleiche untere reflektierende Medium, wie bei Abb. 35 zur ausgezogenen Kurve gehört.

lichen Antenne nicht beträchtlich ist, wenn die Antenne mehr als etwa eine halbe Wellenlänge über der Trennebene angeordnet ist. Auf den Verlauf des Blindwiderstandes mit der

Antennenhöhe gehen wir nicht ein, da bei Empfangsantennen zur Erzielung einer möglichst großen Empfangsstromstärke dieser Blindwiderstand meistens durch Abstimmvorrichtungen zu Null gemacht wird.

Als Beispiel zu den obigen Erörterungen betrachten wir die Richtungsabhängigkeit der Empfangsstromstärke einer horizontalen Halbwellen-Empfangsantenne, welche parallel zu einer ebenen Trennfläche zwischen Luft und einem zweiten Medium angeordnet ist (Abb. 37). Die Fortpflanzungsrichtung der einfallenden Wellen W_1 und W_2 soll den Winkel ϑ (Abb. 37) mit der Vertikalen bilden. Die Antenne A wird erstens durch einfallende direkte Wellen W_1 getroffen und zweitens durch reflektierte Wellen W_2. Der Weg dieser reflektierten Wellen bis zur Antenne A ist um den Weg $\overline{AB} + \overline{BC}$ (vgl. Abb. 37) länger als der Weg der direkten Wellen. Die Abb. 37 zeigt, daß dieser Weg gleich $\overline{A^1BC}$ ist und folglich gleich $2\,h\cos\vartheta$. Die direkten Wellen sollen am Ort A der Antenne eine Feldstärke $F\cos\omega t$ aufweisen. Infolge des Wegunterschiedes $2\,h\cos\vartheta$ zeigen die reflektierten Wellen am Ort A der Antenne gegenüber den direkten Wellen eine Phasenverschiebung

$$\varphi = \frac{2\pi\,2h\cos\vartheta}{\lambda},$$

da ein Weg der Länge λ eine Phasenverschiebung 2π bedingt. Hierzu kommt noch der Phasenwinkel ψ, der bei der Reflexion der Wellen W_2 im Punkte B (Abb. 37) entsteht. Die Amplitude der Wellen W_2, die ur-

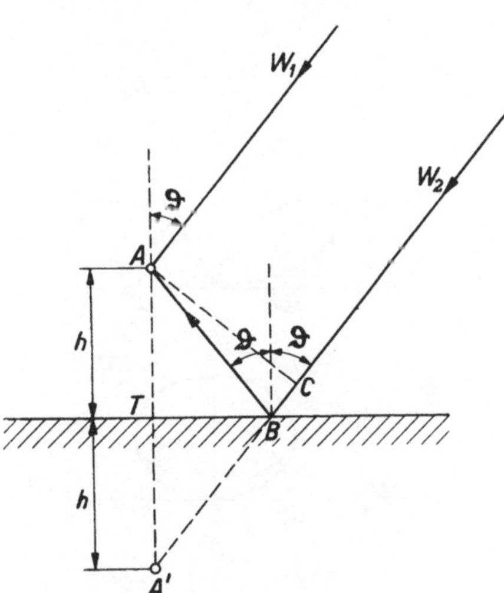

Abb. 37. Veranschaulichung der Wege W_1 und W_2, welche eine ebene Welle direkt (W_1) und nach Reflexion (W_2) zurücklegt, bevor sie eine Empfangsantenne A, welche parallel zur Trennebene T in einer Höhe h angeordnet ist (senkrecht zur Zeichenebene) erreicht. Aus der Abbildung kann man ablesen: $CBA = A^1BC = 2h\cos\vartheta$.

sprünglich wie jene der direkten Wellen den Betrag F hat, wird bei der Reflexion mit dem absoluten Betrag $|f_2|$ des Reflexionskoeffizienten f_2 (vgl. Abb. 27) multipliziert. Folglich lautet der Ausdruck für die direkten und die reflektierten Wellen am Ort A der Antenne:

$$F\cos\omega t + |f_2|\,F\cos\left(\omega t - \frac{4\pi\,h\cos\vartheta}{\lambda} + \psi\right).$$

Hieraus ergibt sich für die resultierende Amplitude der Feldstärke am Ort der Antenne:

$$(10,4)\qquad F_r = F\left[\{1 + |f_2|\cos(\varphi - \psi)\}^2 + |f_2|^2\sin^2(\varphi - \psi)\right]^{\frac{1}{2}}.$$

Im Falle eines reflektierenden unteren Mediums (vgl. Abb. 37) mit sehr großem Brechungsindex n (vgl. Abb. 27) ist $|f_2| = 1$ und $\psi = -180°$, wodurch sich die Formel (10, 4) zu:

$$(10, 5) \qquad F_r = 2F \sin (\varphi/2) = 2F \sin \left(\frac{2\pi\, h \cos\vartheta}{\lambda}\right)$$

vereinfacht. In Abb. 38 sind die Ausdrücke (10, 4) und (10, 5) für einige Werte von h als Funktion von ϑ (Empfangsrichtdiagramm) ge-

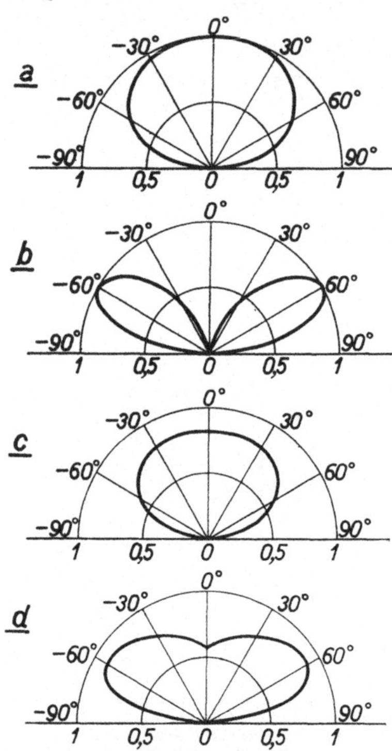

Abb. 38. Das Verhältnis der resultierenden Feldstärkeamplitude F_r am Ort der Antenne zur Feldstärkeamplitude F der eintreffenden ebenen Wellen als Funktion des Einfallswinkels ϑ (Abb. 37). a) Trennebene ist eine Metallplatte, Höhe $h = \lambda/4$ (Abb. 37). b) Trennebene ist eine Metallplatte, Höhe $h = \lambda/2$. c) Medium unterhalb der Trennebene hat einen Brechungsindex $n = 2$ (Abb. 27), Höhe $h = \lambda/4$. d) Wie c, aber $h = \lambda/2$. Ohne die reflektierende Trennebene wäre das Polardiagramm ein Kreis mit dem Radius 1 um den Punkt 0 herum.

zeichnet worden. Hieraus sind die durch Reflexion erzielten Richtwirkungen für den Fall einer Horizontalantenne deutlich zu ersehen.

Für die Berechnung der Empfangsstromstärke einer abgestimmten horizontalen Halbwellenantenne muß die oben berechnete resultierende elektrische Feldstärkeamplitude F_r in die Formel

$$J = \frac{2\,l}{\pi} \frac{F_r}{R}$$

eingesetzt werden [vgl. § 5, Formel (5, 5)]. Hierbei ist J die Stromstärkeamplitude im Strombauch und R der Antennenwirkwiderstand. Die Abstimmung der Antenne kann durch eine zusätzliche Selbstinduktion oder Kapazität, oder aber durch richtige Bemessung der Antennenlänge stattfinden (vgl. § 5). Eine interessante Anwendung der Formeln (10, 4) und (10, 5) ergibt sich für den Fall einer reflektierenden Ebene mit sehr großem Brechungsindex (z. B. Metallspiegel). Wenn wir in diesem Fall die Antennenhöhe h (vgl. Abb. 37) nach Null gehen lassen, nimmt die resultierende Feldstärke F_r ebenfalls bis zu Null ab, wie sich aus Gl. (10, 5) ergibt. Andererseits wird aber auch R gleich Null (vgl. Abb. 36). Da sowohl F_r als auch R für sehr kleine Antennenhöhen in erster Näherung mit h proportional abnehmen, bleibt das Verhältnis F_r/R und damit die Stromstärke J für sehr kleine Werte h endlich.

Schrifttum: *14, 34, 124.*

II. Übertragungsleitungen.

§ 11. Leistungsübertragung mit symmetrischen Leitungen. Übertragungsleitungen, die wir in diesem Abschnitt behandeln, dienen zur Übertragung der von der Antenne empfangenen Leistung zum Empfangsgerät. Als symmetrische Leitungen bezeichnen wir solche, bei denen die Wechselströme in einem Punkte der Hin- und in einem Punkte der Rückleitung, die gleich weit vom Anfang entfernt sind, im Betrage gleich und in Phase entgegengesetzt sind.

Diese Symmetrie, welche im Nieder- und Hochfrequenzgebiet fast selbstverständlich erscheint, ist im Kurzwellengebiet, wie wir sehen werden, oft nicht vorhanden und muß durch besondere Maßnahmen, auf die wir noch eingehen, gesichert werden.

Bei einer Leitung, die sich vom Anfangspunkt ins Unendliche erstreckt, sei zwischen den Leitern am Anfang eine sinusförmige Wechselspannung eingeschaltet. Diese Wechselspannung pflanzt sich entlang der Leitung wellenförmig fort, wobei in jedem Punkt eines der Leiter, der von der Welle erreicht ist, der Wechselstrom eine Sinusfunktion der Zeit wird. Wie bei allen ebenen fortschreitenden Wellen, ist die Amplitude des Wechselstromes an jedem Ort der Leitung, der von den Wellen erreicht ist, unter der Voraussetzung einer verlustfreien Leitung die gleiche und folglich unabhängig vom betrachteten Punkt der Leitung. Die Fortpflanzungsgeschwindigkeit dieser elektrischen Welle hängt vom Widerstand der Leiter sowie vom Dielektrikum, das die Leiter umhüllt, ab. Wenn wir Kupferleiter genügender Dicke (z. B. 1 mm) in Luft betrachten, so ist die Fortpflanzungsgeschwindigkeit im gesamten Kurzwellengebiet fast gleich der Lichtgeschwindigkeit. Bei einem umhüllenden Dielektrikum mit der dielektrischen Konstante ε ist die Fortpflanzungsgeschwindigkeit proportional zu $\varepsilon^{-1/2}$.

Wir befassen uns mit folgender Frage: Es sei, wie oben, eine nach einer Richtung unendlich lange Leitung vorgelegt. Zwischen den Leitern sei am Anfang eine Wechselspannung $E \cos \omega t$ geschaltet (innenwiderstandsfreie Spannungsquelle). Die Spannungsquelle liefert einen Wechselstrom $J \cos(\omega t - \varphi)$. Wie groß ist für eine vorgelegte Leitung der Quotient E/J und der Phasenwinkel φ? Diese beiden Größen hängen von den Eigenschaften der Leitung ab. Man nennt den Quotienten E/J den Betrag und φ den Phasenwinkel der **Wellenimpedanz** Z_0 der Leitung. Die von der Spannungsquelle an die Leitung gelieferte Leistung ist offenbar gleich $0{,}5\,EJ \cos\varphi = 0{,}5\,J^2 Z_0 \cos\varphi$. Diese Leistung pflanzt sich entlang der Leitung fort. In jedem Längenelement der Leitung wird ein Teil dieser Leistung zur Deckung der Leitungsverluste verbraucht. Es zeigt sich, daß die Stromamplitude infolge dieser Leitungsverluste als Funktion des Abstandes vom Anfangspunkt in exponentieller Weise abnimmt. Nennt man diesen

Abstand x und setzt man die Stromamplitude als Funktion von x gleich $J(x)$, dann gilt:

$$(11, 1) \qquad\qquad J(x) = J_{x\,=\,0}\,\exp(-\alpha x).$$

Die Größe α nennt man den Dämpfungsexponenten oder -koeffizienten der Leitung. Wenn x in m ausgedrückt wird, so ist α nach Gl. (11, 1) in Neper/m ausgedrückt (vgl. § 18). Eine Leitung hat also einen Dämpfungsexponenten von 1 Neper/m, wenn die Stromamplitude bei einseitig unendlich langer Leitung auf 1 m Leitungslänge mit dem Faktor 0,3679 multipliziert wird. Das gleiche Abnahmegesetz gilt auch für die Spannungsamplitude zwischen zwei entsprechenden Punkten der beiden Leiter der Leitung. Folglich ist die Leistung, welche sich entlang der Leitung fortpflanzt, nach einem Abstand x vom Leitungsanfang mit dem Faktor $\exp(-2\alpha x)$ zu multiplizieren. Der Wirkungsgrad für Leistungsübertragung eines Abschnittes der Länge x einer einseitig unendlich langen Leitung ist somit gleich $\exp(-2\alpha x)$. Dieser Wert stellt das Verhältnis der Ausgangsleistung zur Eingangsleistung dar.

Wir betrachten eine Stelle der oben behandelten Leitung, die vom Anfangspunkt die Entfernung x hat. Das Verhältnis der Spannungsamplitude $E(x)$ zwischen den Leitern zur Stromamplitude $J(x)$ in jedem der Leiter ist an dieser Stelle das gleiche wie am Leitungsanfang. Dies ist auch der Fall für die Phasenverschiebung φ zwischen Spannung und Strom. Hieraus geht hervor, daß die ganze, sich ins Unendliche erstreckende Leitung von der Stelle x ab durch eine Impedanz an der Stelle x ersetzt werden kann, die gleich der Wellenimpedanz Z_0 ist. In dieser Tatsache liegt die große Bedeutung der Wellenimpedanz. Wenn eine Leitung endlicher Länge am einen Ende durch eine Wechselspannungsquelle gespeist wird und am anderen Ende durch die Wellenimpedanz Z_0 abgeschlossen ist, so liegen auf dem begrenzten Leitungsstück völlig die gleichen Verhältnisse vor, wie auf einem gleichen Stück einer einseitig unendlich langen Leitung. Die Leistungsübertragung vom Anfang zum Ende findet mit dem Wirkungsgrad $\exp(-2\,\alpha x)$ statt, wie oben angegeben. Auf der Leitung hängen Stromamplitude und Spannungsamplitude, wie oben angegeben, in exponentieller Weise vom Abstand x, gerechnet vom Leitungsanfang (Speisungsstelle) ab. Es gibt also auf der Leitung keine Stellen, vom Anfang und vom Ende abgesehen, wo die Stromamplitude oder die Spannungsamplitude als Funktion des Abstandes vom Anfang ein Maximum oder ein Minimum hätte.

Wir fragen nun, was eintritt, wenn ein begrenztes Leitungsstück am Ende mit einer Impedanz Z abgeschlossen wird, die nicht gleich der Wellenimpedanz Z_0 ist. Diese Verhältnisse weisen eine weitgehende Analogie mit der in § 9 behandelten Reflexion ebener Wellen an einer Trennebene zweier verschiedener Medien auf. Auch im Falle unserer Leitung wird eine eintreffende elektromagnetische Welle an der Impedanz Z reflektiert. Die eintreffende Wechselspannungsamplitude an der Reflexionsstelle mit der Impedanz Z sei E und die reflektierte Amplitude sei fE, wobei f der Reflexionskoeffizient ist. Die eintreffende Wechselstromamplitude an diesem Leitungsende sei J. Dann wird wegen der Stromumkehr an der Reflexionsstelle die reflektierte Amplitude $-fJ$. Die Bedingung am Leitungsende lautet: Gesamtspannungsamplitude dividiert durch Gesamtstromamplitude ist gleich der Abschlußimpedanz Z, also:

$$(11,2) \qquad \frac{E}{J} \cdot \frac{1+f}{1-f} = Z.$$

Weiter gilt für die eintreffende Welle, wie oben behandelt: $E/J = Z_0$. Folglich ist (vgl. Anhang):

$$(11,3) \qquad f = \frac{Z - Z_0}{Z + Z_0}.$$

Im Falle, daß die Leitung am Ende mit der Impedanz $Z = Z_0$ (Wellenimpedanz) abgeschlossen ist, findet keine Reflexion statt, da dann $f = 0$ wird, wie oben bereits erläutert. Wenn der Reflexionskoeffizient f verschwindet, wird die gesamte von der eintreffenden Welle gelieferte Leistung in der Abschlußimpedanz, die in diesem Fall gleich der Wellenimpedanz Z_0 ist, absorbiert. Für alle anderen Werte von Z wird ein Teil der eintreffenden Leistung von der Impedanz Z aufgenommen und der übrige Teil reflektiert. Es findet im Falle $Z = Z_0$ eine für die vorgelegte Leitung maximale Leistungsübertragung vom Anfang zum Leitungsende statt. Offenbar hängt der Reflexionskoeffizient f nur vom Verhältnis Z/Z_0 ab. Dieses Verhältnis hat einen absoluten Betrag, den wir mit z bezeichnen, und einen Phasenwinkel ψ. In Abb. 39 ist der absolute Betrag des Reflexionskoeffizienten $|f|$ als Funktion von z und von ψ dargestellt. Für z und $1/z$, kommt die gleiche Kurve heraus wie auch aus der Gl. (11, 3) sofort folgt.

Aus den obigen Erörterungen geht hervor, daß es für eine symmetrische Übertragungsleitung zwei wichtige Größen gibt: den Dämpfungskoeffizienten α und den Wellenwiderstand Z_0, welche für das Verhalten der Leitung bestimmend sind. Zum Schluß dieses Paragraphen behandeln wir die Abhängigkeit dieser zwei Fundamentalgrößen von den Eigenschaften der Leitung. Eine Leitung der üblichen Art ist durch vier elektrische Größen gekennzeichnet: Die Kapazität C zwischen den Leitern pro Längeneinheit der Leitung (Farad/cm), die Selbstinduktion L einer Längeneinheit der Hin- und der Rückleitung zusammen (Henry/cm), den Widerstand R einer Längeneinheit der Hin- und Rückleitung zusammen (Ohm/cm), den Ableitwiderstand r zwischen den Leitern pro Längeneinheit der Leitung (Ohm cm). Wir gehen von den Voraussetzungen aus:

$$(11,4) \qquad \frac{R}{\omega L} \ll 1 \quad \text{und} \quad \frac{1}{\omega C r} \ll 1,$$

wobei ω die Kreisfrequenz der verwendeten elektrischen Wellen ist. Diese Voraussetzungen sind für gut brauchbare Leitungen im Kurzwellengebiet meistens erfüllt. Unter diesen Bedingungen ergibt sich:

$$(11,5) \qquad\qquad Z_0 = \sqrt{\frac{L}{C}}$$

und

$$(11,6) \qquad \alpha = \frac{R}{2}\sqrt{\frac{C}{L}} + \frac{1}{2\,r}\sqrt{\frac{L}{C}} = \frac{R}{2\,Z_0} + \frac{Z_0}{2\,r}.$$

Die Wellenimpedanz ist in diesem Fall ein Wirkwiderstand, und die Dämpfung α drückt sich in einfacher Weise durch diesen Wirkwiderstand,

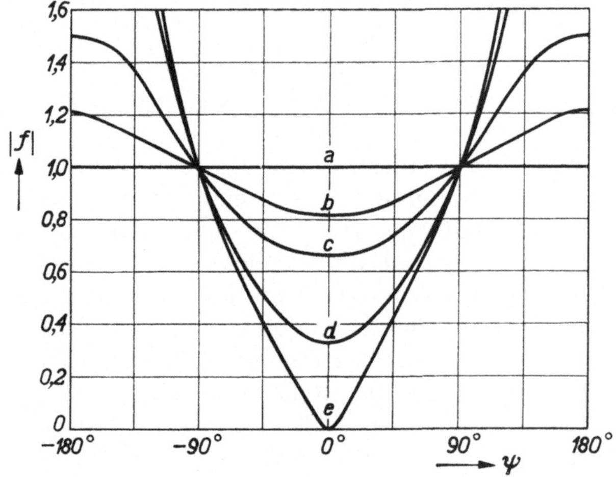

Abb 39. Vertikal: Der absolute Betrag $|f|$ des Reflexionskoeffizienten f am Ende einer Leitung nach Gl. (11, 3), wobei das Verhältnis z der Abschlußimpedanz zur Wellenimpedanz dem absoluten Betrage nach für die Kurve a gleich 0 oder ∞, für die Kurve b gleich 10 oder $^1/_{10}$, für die Kurve c gleich 5 oder $^1/_5$, für die Kurve d gleich 2 oder $^1/_2$ und fur die Kurve e gleich 1 ist. Horizontal: Der Phasenwinkel ψ des Verhältnisses z. Für Leitungen, deren Wellenimpedanz gleich einem Wirkwiderstand, dem Wellenwiderstand, ist, wie in den meisten hier behandelten Fällen, liegt ψ bei Beschrankung auf passive Abschlußimpedanzen (die keine Leistung an die Leitung liefern) zwischen -90 (Abschlußimpedanz ist eine Kapazitat) und $+90°$ (Abschlußimpedanz ist eine Selbstinduktion).

den Wellenwiderstand R_0 der Leitung und durch die Leitungswiderstände aus. Man kann die Voraussetzungen (11, 4) nach einfacher Umrechnung auf die Bedingung (11, 7) zurückführen, wobei λ die Wellenlänge auf der Leitung ist (Fortpflanzungsgeschwindigkeit dividiert durch die Frequenz):

$$(11,7) \qquad\qquad \frac{\alpha\,\lambda}{2\,\pi} \ll 1\,.$$

Schrifttum: *38, 46.*

§ 12. Paralleldrahtleitungen und Rohrleitungen. Wir behandeln in diesem Paragraphen die Eigenschaften zweier wichtiger Arten von Übertragungsleitungen, die in Abb. 40 und 41 im Querschnitt dargestellt sind.

Die Werte des Wellenwiderstandes R_0 und des Dämpfungskoeffizienten α sind für eine Paralleldrahtleitung, die frei in Luft ausgespannt ist,

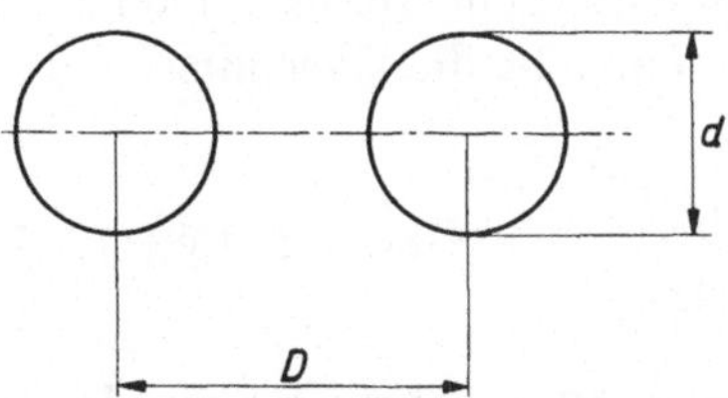

Abb. 40. Querschnitt durch eine Paralleldrahtleitung mit Abmessungen in einer Ebene senkrecht zur Längsrichtung der Leitung.

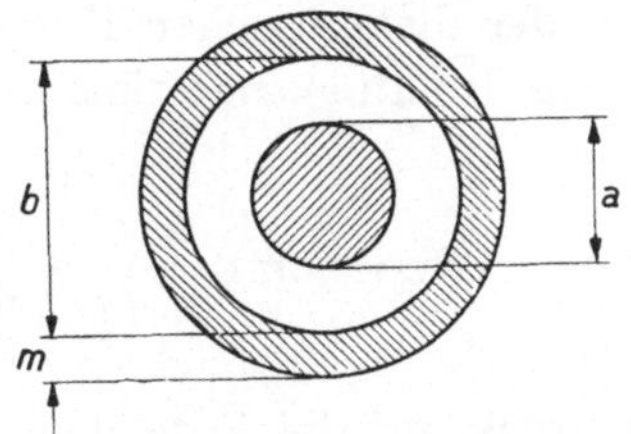

Abb. 41. Querschnitt durch eine konzentrische Rohrleitung mit Abmessungen in einer Ebene senkrecht zur Langsrichtung.

in Abb. 42 und 43 dargestellt. Die Formeln, welche hierbei verwendet werden, lauten:

$$(12,1) \qquad R_0 = 276 \lg \frac{2\,D}{d} \cdot \varepsilon^{-1/2} \text{ (Ohm)},$$

wobei R_0 den Wellenwiderstand, D den Abstand der Zentren der Drähte, d den Drahtdurchmesser, lg den BRIGGschen Logarithmus und ε die dielektrische Konstante des umgebenden Mediums bezeichnen. In der Abb. 42 ist $\varepsilon = 1$ gesetzt (für Luft). In Wasser ist z. B. $\varepsilon = 80$, also der Wellenwiderstand einer Paralleldrahtleitung etwa 9mal kleiner als der Wellenwiderstand derselben Leitung in Luft. Wenn für die Leitung isolierte Drähte verwendet werden, ist für ε in Gl. (12, 1) ein mittlerer Wert zwischen 1 und dem Wert von ε für die betreffende Isolation einzusetzen. Für Drähte, deren Isolationsmäntel sich berühren, wird in Gl. (12, 1) fast der Wert ε der Isolation gelten (für Gummi z. B. etwa 4). Die Formel für die Dämpfungsgröße α lautet:

$$(12,2) \quad \left\{ \begin{array}{l} \alpha \text{ (Neper/cm)} \\ = \dfrac{1}{2}\dfrac{R}{R_0} + \dfrac{1}{2}\dfrac{R_0}{r}. \end{array} \right.$$

Wenn man den Wechselstromwiderstand R der Leitung sowie den Ableitwiderstand r in den

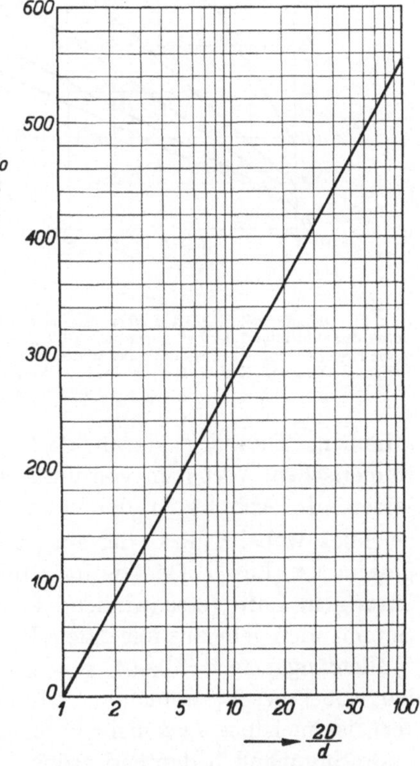

Abb. 42. Vertikal: Wellenwiderstand R_0 einer Paralleldrahtleitung in Ohm als Funktion des Verhältnisses von doppeltem Drahtabstand zum Drahtdurchmesser (horizontal).

Leitungsabmessungen d und D, der Kreisfrequenz ω, dem Gleichstromwiderstand r_g (Ohm/cm) eines Stückes eines der Leiter mit der Länge 1 cm, der dielektrischen Konstanten ε sowie dem Verlustwinkel δ (vgl. § 9) des Isolationsmaterials ausdrückt, entsteht die Gleichung:

$$(12,3) \quad \alpha \text{ (Neper/cm)} = \frac{r_g\left(\frac{1}{4} + \sqrt{\frac{\omega}{2\,r_g\,10^9}}\right)\varepsilon^{1/2}}{\left(1 - \frac{d^2}{D^2}\right)^{1/2} 276\lg\frac{2D}{d}} + \varepsilon^{1/2}\cdot\omega\cdot\text{tg}\,\delta\cdot 1{,}67\cdot 10^{-11}.$$

Ein Blick auf die Formeln (12, 1) sowie (12, 3) lehrt, daß die Dimensionen in den angeschriebenen Ausdrücken scheinbar nicht immer

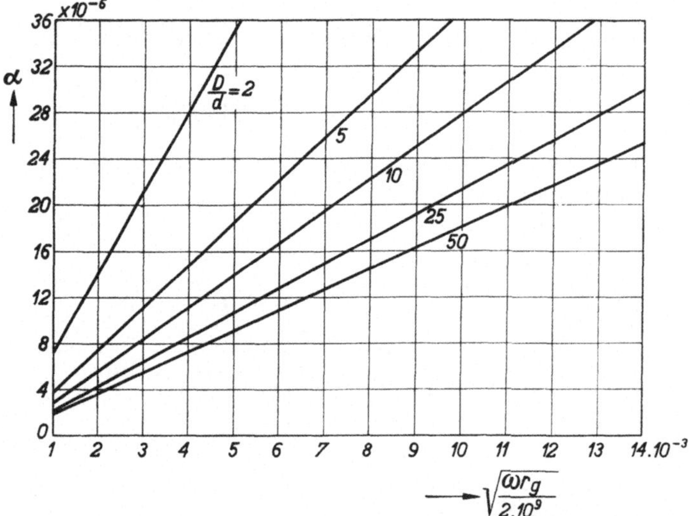

Abb. 43. Dämpfungskoeffizient α einer Paralleldrahtleitung in Neper/cm (vertikal) infolge von Verlusten durch den Widerstand der Leitungen nach Gl. (12, 3) als Funktion von $(\omega r_g\,10^{-9}/2)^{1/2}$ (horizontal), wobei ω die Kreisfrequenz in Hertz und r_g der Widerstand für Gleichstrom eines Stückes eines der Leiter von 1 cm Länge in Ohm ist. Kurven für verschiedene Werte des Verhältnisses des Leiterabstandes D zum Leiterdurchmesser d (vgl. Abb. 40).

stimmen. Dies liegt daran, daß wir Dimensionsfaktoren, welche den numerischen Wert 1 im von uns benutzten Einheitssystem haben, fortlassen. In Abb. 43 ist der erste Summand rechts der Gl. (12, 3) gezeichnet, wobei $^1/_4$ in bezug auf $\sqrt{\omega\cdot 10^{-9}/2\,r_g}$ vernachlässigt und $\varepsilon = 1$ gesetzt ist (Luft). Der zweite Summand wird bei einer Paralleldrahtleitung in Luft verschwindend klein. Die Größenordnung des zweiten Summanden geht aus folgendem Beispiel hervor: $\omega = 2\cdot 10^8$ (etwa 10 m Wellenlänge), $\text{tg}\,\delta = 0{,}001$, $\varepsilon = 4$, dann ergibt sich $6{,}68\cdot 10^{-6}$. In Fällen, wobei dieser Summand eine Rolle spielt (z. B. verdrillte isolierte Leiter), ist meistens D/d nicht groß, z. B. 2 (Abb. 43), wobei dann oft der erste Summand bedeutend größer als der zweite wird. Im Anschluß an Abb. 43 bemerken wir noch folgendes: Vergrößerung des Leiterdurchmessers d führt zu einer Verringerung von r_g und folglich bei fest-

gelegter Frequenz zu einer Verringerung des Abszissenwertes in Abb. 43.
Wenn man aber die Leiter nicht gleichzeitig weiter auseinanderrückt
(Vergrößerung von D), wogegen in anderer Hinsicht (vgl. unten, da die
Leistungsstrahlung dann zunimmt) Bedenken bestehen, ist diese Vergrößerung von d nicht immer mit einer Verringerung des Dämpfungskoeffizienten α verbunden. Folglich hat es bei dieser Paralleldrahtleitung keinen Zweck, etwa besonders dicke Leiter zur Verringerung
der Dämpfung zu verwenden.

Man kann zeigen, daß bei einer symmetrischen Paralleldrahtleitung
eine zusätzliche Dämpfung, über jene der Gl. (12, 3) hinaus, durch
Leistungsstrahlung in das umgebende Medium hinein entsteht. Die
zwei Einzelleiter der Leitung wirken als Sendeantennen. Da die Ströme
in den Leitern genau gegenphasig sind, wäre die Leistungsstrahlung
Null, wenn die Leiter örtlich zusammenfallen würden. Ihr endlicher
Abstand bedingt aber eine (verhältnismäßig geringe) Leistungsstrahlung. Die zusätzliche Dämpfung durch diese Leistungsstrahlung kann
durch einen zusätzlichen dritten Summanden auf der rechten Seite
von Gl. (12, 3) ausgedrückt werden. Nennen wir diesen zusätzlichen
Summanden α_s, so gilt angenähert:

$$(12,4) \qquad l\,\alpha_s = \frac{60\,\pi^2 \left(\frac{D}{\lambda}\right)^2}{276\lg\frac{2D}{d}} = 2{,}15\,\frac{\left(\frac{D}{\lambda}\right)^2}{\lg\frac{2D}{d}}\,\text{Neper}.$$

Hierbei ist λ die Wellenlänge in Luft in cm (da auch D und d in cm
ausgedrückt sind) und l die Leitungslänge in cm. Der Wert $l\alpha_s$ ist in
Abb. 44 als Funktion von D/λ für verschiedene Werte von $2D/d$ gezeichnet worden. Wir können uns nun von den relativen Werten der
Dämpfung durch Leistungsstrahlung und durch Leitungsverluste im
Gebiet der kurzen Wellen ein Bild machen. Wir wählen eine Wellenlänge von 10 m und somit $\omega = 1{,}88 \cdot 10^8$. Die Leiter sollen einen Gleichstromwiderstand von $2 \cdot 10^{-4}$ Ohm/cm haben und D/λ soll $5 \cdot 10^{-3}$ sein
(D also 5cm). Dann wird nach Abb. 43 für $D/d = 5$ der Wert α gleich
$15{,}8 \cdot 10^{-6}$ und nach Abb. 44 der Wert $l\alpha_s$ gleich $54 \cdot 10^{-6}$. In diesem
Fall überwiegt also die Dämpfung durch Leitungsverluste (z. B.
$l = 3000$ cm). Für noch kürzere Wellenlängen wächst die Dämpfung
durch Strahlung proportional dem Quadrate der Frequenz und die
Dämpfung durch Leitungsverluste proportional der Quadratwurzel
der Frequenz. Folglich wird im Gebiet der Meterwellen und der noch
kürzeren Wellen die Dämpfung durch Strahlung relativ immer wichtiger.
Diese Überlegung führt zwangsläufig dazu, Paralleldrahtleitungen für
sehr kurze Wellen nicht zu verwenden und an ihrer Stelle konzentrische Rohrleitungen zu benutzen (Abb. 41).

Bei solchen Rohrleitungen ist eine Leistungsstrahlung entlang der
Leitung selber unmöglich. Nur an den Enden der Leitung kann Strah-

lung stattfinden. Folglich können wir uns auf den Dämpfungskoeffizienten infolge von Leitungsverlusten beschränken. Für diesen Dämpfungskoeffizienten gilt die Formel (vgl. Abb. 41 für die Bedeutung von b und a):

$$(12,5) \quad \alpha = \varepsilon^{1/2} \cdot \frac{\sqrt{\dfrac{\omega\, r_g}{2 \cdot 10^9}}\left(1 + \dfrac{a}{b}\right)}{276 \lg \dfrac{b}{a}} + 1{,}67 \cdot 10^{-11} \cdot \varepsilon^{1/2} \cdot \omega \operatorname{tg} \delta \;(\text{Neper/cm})\,.$$

In dieser Formel sind wieder die zwei Bestandteile von α nach Gl. (12, 2) angeschrieben worden. Im ersten Summanden ist r_g der Gleichstromwiderstand (Ohm) eines Stückes des Innenleiters von 1 cm Länge.

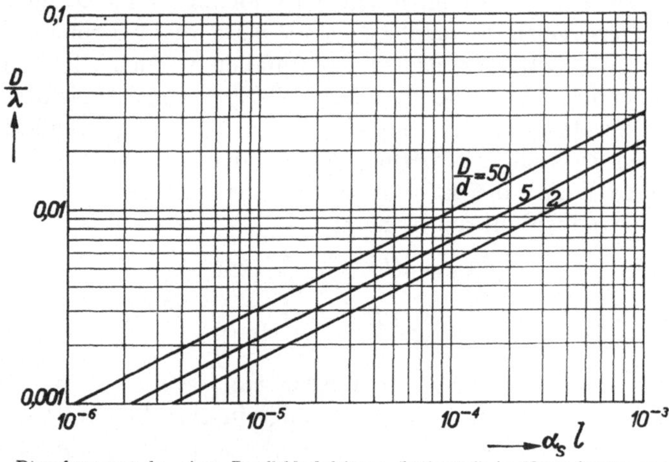

Abb. 44. Dämpfungswert $l\alpha_s$ einer Paralleldrahtleitung (horizontal) in Neper infolge von Strahlung in das umgebende Medium (Luft) hinein als Funktion von D/λ (vertikal), wobei D der Leiterabstand ist (Abb. 40) und λ die Wellenlänge im Medium. Kurven für verschiedene Werte von D dividiert durch den Leiterdurchmesser d [vgl. Gl. (12, 4)]. l Leitungslänge in cm.

Weiter ist ε die dielektrische Konstante und δ der Verlustwinkel des Mediums zwischen den Leitern (vgl. § 9). Der zweite Summand von α hat genau die gleiche Größe wie im Falle der Paralleldrahtleitung [Gl. (12, 3)], was damit zusammenhängt, daß er keine Leiterdimensionen enthält und nur von den dielektrischen Eigenschaften des Isolationsmediums abhängt. In der Gl. (12, 5) ist angenommen, daß beide Leiter der Leitung aus gleichem Material bestehen und daß der Mantel m (Abb. 41) des Außenleiters nicht zu dünn ist. Auf diesen Punkt kommen wir noch zurück. Wenn man b als fest vorgegeben annimmt, weist der erste Summand von α als Funktion von a ein Minimum auf, daß bei $b = 3{,}6\,a$ liegt. Hieraus ergibt sich eine günstigste Dimensionierung für Rohrleitungen dieser Art. Für $b = 3{,}6\,a$ lautet die Formel für den Dämpfungskoeffizienten α:

$$(12,6) \quad \alpha\;(\text{Neper/cm}) = 8{,}4 \cdot 10^{-3} \cdot \varepsilon^{1/2} \cdot \sqrt{\frac{\omega\, r_g}{2 \cdot 10^9}} + 1{,}67 \cdot 10^{-11} \cdot \varepsilon^{1/2} \cdot \omega \operatorname{tg} \delta\,.$$

Wenn man für $\mathrm{tg}\,\delta = 0$ und $\varepsilon = 1$ (Luft als Isolationsmedium), α als Funktion von $(\omega r_g/2 \cdot 10^9)^{1/2}$ abträgt, so fällt die entstehende Kurve fast mit der Kurve für $D/d = 2$ der Abb. 43 zusammen. Hieraus ergibt sich, daß bei gleicher Frequenz und bei einem Gleichstromwiderstand des Innenleiters einer Rohrleitung gleich jenem eines Leiters einer Paralleldrahtleitung der Dämpfungskoeffizient der möglichst günstig dimensionierten Rohrleitung ungefähr mit den Dämpfungskoeffizienten der ungünstigsten Paralleldrahtleitungen zusammenfällt. Hierbei sind Strahlungsverluste der Paralleldrahtleitungen nicht berücksichtigt. Diese verschieben die Wahl für sehr kurze Wellen nach den Rohrleitungen. Während wir bei Paralleldrahtleitungen zeigen konnten, daß der Summand von α, der von dielektrischen Verlusten herrührt, in den meisten in Betracht kommenden Fällen nur eine geringe Rolle spielt, müssen bei Rohrleitungen, namentlich für sehr kurze Wellen (z. B. unter 1 m), möglichst verlustfreie Isolatoren, die in gewissen Abständen voneinander angeordnet sind, verwendet werden, damit dieser Summand von α klein bleibt.

Die Formel für den Wellenwiderstand R_0 einer Rohrleitung lautet:

$$(12,7) \quad R_0 = 138 \lg \frac{b}{a} \cdot \varepsilon^{-1/2} \text{ (Ohm)} .$$

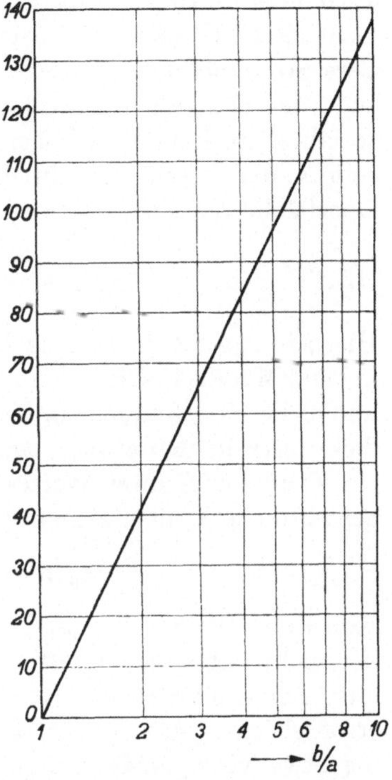

Abb. 45. Wellenwiderstand R_0 einer konzentrischen Rohrleitung in Ohm (vertikal) als Funktion des Verhältnisses b/a (vgl. Abb. 41).

Für den günstigsten Wert $b = 3{,}6\,a$ in bezug auf Dämpfung und $\varepsilon = 1$ erhält man: $R_0 = 77$ Ohm. Der Wellenwiderstand von Rohrleitungen ist im allgemeinen kleiner als jener von Paralleldrahtleitungen (vgl. Abb. 45).

Zum Schluß dieses Paragraphen behandeln wir noch einige allgemeinere Gesichtspunkte beim Vergleich von Rohrleitungen und Paralleldrahtleitungen. Zunächst betrachten wir das Auffangen von störenden Strahlungswellen durch die Leitungen. In der Umgebung von Übertragungsleitungen befinden sich manchmal Quellen kurzwelliger Strahlung (z. B. Sender, Sendeantennen, Diathermie-Kurzwellengeräte, Kraftwagenzündsysteme usw.). Man kann die Empfangsantenne derart anordnen, daß sie wenig Störstrahlung empfängt. Es ist aber unbedingt erforderlich, daß auch die Übertragungsleitung keine Störstrahlung auffängt. Wie wir wissen, sind Strahlungsaussendung und

Strahlungsempfang reziproke Begriffe. Eine Paralleldrahtleitung strahlt Leistung aus [Gl. (12, 4)]; sie empfängt also Strahlung. Eine Rohrleitung hingegen ist bei genügender Dicke des Mantels m (Abb. 41) völlig frei vom Empfang störender Wellen (die Leitungsenden werden wir in dieser Beziehung noch näher betrachten). Um ein Maß für diese „genügende Dicke" zu gewinnen, betrachten wir die hochfrequente Stromverteilung im Innern von Leitern. Infolge des bekannten „Hauteffekts" herrscht in Leiterschichten in der Nähe der Leiteroberfläche eine größere Stromdichte als in tiefer gelegenen Schichten. Wenn s_0 die Amplitude der Stromdichte in unmittelbarer Nähe der Leiteroberfläche ist, so lautet im Falle sehr hoher Frequenzen der Ausdruck für die Amplitude s_x der Stromdichte in einem senkrechten Abstand x (cm) von der Oberfläche bei einem dicken Leiter (vgl. Anhang):

$$(12, 8) \qquad s_x = s_0 \exp\left(-x\sqrt{\frac{2\pi\omega\sigma}{10^9}}\right).$$

Hierbei ist σ die spezifische Leitfähigkeit des (unmagnetisch angenommenen) Metalls in Ohm^{-1} cm^{-1} (für Kupfer ist $\sigma^{-1} = 1,7\cdot 10^{-6}$ Ohm cm) und ω die Kreisfrequenz in Hertz. Aus dieser Formel kann die Schichtdicke errechnet werden, bei der die Stromdichteamplitude z. B. auf ein Tausendstel ihres Wertes an der Leiteroberfläche abnimmt. Diese Schichtdicke x_0 in mm beträgt für Kupfer etwa:

$$(12, 9) \qquad x_0 \text{ (mm)} = 0,027 \cdot \sqrt{\lambda \text{ (m)}},$$

wobei λ die Wellenlänge in Luft in Meter ist. Bei 1 m Wellenlänge dringt der elektrische Strom nur etwa 0,027 mm in einen Kupferleiter ein. Mit „genügender Dicke" ist oben eine Dicke m gemeint, die bei Kupfer etwa gleich x_0 aus Gl. (12, 9) oder größer ist. Eine solche Dicke wird die etwa vorhandene Störstrahlung im allgemeinen genügend herabdrücken, daß sie im Innern der Rohrleitung vernachlässigbar klein gegenüber der übertragenen Wellenleistung wird. Die Wechselströme, welche in der Rohrleitung die Leistung übertragen, fließen an der Außenoberfläche des Innenleiters und an der Innenoberfläche des Außenleiters (Abb. 41). Ihre Eindringungstiefe kann wieder mit den Gl. (12, 8) und (12, 9) berechnet werden. Hieraus geht hervor, daß man in vielen Fällen aus Gründen der Materialersparnis den Innenleiter nicht massiv zu machen braucht, sondern daß er aus einem Rohr bestehen kann, dessen Wanddicke wieder größer als x_0 nach Gl. (12, 9) bei Kupfer sein muß. In diesen Fällen eines rohrförmigen Innenleiters ist r_g in den Gl. (12, 5) und (12, 6) zu berechnen, als ob der Innenleiter massiv wäre. Analoges gilt für Paralleldrahtleitungen. Auch hier können Rohre verwendet werden. Die Größe r_g in Gl. (12, 3) muß in diesen Fällen wieder berechnet werden, als ob die Leiter massiv wären.

Schrifttum: Anhang sowie *65, 99, 123, 130, 131*.

§13. Leitungsstücke als Schaltelemente. Während in den §§ 11 und 12 Leitungen im allgemeinen, bei Verwendung zur Leistungsübertragung, behandelt wurden, wobei die Länge nicht beschränkt ist, befassen wir uns jetzt mit verhältnismäßig kurzen Leitungsabschnitten. Solche Leitungsstücke können, da sie zwei Eingangs- und zwei Ausgangsanschlüsse haben, als Schaltelemente betrachtet werden, in analoger Weise wie z. B. ein Transformator oder eine Impedanz. Die Länge der Leitungsabschnitte beschränken wir durch folgende Bedingung: Wenn α der Dämpfungskoeffizient (Neper/cm) und l die Länge ist, so soll $1 - \exp(-\alpha l)$ nicht mehr als 0,05 betragen. Unter diesen Umständen ist es in den meisten Fällen zulässig, die Dämpfung der Schwingungen, die sich auf der Leitung fortpflanzen, ganz zu vernachlässigen und als erste Näherung $\alpha = 0$ zu setzen.

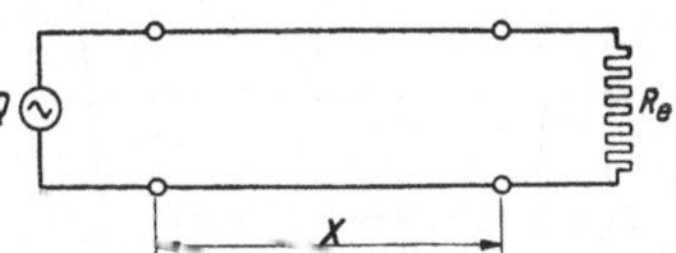

Abb. 46. Ein Leitungsstück der Länge x mit dem Endwiderstand R_e ist an eine Wechselspannungsquelle Q ohne Innenwiderstand angeschlossen. Welche Eingangsimpedanz Z_i hat dieses Leitungsstück?

Wir betrachten unter diesen Voraussetzungen ein Leitungsstück der Länge x, wobei die Wellenlänge, entlang der Leitung gemessen, gleich λ sei. Dieses Leitungsstück ist am Ende mit einem Wirkwiderstand R_e (Endwiderstand) abgeschlossen, während der Wellenwiderstand R_0 beträgt (Abb. 46). Am Anfang ist eine Wechselspannungsquelle Q ohne Innenwiderstand an der Leitung angeschlossen. Wir fragen: Welchen Wechselstrom liefert diese Spannungsquelle an die Leitung? Das Verhältnis der Wechselspannung der Quelle zum Wechselstrom nennen wir die Eingangsimpedanz Z_i der Leitung. Diese Eingangsimpedanz hat einen absoluten Betrag $|Z_i|$ und einen Phasenwinkel ψ_i. Diese beiden Größen $|Z_i|$ und ψ_i bestimmen vollständig die Antwort auf unsere Frage. Sie sind in den Abb. 47 und 48 für verschiedene Werte des Verhältnisses R_e/R_0 als Funktion von x/λ gezeichnet worden. Aus diesen Abbildungen können einige bemerkenswerte Schlüsse abgelesen werden. Diese Schlüsse beziehen sich zunächst auf Leitungen, deren Länge gleich $\lambda/8$ und deren Länge gleich $\lambda/4$ ist.

Für eine Leitung, deren Länge x gleich einem Achtel der Wellenlänge λ ist (Abb. 47), ist die Eingangsimpedanz Z_i im absoluten Betrag stets gleich dem Wellenwiderstand R_0. Der Phasenwinkel ψ_i der Eingangsimpedanz kann von 90° (Fall einer reinen Induktivität) bis $-90°$ (Fall einer reinen Kapazität) verändert werden (Abb. 48) durch Änderung des Verhältnisses des Abschlußwiderstandes R_e zum Wellenwiderstand R_0. Wir haben es also mittels einer Leitung dieser Länge in bequemer Weise in der Hand, im Gebiete sehr kurzer Wellen Impedanzen von jedem gewünschten absoluten Betrag und Phasenwinkel zu bilden.

Für eine Leitung, deren Länge $\lambda/4$ beträgt, ist der Phasenwinkel der Eingangsimpedanz Z_i stets Null (Abb. 48). Der Betrag dieser Eingangsimpedanz wird durch die Formel:

$$(13,1) \qquad Z_i = \frac{R_0^2}{R_e}$$

gegeben. Das Leitungsstück dient also als Transformator, der den Endwiderstand R_e auf einen durch Gl. (13, 1) gegebenen Wert transformiert. Wenn wir z. B. zwei Leitungen haben, mit den Wellenwider-

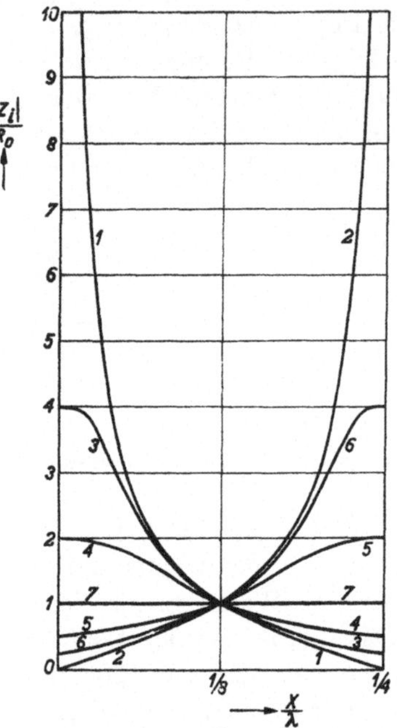

Abb. 47. Beantwortung der zu Abb. 46 gestellten Frage. Vertikal: Der absolute Betrag $|Z_i|$ der Eingangsimpedanz Z_i dividiert durch den Wellenwiderstand R_0 des Leitungsstücks. Horizontal: Leitungslänge x dividiert durch Wellenlänge λ auf der Leitung (Fortpflanzungsgeschwindigkeit dividiert durch Frequenz). Kurve 1 für ein Verhältnis vom Wellenwiderstand R_0 zum Endwiderstand R_e von 0, Kurve 2 für den Wert ∞, Kurve 3 für $^1/_4$, Kurve 4 für $^1/_2$, Kurve 5 für 2, Kurve 6 für 4, Kurve 7 für 1.

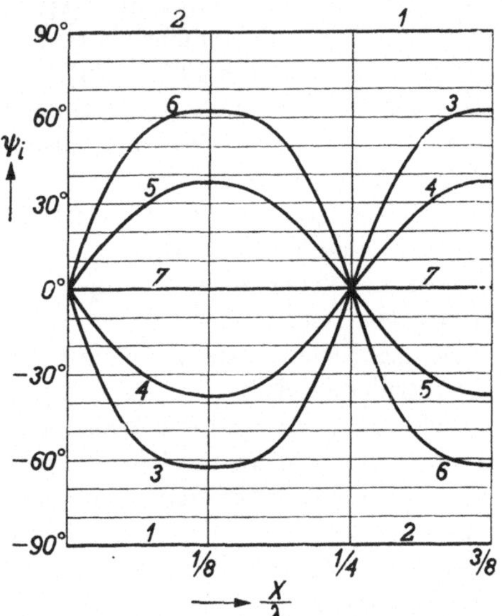

Abb. 48. Ergänzung zur Abb. 47. Vertikal: Phasenwinkel ψ_i der Eingangsimpedanz Z_i des Leitungsstücks aus Abb. 46 in Grad. Horizontal: Leitungslänge x dividiert durch Wellenlänge auf der Leitung λ. Kurven für verschiedene Werte von R_0/R_e (vgl. Abb. 47, Unterschrift).

ständen 600 Ohm und 100 Ohm, und wir wünschen diese Leitungen reflexionsfrei miteinander zu verbinden, so kann dies bequem stattfinden durch Zwischenschaltung eines Leitungsstückes der Länge $\lambda/4$. Der Wellenwiderstand dieses Leitungsstückes muß nach Gl. (13, 1): $(600 \cdot 100)^{1/2} = 245$ Ohm betragen.

Für ein Leitungsstück, dessen Länge $\lambda/2$ beträgt, gilt nach Abb. 47, die für $x > \lambda/4$ symmetrisch zu ergänzen ist, die Formel:

$$(13,2) \qquad \frac{|Z_i|}{R_0} = \frac{R_e}{R_0} \quad \text{oder} \quad |Z_i| = R_e,$$

während nach Abb. 48 der Phasenwinkel ψ_i in diesem Fall wieder gleich Null ist. Ein solches Leitungsstück hat demnach die gleichen Eigenschaften wie eine Leitung verschwindender Länge. In analoger

Weise hat ein Leitungsstück der Länge $3\lambda/4$ wieder die gleichen Eigenschaften wie eine Leitung der Länge $\lambda/4$ usw. Man muß hierbei aber berücksichtigen, daß wir von der Voraussetzung dämpfungsfreier Leitungsstücke ausgegangen sind, und diese Voraussetzung ist desto weniger erfüllt, je länger die betrachteten Leitungsstücke sind.

Wir können die in den Abb. 47 und 48 gelöste Problemstellung auch umkehren und die Leitungsstücke vom Ende mit dem Endwiderstand R_e aus betrachten. Dann lautet die Aufgabenstellung: Ein Leitungsstück ist mit der Impedanz Z_i (Betrag $|Z_i|$ und Phasenwinkel ψ_i) abgeschlossen. Welche Leitungslänge x, mit welchem Wellenwiderstand R_0 muß benutzt werden, damit am Anfang die Impedanz gleich einem Wirkwiderstand der Größe R_e wird? Als Beispiel sei vorgegeben: $|Z_i|/R_e = 0{,}8$ und $\psi_i = -30°$. Es ergibt sich, daß man diesen Forderungen durch folgende Wahl genügen kann (Abb. 47 und 48): $R_0/R_e = {}^1\!/_2$, $x = 0{,}069\,\lambda$. Ein Leitungsstück dieser Länge mit dem Wellenwiderstand $R_0 = |Z_i|/1{,}6$ transformiert die Impedanz Z_i angenähert auf den Wirkwiderstand $R_e = |Z_i|/0{,}8$.

In den Abb. 47 und 48 nehmen die zu $R_0/R_e = 0$ und $R_0/R_e = \infty$ gehörigen Kurven eine Sonderstellung ein. Es fragt sich, inwieweit diese Werte auch wirklich erreicht werden können. Im zuerst genannten Fall ist ein sehr großer Endwiderstand R_e erforderlich. Man kommt diesem Fall am nächsten, indem das Ende der Leitung offen gelassen wird. Wenn der Drahtabstand D bei einer Paralleldrahtleitung (Abb. 40) und die Abmessung b einer Rohrleitung (Abb. 41) noch klein in bezug auf die Wellenlänge λ in Luft sind, ist die Ausstrahlung elektromagnetischer Wellen in das umgebende Medium hinein vom offenen Leitungsende aus gering. Diese Strahlung kommt einer Impedanz am Leitungsende gleich, wodurch das Verhältnis R_0/R_e endlich bleibt und praktisch nie gleich Null gemacht werden kann. Im Falle, daß R_0/R_e unendlich groß sein soll, muß $R_e = 0$ sein. Man könnte dies zu erreichen versuchen durch eine Kurzschlußverbindung der Leiter am Leitungsende. In Wirklichkeit kann aber eine solche Verbindung nie eine verschwindend kleine Impedanz haben. Wenn wir z. B. einen kurzen, dicken Kupferdraht der Länge l mit dem Durchmesser d betrachten, so hat ein solches Drahtstück einen Selbstinduktionskoeffizienten K, der angenähert durch den Ausdruck:

$$(13,3) \qquad K = 2\,l\left(2{,}30\,\lg\frac{4\,l}{d} - 1\right)\cdot 10^{-9}\ \text{Henry}$$

gegeben ist. Als Beispiel sei $l = 4$ cm und $d = 0{,}5$ cm, dann wird $K = 20 \cdot 10^{-9}$ Henry. Bei einer Kreisfrequenz $\omega = 10^8$ Hertz (ungefähr 20 m Wellenlänge in Luft) erhält man eine Impedanz von 2,0 Ohm. Aus diesen Zahlen geht hervor, daß es im Kurzwellengebiet praktisch unmöglich ist, eine Verbindung mit verschwindend kleiner Impedanz zwischen zwei Leitern einer Leitung zustande zu bringen. Weiterhin ist aus (13, 3) noch folgender Schluß zu ziehen: Für Wellenlängen von der Ordnung von 1 m kann man praktisch keine reinen Wirkwiderstände von z. B. 100 Ohm oder weniger bauen. Die Blindwiderstandskomponente durch die Selbstinduktion ist stets beträchtlich in bezug auf die Wirkwiderstandskomponente. Wenn wir gewickelte Widerstände aus Draht ihrer Selbstinduktion und Kapazität wegen von vornherein ausschließen, bleiben nur gerade Drahtwiderstände oder Halbleiterwiderstände übrig. Die Länge sei wie oben 4 cm und der Durchmesser z. B. 0,5 cm, dann ist der Blindwiderstand bei 2 m Wellenlänge etwa 20 Ohm gegenüber einem Wirkwiderstand von z. B. 100 Ohm. Für noch kürzere Wellen ist das Verhältnis Blindwiderstand zu Wirkwiderstand noch ungünstiger.

Wir erwähnen noch eine Möglichkeit zur Herstellung eines Abschlußwiderstandes einer Übertragungsleitung, der ein reiner Wirkwiderstand ist. Es sei eine Übertragungsleitung vorgelegt. Wir fertigen nun eine zweite Übertragungsleitung an mit genau den gleichen Abmessungen wie die erste, aber mit Leitern aus einem Material größeren spezifischen Widerstandes. Geeignet ist auch z. B. Eisen, da es eine hohe magnetische Permeabilität besitzt, die für Eisendrähte und Röhren im Kurzwellengebiet ungefähr zu 100 angenommen werden kann. Diese Permeabilität μ muß in Gl. (12, 3) unter der Wurzel im ersten Summanden mit ω multipliziert werden. Folglich ist der Dämpfungskoeffizient einer Paralleldrahtleitung aus Eisendraht nach Gl. (12, 3) bedeutend größer als jener der Leitung mit gleichen Abmessungen aus Kupferdraht. Analoges gilt in bezug auf Gl. (12, 5) (Rohrleitung). Damit die Wellenimpedanz der so konstruierten Abschlußleitung ein Wellenwiderstand (Wirkwiderstand) bleibt, muß die Bedingung:

$$(13, 4) \qquad \frac{\alpha\,\lambda}{2\,\pi} \ll 1$$

erfüllt sein, wobei α der Dämpfungskoeffizient und λ die Wellenlänge auf der Leitung (Fortpflanzungsgeschwindigkeit dividiert durch Frequenz) ist. Das Verhältnis des Blindwiderstandes zum Wirkwiderstandsanteil der Wellenimpedanz einer Leitung ist ungefähr gleich $\alpha\,\lambda/2\pi$. Machen wir diesen Wert z. B. gleich 0,1, so findet nach Abb. 39 bei Abschluß einer Leitung durch eine zweite Leitung mit diesen Eigenschaften noch fast keine Reflexion statt (Kurve e der Abb. 39 für ψ etwa 6°). Wenn die Abschlußleitung 3 Wellenlängen lang ist, wird $\exp\,(-3\,\alpha\lambda) = 0,15$. Am Ende der Abschlußleitung sind also Stromamplitude und Spannungsamplitude bereits bedeutend kleiner als am Anfang. Die reflektierte Welle, welche vom Ende der Abschlußleitung zum Anfang zurückläuft, hat nur noch Amplituden der Größenordnung 2% der Anfangsamplituden.

Schrifttum: Anhang sowie *45a, 46, 123, 132, 133.*

§ 14. Anschluß von Leitungen an Antennen.

In diesem Paragraphen handelt es sich um gerade Empfangsantennendrähte und in Hauptsache um Halbwellenantennen (vgl. § 4 und 5). Wie erfolgt der Anschluß einer Übertragungsleitung an eine solche Empfangsantenne? Die Beantwortung dieser Frage muß für zwei Fälle erfolgen: a) Der Wellenwiderstand der Leitung ist gleich dem Antennenwiderstand zwischen den beiden Anschlußpunkten gemessen, und b) diese Gleichheit ist nicht vorhanden, wodurch besondere Anschlußschaltelemente erforderlich werden.

Der einfachste Fall a) ist bei einer abgestimmten Halbwellenempfangsantenne, welche in der Mitte durchgeschnitten ist zur Erzielung zweier Anschlußpunkte, leicht zu verwirklichen. Der Antennenwiderstand zwischen den Anschlußpunkten ist etwa 70 Ohm. Zur maximalen Leistungsübertragung soll der Wellenwiderstand der Leitung, welche an diese Punkte angeschlossen wird, auch etwa 70 Ohm betragen. Übertragungsleitungen mit 70 Ohm Wellenwiderstand können bei der Ausführung als konzentrische Rohrleitung dadurch erzielt werden, daß das Verhältnis b/a (vgl.

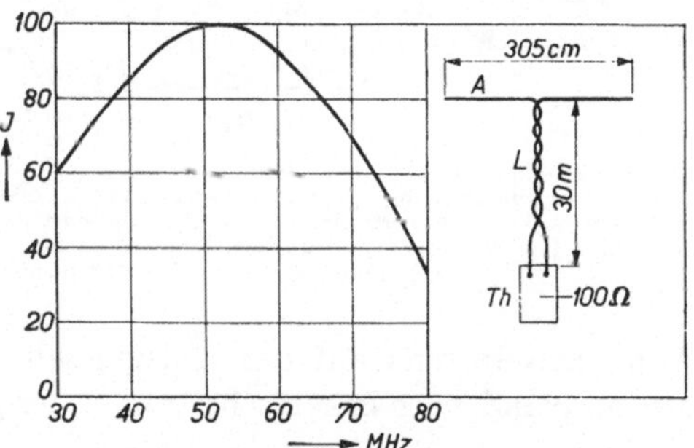

Abb. 49. Rechts: Meßanordnung, bestehend aus einer Halbwellenempfangsantenne A, in der Mitte aufgetrennt und mit einer Antennenleitung L verbunden, die aus zwei isolierten verdrillten Kupferdrähten besteht, wobei am Ende der Leitung L der Hitzdraht eines Thermokreuzes Th angeschlossen ist, der etwa 100 Ohm Widerstand hat. Links: Vertikal: Wechselstrom durch den Hitzdraht des Thermokreuzes Th in relativem Maßstab. Horizontal: Frequenz der auf die Antenne A treffenden ebenen Wellen konstanter Feldstärke.

Abb. 41) gleich 3,2 gemacht wird (Abb. 45) und bei einer Paralleldrahtleitung für $2D/d$ (vgl. Abb. 40) etwa gleich 2 (Abb. 42). Im letzten Fall müssen also die Leiter möglichst dicht aneinander gelegt werden. In der Praxis verwendet man eine verdrillte Antennenleitung (zwei isolierte verdrillte Kupferdrähte), die etwa 100 Ohm Wellenwiderstand hat und einen Dämpfungskoeffizienten α von etwa $5 \cdot 10^{-5}$ Neper/cm bei 7 m Wellenlänge. Meßergebnisse mit einer Halbwellenantenne, die von einer ebenen Welle aus einer Richtung senkrecht zur Antenne mit einer Polarisationsrichtung parallel zur Antenne getroffen wird, sind in Abb. 49 zusammengestellt. Die Feldstärke der eintreffenden Welle ist konstant als Funktion der Frequenz, und der Wechselstrom am Ende der verdrillten Antennenleitung wird mit Hilfe eines Thermokreuzes (vgl. § 20) gemessen.

Im Falle b) können verschiedenartige Anschlußschaltelemente zwischen Antenne und Übertragungsleitung benutzt werden. Für Wellenlängen über etwa 10 m in Luft können Transformatoren, bestehend aus Spulen, benutzt werden (Abb. 50). Wenn der Wellenwiderstand der

Leitung gleich R_0 und der Antennenanschlußwiderstand gleich R_a ist, müssen die gekoppelten Transformatorwindungszahlen w_l und w_a (Abb. 50) im Verhältnis:

$$(14,1) \qquad \frac{w_l}{w_a} = \left(\frac{R_0}{R_a}\right)^{1/2}$$

stehen. Die Abstimmkondensatoren C_a und C_l der Abb. 50 dienen dazu, die Streuungsselbstinduktionen der Transformatoren auf der

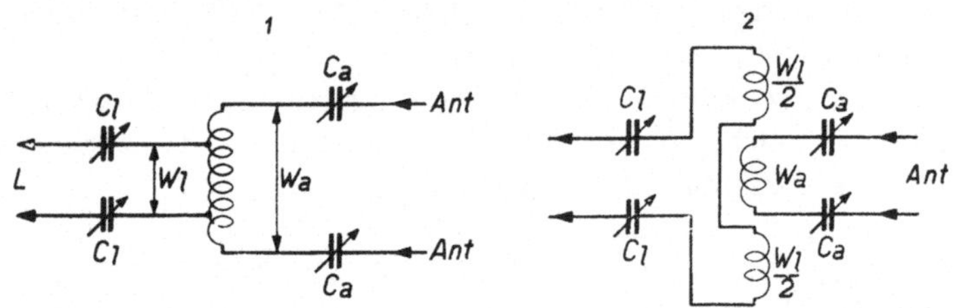

Abb. 50. Anschluß einer Antenne *Ant* an eine Leitung *L*. In dem Schaltbild 1 ist eine einzige Spule verwendet (Autotransformator) mit den Windungszahlen w_a und w_l auf der Antennen- und auf der Leitungsseite. Die variablen Kondensatoren C_a und C_l dienen dazu, die Streuungsselbstinduktionen der beiden Seiten des Transformators abzustimmen. Die Anordnung 2 ist ganz analog gebaut unter Verwendung getrennter Spulen auf der Antennen- und der Leitungsseite.

Antennenseite und auf der Leitungsseite abzustimmen. Wir erläutern dies an Hand eines Ersatzschaltbildes der gezeichneten Transformatoren,

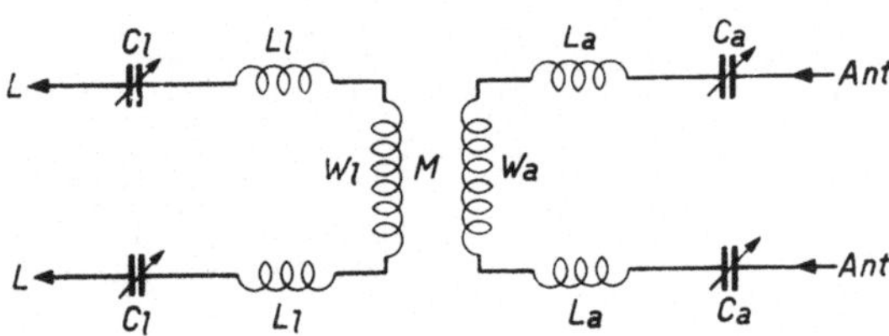

das in Abb. 51 dargestellt ist. Die Transformatoren enthalten zunächst einen gegenseitigen Induktionskoeffizienten M mit dem Windungszahlenverhältnis w_l/w_a, weiter aber auf der Leitungsseite die symmetrisch gelegenen Streuungsselbstinduktionen L_l und

Abb. 51. Ersatzschaltbild der in Abb. 50 gezeichneten Hochfrequenztransformatoren. Die Spulen mit den Windungszahlen w_l und w_a sind durch einen gegenseitigen Induktionskoeffizienten M dargestellt und durch zusätzliche Selbstinduktionen L_l und L_a auf den beiden Seiten des Transformators (Streuungsselbstinduktionen). Die Kapazitäten C_l und C_a dienen dazu, diese Selbstinduktionen nach den Formeln (14, 2) und (14, 3) des Textes abzustimmen.

auf der Antennenseite die Streuungsselbstinduktionen L_a. Die Kondensatoren C_a werden bei der Kreisfrequenz ω nach der Formel:

$$(14,2) \qquad \omega^2 C_a L_a = 1$$

abgestimmt. In analoger Weise gilt auf der Leitungsseite die Formel:

$$(14,3) \qquad \omega^2 C_l L_l = 1.$$

Durch diese Abstimmung werden die Wirkungen der genannten Selbstinduktionen aufgehoben. Ohne Abstimmung würden sie einen erheblichen Leistungsverlust bei der Transformation und, da wir es dann nicht mehr mit reinen Wirkwiderständen zu tun hätten, auch Reflexionen verursachen. Von Kupferverlusten in den Spulen ist bei dieser Erörterung abgesehen. Im Ersatzschaltbild Abb. 51 könnten diese OHMschen Verluste durch Widerstände in Reihe mit den gezeichneten Selbstinduktionen berücksichtigt werden.

Für kürzere Wellenlängen kann als Transformator zwischen der Antenne und der Leitung ein Leitungsstück von einer Viertelwellenlänge geschaltet werden (§ 13, Abb. 47 und 48). Wenn der Antennenanschlußwiderstand R_a ist, der Wellenwiderstand der Leitung R_0 und der Wellenwiderstand des Transformator-Leitungsstückes gleich R_t, dann gilt:

$$R_t = (R_a \cdot R_0)^{1/2}.$$

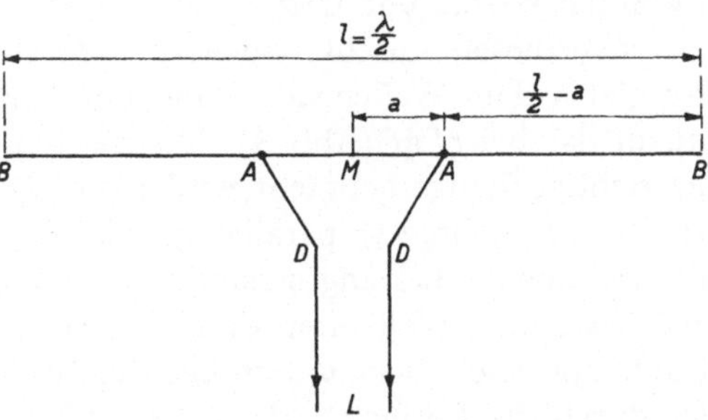

Abb. 52. Anschluß einer Leitung L an eine Halbwellenantenne $B\,D$, wobei letztere nicht in der Mitte durchgeschnitten wird, sondern in ihrer ganzen Länge erhalten bleibt. Die Anschlußpunkte $A\,A$ können bei abgestimmter Antenne so gewählt werden, daß die Antenne zwischen diesen Punkten einen Wirkwiderstand aufweist, der gleich dem Wellenwiderstand der Leitung L ist.

Eine andere und in vielen Fällen einfach verwendbare Anschlußart einer Übertragungsleitung an eine Antenne geht davon aus, daß die Antenne nicht durchgeschnitten wird, sondern in ihrer ganzen Länge erhalten bleibt. Wir betrachten als Beispiel wieder eine Halbwellenantenne (Abb. 52). Die Halbwellenantenne soll abgestimmt sein (§ 5). Zwischen den beiden Anschlußpunkten A (Abb. 52) sind zwei Teilstücke der Antenne parallel geschaltet: das Stück $A\,B$ auf jeder Seite und das Stück $A\,A$. Zum einfachen Verständnis der Vorgänge bei dieser Schaltung ist es nützlich, die Antenne als eine Übertragungsleitung aufzufassen. Wie aus Abb. 5 hervorgeht, ist der Strahlungswiderstand der Antenne in Hauptsache an

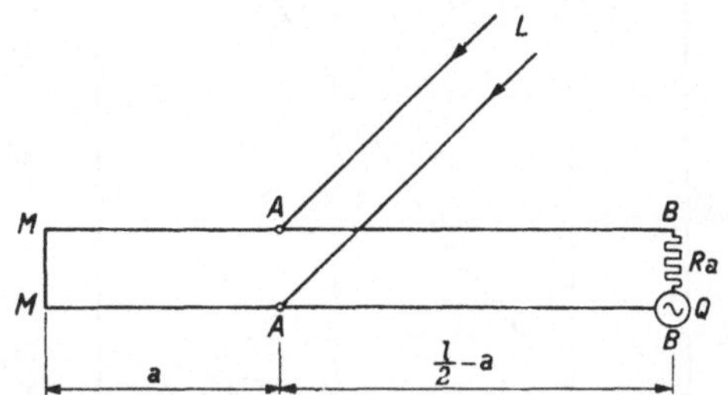

Abb. 53. Angenähertes Ersatzschaltbild der Antenne mit Übertragungsleitung der Abb. 52. Eine Wechselspannungsquelle Q ohne Innenwiderstand ist in Reihe mit dem Strahlungswiderstand R_a geschaltet und durch ein Antennenstück der Länge $l/2 - a$ mit den Anschlußpunkten $A\,A$ verbunden. Andererseits ist parallel hierzu zwischen diesen Anschlußpunkten ein kurzgeschlossenes Leitungsstück der Länge a geschaltet. Die resultierende Impedanz der Antenne zwischen $A\,A$ muß dem Wellenwiderstand der Leitung L gleich sein.

den beiden Enden des Antennendrahtes konzentriert. Wir können daher mit einiger Näherung die Schaltung der Abb. 52 durch das Ersatzschaltbild der Abb. 53 darstellen. Eine Spannungsquelle Q ohne Innenwiderstand, deren Wechselspannungsamplitude bei der Halbwellenantenne von Abb. 52 gleich $2\,l\,F/\pi$ ist (F elektrische Feldstärkeamplitude der eintreffenden, parallel zur Antenne polarisierten Wellen), ist in Reihe mit dem Antennenstrahlungswiderstand R_a (etwa 70 Ohm) geschaltet. Von den Punkten BB bis zu den Leitungsanschlußpunkten AA ist ein Stück der Antenne, das als Übertragungsleitung wirkt, geschaltet. Die Impedanz zwischen AA wird nach Abb. 47 und 48 im allgemeinen einen von R_a abweichenden absoluten Betrag und dazu einen Phasenwinkel aufweisen. Wir müssen zwischen diesen Anschlußpunkten aber einen Wirkwiderstand erzielen, der gleich dem Wellenwiderstand der Leitung ist. Dies wird erreicht, indem das bei MM (Abb. 53) kurzgeschlossene Antennenstück AM auf die richtige Länge gebracht wird (Abb. 47 und 48). Dieses Stück AM ist zu AB (Abb. 53) parallel geschaltet. Wenn wir in dieser Weise die Antenne als Leitung behandeln, kommt ihr, wie jeder Leitung, auch eine bestimmte Wellenimpedanz zu. Diese Impedanz ist für Antennendrähte normaler Dicke mit großer Annäherung ein Wellenwiderstand R_0, der durch die Formel:

$$(14,4) \qquad R_0 \,(\text{Ohm}) = 60 \left\{ 2{,}30 \, \lg \left(\frac{4\,l}{d} \right) - K \right\}$$

gegeben wird. Die Größe K ist für eine Halbwellenantenne etwa gleich 1,7. Für eine Antennenlänge gleich einer ganzen Wellenlänge wird $K = 2{,}1$, für 3/2 Wellenlänge gleich 2,26, für zwei Wellenlängen gleich 2,4 usw. Hierbei ist l die Antennendrahtlänge und d der Drahtdurchmesser. Es kommen Zahlen von der Größenordnung einiger Hundert bis Tausend Ohm für R_0 heraus. Als Beispiel zur Anwendung dieses Verfahrens zeigen wir in Abb. 54 den resultierenden Anschlußwiderstand zwischen den Punkten AA (Abb. 52 und 53) als Funktion ihres Abstandes a von der Mitte M für eine abgestimmte Halbwellenantenne (Wellenlänge 9 m). Eine Übertragungsleitung mit 500 Ohm Wellenwiderstand kann in diesem Beispiel bei $2a/l = 0{,}1$ angeschlossen werden. Wir erwähnen noch,

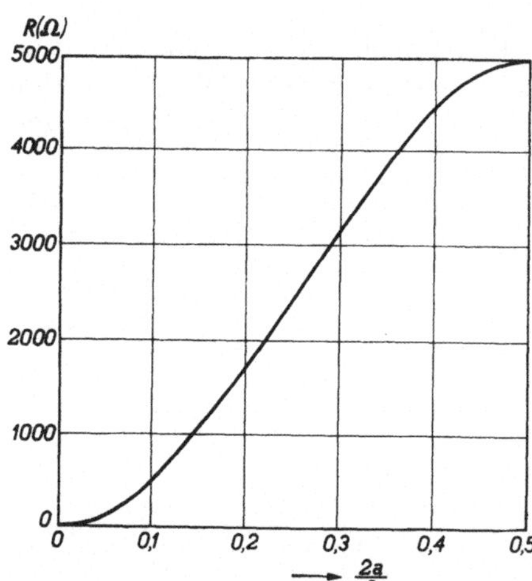

Abb. 54. Vertikal: Anschlußwiderstand einer abgestimmten Halbwellenantenne zwischen den Punkten AA der Abb. 52. Horizontal: Abstand $2a$ der Anschlußpunkte AA voneinander, dividiert durch die Antennenlänge l.

daß bei der Anordnung Abb. 52 vorausgesetzt werden muß, daß der Abstand a und die Stücke AD klein gegenüber der verwendeten Wellenlänge in Luft sind. Mit den üblichen Werten für den Wellenwiderstand von Übertragungsleitungen sind diese Voraussetzungen durchweg erfüllt.

Schrifttum: Anhang sowie *33, 38, 58, 65, 66, 86, 151.*

§ 15. Empfangsantennen, aufgebaut aus Leitungsstücken.

In diesem Paragraphen behandeln wir zwei Anordnungen von Empfangsantennen, deren Wirkung am einfachsten verstanden werden kann, wenn man sie als Leitungsstücke im Sinne der Begriffsbildungen dieses Abschnitts betrachtet.

Die erste Anordnung, welche unter dem Namen „Wellenantenne‘‘ bekannt ist, eignet sich besonders für den Empfang vertikal polarisierter Wellen. Sie besteht aus einem horizontalen Draht, der parallel zum Erdboden ausgespannt ist. In Abb. 55a ist diese Anordnung im Aufriß dargestellt. An den Enden des Drahtes sind Leitungen L_e und L angeschlossen, die durch je eine Impedanz, in unserem Fall einen Wirkwiderstand R_e und R abgeschlossen sind. Abb. 55b zeigt im Grundriß das System ebener eintreffender Wellen W, dessen Fortpflanzungsrichtung einen Winkel ϑ mit der Antenne bildet. Die Polarisation (Richtung der elektrischen Feldstärke) dieser ebenen Wellen soll vertikal sein. Wir fragen, welche Wechselspannung durch diese eintreffenden Wellen an den Enden des Widerstandes R_e erzeugt wird. Wir nehmen bei der Beantwortung dieser Frage an, der Erdboden habe einen im Betrage sehr großen

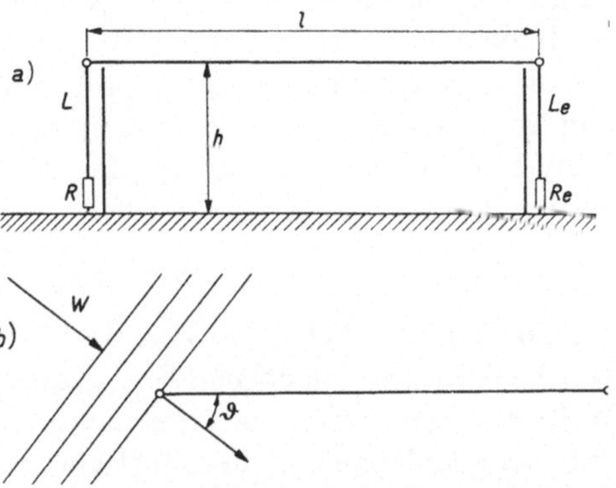

Abb. 55. a) Aufriß und b) Grundriß der „Wellenantenne“. Dies ist ein horizontaler Antennendraht, der in einer Höhe h über der Erde gespannt ist. An den Enden ist der Draht durch Paralleldrahtleitungen L und L_e zur Erde geführt. Diese Paralleldrahtleitungen sind mit den Widerständen R und R_e abgeschlossen. Die eintreffenden ebenen Wellen sind vertikal polarisiert, und die Wellenfronten sowie die Fortpflanzungsrichtung sind in Abb. b gezeichnet.

Brechungsindex (§ 9) für elektromagnetische Wellen der betrachteten Frequenzen. In diesem Fall können wir auf Grund früherer Überlegungen (§ 10) schließen, daß die Wirkung des Erdbodens ganz durch die Wirkung eines Leiters ersetzt werden kann, der ebenso weit unterhalb der Trennungsebene liegt, wie die Antenne oberhalb derselben. In diesem Ersatzleiter fließen Wechselströme, deren Phase in jedem Punkt derjenigen der Ströme im spiegelbildlich gelegenen Punkt der Antenne entgegengesetzt ist (180° Phasenunterschied). Wir können also die Antenne mit ihrem Spiegelbildleiter als eine symmetrische Leitung auffassen, wobei der Abstand der Leiter $2h$ beträgt. Wenn man noch die Dicke d des Antennendrahtes berücksichtigt, kann aus Abb. 42 der Wellenwiderstand R_0 der Leitung entnommen werden (D in Abb. 42 ist $2h$ in Abb. 55). Die Wellenwiderstände der Leitungen L und L_e (Abb. 55) sind diesem Wellenwiderstand R_0 gleichgemacht. Auch die Impedanzen R_e und R sind in unserem

Falle gleich R_0. Durch diese Wahl treten an keinem der beiden Antennenenden Reflexionen auf. Die Empfangsvorrichtung befindet sich beim Widerstand R_e. Wir können aus den obigen Angaben schließen, daß im wesentlichen nur solche Wellen von diesem Gerät empfangen werden, deren Fortpflanzungsrichtung einen Winkel ϑ (Abb. 55) kleiner als 90° mit der Antenne bildet. Denn diese Wellen erzeugen auf der Antenne eine fortschreitende Welle, die von L nach L_e läuft. Dagegen würden ebene eintreffende Wellen, deren Winkel ϑ größer als 90° wäre, eine fortschreitende Welle auf der Leitung erzeugen, die von L_e nach L läuft. Im zuerst genannten Fall können wir an den Enden von R_e eine beträchtliche Wechselspannung erwarten, im letzteren Fall dagegen nicht. Wenn wir einen kleinen Abschnitt der Antenne betrachten, so wird zwischen diesem Abschnitt und dem Erdboden eine Wechselspannungsamplitude induziert proportional hF, wenn F die Feldstärkeamplitude der ebenen Welle bedeutet. Es zeigt sich, daß im günstigsten Fall, d. h. für $\vartheta = 0$ (Abb. 55), für die Wechselspannungsamplitude V_e an den Enden von R_e die Formel gilt:

$$(15,1) \qquad\qquad V_e = F \cdot h \cdot \frac{l\pi}{\lambda}\,.$$

Für $\vartheta = 180°$ (Abb. 55) wird $V_e = 0$. Wir können uns vorstellen, daß die eintreffenden ebenen Wellen auf der Antenne eine fortschreitende Welle erzeugen, wobei die entstehende Spannung zwischen der Antenne und dem Erdboden in der Fortschreitungsrichtung zunimmt und am Empfangsende beim Widerstand R_e den Wert (15,1) erreicht. Die Stromamplitude durch den Widerstand R_e ist offenbar durch V_e/R_e gegeben. Es ist interessant, diese Stromamplitude mit derjenigen zu vergleichen, welche im Strombauch einer abgestimmten Halbwellenantenne entsteht. Nach § 5 ist die Stromamplitude im letzteren Fall durch die Formel:

$$(15,2) \qquad\qquad J = \frac{\lambda}{\pi}\,\frac{F}{R_a}$$

gegeben, wobei λ die Wellenlänge, F die Feldstärkeamplitude (parallel zur Antenne) und R_a der Antennenwiderstand sind (etwa 70 Ohm). Im Falle der Wellenantenne ist R_e von der Ordnung 1000 Ohm. Offenbar ist es nach Gl. (15, 1) bei gleicher Feldstärkeamplitude F möglich, durch Verwendung einer Wellenantenne großer Länge l eine bedeutend größere Empfangsleistung zu erzielen als mit einer Halbwellenempfangsantenne nach Gl. (15, 2). Wenn man den Ausdruck (15, 1) als V_{e0} (d. h. V_e für $\vartheta = 0$) bezeichnet, so ergibt sich für die Spannungsamplitude V_e bei beliebigem Winkel ϑ (Abb. 55) der Ausdruck:

$$(15,3) \qquad V_e = V_{e0} \cos\vartheta \cdot \frac{\sin\left\{\left(\cos\vartheta - 1\right)\dfrac{\pi l}{\lambda}\right\}}{(\cos\vartheta - 1)\,\pi l/\lambda}\,.$$

Der absolute Betrag des Faktors von V_{e0} ist in Abb. 56 für verschiedene Verhältnisse l/λ gezeichnet worden. Diese Figuren kann man als Richtdiagramme der Wellenantenne bei verschiedener Länge bezeichnen. Dadurch, daß unsere Annahme einer spiegelnden Erdoberfläche in Wirklichkeit nicht erfüllt ist, müssen obige Werte als Näherungen betrachtet werden, die genauer sind für besser leitende Erde oder

für Medien mit großen dielektrischen Konstanten (Wasser). Bei den obigen Überlegungen ist außerdem stillschweigend vorausgesetzt, daß h klein gegenüber λ ist, z. B. $0{,}1\lambda$. Wenn h gleich λ oder sogar größer als λ ist, muß der Wellenwiderstand der Antenne nach der Gl. (14, 4) berechnet werden. Die Abweichungen der übrigen Voraussetzungen (ebene, vertikal polarisierte Wellen und spiegelnde Erde) von dem wirklichen Zustand spielen bei beträchtlichen Werten von h, verglichen mit der Wellenlänge, eine größere Rolle für die Gültigkeit des Endergebnisses Gl. (15, 3) als bei kleinen Antennenhöhen h. An Stelle der Widerstände R_e und R (Abb. 55) wird man in praktischen Fällen Impedanzen mit einem Phasenwinkel verwenden müssen, da die Wellenimpedanz der Antenne oft nicht durch einen Wirkwiderstand dargestellt werden kann.

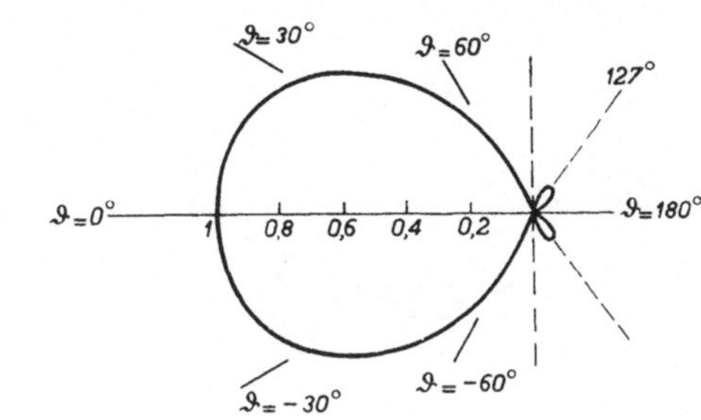
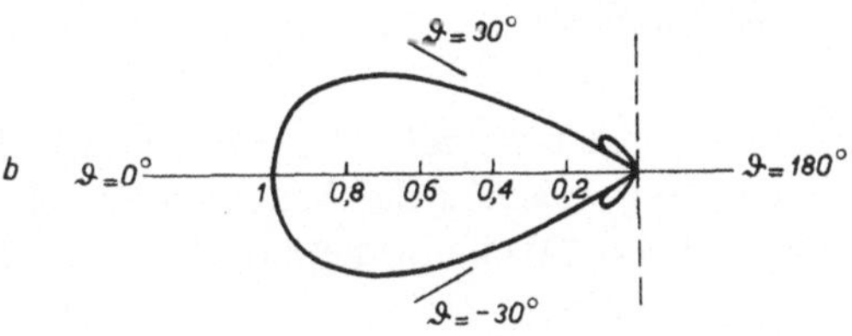
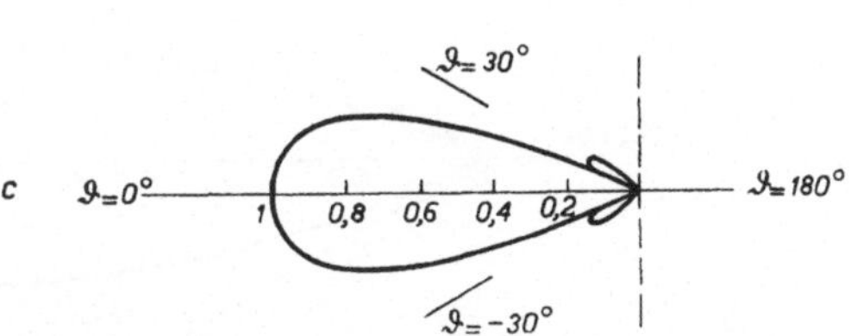

Abb. 56. Verhaltnis der Empfangsstromamplitude durch den Widerstand R_e (Abb. 55) für einen Winkel ϑ der eintreffenden Wellen (Abb. 55) zur Stromamplitude für den Winkel $\vartheta = 0$ als Funktion von ϑ. a) Antennenlänge $l = \lambda$, b) Antennenlange $l = 5\lambda$ und c) $l = 10\lambda$, wobei λ die Wellenlänge der eintreffenden Wellen in Luft ist.

Als nächste Antennenanordnung betrachten wir die nach ihrer Form so benannte rhombische Antenne (Abb. 57). Die eintreffenden ebenen Wellen W sollen parallel zur Ebene des Rhombus polarisiert sein, und ihre Fortpflanzungsrichtung soll einen Winkel ϑ mit der Achse des Rhombus bilden. Die Wirkungsweise ähnelt derjenigen der Wellenantenne. Die eintreffende ebene Welle erzeugt zwischen zwei Elementen auf symmetrisch liegenden Seiten des Vierecks eine Wechselspannung, die größer wird beim Überstreichen der Empfangsantenne durch die eintreffende Welle, und ein Maximum erreicht am Empfangsende beim Widerstand R_e. Die zwei Antennenhälften beiderseits von der gestrichelten Zentrallinie bilden zusammen eine Leitung. Da die gegenseitigen Abstände der Leiter dieser Leitung nicht konstant sind, lautet die Formel für den Wellenwiderstand dieser Leitung anders als in § 12 für eine Paralleldrahtleitung angegeben. Man kann die Abb. 42 doch für eine Schätzung dieses Wellenwiderstandes verwenden, wenn man unter D den mittleren Abstand der Leiter ver

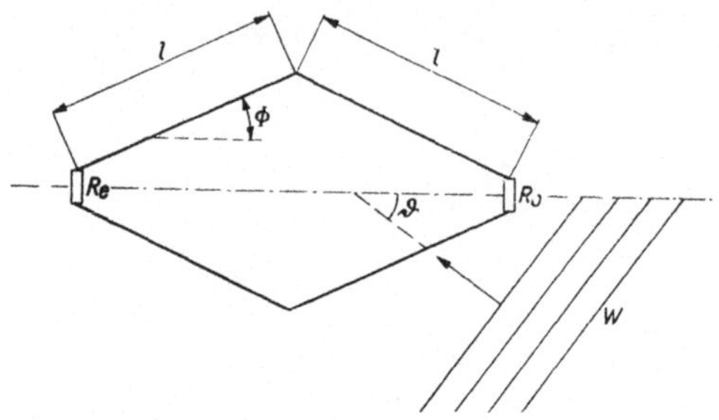

Abb. 57. Rhombische Empfangsantenne. R_0 und R_e sind zwei Widerstände, wobei das Empfangsgerät an R_e angeschlossen ist. Die eintreffenden ebenen Wellen W (Fortpflanzung in der Pfeilrichtung) sind parallel zur Ebene der Antenne polarisiert.

steht: $D = l \sin \Phi$ (vgl. Abb. 57) und unter d wieder den Leiterdurchmesser. Wir machen die Widerstände R_e und R_0 an den Antennenenden diesem Wellenwiderstand gleich. Es können also keine Re

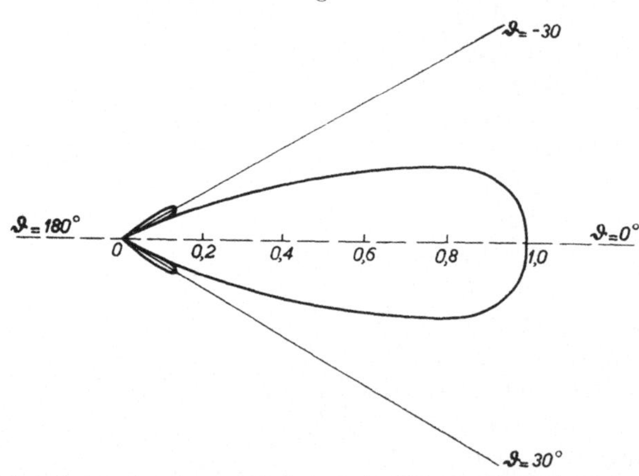

Abb. 58. Verhältnis der Empfangsstromamplitude durch den Widerstand R_e (Abb. 57) für einen Winkel ϑ der eintreffenden Wellen (Abb. 57) zur Stromamplitude beim Winkel $\vartheta = 0$ als Funktion von ϑ. Die axiale Antennenlänge $2l \cos \Phi$ ist gleich 10 Wellenlängen λ.

flexionen an den Antennenenden auftreten. Der Ausdruck für die Wechselspannungsamplitude V_{e0}, welche an den Enden des Widerstandes R_e entsteht, wenn $\vartheta = 0$ ist, lautet mit einiger Näherung:

$$(15,4) \qquad\qquad V_{e0} = \frac{\pi}{\lambda}\, l \cdot Fl \cdot \sin 2\, \Phi\,.$$

Es besteht einige Ähnlichkeit mit der Gl. (15, 1) für die Wellenantenne. Aus dieser Gl. (15, 4) kann man schließen, daß ein Winkel $\Phi = 45°$

für den Empfang am günstigsten ist. Wenn der Winkel ϑ von Null verschieden ist, ergibt sich:

$$(15,5) \qquad V_e = V_{e0} \cos^2 \vartheta \cdot \frac{\sin\left\{(\cos\vartheta - 1)\dfrac{2\pi l}{\lambda}\cos\varPhi\right\}}{(\cos\vartheta - 1)\dfrac{2\pi l}{\lambda}\cos\varPhi}.$$

In der Gl. (15, 4) bedeutet F die Amplitude der elektrischen Feldstärke im eintreffenden ebenen Wellenzug. Auch die Formel (15, 5) gleicht der Formel (15, 3) für die Wellenantenne. Wenn wir den absoluten Betrag von V_e/V_{e0} als Funktion von ϑ berechnen, erhalten wir das Empfangsrichtdiagramm der Antenne. In Abb. 58 ist ein solches Diagramm für $(2\,l\cos\varPhi)/\lambda = 10$ gezeichnet worden. Wie bei der Wellenantenne werden auch mit der rhombischen Antenne im wesentlichen nur Wellen empfangen aus Richtungen, für die ϑ kleiner als 90° ist. Auch mit der rhombischen Antenne, genau wie mit der Wellenantenne, können dem eintreffenden Wellenzug weit größere Leistungen entnommen werden als mit einer einfachen geraden Drahtantenne. Dazu kommt noch der Vorteil eines starken einseitigen Richteffektes.

Schrifttum: *12, 20, 25, 26, 29, 49, 54, 71.*

§ 16. Frequenzcharakteristiken besonders dimensionierter Leitungen.
Zunächst befassen wir uns mit der Frequenzabhängigkeit der Impedanz eines Leitungsstücks (vgl. § 13). In den Abb. 47 und 48 ist die Dämpfung der Leitung ganz vernachlässigt worden. Wenn wir ein Leitungsstück von einer Viertelwellenlänge betrachten, so ist für kurzgeschlossenes Ende ($R_e = 0$ und $R_0/R_e = \infty$, vgl. Kurve 2 der Abb. 47 und 48) das Verhältnis der Eingangsimpedanz Z_i zum Wellenwiderstand R_0 infolge dieser Vernachlässigung der Dämpfung unendlich groß. Es zeigt sich, daß in Wirklichkeit bei Leitungen mit geringer Dämpfung das Verhältnis $|Z_i|/R_0$ durch die Formel:

$$(16,1) \qquad \frac{|Z_i|}{R_0} = \frac{1}{\alpha l}$$

gegeben wird. Hierbei ist α der Dämpfungskoeffizient, ausgedrückt (in Neper/cm) nach den Formeln (12, 3), (12, 5) und (12, 6) und der Abb. 43, während l die Leitungslänge in cm darstellt (gleich einer Viertelwellenlänge). Wenn wir uns weiterhin zur Vermeidung von Strahlungsverlusten auf Rohrleitungen beschränken und hierbei die dielektrischen Verluste [entsprechend dem zweiten Summanden in Gl. (12, 5)] vernachlässigen, so ergibt sich aus Gl. (12, 5) und Gl. (12, 7) für $|Z_i|$ der Ausdruck:

$$|Z_i| = 2\,\frac{\left(138\lg\dfrac{b}{a}\right)^2}{l\left(1 + \dfrac{a}{b}\right)\sqrt{\dfrac{\omega r_g}{2\cdot 10^9}}} \cdot \varepsilon^{-1}.$$

Der Wert von $|Z_i|$ wird möglichst groß für $b/a = 9{,}2$. Setzt man noch $l = \lambda/4$ und $lr_g = R_g$, wobei R_g der Gleichstromwiderstand des Innenleiters in Ohm bedeutet, so wird für diesen günstigsten Wert $b/a = 9{,}2$ etwa:

$$(16,2) \qquad\qquad |Z_i| = 6500 \; \sqrt{\frac{1}{R_g}} \cdot \varepsilon^{-3/4} \; \text{(Ohm)} .$$

Als praktisches Beispiel sei $R_g = 5 \cdot 10^{-3}$ Ohm (etwa $l = 250$ cm und $a = 0{,}35$ cm, Kupfer) und $\varepsilon = 1$ (Luft). Dann wird $|Z_i|$ etwa 93 000 Ohm. Bemerkenswert ist, daß aus der Formel (16, 2) folgt: Die Eingangsimpedanz $|Z_i|$ ist für kürzere Wellen bei gleichem Leiter-

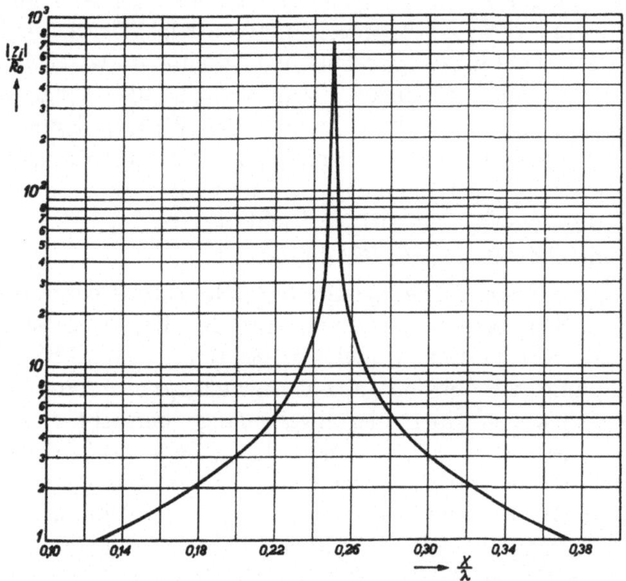

Abb. 59. Resonanzkurve einer am Ende kurzgeschlossenen konzentrischen Rohrleitung als Funktion des Verhältnisses der Leitungslänge x zur Wellenlänge λ auf der Leitung (in Luft). Vertikal: Verhältnis des absoluten Betrages $|Z_i|$ der Eingangsimpedanz Z_i zum Wellenwiderstand R_0, der zu 133 Ohm angenommen ist, entsprechend einem Verhältnis b/a (vgl. Abb. 41) von 9,18. Der Halbmesser $a/2$ des Innenleiters ist zu 0,178 cm angenommen worden, die Wellenlänge zu 10 m und als Material der Leiter Kupfer.

durchmesser a (Abb. 41) größer, da dann R_g kleiner ist. Eine Vergrößerung von ε, z. B. Ausfüllen des Raumes zwischen den Leitern mit destilliertem Wasser ($\varepsilon = 80$), führt zu einer Verkleinerung von $|Z_i|$ proportional zu $\varepsilon^{-1/2}$, da durch diese Maßnahme die Leitungslänge und folglich R_g proportional zu $\varepsilon^{-1/2}$ abnimmt. Wir haben völlige Verlustfreiheit der Leitung vorausgesetzt, mit Ausnahme der Ohmschen Leiterverluste. Folglich müssen, damit Gl. (16, 2) gilt, alle Übergangskontaktwiderstände, Strahlungsverluste und dielektrischen Verluste vermieden werden. Für die im obigen Beispiel angenommene Leitung ist in Abb. 59 der absolute Betrag $|Z_i|$ der Eingangsimpedanz als Funktion der verwendeten Wellenlänge bei festen Leitungsabmessungen gezeichnet. Es ergibt sich eine Resonanzkurve, die außer im Maximum fast mit der Kurve 2 der Abb. 47 zusammenfällt. Man hat versucht, den Maximalwert von $|Z_i|$ noch dadurch etwas zu erhöhen, daß man die Leitung etwas kürzer als eine Viertelwellenlänge macht und dann am freien Eingangsende mit einem verlustfreien variablen Kondensator abstimmt, bis Z_i einem Wirkwiderstand gleich geworden ist. Es hat sich gezeigt (vgl. Anhang), daß dieser Versuch theoretisch erfolgreich erscheint, wenn angenommen wird, daß die Wellenimpedanz ein reiner Wirkwiderstand ist. In Wirklichkeit muß aber auch der Blindwiderstandsanteil der Wellenimpedanz berücksichtigt werden (vgl. S. 56), und hierdurch ergibt sich theoretisch, im Einklang mit Messungen, daß $|Z_i|$ ein Maximum hat für ein Leitungsstück von genau einer Viertelwellenlänge.

Genau wie im Gebiete längerer Wellen ist es auch im Kurzwellengebiet nützlich, wirksame und möglichst einfache Hilfsmittel zur Hand zu haben zur Trennung verschiedener Wellenlängen. Es handelt sich hierbei um Wellensiebe im Kurzwellengebiet. Die im Rundfunkgebiet noch recht brauchbaren bekannten Siebschaltungen verlieren im Kurzwellengebiet, etwa unterhalb 5 m Wellenlänge, immer mehr ihre Brauchbarkeit, je kürzer die Wellenlänge ist. Dies liegt daran, daß Schaltelemente dieser Siebschaltungen in ihren Abmessungen, verglichen mit der Wellenlänge, immer beträchtlicher werden. Die üblichen Formeln der Siebkettentheorie beruhen darauf, daß die Schaltelemente und Leitungsstücke der Siebschaltungen im Vergleich zur Wellenlänge sehr klein sind. Wir müssen daher Siebschaltungen betrachten, die dieser Voraussetzung nicht mehr genügen. Als einfachster Fall dieser Art sei eine Leitung periodischer Struktur behandelt, wobei die einzelnen Leitungsstücke verschiedene Wellenwiderstände haben. Die Dämpfung vernachlässigen wir. Die einzelnen Leitungsstücke seien unter sich gleich lang. Für eine gewisse Frequenz ist die Länge sämtlicher Leitungsabschnitte gleich einer Viertelwellenlänge. Der letzte Abschnitt der Leitung sei mit seinem Wellenwiderstand R_0 abgeschlossen. Es seien zwei Arten von Leitungsabschnitten vorhanden, die einander abwechseln und deren Wellenwiderstände R_1 und R_0 sind. Wir numerieren die Abschnitte vom Leitungsende an (erster Abschnitt hat einen Wellenwiderstand R_0). Bei der Verbindung von Abschnitt 1 und Abschnitt 2 ist der resultierende Widerstand auch ein Wirkwiderstand R_0 (vgl. Abb. 47 und 48). Bei der Verbindung von Abschnitt 2 und Abschnitt 3 ist der resultierende Widerstand $R_{23} = R_1^2/R_0$. Der Abschnitt 3 hat den Wellenwiderstand R_0. Bei der Verbindung von Abschnitt 3 und Abschnitt 4 ist der resultierende Widerstand $R_{34} = R_0^3/R_1^2$, bei der Verbindung der Abschnitte 4 und 5 ist der resultierende Widerstand $R_{45} = R_1^2/R_{34} = R_1^4/R_0^3$ usw. Wir schicken nun vom Leitungsanfang eine Welle in die Leitung. An jeder Verbindung zweier Abschnitte findet Reflexion statt nach Abb. 39. Wenn z. B. $R_1/R_0 = 5$ ist, so wird

5*

$R_{45} = 125\,R_1 = 625\,R_0$ und der Abschnitt 5 sei der Anfangsabschnitt der Leitung (Wellenwiderstand R_0). Der Reflexionskoeffizient liegt sehr nahe bei 1 (nach Abb. 39). Das heißt, daß diese Wellenlänge fast gar nicht durch die Leitung hindurchgelassen wird. (In Leistung ausgedrückt, gelangt weniger als 10^{-5} der Eingangsleistung über den Abschnitt 5 hinaus.) Man kann bei dieser periodischen Leitung Wellenlängen angeben, für die eine viel größere Durchlässigkeit besteht. Wenn jeder Abschnitt der Leitung gleich einer halben Wellenlänge ist, findet zwischen Abschnitt 4 und 5 keine Reflexion statt (vgl. Abb. 47 und 39), zwischen 4 und 3 wohl, zwischen 3 und 2 nicht, zwischen 2 und 1 wohl, also insgesamt nur zwei Reflexionen. Diese Wellenlänge wird viel besser durchgelassen als die zuerst behandelte. Was für eine Viertelwellenlänge gesagt wurde, gilt auch für $^3/_4$-, $^5/_4$- usw. -Wellenlänge. Was für $^1/_2$-Wellenlänge gesagt wurde, gilt auch für $^2/_2$ und $^3/_2$ usw. Wir haben also eine Reihe von Frequenzen vor uns, die abwechselnd mehr oder weniger durch die periodische Leitung durchgelassen werden. Diese Eigenschaft gilt für alle Wellensiebschaltungen im Kurzwellengebiet.

Als nächste besonders dimensionierte Leitungsart behandeln wir eine Leitung, deren Abmessungen sich stetig als Funktion der Länge nach einem bestimmten Gesetz ändern, beispielsweise nach einer Exponentialfunktion der Länge. Wir können diese Leitung als Aneinanderreihung von ganz kurzen Leitungsstücken mit jeweils ein wenig veränderten Leitungskonstanten auffassen. Machen wir die Stücke unendlich kurz und die Veränderungen unendlich klein, so geht die betrachtete Leitung mit stetig veränderlichen Eigenschaften hervor. Wie bei den obigen Fällen vernachlässigen wir auch hier die Dämpfung infolge OHMscher Leitungs- und anderer Verluste. An jeder Stelle x der Leitung können wir aus der örtlichen Selbstinduktion der Längeneinheit L und aus der Kapazität der Längeneinheit C eine Größe $R_x = \sqrt{L/C}$ berechnen. Wir nehmen an, daß R_x bei zunehmendem x zunimmt nach der Formel $R_x = R_0 \exp(\delta x)$. Wenn wir eine Exponentialleitung an der Stelle x mit einem Widerstand R_x abschließen, tritt aber Reflexion an dieser Stelle ein, wobei wir annehmen, die eintreffende Welle habe die Richtung der positiven x-Achse. Wenn wir fragen, mit welcher Impedanz Z_x wir die Leitung an einer Stelle x abschließen müssen, damit keine Reflexion auftritt, so ergibt sich folgendes: Für eine bestimmte Wellenlänge λ_0 und für alle Wellenlängen λ größer als λ_0 (in Luft) ist Z_x ein reiner Blindwiderstand, und zwar durch eine Kapazität darstellbar. Für alle Wellenlängen kleiner als λ_0 ist Z_x eine Parallelschaltung von Blindwiderstand und Wirkwiderstand, und wenn die Wellenlänge sehr klein wird, nähert sich Z_x immer mehr dem Wirkwiderstand R_x. Für durch Z_x abgeschlossene Exponentialleitungen (nirgends Reflexionen) sind die Ströme in den Leitern und die Spannungen zwischen den Leitern bei fortschreitenden Wellen auch bei

sonst verlustfreier Leitung am Leitungsanfang nicht die gleichen wie
am Leitungsende. Für Wellenlängen kleiner als λ_0 oder gleich λ_0 erfahren
die Ströme eine Dämpfung, welche durch die Formel:

$$(16,3) \qquad J(x) = J_{x=0} \exp\left(-\frac{\delta}{2}\,x\right)$$

gegeben wird. J ist die Stromamplitude in den Leitern an der Stelle x.
Die Größe δ ist kennzeichnend für die Leiterabmessungen, da, wie oben
bereits bemerkt, gilt: $R_x = \sqrt{L/C} = R_0 \exp(\delta x)$ und R_0 ist der Wert
von R_x an der Stelle $x = 0$. Die Grenzwellenlänge λ_0 wird durch δ
bestimmt:

$$(16,4) \qquad \lambda_0\,(\text{Luft}) = \frac{4\,\pi}{\delta}\,.$$

Die Spannung nimmt für Wellenlängen, kleiner als λ_0 oder gleich λ_0, als
Funktion von x zu nach der Formel:

$$(16,5) \qquad V(x) = V_{x=0} \exp\left(\frac{\delta}{2}\,x\right).$$

Für λ größer als λ_0 muß in der Formel (16, 3) $\delta/2$ durch $(\delta^2/4 - 4\pi^2/\lambda^2)^{1/2}$
$+\ \delta/2$ und in der Formel (16, 5) $\delta/2$ durch $-(\delta^2/4 - 4\,\pi^2/\lambda^2)^{1/2} + \delta/2$
ersetzt werden. Hieraus geht hervor, daß die Leistungsfortpflanzung
(Produkt von J und V) nur für Wellenlängen kleiner als λ_0 verlustfrei
stattfindet. Daher der Name Grenzwelle für λ_0. Wir können also mit
einer Exponentialleitung für Wellenlängen kleiner als λ_0 in einfacher
Weise das Verhältnis von Stromamplitude zu Spannungsamplitude
ändern. Anders ausgedrückt: Eine Exponentialleitung ist sehr geeignet
zur Verwendung als Transformator.

Schrifttum: Anhang sowie *28, 54, 57, 83, 110, 135, 159.*

§ 17. Dielektrische Rohre zur Fortleitung sehr kurzer Wellen.

Die oben behandelten Übertragungsleitungen: Paralleldrahtleitungen
und konzentrische Rohrleitungen, haben folgende gemeinsame Eigenschaft: Die Abmessungen in der Fortpflanzungsrichtung können viele
Wellenlängen betragen, aber senkrecht zu dieser Richtung sind die
Abmessungen stets klein, verglichen mit der Wellenlänge im betreffenden Medium. In diesem Paragraphen behandeln wir Rohre, deren Abmessungen senkrecht zur Längsrichtung von gleicher Größenordnung
sind, wie die Wellenlängen im Medium, das das Rohr erfüllt. Der wesentliche Unterschied mit den bisher behandelten Übertragungsleitungen
liegt darin, daß der Innenleiter fehlt. Wir haben es hier mit einer von
der bisher betrachteten ganz verschiedenen Art der Leistungsfortpflanzung zu tun, welche der Leistungsstrahlung im freien Raum viel mehr
ähnelt als der Leistungsübertragung auf Leitungen. Wir können uns
die Wirkung der Rohre am besten so denken, daß sie die Leistung
konzentrieren und die Ausbreitung nach allen Richtungen verhindern
zugunsten der Fortpflanzung in einer einzigen gewünschten Richtung.

Es handelt sich also um Wellenstrahlung, die sich im Innern eines metallischen Rohres, das mit einem Dielektrikum gefüllt ist, fortpflanzt.

Eine Untersuchung dieser Wellenfortpflanzung zeigt, daß eine unendliche Reihe von Wellentypen für diese Fortpflanzung in Frage kommt. Vier der einfachsten Wellentypen sind in Abb. 60 dargestellt worden.

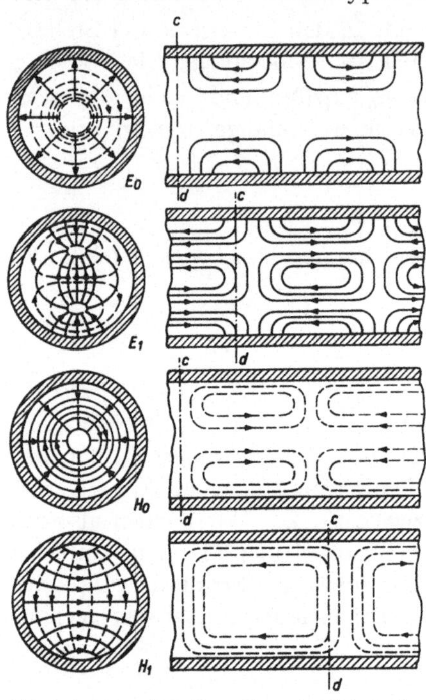

Abb. 60. Schematische Darstellung des Verlaufs der elektrischen (ausgezogen) sowie der magnetischen (gestrichelt) Kraftlinien im Innern eines kreiszylindrischen Metallrohres bei vier Wellentypen (als E_0, E_1, H_0 und H_1 angedeutet), welche sich im Innern des Rohres axial fortpflanzen können. Man beachte, daß die elektrische Feldstärke (ebenso wie die magnetische Feldstärke in jedem Punkt tangential zu den gezeichneten Kraftlinien gerichtet) an der Innenrohrwand senkrecht zu dieser Wand gerichtet ist. Die magnetische Feldstärke ist tangential zu dieser Innenrohrwand gerichtet (Grenzbedingungen des elektromagnetischen Feldes im Rohr).

Bedingung für die Möglichkeit der Fortpflanzung aller Wellentypen ist, daß die elektrische und magnetische Feldstärke an der Rohrbegrenzung die Grenzbedingungen erfüllen, welche die Theorie der Elektrizität vorschreibt (vgl. Anhang zu § 9). Wenn das Rohr ein sehr guter Leiter ist (z. B. Kupfer), so lauten diese Grenzbedingungen, daß die elektrische Feldstärke an der Rohrbegrenzung überall und jederzeit senkrecht zu dieser Begrenzung gerichtet sein muß. Die mathematische Verfolgung dieser Grenzbedingung führt dazu, daß es für jeden Wellentyp eine Grenzfrequenz gibt, oberhalb derer die Frequenz der fortzupflanzenden Welle liegen muß, damit die Fortpflanzung des betreffenden Wellentyps überhaupt möglich ist. Damit wir die Größenordnung dieser Grenzfrequenz, welche von der Form der Rohrbegrenzung, von ihren Dimensionen sowie vom Dielektrikum innerhalb des Rohres abhängt, überblicken, rechnen wir diese

Frequenz auf die Wellenlänge der Wellen im Medium innerhalb des Rohres um und beschränken uns auf kreiszylindrische Rohre. Für die vier in Abb. 60 dargestellten Wellentypen gilt dann folgende Tabelle für die Grenzwellenlänge λ_0:

Wellentyp	E_0	E_1	H_0	H_1
λ_0	$1,31\,D$	$0,82\,D$	$0,82\,D$	$1,71\,D$

Hierbei ist D der Innendurchmesser des Rohres. Die Wellenlänge muß also für jede dieser Wellentypen kleiner als λ_0 sein. Wenn das betrachtete Rohr mit Luft gefüllt ist, wird λ_0 die Wellenlänge in Luft. Bei einem Rohrdurchmesser D von 10 cm müssen wir für Wellen vom E_0-Typ also Wellenlängen unterhalb 13 cm Länge verwenden. Es kommen also für diese Wellenfortpflanzung nur extrem kurze Wellen in Betracht. Wenn das Rohr mit einem Dielektrikum von hoher Dielektrizitätskonstante ε gefüllt ist, ist λ_0 die Wellenlänge in diesem Medium und wird die entsprechende Wellenlänge in Luft $\lambda_{0l} = \lambda_0 \sqrt{\varepsilon}$. Für Wasser mit $\varepsilon = 81$ wird im obigen Beispiel für die E_0-Welle $\lambda_{0l} = 9 \cdot 13$

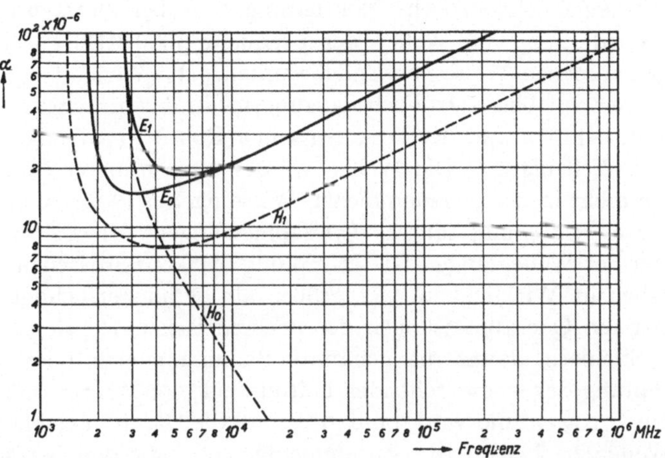

Abb. 61. Vertikal: Dämpfungskoeffizient α (Neper/cm) bei der Wellenfortpflanzung in einem kreiszylindrischen Rohr, wobei die vier Wellentypen von Abb. 60 betrachtet sind. Innenrohrdurchmesser 12,7 cm. Rohrmaterial: Kupfer. Horizontal: Frequenz in MHz. Auf einer Strecke x cm eines unendlich langen Rohres der betrachteten Art nehmen die elektrische sowie die magnetische Feldstärkeamplitude nach der Formel $\exp(-\alpha x)$ ab.

$= 117$ cm. Hierbei können also Wellen größerer Länge Verwendung finden.

Wir kommen jetzt zur Dämpfung, welche bei der Leistungsübertragung in einem Rohr auftritt. In Abb. 61 ist diese Dämpfung α (Neper/cm) für ein unendlich langes Kupferrohr als Funktion der Frequenz gezeichnet. Der Innendurchmesser D des kreiszylindrischen Rohres ist 12,7 cm (5 engl. Zoll) und das Medium im Rohr ist Luft. Auf einer Strecke x cm nimmt also die Amplitude der elektrischen sowie der magnetischen Feldstärke in der Fortpflanzungsrichtung ab, indem sie mit dem Faktor $\exp(-\alpha x)$ multipliziert wird, ganz analog wie bei den bisher behandelten Leitungen. Wir wollen jetzt die hier gefundenen Dämpfungskoeffizienten mit denjenigen vergleichen, welche für Paralleldrahtleitungen sowie für konzentrische Rohrleitungen gelten (Abb. 43). Wegen der Strahlungsverluste bei Paralleldrahtleitungen beschränken wir uns auf konzentrische Rohrleitungen mit den günstigsten Innenabmessungen ($b/a = 3{,}6$, vgl. § 12). Hierfür gilt ungefähr die Abb. 43 (Kurve $D/d = 2$). Wir wählen denselben Innendurchmesser des äußeren

Rohres, wie für die Rohrleitung von Abb. 61 verwendet wurde (12,7 cm). Dann wird der Durchmesser des Innenleiters, der auch ein Rohr sein könnte, aber für die Berechnung von r_g massiv angenommen werden muß, 3,5 cm und die Querschnittsfläche etwa 960 mm². Folglich ist der Gleichstromwiderstand r_g eines cm dieses Innenleiters etwa $1,7 \cdot 10^{-7}$ Ohm. Für eine Frequenz von 3000 MHz wird α nach Abb. 43 etwa gleich $9 \cdot 10^{-6}$. Diese Zahl ist geringer als aus Abb. 61 für drei der vier betrachteten Wellentypen folgt. In Wirklichkeit kann aber eine konzentrische Rohrleitung der oben betrachteten Art für die Fortleitung von Wellen der Frequenz 3000 MHz gar nicht in der angenommenen Weise verwendet werden. Die Wellenlänge in Luft (die wir ausschließlich als Fortpflanzungsmedium betrachten) beträgt 10 cm und der Abstand der konzentrischen Rohre ist 4,6 cm, also fast eine halbe Wellenlänge. Die Wellen würden sich in dieser Rohrleitung sicherlich nicht in der angenommenen Weise nach § 12 fortpflanzen, da hierzu eine Bedingung lautet: Querabmessungen der Leitung klein gegenüber der Wellenlänge. Die Dämpfung der konzentrischen Leitung wäre daher in Wirklichkeit viel größer als gerade errechnet wurde. Wenn wir die Querabmessungen der konzentrischen Rohrleitung etwa 3 mal verkleinern, damit die genannte Bedingung erfüllt ist, so wird die Dämpfung der so entstehenden Leitung bei 3000 MHz etwa $26 \cdot 10^{-6}$ Neper/cm betragen und wird somit größer als die Dämpfungen fast sämtlicher Wellen nach Abb. 61. Zusammenfassend: Mit den betrachteten Rohrleitungen nach Abb. 60 lassen sich, namentlich für sehr hohe Frequenzen, z. B. über 3000 MHz, Dämpfungen erzielen, welche günstiger sind als mit den besten noch brauchbaren konzentrischen Rohrleitungen erreicht werden können. Besonders sei noch auf die bemerkenswerten Eigenschaften der H_0-Wellen hingewiesen, wobei die Dämpfung für hohe Frequenzen proportional $\omega^{-3/2}$ ist, also abnimmt, eine in der ganzen Nachrichtenübermittlung einzig dastehende Tatsache. Die Dämpfung aller übrigen Wellentypen ist für hohe Frequenzen proportional zu $\omega^{1/2}$, genau wie bei konzentrischen und Paralleldrahtleitungen.

Wir kommen zur Frage der praktischen Benutzung der betrachteten Wellenleitungen. Die Erzeugung der verschiedenen betrachteten Wellentypen am Senderende der Leitung kann mit geeignet angeordneten Antennen stattfinden. Da die Rohrabmessungen beträchtlich sind im Vergleich zur Wellenlänge, können z. B. Halbwellenantennen im Innern der Rohre bequem untergebracht werden. Uns interessiert hier vornehmlich die Empfangsseite. Genau wie bei Leitungen der früher betrachteten Arten (§ 11) gibt es auch hier auf der Empfangsseite einen günstigsten Abschluß der Rohrleitung, wobei die eintreffenden Wellen nicht reflektiert werden. Wir müssen anstreben, die gesamte eintreffende Leistung verlustfrei aufzufangen und dem Empfangsgerät zuzuführen. Diese beiden Ziele: reflexionsfreier Abschluß der Leitung und verlustfreier Empfang der eintreffenden Wellen können mit einer geeigneten Empfangsantennenanordnung angenähert erreicht werden. Ein Beispiel einer solchen Anordnung ist in Abb. 62 gezeichnet. Die von links (Pfeile) eintreffenden Wellen vom H_1-Typus werden am Ende des Rohres (Abschluß durch Kupferscheibe) reflektiert. Die direkten und die reflektierten Wellen treffen auf die Antenne A, wobei k etwas kürzer als eine Viertelwellenlänge ist. Die Antenne wird mit dem veränderlichen Kondensator C abgestimmt, so daß ihre Anschlußimpedanz ein Wirkwiderstand ist. Dieser Wirkwiderstand kann durch

Änderung des Abstandes l in weiten Grenzen verändert werden (vgl. Abb. 36). Man kann nun versuchen, diesen Wirkwiderstand so zu wählen, daß möglichst wenig Reflexion der eintreffenden Wellen von der Gesamtantennenanordnung stattfindet. Experimentell

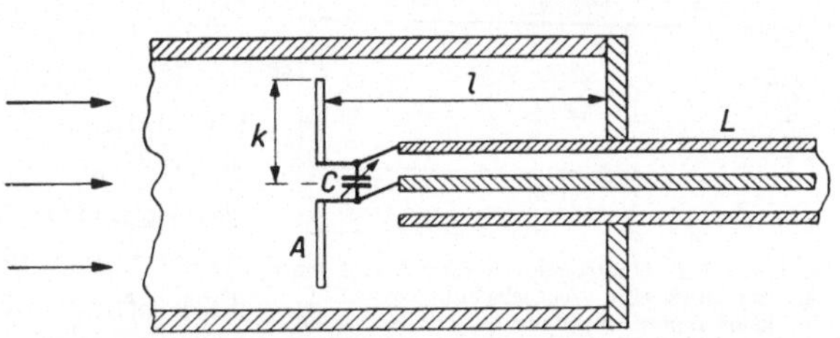

Abb. 62. Beispiel für den Abschluß eines Rohres, in dem sich Wellen vom H_1-Typus (vgl. Abb. 60) in der Pfeilrichtung fortpflanzen durch eine Empfangsantenne A. Die Länge k ist etwas geringer als eine Viertelwellenlänge, der Kondensator C dient zur Abstimmung der Antenne, zur Erzielung einer Antennenimpedanz zwischen den Anschlußpunkten in der Mitte, die gleich einem Wirkwiderstand ist. Die Länge l kann zur Änderung und Anpassung dieses Antennenwiderstandes an das Fortpflanzungsrohr geändert werden. Die konzentrische Leitung L hat einen Wellenwiderstand gleich dem Antennenwiderstand und führt die von der Antenne empfangene Leistung zum Empfangsgerät.

lautet die Bedingung hierfür, daß im Rohr keine Maxima und Minima der Feldstärkeamplituden auftreten dürfen. Der Wellenwiderstand der kurzen, konzentrischen Leitung L wird dem resultierenden Antennenanschlußwiderstand gleich gemacht. Am Ende der Leitung L befindet sich das Empfangsgerät.

Zum Schluß dieses Paragraphen weisen wir darauf hin, daß die behandelten Rohrleitungen erst Bedeutung erlangen, wenn die zugehörigen Wellenlängen (etwa 10 cm in Luft) allgemein benutzt werden.

Schrifttum: *15, 16, 17, 23, 24, 27, 32, 113, 120, 121.*

§ 18. Messungen und Beispiele ausgeführter Leitungen. Zum Verständnis der hier zu erörternden Messungen ist eine Darlegung der Verhältnisse auf einer Leitung notwendig für den Fall, daß am Leitungsende die Leitung durch eine Impedanz abgeschlossen ist, die nicht dem Wellenwiderstand der Leitung gleich ist. Wie aus § 11 bekannt ist, treten in diesem Fall am Leitungsende Reflexionen der eintreffenden Wellen auf. Die hierhergehörigen Überlegungen zeigen eine weitgehende Analogie mit denen, die Bezug haben auf die Reflexion ebener elektrischer Wellen an einer Trennungsebene (§§ 9 und 10). Als einfachen Fall, der diese Analogie klar ins Licht rückt, wählen wir die in Abb. 63 gezeichnete Anordnung. Eine Wechselspannungsquelle Q

mit der inneren Impedanz Null ist in Reihe mit einer Impedanz Z_0, welche gleich der Wellenimpedanz der Leitung ist, mit der Leitung L verbunden. Am Ende ist die Leitung mit der Impedanz Z_e abgeschlossen. Wie verlaufen Strom- und Spannungsamplitude entlang der Leitung? Bei der Anordnung werden die Wellen, welche die Spannungsquelle Q in die Leitung schickt, an der Endimpedanz Z_e reflektiert und wieder in die Richtung von Q geschickt. An diesem Eingangsende tritt aber infolge der Impedanz Z_0, die gleich der Wellenimpedanz der Leitung ist, keine Reflexion auf. Folglich können wir sowohl den Strom in den

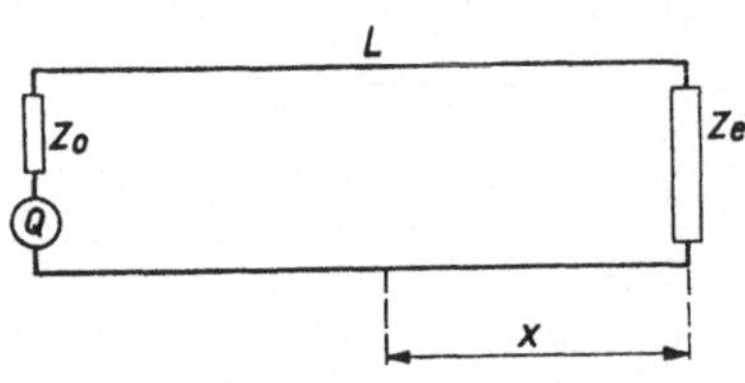

Abb. 63. Eine Übertragungsleitung L wird am Anfang durch eine Wechselspannungsquelle Q, die keine innere Impedanz hat, in Reihe mit einem Widerstand Z_0, der gleich dem Wellenwiderstand der Leitung L ist, gespeist. Am Ende ist die Leitung durch eine Impedanz Z_e abgeschlossen. Von diesem Ende aus gesehen, findet am Anfang der Leitung keine Reflexion von Wellen statt, die vom Ende zum Anfang laufen.

Leitern als auch die Spannung zwischen den Leitern an einer Stelle mit der Entfernung x vom Ende (Abb. 63) aus einem Anteil, der direkt vom Sender kommt, und einem durch Z_e reflektierten Anteil zusammensetzen. Wir vernachlässigen zunächst die Dämpfung auf der Leitung. Die Spannung zwischen den Leitern, welche durch die direkt vom Sender stammenden Wellen erzeugt wird, sei $V = V_0 \cos \omega t$. Die Spannung durch die von Z_e reflektierten Wellen weist gegenüber V zunächst eine Phasenverschiebung auf, welche dem Wege $2x$ auf der Leitung (Abb. 63) entspricht. Diese Phasenverschiebung ist $2x \cdot 2\pi/\lambda$, da ein Weg λ (Wellenlänge auf der Leitung) einer Phasenverschiebung 2π entspricht. Hinzu kommt noch eine Phasenverschiebung ψ_r infolge der Reflexion und eine Schwächung durch den Reflexionskoeffizienten f. Der resultierende Ausdruck für die Spannung ist:

$$(18,1) \qquad V_0 \cos \omega t + |f|\, V_0 \cos\left(\omega t - \frac{4\pi x}{\lambda} + \psi_r\right).$$

Die Analogie mit dem Ausdruck (10, 1) des § 10 ist vollkommen. Die resultierende Spannungsamplitude ist:

$$(18,2) \qquad V_r = V_0 \left\{ 1 + 2\,|f| \cos\left(\frac{4\pi x}{\lambda} - \psi_r\right) + |f|^2 \right\}^{1/2},$$

analog dem Ausdruck (10, 3). In exakt derselben Weise kann eine Formel für die Wechselstromamplitude in den Leitern als Funktion von x hergeleitet werden. Als Beispiel zur Formel (18, 2) betrachten wir eine Leitung, wobei die Wellenimpedanz Z_0 ein Wirkwiderstand R_0 ist und die Endimpedanz Z_e ein Wirkwiderstand R_e. Der Reflexionskoeffizient f kann der Abb. 39 entnommen werden. Der Phasenwinkel ψ_r, der bei der Reflexion auftritt, ist in diesem Fall gleich Null für $R_e \gtrless R_0$ und gleich $180°$ für $R_e < R_0$ [vgl. Formel (11, 3)]. In Abb. 64 ist für verschiedene Werte R_e/R_0 der Verlauf der resultierenden Spannungsamplitude V_r als Funktion von x gezeichnet worden. Aus dieser

Abb. 64 erhellt die in Gl. (18, 2) enthaltene Tatsache: Auf einer Leitung, die nicht durch ihre Wellenimpedanz abgeschlossen ist, bilden sich stehende Wellen, d. h. Maxima und Minima der Spannungsamplitude und der Stromamplitude aus. Diese Maxima und Minima sind auf einer dämpfungsfreien Leitung desto ausgeprägter, je mehr der Abschlußwiderstand von dem Wellenwiderstand abweicht (Abb. 64). Man kann aus dem Verhältnis des Minimalwertes zum Maximalwert der Spannungsamplitude Rückschlüsse ziehen auf den Reflexionskoeffizienten f [vgl. Gl. (18, 2)] und folglich auf das Verhältnis R_e/R_0 (vgl. Abb. 39). Auf dieser Grundlage fußen die meisten der heute verwendeten Meßmethoden zur Bestimmung des richtigen Leitungsabschlusses.

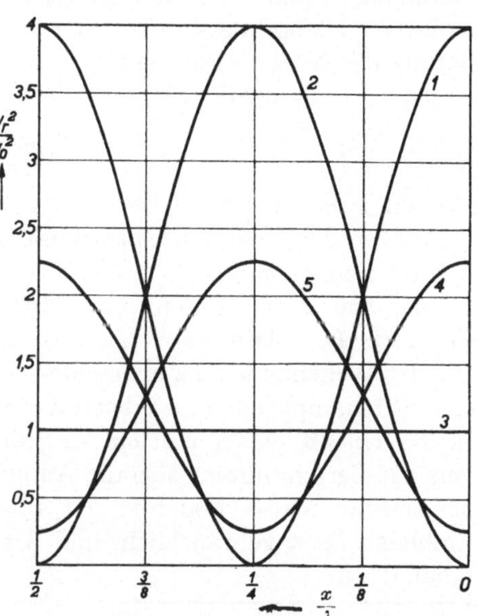

Abb. 64. Vertikal: Verhältnis des Quadrates der resultierenden Spannungsamplitude zum Quadrat der Amplitude für die eintreffende Welle nach Gl. (18, 2) als Funktion vom Abstand x (horizontal) vom Leitungsende dividiert durch die Wellenlänge λ auf der Leitung für die in Abb. 63 gezeichnete Übertragungsleitung. Kurve 1: Verhältnis des Abschlußwiderstandes R_e am Ende der Leitung (Abb. 63) zum Wellenwiderstand der Leitung gleich ∞. Kurve 2: Dieses Verhältnis gleich 0. Kurve 3: Dieses Verhältnis gleich 1. Kurve 4: Dieses Verhältnis gleich 3. Kurve 5: Dieses Verhältnis gleich $^1/_3$.

Wenn einer Leitung, welche mit ihrer Wellenimpedanz abgeschlossen ist, die Leistung W zugeführt wird, so erhält man am Ausgang die Leistung $W \cdot \exp(-2\alpha l)$, wobei l die Leitungslänge ist. Man kann $\exp(-2\alpha l)$ den Wirkungsgrad der Leitung nennen. Es sei $\alpha l \ll 1$ (geringe Dämpfung). Aus den Amplituden der stehenden Wellen auf der Leitung kann in einfacher Weise die Verringerung des Wirkungsgrades erhalten werden, welche bei Abschluß der Leitung mit einer anderen Impedanz auftritt. Es sei γ das Verhältnis: Stromamplitude im Strommaximum zur Stromamplitude im Stromminimum. Statt Strom kann hierbei Spannung gelesen werden. Dann erhält man als Wirkungsgrad:

$$(18,3) \qquad \frac{1}{2}\left(\gamma + \frac{1}{\gamma}\right)\exp(-2\alpha l).$$

Die Größe γ läßt sich oft in einfacher Weise bei Leitungen messen. Man kann γ in den absoluten Betrag $|f|$ des Reflexionskoeffizienten am Leitungsende [Gl. (18, 2)] ausdrücken:

$$\gamma = \frac{1 + |f|}{1 - |f|}.$$

Hierdurch erhält Gl. (18, 3) die Form:

$$(18,3\text{a}) \qquad \frac{1 + |f|^2}{1 - |f|^2}\exp\left(-2\,\alpha\,l\right).$$

Wie aus Abb. 64 zu ersehen, ist bei einer dämpfungsfreien Leitung, deren Länge eine Viertelwellenlänge und deren Abschlußwiderstand sehr groß ist, das Verhältnis der Spannungsamplitude V_a am Anfang zur Spannungsamplitude V_e am Ende gleich Null. Wenn die Leitung einen endlichen Dämpfungskoeffizienten α hat, so ergibt sich für dieses Verhältnis die Näherungsformel, welche bei normalen Leitungen mit genügender Genauigkeit gilt:

$$(18,4) \qquad \frac{V_a}{V_e} = \mathfrak{Sin}\left(\alpha\,\frac{\lambda}{4}\right).$$

Hierauf kann eine einfache Messung von α bei Leitungsstücken aufgebaut werden, wobei beispielsweise die Anordnung von Abb. 63 verwendet werden kann.

Wir haben den Dämpfungskoeffizienten α stets in Neper/cm ausgedrückt. Die Definition von α lautet: Auf einer unendlich langen (oder mit der Wellenimpedanz abgeschlossenen) Leitung nehmen Spannungs- und Stromamplituden im Abstand x vom Speiseende nach der Formel $\exp(-\alpha x)$ ab, wobei x in cm ausgedrückt ist. Für eine Dämpfung α von 1 Neper/cm nimmt also die Amplitude auf 1 cm Leitungslänge um den Faktor $\exp(-1)$ oder $1/2{,}718$ ab. Im Schrifttum sind auch andere Einheiten für α gebräuchlich, und wir geben daher eine Umrechnungstabelle:

	Neper/cm	Neper/km	Dezibel/cm	Dezibel/km	Dezibel/ englische Meile
Neper/cm ..	1	10^{-5}	0,23	$0{,}23 \cdot 10^{-5}$	$0{,}143 \cdot 10^{-5}$
Neper/km ..	10^5	1	$0{,}23 \cdot 10^5$	0,23	0,143
Dezibel/cm .	4,34	$4{,}34 \cdot 10^{-5}$	1	10^{-5}	$0{,}621 \cdot 10^{-5}$
Dezibel/km .	$4{,}34 \cdot 10^5$	4,34	10^5	1	0,621
Dezibel/ engl. Meile.	$7{,}0 \ \cdot 10^5$	7,0	$1{,}61 \cdot 10^5$	1,61	1

Die Tabelle ist vertikal in jeder Spalte von oben nach unten zu lesen, z. B. 1 Neper/cm $= 10^5$ Neper/km $= 4{,}34$ Dezibel/cm usw. 1 Dezibel/cm $= 0{,}23$ Neper/cm $= 0{,}23 \cdot 10^5$ Neper/km usw.

In diesem Abschnitt haben wir bisher stets vorausgesetzt, daß die betrachteten Leitungen symmetrisch sind, d. h. daß die Ströme in zwei einander entsprechenden Punkten der beiden Leitungen gleiche Beträge und einen Phasenunterschied von $180°$ haben. Wir werden jetzt kurz Abweichungen von diesem erwünschten Zustand behandeln. Als Beispiel sei eine Paralleldrahtleitung über einer leitenden Ebene (Ersatz für den Erdboden) angeordnet. Die Leiter sollen den gleichen Abstand von der Ebene haben. Wenn eine Wechselspannungsquelle die Paralleldrahtleitung speist, so ist es möglich, daß hierbei zwischen jedem der

Leiter und der Ebene Wechselspannungen auftreten, die unter sich nicht den gleichen Betrag und nicht einen Phasenunterschied von 180° haben. Betrachtet man die Paralleldrahtleitung in diesem Fall für sich als einen einzigen Leiter (der z. B. in der Symmetrieebene der Leitung gelegen ist), so tritt zwischen diesem „Ersatzleiter" und der Ebene eine Wechselspannung auf, welche die Resultante der genannten Wechselspannungen zwischen jedem der Leiter und der Ebene ist. Wie bereits in § 15 erörtert, bilden Ersatzleiter und Ebene wieder zusammen eine Leitung, die wir „parasitäre Leitung" nennen könnten und die eine andere Wellenimpedanz und eine andere Dämpfung hat als die Paralleldrahtleitung. Die parasitäre Leitung wird am Ende meistens nicht mit ihrer Wellenimpedanz abgeschlossen sein und folglich stehende Wellen erzeugen. Hierdurch werden die Wechselströme in den beiden Leitern der Paralleldrahtleitung ungleich, da der Strom der parasitären Leitung zu den ursprünglich im Betrag gleichen Strömen entgegengesetzten Vorzeichens addiert wird. Die Symmetrie ist also nicht mehr vorhanden. Die üblen Folgen sind jene, welche bei stehenden Wellen auf Leitungen überhaupt auftreten: Erhöhung der OHMschen Leitungsverluste durch örtlich größere Stromamplituden als ohne stehende Wellen. Hinzu kommt noch die beträchtliche Leistungsstrahlung der parasitären Leitung. Wir müssen daher stets die Symmetrie anstreben. Wie ermittelt man Unsymmetrie? Man kann einen kleinen Schwingungskreis konstruieren (z. B. Spule von einer oder mehreren Windungen und Drehkondensator), der möglichst symmetrisch zu einer Ebene gebaut ist. Die Symmetrieebene des abgestimmten Kreises legt man in die Symmetrieebene der Leitung. Es darf dann kein Strom im Kreis fließen. Mittel zur Erzielung von Symmetrie sind: Anordnung der Impedanzen am Anfang und am Ende derart, daß die Enden der Leiter genau die gleiche Impedanz in bezug auf die Umgebung haben. Anordnung der Leiter auf ihrer ganzen Länge in solcher Weise, daß die Impedanz von jedem der Leiter zur Umgebung (Erde) die gleiche ist. Bei einer Rohrleitung mit einem Mantel genügender Dicke können Ausgleichsströme zwischen der Leitung und der Umgebung (Erde) nur an der Außenseite des Mantels fließen. An den Leitungsenden addieren sich diese Ströme zum Wechselstrom, der an der Innenseite des Mantels fließt, und können Störungen verursachen.

Als Beispiel einer Kurzwellen-Übertragungsleitung behandeln wir einige Messungen einer konzentrischen Rohrleitung. Der Bau der Rohrleitung geht aus Abb. 65 hervor. Die Isolationsstützen des Innenleiters werden aus verlustarmem Material angefertigt, z. B. aus Polystyrol oder keramischem Hochfrequenzmaterial. Die Leitung, welche wir hier betrachten, bestand aus etwa 18 m langen Stücken von etwa 2,5 cm Außendurchmesser, welche mittels Schraubverbindungen zusammengehalten wurden. Der Wellenwiderstand war etwa 78 Ohm, und die

Fortpflanzungsgeschwindigkeit der Wellen ist 0,941 mal die Lichtgeschwindigkeit. Diese Zahl gibt auch das Verhältnis der Wellenlänge auf der Leitung zur Wellenlänge in Luft an. Die Gesamtlänge war etwa 1000 m. Im Rohrinnern wurde eine Stickstoffatmosphäre dauernd aufrechterhalten zur Vermeidung von Verlusten infolge Feuchtigkeit. Diese kann Niederschläge auf den Isolatoren verursachen

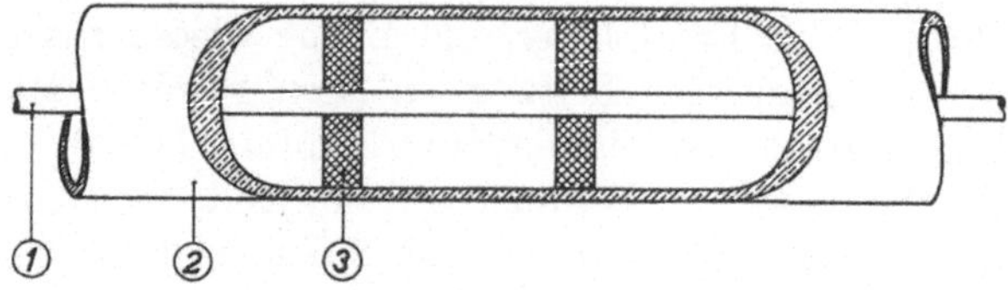

Abb. 65. Bau einer konzentrischen Rohrleitung für kurze Wellen. *1* Innenleiter, *2* Außenleiter, *3* Stützen aus Isolationsmaterial.

und zu größeren Verlusten und folglich zu Dämpfungen Anlaß geben. In Abb. 66 ist eine Messung der Eingangsimpedanz dieser Leitung wiedergegeben, wobei die Leitung am anderen Ende durch einen Widerstand von 78 Ohm abgeschlossen war. Wie ersichtlich, schwankt die Eingangsimpedanz im Frequenzgebiet 6 bis 19 MHz erheblich. Im

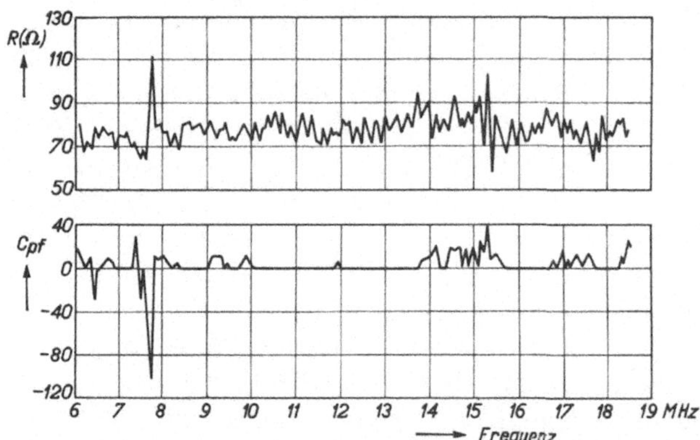

Abb. 66. Eingangsimpedanz einer etwa 1000 m langen konzentrischen Leitung, welche aus verschraubten Stücken von je 18,3 m Länge besteht, als Funktion der Frequenz in MHz (horizontal). Die Eingangsimpedanz ist als Parallelschaltung eines Widerstandes *R* mit einer Kapazität *C* aufgefaßt. Die Leitung ist am Ende mit dem Wirkwiderstand 78 Ohm, der etwa gleich dem Wellenwiderstand ist, abgeschlossen. Im Idealfall müßte *R* für alle Frequenzen gleich 78 Ohm und *C* gleich Null sein. Die gemessenen Abweichungen von diesen Idealwerten werden durch Unregelmäßigkeiten der Leitung verursacht.

Idealfall müßte sie konstant gleich 78 Ohm sein und die Eingangskapazität gleich Null. Die zwei größten Abweichungen bei 7,7 und bei 15,4 MHz werden einer kleinen Ungleichmäßigkeit der Leitung bei jeder Verbindung zugeschrieben. Wenn man die Wellenlänge auf der Leitung in Betracht zieht, ist für 7,7 MHz die Länge eines Leitungsstückes (18,3 m) etwa gleich einer halben Wellenlänge und für 15,4 MHz etwa gleich der Wellenlänge auf der Leitung. Zur Vermeidung von

Effekten dieser Art müßten die Leitungsstücke untereinander verschiedene Längen haben. Die kleineren Unregelmäßigkeiten der Abb. 66 werden durch örtliche Änderungen der Leiterabmessungen (Exzentrizitäten, Einbuchtungen) verursacht.

Schrifttum: *40, 49, 52, 53, 84, 118, 136.*

III. Meßeinrichtungen zur Bestimmung von Strömen, Spannungen und Impedanzen bis 20 cm Wellenlänge herab.

§ 19. Anzeigegeräte für Spannungen im Kurzwellengebiet. Es sind viele Anzeigegeräte der genannten Art bekannt. Wir werden hier drei Anordnungen zur Spannungsanzeige behandeln. Diese Anordnungen sind in eigener Arbeit erprobt und bis zu den kürzesten Wellen herab einwandfrei brauchbar befunden worden.

Als Spannungsanzeiger haben wir Dioden besonderer Bauart benutzt. Zur Messung des Diodengleichstromes, der als Maß für die Wechsel-

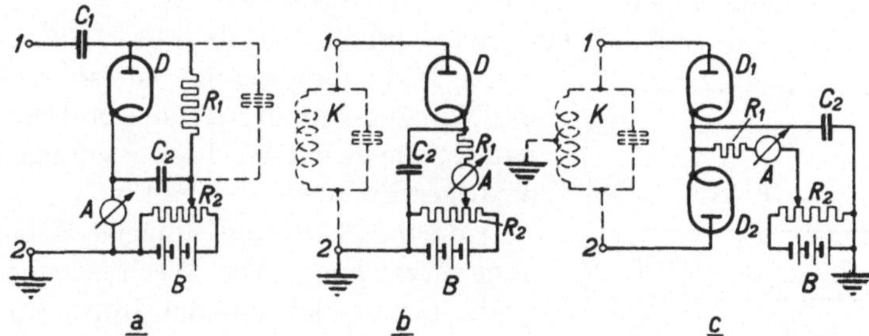

Abb. 67. Drei Diodenvoltmeterschaltungen. D Diode, A Mikroamperemeter, R_1 Ableitwiderstand, etwa 0,1 MOhm für Gleichstrom, C_2 Blockkondensator (Glimmer) etwa 1000 pF, R_2 Potentiometer, B Batterie, C_1 kleiner Anschlußkondensator.

spannung zwischen den Elektroden der Diode dient, haben wir sehr empfindliche Mikroamperemeter von Siemens sowie der Cambridge Instrument Co. benutzt (beide mit Lichtzeiger). Hiermit konnten Stromänderungen von 10^{-7} A mit etwa 1 % Meßfehler gemessen werden. Als Schaltungen solcher Dioden kommen die in Abb. 67 gezeichneten in Frage. Bei der konventionellen Schaltung a) ist davon ausgegangen, daß der Diodengleichstrom nicht vom Anschlußpunkt 1 nach 2 zurückfließen kann. Daher ist diese Strombahn in der Diodenschaltung selber über den Widerständen R_1 und R_2 sowie dem Mikroamperemeter A geschlossen, während die Wechselspannung vom Punkt 1 über den Anschlußreihenkondensator C_1 auf die Diode gelangt. Bei der Schaltung b) kann der Diodenstrom durch den Schwingungskreis K, der zwischen den Punkten 1 und 2 gedacht ist, zurückfließen. Daher entfällt der Kondensator C_1. Bei der Schaltung c) ist angenommen, daß die Punkte 1 und 2 hochfrequenzmäßig die gleiche Impedanz zur Erde (zum Gehäuse) aufweisen. Es kann beispielsweise zwischen diesen

Punkten ein Schwingungskreis K angeordnet sein, dessen Mitte geerdet ist (Gegentakt-Schwingungskreis). Weiterhin soll der Diodengleichstrom durch diesen Kreis hindurch zur Erde zurückfließen können. Der Kondensator C_1 fällt wieder fort, während zwei gleiche Dioden symmetrisch zum Erdungspunkt angeordnet sind.

Wir betrachten jetzt die wesentlichen Eigenschaften dieser drei Diodenanordnungen zur Spannungsanzeige. Hierbei setzen wir voraus, daß die Elektronenlaufzeit von der Kathode zur Anode klein ist im Vergleich zu einer Periode der Wechselspannung. Wenn d der Abstand Kathode-Anode in cm und V die Spannungsdifferenz zwischen der Kathodenoberfläche und der Anodenoberfläche (Volt) ist, so beträgt diese Laufzeit t größenordnungsmäßig:

$$(19,1) \qquad\qquad t = 0{,}51 \cdot \frac{d}{V^{1/2}} \, 10^{-7} \ \text{(sec)} \,.$$

Bei den hier betrachteten Dioden ist d etwa 0,01 cm und V von der Größenordnung 1 Volt. Folglich wird t etwa $0{,}5 \cdot 10^{-9}$ sec. Für 1 m Wellenlänge in Luft ist eine Schwingungsperiode $0{,}33 \cdot 10^{-8}$. Wenn dieser Bedingung genügt ist, so verlaufen die Vorgänge in der Diode praktisch genau so, wie es mit Wechselspannungen sehr niedriger Frequenz der Fall wäre.

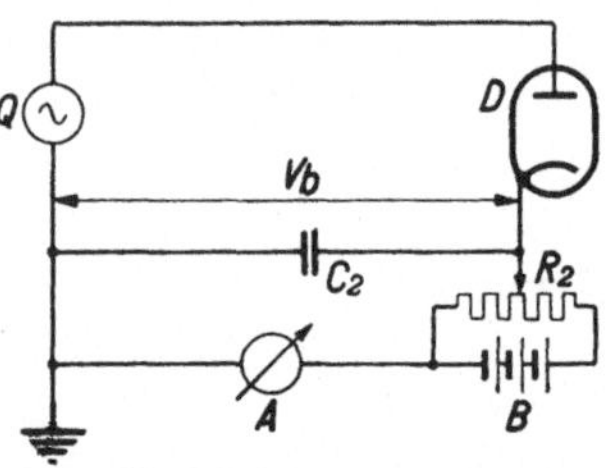

Abb. 68. Meßanordnung zur Bestimmung der Diodenkennlinien. Q Wechselspannungsquelle ohne Innenwiderstand, D Diode, C_2 Blockkondensator, der für die betrachteten Frequenzen eine viel kleinere Impedanz hat als das Mikroamperemeter A und der Potentiometerwiderstand R_2 in Reihe, B Batterie.

In Abb. 68 ist eine einfache Meßanordnung gezeichnet. Die Wechselspannungsquelle Q mit der inneren Impedanz Null ist in Řeihe mit einer regelbaren Gleichspannung V_b und einer Diode D geschaltet. Die Quelle Q soll auch für Gleichstrom den Widerstand Null haben. Wenn wir zunächst bei einer Wechselspannung Null den Diodenstrom als Funktion von V_b messen, so ergibt sich beispielsweise die im linken oberen Teil der Abb. 69 gezeichnete Kurve. Wenn nun Q noch eine Wechselspannung liefert (links unten in Abb. 69), so ergibt sich für den Diodenstrom als Funktion der Zeit die rechts in Abb. 69 gezeichnete Kurve. Man kann diese Kurve angenähert durch Dreiecke darstellen (Abb. 70). Die Grundkomponente der FOURIERschen Reihenzerlegung des Stromes als Funktion der Zeit kann für diese Dreiecksfigur leicht berechnet werden. Man erhält für diese Wechselstromamplitude den Ausdruck:

$$(19,2) \qquad\qquad \frac{2}{\pi} J_{\max} \frac{1 - \cos b}{b} \cos \omega t \,,$$

wobei ω die Kreisfrequenz der Wechselspannung der Quelle Q (Abb. 68) ist. Der Gleichstrom, den man im Mikroamperemeter A (Abb. 68) mißt, ergibt sich nach Abb. 70 zu:

$$(19,3) \qquad J_g = \frac{b\,J\,\max}{2\,\pi}.$$

Aus (19, 2) und (19, 3) folgt für den Wechselstrom die Formel:

$$(19,4) \qquad 4\,J_g\,\frac{1-\cos b}{b^2}\,\cos \omega\,t.$$

In diesen Formeln und in Abb. 70 ist b/π der Teil einer Periode, während dessen Strom fließt. Wenn $b/\pi = 1$ ist, wird der Faktor $4 \cdot (1-\cos b)/b^2$

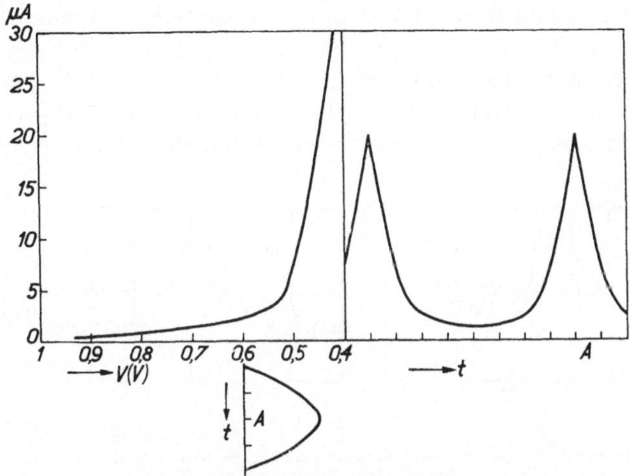

Abb. 69. Links: Kennlinie mit der Anordnung von Abb. 68 gemessen. Vertikal: Mikroampere, gemessen mit dem Meter A von Abb. 68. Horizontal: Spannung V_b in Abb. 68. Die Wechselspannung ist bei dieser Kennlinie Null. Unten: Eine Halbschwingung der Wechselspannung der Quelle Q, in Abb. 68 als Funktion der Zeit t. Rechts: Resultierender Strom durch die Diode als Funktion der Zeit bei einer Spannung $V_b = -0{,}6$ V und einer Wechselspannungsamplitude der Quelle Q von 0,15 Volt.

gleich 0,81 und für $b=0$ erhält man hierfür 2. Folglich schwankt hier die Amplitude des Wechselstromes etwa zwischen 0,81 und 2mal dem

Gleichstrom J_g. Man kann das Verhältnis der Wechselspannungsamplitude E der Quelle (Abb. 68) zur Wechselstromamplitude den effektiven Wechselstromwiderstand R_i der Diode nennen. Für große Wechselspannungen ist R_i gleich $E/2J_g$ und für kleinere Wechselspannungen etwa gleich $E/0{,}8J_g$. Hierdurch ist die Größenordnung von R_i bei bekannten Werten von E und J_g festgelegt. Die Impedanz der

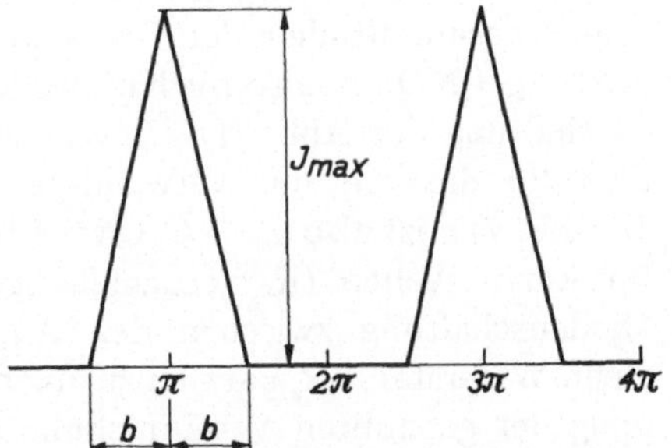

Abb. 70. Vereinfachte Darstellung des Diodenstromes im rechten Teil der Abb. 69 als Funktion der Zeit durch Dreiecke.

Diode für Wechselspannung kann durch den genannten Widerstand R_i parallel zu einer Kapazität C_i dargestellt werden. Genau genommen ist C_i während einer Periode der Wechselspannung nicht konstant, sondern schwankt analog wie R_i. Bei kleinem Diodengleichstrom J_g kann C_i angenähert gleich der mit kalter Kathode gemessenen Kapazität der Diode gesetzt werden.

Durch diese einfache Betrachtung haben wir ein Ersatzschaltbild der Diode für äußere Wechselspannungen gewonnen. Hiermit können wir die Schaltungen der Abb. 67 genauer betrachten. In Abb. 71 sind diese Schaltungen, was den Wechselstromteil anbelangt, neu gezeichnet worden. Der Kondensator C_2 ist stets so bemessen, daß seine Impedanz sehr klein ist gegenüber R_1 für die Meßfrequenz. Wir können daher in Abb. 71a annehmen, daß R_i und R_1 sowie C_i und C_r parallel geschaltet sind. Die Kapazität C_r, die bereits in Abb. 67 angedeutet ist, ist die Parallelkapazität, die mit jedem Ableitwiderstand verknüpft ist.

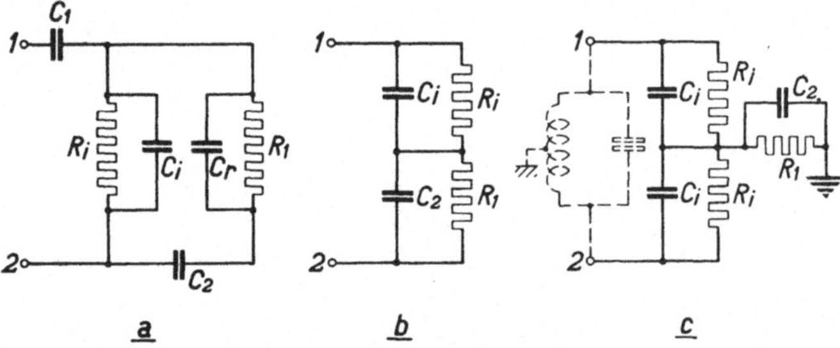

Abb. 71. Ersatzschaltbilder der drei Diodenvoltmeterschaltungen von Abb. 67, soweit es den Wechselstromteil dieser Schaltungen betrifft.

Normalerweise ist sie etwa 0,5 pF. Der Widerstand R_1 hat für kurze Wellen nicht mehr den Nennwert, der für niedrige Frequenzen gilt. Wir müssen vielmehr für R_1 mit einem viel niedrigeren Wert rechnen. Beispielsweise hat ein handelsüblicher Widerstand mit dem Nennwert 0,1 MOhm bei 30 m Wellenlänge etwa 18 kOhm und bei 1 m Wellenlänge etwa 10 kOhm (vgl. § 23). Der Wert von R_i ist bei Wechselspannungsamplituden der Größenordnung $1 V$ etwa von der Größenordnung 1 MOhm, also im Kurzwellengebiet gegenüber R_1 in der Parallelschaltung der Abb. 71a zu vernachlässigen. Die Diodenkapazität C_i liegt für die von uns verwendeten Dioden zwischen 1,5 und 0,5 pF. In Abb. 71a ist also $C_i + C_r$ etwa 1 bis 2 pF und R_1 etwa 10 bis 40 kOhm für kurze Wellen (R_i vernachlässigen wir). Wir können die gesamte Diodenschaltung zwischen den Anschlüssen 1 und 2 ersetzen durch einen Widerstand R_e parallel zu einer Kapazität C_e. Unter Berücksichtigung der genannten Vereinfachungen (R_i vernachlässigt und C_2 durch einen Kurzschluß ersetzt) erhält man:

$$(19,5) \quad \begin{cases} R_e = R_1 \dfrac{1 + \omega^2 (C_i + C_r + C_1)^2 R_1^2}{\omega^2 C_1^2 R_1^2} ; \\[2mm] C_e = C_1 \dfrac{1 + \omega^2 (C_i + C_r)(C_i + C_r + C_1) R_1^2}{1 + \omega^2 (C_i + C_r + C_1)^2 R_1^2} . \end{cases}$$

Bei der Diskussion dieser Formeln kann von zwei verschiedenen Wünschen ausgegangen werden. Man kann fordern, daß zwischen den Elektroden der Diode die gleiche Wechselspannung vorhanden ist, wie zwischen 1 und 2. In diesem Fall muß der Betrag der Impedanz von C_1 klein sein im Vergleich zu der Impedanz der Parallelschaltung von R_1 mit C_i und C_r. Für kurze Wellen ergibt sich in diesem Fall aus den Formeln (19, 5), daß R_e etwa gleich R_1 und C_e etwa gleich $C_i + C_r$ ist. Man kann aber auch fordern, daß R_e möglichst groß und C_e möglichst klein ist, damit die Diodenschaltung eine möglichst kleine Störung der übrigen Meßanordnung zwischen 1 und 2 hervorruft. Offenbar ist es für große R_e günstig, wenn $\omega C_1 R_1 < 1$ ist. Wählen wir z. B. $\omega = 10^8$ (etwa 20 m Wellenlänge in Luft) und $R_1 = 20$ kOhm, so wird diese Bedingung: $2\,C_1$ (pF) < 1, also z. B. $C_1 = 0,2$ pF. Der Zähler des Ausdrucks für R_e wird dann z. B. ungefähr gleich 5 und R_e ungefähr von der Größenordnung $30\,R_1$. Die Kapazität C_e wird in diesem Beispiel etwa gleich C_1. Für höhere Frequenzen kann C_1 ungefähr ebenso groß gewählt werden, da dann angenähert gilt: $R_e = R_1 (C_i + C_r + C_1)^2/C_1^2$.

Die Betrachtung der Schaltbilder Abb. 71b und c kann kurz gehalten werden. Die Kapazität C_2 ist so groß, daß ihre Impedanz klein gegenüber R_1 ist. Wir lassen deshalb R_1 ganz fort und erhalten für den Eingangswiderstand R_e und die hierzu parallel gedachte Eingangskapazität C_e zwischen 1 und 2 die Ausdrücke:

$$(19,6) \qquad \left\{ \begin{aligned} R_e &= R_i\, \frac{1 + \omega^2\,(C_i + C_2)^2\,R_i^2}{\omega^2\,C_2^2\,R_i^2}\; ; \\[2mm] C_e &= C_2\, \frac{1 + \omega^2\,C_i\,(C_i + C_2)\,R_i^2}{1 + \omega^2\,(C_i + C_2)^2\,R_i^2}\; . \end{aligned} \right.$$

Als Beispiel sei $C_2 = 10$ pF, $\omega = 10^8$ und $R_i = 1$ MOhm. Dann wird R_e etwa gleich R_i und C_e etwa gleich C_i. Während R_e und C_e in diesem Fall von gleicher Größenordnung werden wie bei kleinem C_1 in der Schaltung Abb. 71a, hat die Schaltung 71b den Vorzug, weil auf die Elektroden der Diode fast die volle Wechselspannungsamplitude gelangt, welche zwischen den Anschlüssen 1 und 2 vorhanden ist. Die Schaltung der Abb. 71c ist der Schaltung b analog. Nur werden durch die Gegentaktanordnung R_e und C_e halbiert gegenüber b, wie bei jeder Gegentaktschaltung.

Es ist im Kurzwellengebiet äußerst wichtig, die Länge aller Anschlußleitungen bis auf das äußerste zu verringern. Denn diese Leitungsstücke bedeuten Selbstinduktionen [vgl. Gl. (13, 3)], denen bei diesen Frequenzen Impedanzen entsprechen, welche nicht mehr gegenüber den anderen Impedanzen vernachlässigbar sind. Mit Rücksicht auf die unvermeidlichen Zuleitungen ist es auch erforderlich, die Diodenimpedanz möglichst hoch zu wählen, d. h. C_i klein und R_i groß. Diese

Werte hängen andererseits unmittelbar mit der Empfindlichkeit der Diode zusammen, d. h. mit dem Gleichstrom J_g bei gegebener Wechselspannungsamplitude E auf der Diode. Wir haben gut brauchbare Dioden anfertigen lassen, wobei C_i etwa 0,5 pF ist und R_i etwa 1 MOhm bei z. B. J_g etwa 0,5 Mikroampere. In Abb. 72 ist eine solche Spezialdiode gezeichnet.

Schrifttum: *1, 2, 65, 74, 89, 138, 143, 150, 151, 153.*

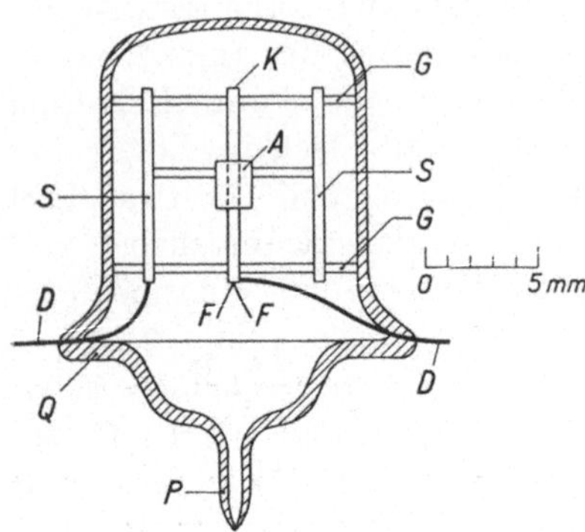

Abb. 72. Skizze einer Kurzwellen-Meß-Diode zur Verwendung in den Schaltungen der Abb. 67. *A* Anodenzylinder, *K* Kathodenzylinder, *F* Glühfäden, *S* Stutzstäbchen, *G* Glimmerplättchen, *P* Pumpstengel, *Q* Quetschrand, *D* Durchfuhrungen der Elektrodenzuleitungen durch den Quetschrand *Q*.

§ 20. Anzeigegeräte für Ströme im Dezimeterwellengebiet und ihre Eichung.

Als erstes Anzeigegerät, das wir behandeln, dient eine mit Luft gefüllte abgeschlossene Röhre, in der ein Hitzdraht angeordnet ist. Durch die Erhitzung dieses Drahtes infolge Stromdurchgang dehnt sich die Luft in der Röhre aus und bewegt einen Flüssigkeitstropfen in einer angeschlossenen Kapillare. Die praktische Anwendung dieses einfachen Prinzips ist in Abb. 73 gezeichnet. Die Anordnung besteht aus zwei genau gleichen Hälften. Durch den einen Hitzdraht 2 wird der zu messende Strom geschickt, während der zweite Hitzdraht 2 von einem bekannten Gleichstrom durchflossen wird. Diese Drähte sind so dünn (etwa 20 Mikron Durchmesser aus Konstantan), daß auch bei den kürzesten Wellen (z. B. 20 cm Wellenlänge) noch kein störender Hauteffekt auftritt. (Widerstandserhöhung

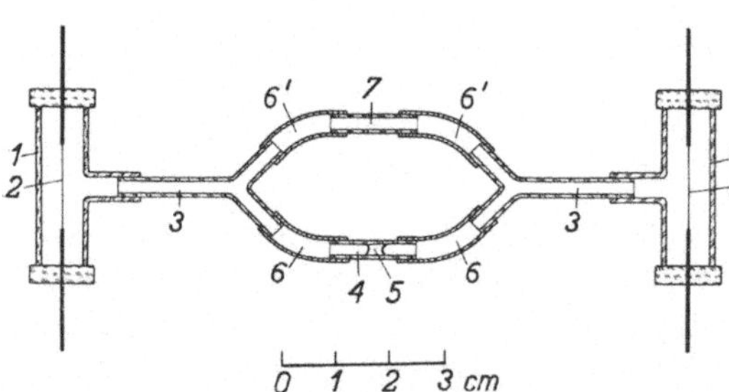

Abb. 73. Skizze eines Kompensations-Hitzdraht-Milliamperemeters, *1* Rohr aus Polystyrol mit luftdichten Abschlussen, *2* Faden aus Konstantan von 10—20 Mikron Durchmesser, *3* Glasrohrchen mit Verzweigung *6* und *6'* Gummiröhrchen (Ventilschlauche), *4* und *7* Glaskapillaren, wobei *7* enger ist als *4* (in der Abbildung gleich weit gezeichnet), *5* gefarbter Flussigkeitstropfen.

kleiner als 3%.) Die luftdicht verschlossenen Röhrchen 1 sind aus Polystyrol angefertigt, einem Material sehr kleiner Wärmeleitfähigkeit und zudem mit Asbestfaden umwickelt zur möglichst guten Wärmeisolation. Die angesetzten Glasröhrchen 3 haben eine Verzweigung, die durch kleine Gummischläuche 6 und 6′ mit den Kapillarröhrchen 7 und 4 verbunden sind. Die Kapillare 4 ist weiter als 7 (in Abb. 73 sind beide gleich weit gezeichnet) und enthält einen gefärbten Flüssigkeitstropfen 5,

der mittels eines Ablesemikroskops mit Skala beobachtet werden kann.
Die Ströme durch die Drähte 2 werden gleichzeitig ein- und ausgeschaltet. Der Gleichstrom durch den einen Hitzdraht wird so lange geregelt, bis der Flüssigkeitstropfen 5 beim Einschalten der Ströme keine
Bewegung erfährt. Die enge Kapillare 7 dient zum langsamen Ausgleich
von Druckunterschieden in den beiden Luftröhrchen 1. Mit dieser Meßeinrichtung, die mit Gleichstrom geeicht werden kann, sind Ströme von
einigen mA auf etwa 1%
genau zu messen. Der
Widerstand der Hitz-
drähte liegt hierbei in der
Größenordnung 20 Ohm.
Bei einem Strom von
2 mA können wir also eine
Leistung von $4 \cdot 10^{-6} \cdot 20$
$= 8 \cdot 10^{-5}$ Watt mit einem
Fehler von etwa 2%
messen.

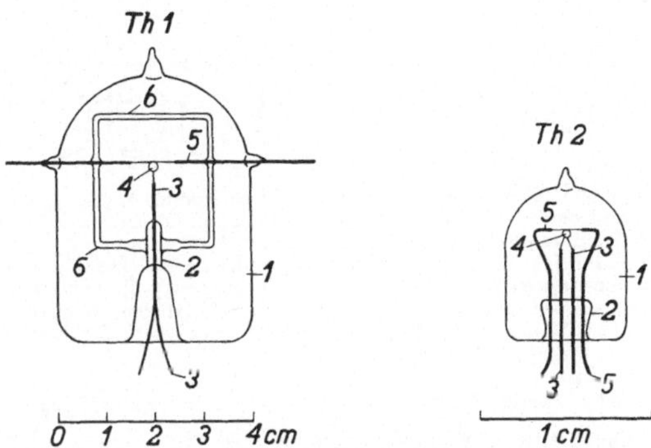

Abb. 74. Zwei Hochvakuum-Thermokreuze für Strommessungen.
5 Heizdraht von 10—20 Mikron Durchmesser, 4 Perle aus Isolationsmaterial, 3 zwei zusammengeschweißte Thermodrähte,
2 Quetschfuß, 1 Glashülle, 6 Glasbügel zur Unterstützung des
Heizfadens 5 beim Thermokreuz *Th* 1.

Die weiteren Anzeige-
geräte, welche wir benutzt
haben, sind Hochvakuum-
Thermokreuze. Zwei be-
sonders bewährte Ausfüh-
rungen dieser Geräte sind in Abb. 74 zusammengestellt. Der Hitzdraht 5
in den Kreuzen *Th*1 und *Th*2 ist aus so dünnem Draht angefertigt, daß
bis zu den kürzesten Wellen kein Hauteffekt und folglich praktisch keine
Widerstandserhöhung auftritt (vgl. oben). Mit einem geeigneten Millivoltmeter zur Bestimmung der Thermospannung (z. B. Cambridge Instrument Co Unipivot) können bei einem Hitzdrahtwiderstand in der Größenordnung von 20 Ohm Ströme durch den Hitzdraht von einigen mA
bis auf etwa 1% Fehler bestimmt werden. Die Anordnung mit geraden
Ausführungen des Hitzdrahtes (*Th*1) hat vor der üblichen Quetschfuß-
ausführung *Th*2 den Vorteil, daß der Hitzdraht eine geringere Kapazität
und eine geringere gegenseitige Induktion gegenüber den Thermodrähten
und ihren Zuleitungen aufweist. Dafür ist der Bau von *Th*1 komplizierter als der von *Th*2.

Wir kommen jetzt zur Eichung der behandelten Strommeßgeräte.
Eine der Hauptschwierigkeiten hierbei ist die Erfüllung der Forderung,
daß durch zwei miteinander zu vergleichende Geräte der gleiche Wechselstrom fließen muß oder Wechselströme, die in einem bekannten Verhältnis stehen. Um dieses zu erreichen, haben wir die in Abb. 75 schematisch angegebene Anordnung verwendet. Eine Paralleldrahtleitung 1
ist mit einem Sender *Tr* gekoppelt. Diese Leitung ist möglichst symmetrisch zur Umgebung angeordnet, auch die Kopplung ist möglichst

symmetrisch gehalten. Über zwei möglichst gleiche Hochvakuum-Hitzdraht-Sicherungen 2 gelangt man zu zwei möglichst vollkommen gleichen Thermokreuzen 3 vom Typus $Th1$ der Abb. 74. Die Enden der Thermodrähte sind mittels Blockkondensatoren 4 mit dem umgebenden Gehäuse (Erde) verbunden und führen zu den Millivoltmetern 5. Das Gerät 6 ist das zu eichende Thermokreuz, während 7 eines der beiden Luftröhren 1 der Abb. 73 angibt. Die Widerstände der Hitzdrähte der Geräte 6

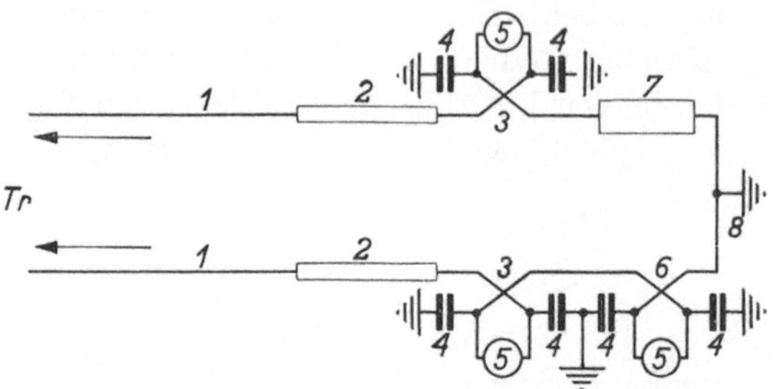

Abb. 75. Schematische Darstellung der Anordnung zur Vergleichung von Strommeßgeräten bis 20 cm Wellenlänge. *Tr* Kurzwellensender, *1* Paraldrahtleitung, *2* Hochvakuumhitzdrahtsicherungen, *3* zwei genau gleiche Thermokreuze, *4* Blockkondensatoren (kleine Glimmerkondensatoren), *5* Millivoltmeter (Gleichspannung), *6* Vergleichsthermokreuz mit genau gleichem Widerstand des Heizfadens wie im Rohr *7* (nach Abb. 73), *8* Erdung der geometrischen Mitte der Leitung.

und 7 sind wieder unter sich möglichst gleich gewählt (weit innerhalb 1%). Die geometrische Mitte der Kurzschlußverbindung zwischen den Leitern der Paralleldrahtleitung ist bei 8 geerdet. Durch diese mög-

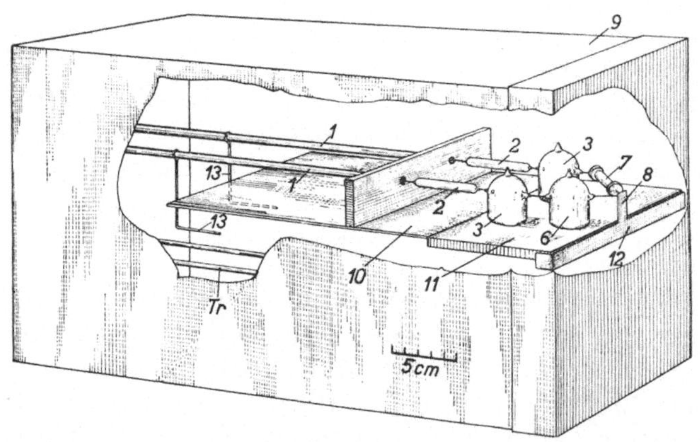

Abb. 76. Praktische Ausführung einer Anordnung nach Abb. 75. Ein Gehäuse aus 1 mm starkem Kupferblech ist durch eine Blechtrennwand 10 in zwei Abteilungen getrennt. Im unteren Teil ist ein Sender *Tr* angeordnet, der bei 13 mit der Leitung 1 im oberen Fach gekoppelt ist. Die Zahlen *2, 3, 6, 7, 8* deuten dieselben Geräte an, wie in Abb. 75, *11* ist eine Platte aus Polystyrol, auf der die Thermokreuze und das Gerät *7* angeordnet sind, *12* ist ein Kupferblechstreifen zur Erdung der Leitungsmitte.

lichst symmetrische Anordnung ist die Mitte des Hitzdrahtes 6 genau ebensoweit von 8 entfernt wie die Mitte des Hitzdrahtes 7. Eine kleine und bei dieser Anordnung unvermeidliche Störung der Symmetrie wird durch die Erdungskondensatoren 4 verursacht, welche beim Gerät 6 wohl und bei 7 nicht vorhanden sind. Diese Kondensatoren 4 sowie die sorgfältige Abschirmung nach außen der gesamten Anordnung durch ein Kupferblechgehäuse, wie in Abb. 76 gezeigt, erwiesen sich als notwendig zur Vermeidung jeglichen „Handeffekts", d. h. von Ausschlagänderungen der Meter bei Annäherung des Körpers des Beobachters.

Das Meßgerät der Abb. 73 wurde geeicht, indem durch beide Hitzdrähte bekannte Gleichströme geschickt wurden. Wir betrachten dieses Gerät, da wir alle Fehlerquellen nach Möglichkeit vermieden haben, als ein Standardstrommeßgerät bis zu den kürzesten Wellen (20 cm) und vergleichen die Thermokreuze mit diesem Standardgerät. Diese Thermokreuze wurden ebenfalls mit Gleichstrom geeicht. Bei Wellenlängen bis 90 cm herab gelang es in der Anordnung der Abb. 76, die Ströme in den beiden Thermokreuzen 3 weit innerhalb 1% gleich einzustellen. Hierbei ergaben sich z. B. folgende Werte:

Wellenlänge cm	Thermokreuz 6 (Abb. 76) mA	Instrument 7 (Abb. 76) mA	Fehler von 6 in %
114	6,72	6,65	$+1$
114	7,60	7,55	$+0,7$
90	6,04	6,00	$+0,7$
90	7,30	7,20	$+1,4$

Bei den Werten dieser Tabelle ist so vorgegangen, daß sowohl für das Thermokreuz 6, das vom Typus $Th1$ der Abb. 74 war, als auch für das Instrument 7 (Abb. 73) aus den angezeigten Werten der Meßinstrumente unter Verwendung der Gleichstromeichung die zugehörige mA-Zahl abgeleitet wurde. Wenn als Thermokreuz 6 der Abb. 76 ein Exemplar vom Typus $Th2$ (Abb. 74) verwendet wurde, ergab sich bei 150 cm Wellenlänge bereits ein Fehler dieses Kreuzes von etwa 2%. Dies stimmt mit der oben bereits erwähnten Tatsache überein, daß dieser Typus größere Störungsquellen in bezug auf gegenseitige Induktion und Kapazität des Hitzdrahtes gegenüber den Thermodrähten enthält als der Typus $Th1$.

Für noch kürzere Wellen als 90 cm haben wir die in Abb. 76 gezeichnete Anordnung durch eine verbesserte Einrichtung ersetzt, die nach dem gleichen Prinzip (Schaltbild Abb. 75) arbeitet. Diese verbesserte Einrichtung ist in den Abb. 77 und 78 dargestellt. Es ist eine

Wellenlänge	Verhältnis: mA durch 6 / mA durch 3a	Verhältnis: mA durch 7 / mA durch 3	Fehler von 6 in %
50	2,83	2,84	$-0,3$
50	2,67	2,75	-3
50	2,69	2,67	$+0,7$
22,5	0,663	0,676	-2
22,5	0,673	0,662	$+1,6$
22,5	0,674	0,675	$-0,1$

besserte Einrichtung ist in den Abb. 77 und 78 dargestellt. Es ist eine bessere Abschirmung des Senders vom Paralleldrahtsystem und ein kleinerer Drahtabstand in diesem System vorhanden. Es war mit dieser Einrichtung für Wellen unter 100 cm schwierig, durch die beiden Vergleichsthermokreuze 3 (vgl. Abb. 75 und 77) den gleichen Strom einzustellen. Das Paralleldrahtsystem war also nicht immer ganz symmetrisch. Wir haben das Verhältnis der beiden Ströme durch die

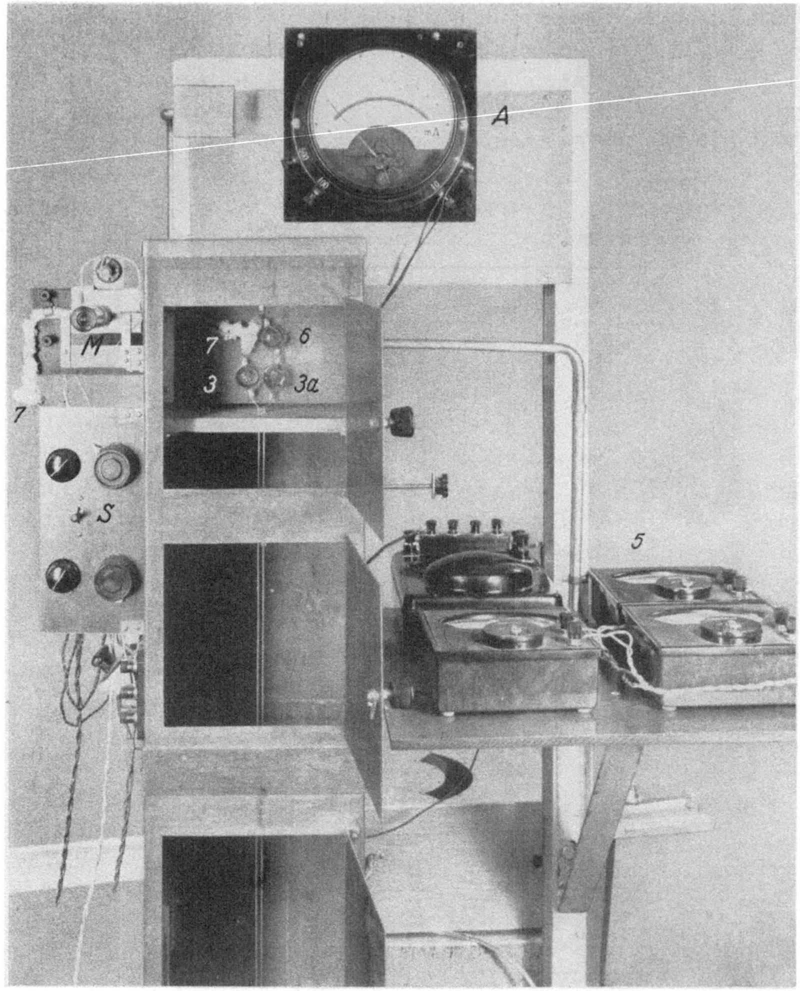

Abb. 77. Verbesserte Einrichtung nach dem gleichen Prinzip wie in Abb. 75 angegeben. Paralleldrahtleitung, 3 und 3 a sind zwei möglichst genau gleiche Thermokreuze, 6 das Vergleichsthermokreuz und 7 die Röhrchen des Hitzdrahtstrommessers (Abb. 73), M das Ablesemikroskop zur Beobachtung des Flüssigkeitstropfens, S der Mehrfachschalter zum Abschalten des Senders und des Gleichstroms durch das links angeordnete Rohr 7, A ein Milliamperemeter für den Gleichstrom durch letzteres Röhrchen, 5 Millivoltmeter der Thermokreuze.

Thermokreuze 3 gebildet und mit dem Verhältnis der Ströme durch 7 und durch 6 verglichen (vgl. Abb. 77). Hierbei setzen wir voraus, daß die Unsymmetrie bei 3 und 3a ebenso groß ist wie bei 7 und 6.

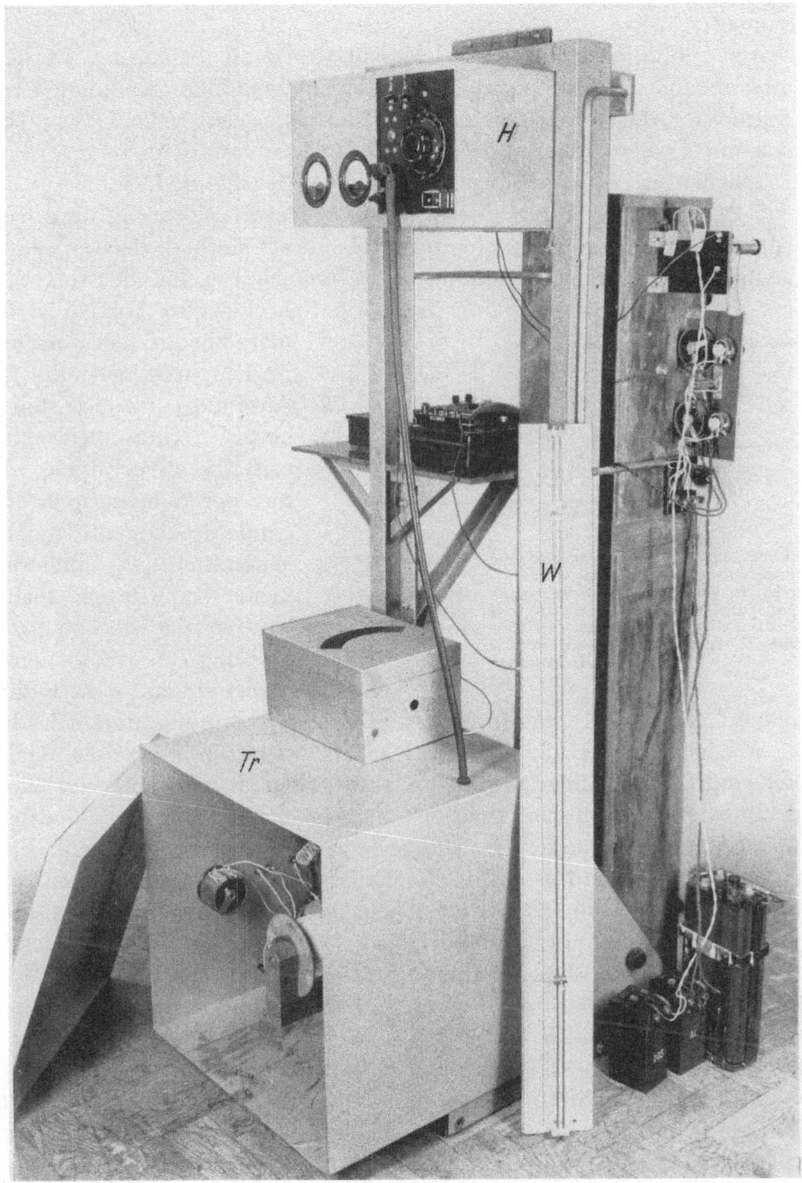

Abb. 78. Gesamtansicht der in Abb. 77 gezeigten Anordnung. *H* Hochspannungsgleichrichter für Gleichspannung 0—2000 Volt, *Tr* Gehäuse des Senders (rückgekoppelte Dreipolröhren bis etwa 40 cm, darunter, wie aus der Abbildung teilweise zu ersehen, Magnetronsender), *W* Wellenlängenmesser.

Als Thermokreuz 6 ist hierbei wieder ein Exemplar vom Typus *Th*1 (Abb. 74) verwendet worden. Die Verhältniszahlen und die mA-Zahlen sind aus den Meteranzeigen erhalten worden durch Benutzung der

Gleichstromeichung der betreffenden Thermokreuze sowie des Instruments 7.

Als Schlußfolgerung dieser Messungen kann behauptet werden: Unter Beachtung der notwendigen Vorsichtsmaßnahmen können mit Thermokreuzen vom Typus $Th\,1$ Wechselströme der Wellenlänge 20 cm noch mit Fehlern innerhalb etwa 2% gemessen werden.

Schrifttum: Anhang sowie *73, 74, 89, 117, 150, 153*.

§ 21. Methoden zur Messung von Resonanzkurven und Impedanzen. Die von uns am häufigsten benutzte Methode der Impedanzmessung beruht auf einer Messung der Resonanzkurve eines Schwingungskreises. In Abb. 79 ist die hierzu benutzte Anordnung im Prinzip dargestellt. Die Anschlüsse 1 und 2 führen zum Kurzwellensender, z. B. zu einer Spule, die mit der Schwingspule des Senders gekoppelt ist. Der Widerstand R_1 und die kleine Kapazität C_1 erfüllen bei der höchsten zur Messung verwendeten Kreisfrequenz ω die Bedingung $\omega C_1 R_1 < 0{,}01$. Hierdurch ist die Wechselspannung an den Enden des Widerstandes R_1 für alle Schaltungen des weiteren Kreises, der in Reihe mit C_1 liegt, innerhalb 1% unveränderlich. Es tritt keinerlei Rückwirkung der zwischen den Punkten 3 und 4 gelegenen Teile der Schaltung auf den Sender (Frequenzverwerfung oder Spannungsänderung) auf. Eine weitere Bedingung lautet, daß die Wechselstromamplitude von 3 nach 4 unabhängig von Änderungen der Schaltung zwischen diesen beiden Punkten sein soll. Da die Spannungsamplitude an den Enden des Widerstandes R_1 konstant ist, wird diese Bedingung sicher erfüllt, wenn der absolute Betrag der Impedanz Z des Schwungradkreises mit Parallelimpedanzen zwischen diesen beiden Punkten 3 und 4 klein ist im Vergleich zur Impedanz der Kapazität C_1 für die betrachteten Frequenzen, d. h. $\omega C_1 Z \ll 1$. Auch wenn $\omega C_1 \varDelta Z \ll 1$ ist, wobei $\varDelta Z$ die betrachtete Änderung von Z ist, genügt man der Bedingung. Wenn diese Bedingung erfüllt ist, wird die Wechselspannungsamplitude zwischen den Punkten 3 und 4 proportional zum genannten Betrag der Impedanz Z. Wir messen diese Wechselspannungsamplitude mit dem Diodenvoltmeter D, daß z. B. nach Abb. 67a oder b geschaltet ist. Wir denken zunächst die Impedanz Z_s kurzgeschlossen und Z_p abgeschaltet. In diesem Fall hat der Schwungradkreis eine gewisse Impedanz. Den Wert dieser Impedanz in der Abstimmung können wir z. B. wie folgt bestimmen.

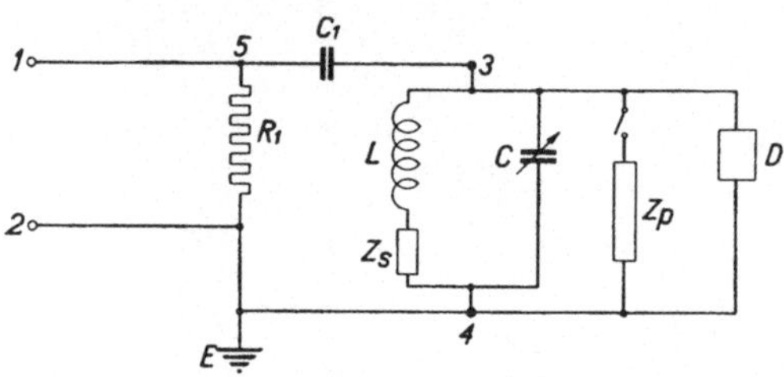

Abb. 79. Schaltbild einer Anordnung zur Messung von Resonanzkurven und Impedanzen. *1* und *2* Anschlußpunkte zum Sender, R_1 Widerstand, C_1 kleine Kapazität derart, daß $\omega C_1 R_1 < 0{,}01$ ist (ω höchste verwendete Kreisfrequenz), L und C Spule und geeichter Drehkondensator eines Schwingungskreises, Z_s und Z_p zu messende Impedanzen, D Diodenvoltmeter, E Erdung.

Der variable Kondensator C sei geeicht, wobei Kondensatoren mit möglichst linearer Skala bevorzugt werden. Dann messen wir die Wechselspannungsamplitude zwischen 3 und 4 als Funktion dieser variablen Kapazität. Es ergibt sich eine Resonanzkurve (Abb. 80). Wenn wir die Spannungsamplitude im Maximum gleich 1 setzen, so verändern wir C um den Betrag ΔC, bis die Amplitude den Wert $(2)^{-1/2} = 0{,}707$ hat. Wenn ω die Kreisfrequenz ist, so lautet in diesem Fall die Formel für die Impedanz des Kreises in der Abstimmung, die dann ein Wirkwiderstand R ist:

$$(21,1) \qquad R = \frac{1}{\omega\,\Delta C}$$

(ω in Hertz, C in Farad, R in Ohm ausgedrückt). Offenbar ist für diese Messung nur eine relative und keine absolute Eichung des Diodenvoltmessers D (Abb. 79) notwendig. Eine solche relative Eichung ist in einfacher Weise mit Hilfe

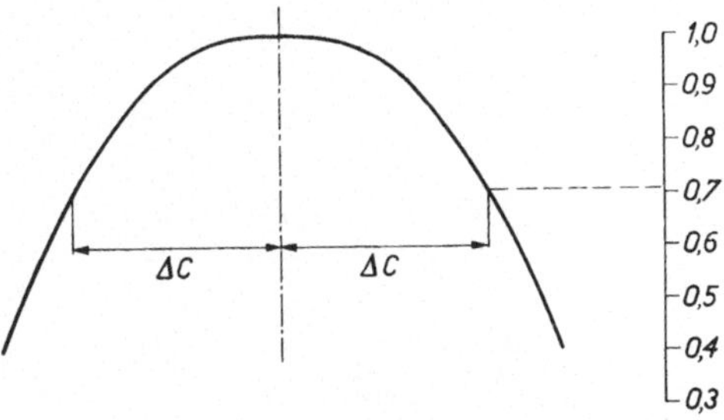

Abb. 80. Vertikal: Betrag der Impedanz eines Schwingungskreises (LC aus Abb. 79) in relativem Maßstab. Horizontal: Veränderung der Kapazität des Drehkondensators C in Abb. 79.

von Thermokreuzen der im § 20 beschriebenen Art durchführbar. Hierzu braucht nur zwischen den Punkten 1 und 5 der Schaltung (Abb. 79) der Hitzdraht eines solchen Thermokreuzes geschaltet zu werden. Hierauf verändert man die Schwingungsamplitude, welche vom Sender her zwischen die Punkte 1 und 2 gelangt. Es muß darauf geachtet werden, daß diese Veränderung keine Frequenzverwerfung des Senders erzeugt. Die Stromänderung im Thermokreuz ist proportional zur Spannungsamplitudenänderung zwischen den Punkten 3 und 4. An Stelle eines Thermokreuzes kann auch ein Hitzdrahtgerät nach Abb. 73 verwendet werden. Zwei in dieser Weise gewonnene relative Eichkurven eines Diodenvoltmeters, das nach Abb. 67a geschaltet war, sind in Abb. 81 gezeichnet. In Abb. 82 ist eine für etwa 1 m Wellenlänge benutzte Anordnung wiedergegeben, während Abb. 83 eine mit dieser Anordnung bei 126 cm Wellenlänge aufgenommene Resonanzkurve zeigt. Die Abb. 84 enthält zwei für das Wellengebiet 1 bis 4 m verwendete Schwingungserzeuger.

Für die Messung von Impedanzen gibt es zwei Wege, je nachdem diese Impedanz von derselben Ordnung wie R (die Resonanzimpedanz des Schwungradkreises) ist oder klein in bezug auf R. Im ersten Fall wird die zu messende Impedanz parallel zum Schwungradkreis geschaltet (Z_p in Abb. 79), im letzteren Fall in Reihe mit der Spule des Schwungradkreises (Z_s in Abb. 79). Im Falle der Parallelschaltung wird der variable Kondensator C verdreht, bis die Spannungsamplitude zwischen 3 und 4 ein Maximum zeigt. Die Kapazitätsdifferenz mit dem Wert von C ohne parallel geschaltete Impedanz Z_p ergibt die Kapazität,

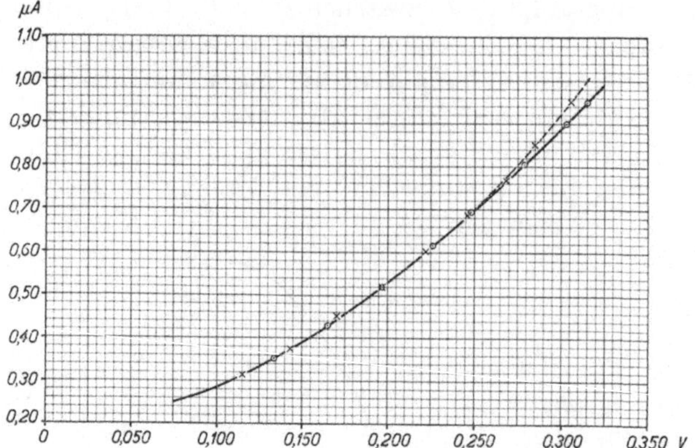

Abb. 81. Zwei relative Eichkurven eines Diodenvoltmeters, das nach Abb. 67a geschaltet war (Kreuze fur 1,26 m, Kreise für 5,0 m Wellenlange). Vertikal: Strom durch das Mikroamperemeter A der Abb. 67a, horizontal: relative Voltskala. Die zwei Eichkurven können fast zur Deckung gebracht werden.

die bei der betrachteten Frequenz den Blindwiderstand von Z_p darstellt. Im neuen Resonanzmaximum wird die Spannungsamplitude im allgemeinen niedriger sein als ohne Z_p. Das Verhältnis der Spannungsamplituden bei Resonanz ohne und mit Z_p parallel ist gleich dem Verhältnis des Wirkwiderstandes R nach Gl. (21, 1) zum Wirkwiderstand von Z_p parallel zu R bei der betrachteten Frequenz. In dieser Weise sind sämtliche in den Abschnitten 4 und 5 angegebenen Röhrenimpedanzen gemessen worden.

Der Fall der Reihenimpedanz Z_s kann für verschiedene Zwecke benutzt werden, z. B. zur Messung der Verluste von Spulen und von Kondensatoren (dielektrische Verluste) im Kurzwellengebiet. Wenn wir als Ersatzschaltbild der

Abb. 82. Anordnung zur Impedanzmessung bei etwa 1 m Wellenlange (Impedanzen von Elektronenrohren) nach dem Schaltbild in Abb. 79. Im Mittelfach sieht man eine kleine runde Blechbuchse, die die Spule enthalt und oben die Skala des geeichten Drehkondensators. Die Kapazitat C_1 wird durch zwei kurze parallele Drahtstucke gebildet, welche auf einer Isolierplatte angeordnet sind (Mittelfach der Abbildung). Im rechten Fach befindet sich die Diodenvoltmeterschaltung nach Abb. 67a und im linken Fach wird die zu messende Elektronenröhre angeordnet.

Anordnung zwischen den Punkten 3 und 4 in Abb. 79, wobei Z_p abgeschaltet und Z_s eingeschaltet ist, eine verlustfreie Selbstinduktion L in Reihe mit einem Widerstand r (der die Spulenverluste darstellt) zusammen parallel zu einer verlustfreien Kapazität C annehmen, so beträgt die Impedanz dieser Anordnung in der Abstimmung:

$$(21,2) \qquad R = \frac{L}{r\,C}.$$

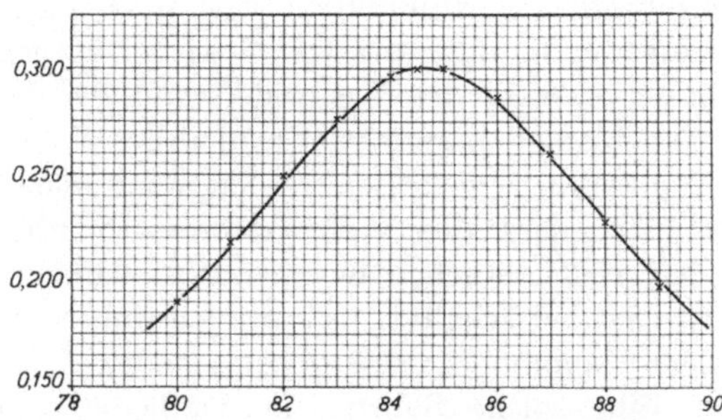

Abb. 83. Resonanzkurve bei 1,26 m Wellenlänge mit der Einrichtung von Abb. 82 aufgenommen. Vertikal: Relatives Maß für die Spannungsamplitude auf dem Schwungradkreis. Horizontal: Skalenteile der Kondensatorskala (1 Skalenteil etwa gleich 0,15 pF), Punkte gemessen, Kurve nach der Theorie.

Wenn wir als Impedanz Z_s einen Wirkwiderstand betrachten, so können wir durch Verändern dieses Wirkwiderstandes um einen bekannten kleinen Betrag Δr und Messen der Veränderung von R den gesamten Widerstand r bestimmen:

$$(21,3) \qquad \Delta R = -\frac{L}{C\,r^2}\,\Delta r = -\frac{R}{r}\,\Delta r.$$

Als Widerstand Δr kann z. B. ein dünner (etwa 10 bis 20 Mikron Durchmesser) Konstantandraht, der im Kurzwellengebiet bis 20 cm

Abb. 84. Zwei Schwingungserzeuger, für 1 bis 2 m Wellenlänge (oben) und für 2 bis 4 m Wellenlänge (unten).

keinen Hauteffekt aufweist, benutzt werden. Ein solcher Draht hat zwar einen sehr beträchtlichen Blindwiderstand für diese kurzen Wellen infolge der Selbstinduktion [vgl. Gl. (13, 3)], aber dieser Blindwiderstand kann durch Änderung von C wieder ausgeglichen werden. Man erhält in dieser Weise den Wirkwiderstand, der den Spulenverlusten bei dieser Wellenlänge entspricht. In analoger Weise können die Verluste eines Kondensators gemessen werden, wenn man diesen parallel zu C schaltet, R mißt, dann den Verlustkondensator abschaltet und in Reihe mit C (den veränderlichen Kondensator nehmen wir verlustfrei an) so viel Widerstand schaltet, daß bei Abstimmung wieder der gleiche R-Wert herauskommt (Substitutionsmethode).

Eine solche Substitutionsmethode eignet sich auch zur Messung kleiner unbekannter Wirkwiderstände, die man in Reihe mit L als Impedanz Z_s (Abb. 79) schaltet.

Wir erwähnen noch, daß Messungen nach dem Schaltbild in Abb. 79 im Prinzip bis zu den kürzesten Wellen durchgeführt werden können (z. B. 20 cm Wellenlänge). Als Kreise wird man hier an Stelle von Spulen und Drehkondensatoren, die bis etwa 1 m herab nützlich sind, Stücke von konzentrischen Rohrleitungen von etwa einer Viertelwellenlänge (vgl. § 16) verwenden. Auch der Anschluß des Diodenvoltmeters kann durch eine solche Leitung, z. B. von einer halben Wellenlänge, stattfinden. Der Kondensator C_1 kann für sehr kurze Wellen sehr klein werden. Für 10 cm Wellenlänge beträgt z. B. die Impedanz einer Kapazität von 0,001 pF noch etwa 10^5 Ohm. Solche Kapazitäten können hergestellt (besser gesagt, solche Abschirmungen erzielt) werden. Die Kreise könnten in diesem Beispiel Werte von einigen tausend Ohm in der Abstimmlage aufweisen (vgl. § 16).

Schrifttum: *37, 62, 72, 74, 77, 85, 107, 143, 153.*

§ 22. Absolute Eichung von Spannungsmeßgeräten. Während die relative Eichung von Spannungsmessern, die wir im vorigen Paragraphen beschrieben haben, für sehr viele Zwecke in der Kurzwellentechnik völlig ausreicht, gibt es doch einige Anwendungen, wobei die Benutzung eines absolut geeichten Voltmeters notwendig ist (vgl. § 23, Abb. 91, sowie § 37).

In Abb. 85 ist eine Schaltung dargestellt, welche zur gegenseitigen absoluten Eichung von Diodenvoltmetern und Thermokreuzen verwendet wurde. Die zwei gleichen Selbstinduktionen L_2 und L_3 sind mit dem Kondensator C_3 auf die Meßfrequenz abgestimmt. Sie bilden einen Schwingungskreis, der zwischen den Thermokontakt des Thermokreuzes und Erde geschaltet ist. Die Impedanz dieses Kreises in der Abstimmlage sei R_t, während die Impedanz des Kreises CL in der Abstimmlage R beträgt. Die Impedanz R_t muß groß sein im Vergleich zu R. Dies geht aus folgender Überlegung hervor: Wie die Abb. 74 zeigt, ist kein direkter Kontakt zwischen Heizdraht und Thermodrähten vorhanden. Zwischen diesen Drähten besteht wohl Kapazität und gegenseitige Induktion. Wir können diese Kopplung durch eine Kapazität C_t zusammenfassen von einigen Zehnteln pF für übliche Konstruktionen, was bei etwa 2 m Wellenlänge einer Impedanz der Größenordnung von einigen tausend Ohm entspricht. Diese Kapazität steht in Reihe mit R_t und bildet eine Impedanz im Betrage von $(R_t^2 + 1/\omega^2 C_t^2)^{1/2}$, und diese Impedanz ist parallel zu R geschaltet. Wenn über dem Kreis $C\,L$ eine Wechselspannung vorhanden ist, so wird sich im Thermokreuz eine Stromverzweigung bilden. Damit möglichst wenig Strom direkt nach Erde abzweigt, müssen C_t möglichst klein oder R_t möglichst groß sein. Man kann diese Bedingung eines großen Wertes von R_t im Kurzwellengebiet in einfacher Weise erfüllen durch Zwischenschaltung eines symmetrischen Leitungsstücks von einer Viertelwellenlänge zwischen den Thermodrahtanschlüssen des Thermokreuzes und den geerdeten Meteranschlüssen. Wir

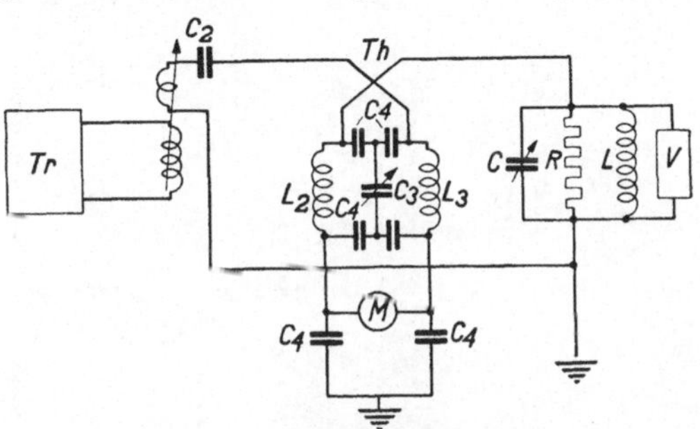

Abb. 85. Schaltung zur absoluten Eichung eines Diodenvoltmeters (V) mit einem geeichten Thermokreuz Th. Tr Sender, C_2 kleiner Kondensator, C_4 Blockkondensatoren, L_2 und L_3 zwei gleiche Selbstinduktionen, die mit C_3 einen auf die Meßfrequenz abgestimmten Schwingungskreis bilden, M Millivoltmeter, $C\,L$ Schwungradkreis mit geeichtem Drehkondensator C, R Impedanz dieses Kreises in der Abstimmlage

wählen C_2 so klein, daß der Strom, den das Thermokreuz anzeigt, bei Änderungen der Impedanz, gebildet durch C und L, konstant bleibt. Dann können wir, wie im vorigen Paragraphen gezeigt, durch Änderung des geeichten Drehkondensators C und Messen der Resonanzkurve mit dem Diodenvoltmeter V die Impedanz R dieses Kreises in der Abstimmung messen. Wenn das Thermokreuz absolut geeicht ist, kennen wir die Wechselstromamplitude durch R und folglich auch die Wechselspannungsamplitude an den Enden von R, die zur Eichung von V dient. Eine nach diesem Schaltbild gebaute Meßeinrichtung für etwa 4 m Wellenlänge zeigt Abb. 86. Mit dieser Anordnung konnte festgestellt werden, daß Diodenvoltmeter nach dem Schaltbild Abb. 67a unter Verwendung von Dioden nach Abb. 72 bei 4 m Wellenlänge innerhalb etwa 1% dieselben Voltwerte anzeigen, wie für viel niedrigere Frequenzen (z. B. 200 m Wellenlänge).

Für die absolute Eichung von Diodenvoltmetern bei Wellenlängen von etwa 1 m ist eine Paralleldrahtleitung benutzt worden. Das Prinzip der Messung geht aus Abb. 87 hervor. Eine symmetrische Paralleldrahtleitung L wird von einer Wechselspannungsquelle Q mit der inneren Impedanz Null, in Reihe mit einem Widerstand R_0, der gleich dem Wellenwiderstand der Leitung ist, gespeist. Am Ende der Leitung ist ein Thermokreuz *Th* angeordnet, dessen Hitzdraht einen bei dieser Wellenlänge bekannten Widerstand hat. Da der Hitzdraht und die

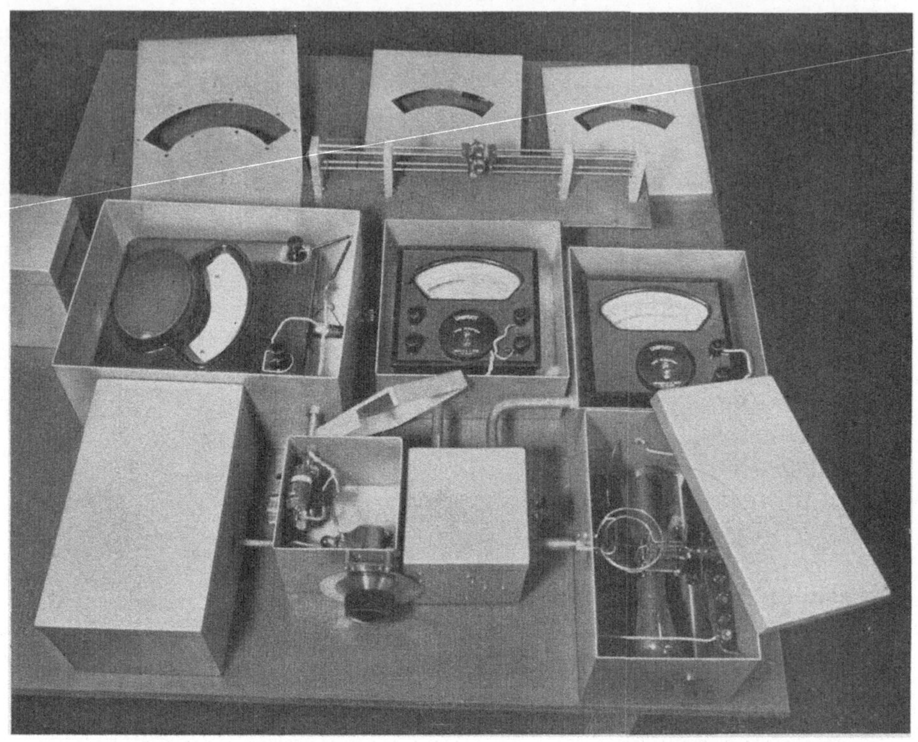

Abb. 86. Ausführung einer Anordnung nach dem Schaltbild der Abb. 85 bei etwa 4 m Wellenlänge. Die Blechbehälter im Vordergrund enthalten (von rechts nach links) den Sender *Tr*, das Thermokreuz *Th* mit dem Kreis L_2, L_3, C_3, das Diodenvoltmeter *V* und den Kreis *CL* mit geeichter Kapazität *C* (Skala) und Batterien des Diodenvoltmeters. Im Hintergrund: Meter und ein kleiner Gegentaktsender für 40 bis 80 cm Wellenlänge.

Zuleitungen noch Selbstinduktion aufweisen, sind kleine veränderliche Kondensatoren *C* angeordnet zur Abstimmung dieser Selbstinduktion. Ein Diodenvoltmeter *D* nach der Schaltung in Abb. 67b ist auf einer entlang der Leitung beweglichen Unterlage aus Isolierstoff (Polystyrol) montiert. Der Abstand *a* soll genau eine halbe Wellenlänge sein. Die Leiter der Leitung haben einen solch kleinen Widerstand (Kupferröhren von etwa 1 cm Durchmesser), daß die Dämpfung der Leitung ver-

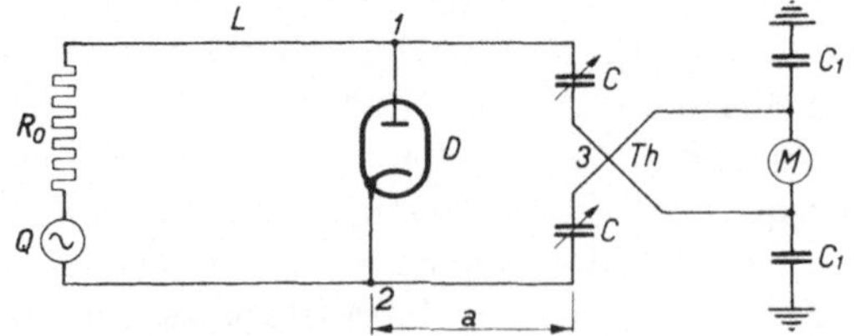

Abb. 87. Schaltbild einer Einrichtung zur absoluten Eichung eines Diodenvoltmeters (*D*) bei 1 m Wellenlänge. *Q* ist eine Wechselspannungsquelle ohne inneren Widerstand, die in Reihe mit dem Widerstand R_9, gleich dem Wellenwiderstand der Leitung *L*, geschaltet ist. *D* ist das Diodenvoltmeter, *C* sind kleine variable Kondensatoren, *Th* ein geeichtes Thermokreuz, C_1 Blockkondensatoren und *M* ein Millivoltmeter.

nachlässigt werden kann. Die Einstellung der Kondensatoren C wird so lange verändert, bis für einen Abstand a von einer halben Wellenlänge ein Minimum der Spannungsamplitude auf der Leitung vorhanden ist. Das ganze Diodenvoltmeter hatte eine Kapazität C_e von etwa 0,5 pF zwischen den Leitern der Leitung (Diode vgl. Abb. 72). Die entsprechende Impedanz bei 1 m Wellenlänge ist etwa 1000 Ohm. Der Wellenwiderstand R_0 der Paralleldrahtleitung ist etwa 300 Ohm. Das Diodenvoltmeter bedeutet nur eine sehr geringe Störung auf der Leitung, da die Impedanz zwischen den Punkten 1 und 2, von 3 aus gesehen, den Betrag

$$\left(\frac{1}{R_0^2} + \omega^2 C_e^2\right)^{-1/2}$$

hat, was für die angegebenen Werte nur etwa 5% geringer ist als der Wellenwiderstand R_0. Da a eine halbe Wellenlänge ist, ist die Spannungsamplitude zwischen den Punkten 1 und 2 die gleiche wie die Spannungsamplitude an den Enden des Hitzdrahtes 3 und diese Spannungsamplitude ist gleich dem Widerstand des Hitzdrahtes multipliziert mit der durch das Thermokreuz gemessenen Stromamplitude. Messungen nach diesem Schaltbild, wobei die Gehäuse der Abb. 78 benutzt wurden, ergaben bei 1 m Wellenlänge folgendes: Das Diodenvoltmeter (Diode der Abb. 72) zeigt bei dieser Wellenlänge innerhalb etwa 2% den gleichen Voltwert an wie für viel längere Wellen (z. B. 200 m). Der Hitzdrahtwiderstand war etwa 30 Ohm, die Stromamplitude etwa 10 mA und folglich die Spannungsamplitude etwa 0,3 V.

Bei der Ausführung dieser Messungen war es notwendig, das Diodenvoltmeter entlang der Leitung zu verschieben. Wir brauchen, da die Kathode der Diode indirekt geheizt ist (Abb. 72), insgesamt 3 Anschlüsse für Gleichstrom: die Anode, einen Glühfaden zusammen mit der Kathode und den zweiten Glühfaden. Hierzu wurde das eine Rohr der Leitung aus zwei gleichen Halbrohren gebaut (Querschnitt in Abb. 88). Der eine Glühfaden mit der Kathode war durch einen Schleifkontakt mit der einen Hälfte 3 der

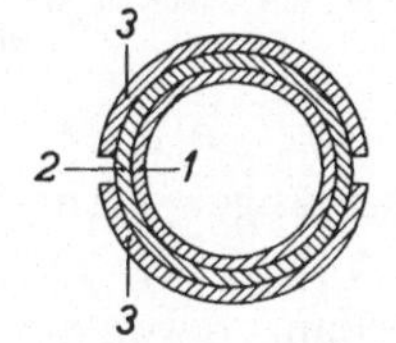

Abb. 88. Skizze des Aufbaues des einen Leiters der Leitung L in Abb. 87. *1* Kupferrohr, *2* Isolationsrohr, *3* zwei halbe Kupferrohre.

Abb. 88 verbunden und der andere Glühfaden mit der anderen Hälfte 3 der Abb. 88. Die Anode der Diode war durch einen Schleifkontakt mit dem zweiten Leiter der Paralleldrahtleitung verbunden.

Für die absolute Eichung von Diodenvoltmetern bei noch kürzeren Wellenlängen erwies sich diese Einrichtung als ungeeignet. Es war praktisch sehr schwer, die Leitung genügend symmetrisch zu speisen.

Die erwähnten Messungen zeigen, daß die Elektronenlaufzeiten bei der verwendeten Diodenbauart bei 1 m Wellenlänge zusammen mit den Zuleitungsfehlern noch keine Meßfehler verursachen.

Schrifttum: *2, 62, 72, 74, 89, 150, 153.*

§ 23. Messungen von Impedanzen, insbesondere von Elektronenröhren. Es ist wichtig, die Impedanz in der Abstimmlage für normale Schwingungskreise im Kurzwellengebiet zu kennen. Die hier angeführten Ergebnisse beziehen sich auf Kreise, deren Abstimmkapazität etwa 5 bis 10 pF betrug. Die Spulen sind in kleinen zylindrischen Kupferbüchsen angeordnet (vgl. Abb. 82), die Drahtdicke der Spulen ist 0,5 bis 1 mm, der Windungsdurchmesser etwa 7 mm. Bei 3,3 m, 2 m und 1 m Wellenlänge sind 5, $1^1/_2$ und 1 Windungen erforderlich. Die in bezug auf Verluste günstigsten Abmessungen einer einlagigen Spule sind ungefähr: Länge gleich zweimal Durchmesser und Windungsabstand gleich Drahtdurchmesser. Der Abstand der Spule von Metallteilen soll möglichst überall größer sein als der Spulendurchmesser.

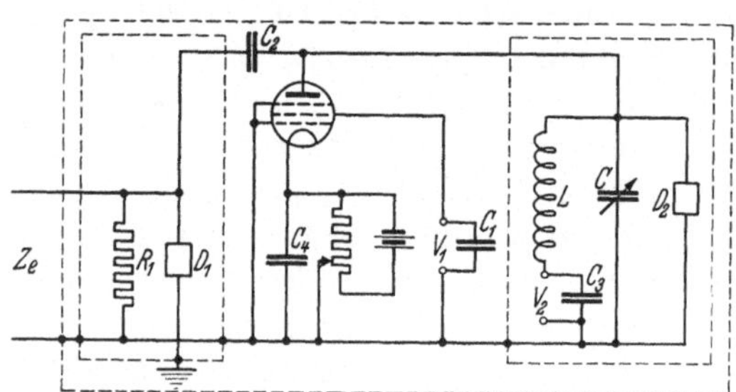

Abb. 89. Anordnung zur Messung der Anodenimpedanz von Verstärkerröhren im Kurzwellengebiet. Die gestrichelten Linien bezeichnen Abschirmhüllen aus Eisenblech. Z_e zum Sender. R_1 Widerstand etwa 500 Ohm, D_1 und D_2 Diodenvoltmeter, C_1, C_3, C_4 Kapazitäten von etwa 20000 pF, C_2 Kapazität 0,1 pF, C veränderbare Kapazität von maximal etwa 12 pF, L Selbstinduktion, mit C auf die Meßfrequenz abgestimmt, V_1 und V_2 Röhrenspannungen.

Die erzielten Kreisimpedanzen R bei Abstimmung sind etwa: 26, 17, 9, 5 und 2,3 kOhm bei 8,0, 5,0, 3,28, 2,00 und 1,26 m Wellenlänge. Bei einer Kapazität C von 7 pF findet man für das Verhältnis der Spulenselbstinduktion L zum Reihenwiderstand r, der die Spulenverluste darstellt: $L/r = RC$, also für die genannten Kreise: $1,8 \cdot 10^{-7}$, $1,2 \cdot 10^{-7}$, $0,65 \cdot 10^{-7}$, $0,35 \cdot 10^{-7}$, $0,16 \cdot 10^{-7}$ Ohm · Farad bei 8,0, 5,0, 3,28, 2,00 und 1,26 m Wellenlänge. Ein gebräuchlicher Schwingungskreis im Rundfunkgebiet hat bei 200 m Wellenlänge und 50 pF Kapazität etwa eine Impedanz R von 10^5 Ohm, also einen Wert L/r von etwa $50 \cdot 10^{-7}$ Ohm Farad. Die oben angeführten Kurzwellenkreise sind also in bezug auf das Verhältnis L/r viel ungünstiger. Dagegen ist das Verhältnis $\omega L/r$, das man als „Kreisgüte" bezeichnen kann, für die Kurzwellenkreise nicht ungünstiger als im Rundfunkgebiet, z. B. für 200 m Wellenlänge etwa 47 und für 5 m Wellenlänge etwa 45. Es ist bei Verwendung besonderer Sorgfalt möglich, die Kreisgüte im Kurzwellengebiet noch erheblich zu steigern (§ 43). Kreise, die aus einem konzentrischen Rohrleitungsstück (§ 16) bestehen, können viel größere Werte der Kreisgüte aufweisen, z. B. bei 1 m Wellenlänge und 10 pF Kreiskapizität Werte von mehr als 2000.

Bei den Impedanzen von Verstärkerröhren, welche gemessen werden müssen, kann man unterscheiden: Impedanzen zwischen einer Röhrenelektrode und der Kathode und Impedanzen zwischen zwei verschiedenen

Röhrenelektroden. Eine Impedanz der ersten Art ist jene zwischen Anode und Kathode, auch Anodenimpedanz genannt. Als Beispiel zeigen wir ein Schaltbild (Abb. 89) zur Messung dieser Impedanz. Wir erkennen in dieser Schaltung deutlich das Schaltprinzip der Abb. 79. Indem die Impedanz des Schwungradkreises LC einmal mit und dann ohne Röhre parallel in der Abstimmlage gemessen wird, erhält man den Wirkwiderstand und den Blindwiderstand der Röhrenstrecke, wobei letzterer meist als Kapazität angegeben wird. Die Schaltung der Abb. 89 kann in einfacher Weise geändert werden zur Messung der Impedanz zwischen einem der Röhrengitter und der Kathode. Das betreffende Röhrengitter nimmt dann die Stelle der Anode in der Abb. 89 ein. Die Abb. 90 zeigt eine praktische Ausführung einer Meßeinrichtung nach dem Schaltbild der Abb. 89. Man beachte die vollständige Einkapselung sämtlicher Batterien und Teile der Schaltung. Diese Teile sind mittels Kupferröhren untereinander verbunden, welche die notwendigen Zuleitungen

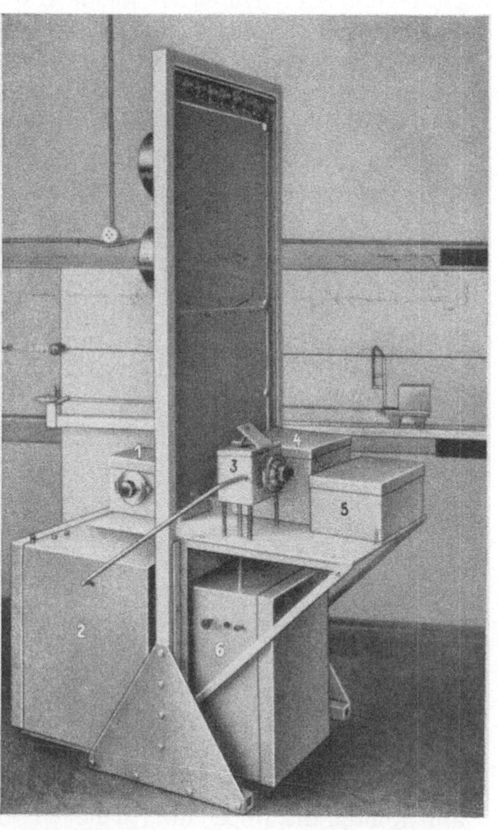

Abb. 90. Gesamtanordnung zur Messung von Rohrenimpedanzen bis 1 m Wellenlange herab. *1* Senderbehalter. *2* Behälter fur Batterien, welche die Anodenspannungen und Schirmgitterspannungen der Röhren liefern. *3* Meßvorrichtung nach dem Schaltbild der Abb. 89, evtl. fur Gitterimpedanzmessungen abgeändert. *4* Behalter der Batterien des Diodenvoltmeters. *5* Behalter des Mikroamperemeters des Diodenvoltmeters, mit einem Schlitz zur Beobachtung. *6* Behalter für Heizbatterien der Röhren. Die Behalter sind untereinander, soweit notwendig, durch Kupferröhren verbunden, welche die notwendigen Leitungen enthalten. Im Hintergrund: Lecherleitung.

enthalten. Es zeigte sich, daß ohne diese ziemlich komplizierten Maßnahmen Störungen der Messungen auftraten beim Bewegen von Gegenständen im Meßraum (vgl. § 9) und auch dadurch, daß Wechselspannungen und -ströme in unerwünschter Weise auf die verschiedenen Kreise der Schaltung übertragen wurden. Messungen dieser Art sind bisher bis etwa 1 m Wellenlänge durchgeführt.

Als zweites Beispiel für Impedanzmessungen an Elektronenröhren behandeln wir das Schaltbild Abb. 91. Diese Schaltung dient zur Messung des absoluten Betrages der Impedanz zwischen der Anode einer Pentode und dem Gitter, das der Kathode am nächsten gelegen ist (Steuergitter). Durch die kleine Kapazität C_1 gelangt die Wechselspannung vom Sender Z_e auf den Widerstand R_1, der einige hundert Ohm beträgt. Diese Wechselspannung wird mit dem Diodenvoltmeter D_1 gemessen und gelangt auch zwischen Anode und Kathode der Röhre. Zwischen dem Steuergitter und der Kathode der Röhre ist der Schwingungskreis LC mit geeichtem Drehkondensator angeschlossen. Die Wechselspannung auf diesem Kreis wird mit dem Diodenvoltmeter D_2

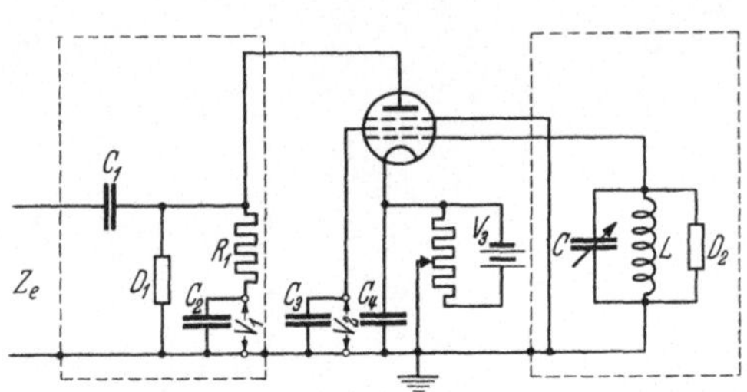

Abb. 91. Meßanordnung zur Bestimmung der Ruckwirkungs-impedanz von Verstärkerrohren. Z_e zum Sender. D_1, D_2 Diodenvoltmeter, C_2, C_3, C_4 Kapazitäten von etwa 20000 pF. R_1 Widerstand etwa 500 Ohm. C_1 Kapazität etwa 1 pF. V_3 negative Gitterspannung. V_1, V_2 positive Röhrenspannungen. C veranderbare Kapazität, maximal etwa 12 pF. L Selbstinduktion, bildet mit C zusammen einen auf die Meßfrequenz abgestimmten Schwingungskreis. Die gestrichelten Linien deuten Abschirmhullen aus Eisenblech an.

gemessen. Die Kapazität C_1 und der Widerstand R_1 sind so zu bemessen, daß die mit D_1 gemessene Spannungsamplitude sich nicht ändert beim Abstimmen des Kreises CL. Wenn die Impedanz dieses Kreises mit der Röhrenstrecke parallel in der Abstimmlage R beträgt, so kann der Betrag $|Z|$ der Impedanz Z zwischen Anode und Steuergitter aus R und den mit D_1 und D_2 gemessenen

Spannungsamplituden berechnet werden. Diese Amplituden seien E_1 und E_2. Dann ist:

$$(23,1) \qquad \frac{|Z|}{R} = \frac{E_1}{E_2}.$$

Da in Röhren die Impedanz Z vielfach sehr hoch ist, müssen besonders sorgfältige Abschirmungsmaßnahmen bei dieser Meßeinrichtung verhüten, daß Wechselspannung auf einem anderen Weg als durch die Röhre hindurch auf den Kreis CL gelangt.

Ein drittes Beispiel der Impedanzmessungen an Elektronenröhren ist die Bestimmung der Impedanz vom Steuergitter zur Anode einer Pentode. Der reziproke Wert dieser Impedanz wird im Bereich längerer Wellen als Steilheit bezeichnet. Abb. 92 gibt ein Prinzipschaltbild der hierbei benutzten Anordnung wieder. Die Buchstaben Y_g, Y_{ag} und Y_a stellen die Impedanzen zwischen Steuergitter und Kathode, zwischen Steuergitter und Anode sowie zwischen Anode und Kathode innerhalb der Röhre dar. Die Buchstaben Y_e, Y_{e0} und Y_0 stellen Impedanzen dar, die außerhalb der Röhre zwischen den betreffenden Elektroden angeordnet sind. Die Wechselspannungsamplitude e_g stammt vom Sender. Die Impedanz Y_e ist ein kleiner Wider-

stand (einige Ohm), die Impedanz Y_0 ebenfalls. Die Spannungsamplitude e_a über letzterer Impedanz wird mit einem Verstärker und Diodenvoltmeter gemessen. Es zeigt
sich, daß die Spannungsamplitude e_a aus zwei Anteilen besteht, die sich durch günstige
Wahl der Impedanz Y_{e0} gegenseitig aufheben können. Die Impedanz Y_{e0} besteht aus einer
Selbstinduktion, einer veränderbaren Kapazität mit geeichter,
möglichst linearer Skala und
einem veränderbaren geeichten
Widerstand in Parallelschaltung.
Man kann zeigen, daß die Röhrenimpedanz Y_{ag} durch Einstellen
von Y_{e0} derart, daß e_a ver

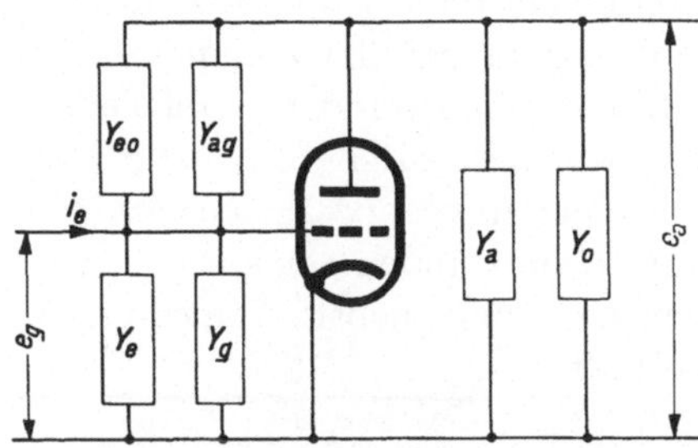

Abb. 92. Anordnung zur Messung der komplexen
Steilheit von Verstarkerröhren im Kurzwellengebiet.
Y_g Impedanz zwischen Steuergitter und Kathode,
Y_{ag} Impedanz zwischen Steuergitter und Anode (Steilheit), Y_a Impedanz zwischen Anode und Kathode.
Die Buchstaben Y_e, Y_{e0} und Y_0 stellen Impedanzen
dar, die außerhalb der Röhre zwischen den betreffenden Elektroden angeordnet sind.

schwindet und durch Bestimmen dieser Impedanz gemessen werden
kann. Messungen dieser Art wurden bisher bis etwa 3 m Wellenlänge
herab mit einem Fehler von etwa
2 bis 3 % ausgeführt.

Bei komplizierten Röhren
(Hexoden, Heptoden, Oktoden),
wobei mehr als 5 Elektroden
vorhanden sind und die z. B. als
Mischröhren Verwendung finden,
ist im Kurzwellengebiet eine
größere Zahl von zum Teil kom

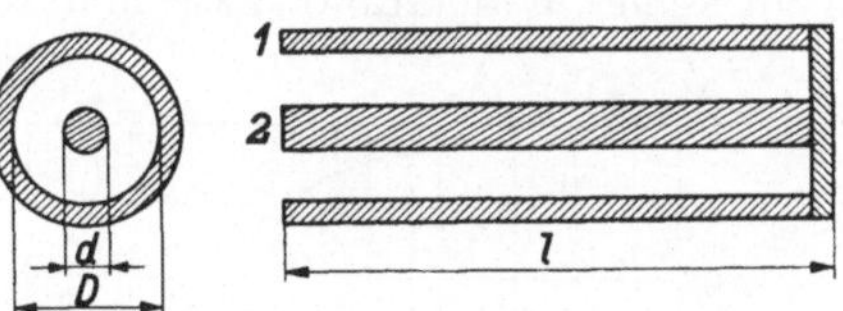

Abb. 93. Anordnung eines Ableitwiderstandes 2 in
einer einseitig mit einer Kupferscheibe abgeschlossenen Kupferrohre 1 zur Messung der Impedanz des
Widerstandes im Kurzwellengebiet.

plizierten Impedanzmessungen erforderlich. Wir behandeln diese Messungen in § 25.

Zum Schluß dieses Paragraphen befassen wir uns mit der Messung
der Impedanz handelsüblicher
und sonstiger Ableitwiderstände
im Kurzwellengebiet bis etwa
2 m Wellenlänge herab. Um möglichst gut definierte Verhältnisse
zu schaffen, haben wir diese
Widerstände durch eine Kupfer

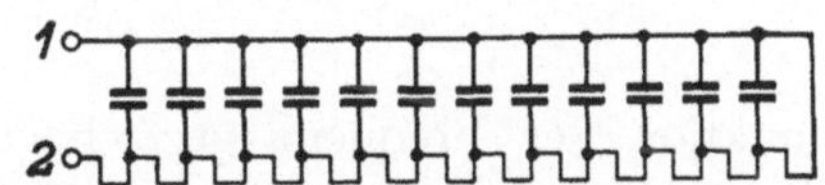

Abb. 94. Ersatzschaltbild für den Widerstand 2
der Abb. 93 innerhalb der Kupferrohre 1. Entlang
dem Widerstand sind Kapazitaten zur Innenwand
der Kupferrohre vorhanden.

röhre umgeben und ein Ende des Widerstandes mit der Kupferröhre
verbunden (vgl. Abb. 93). Die Abmessungen D, d und l in dieser
Abbildung waren für verschiedene gemessene Widerstände auch verschieden. In dieser Anordnung kann jeder Widerstand durch eine
verteilte Kapazität mit verteiltem Widerstand dargestellt werden,
wodurch in erster Näherung die Ersatzschaltung der Abb. 94 ent

steht. Die effektive Impedanz zwischen den Punkten 1 und 2 einer Anordnung, wie in Abb. 94 gezeichnet, kann leicht berechnet werden. Stellt man diese Impedanz durch einen zwischen 1 und 2 geschalteten Widerstand parallel zu einer Kapazität dar, so zeigt sich theoretisch, daß der Widerstand bei steigender Frequenz abnehmen muß, während die Kapazität sich nicht stark ändert. Wir haben dieses Verhalten mit einer Impedanz-Meßeinrichtung im Kurzwellengebiet für eine Reihe von Widerständen gemessen. Vier Widerstände, welche hierzu benutzt wurden, sind nebst Abmessungen in folgender Tabelle zusammengestellt.

Widerstand bei 50 Hz Ohm	Länge l (Abb. 93) mm	Durchmesser d mm	Durchmesser D (Abb. 93) mm
$1,17 \cdot 10^5$	8,5	4,0	10
$1,02 \cdot 10^5$	19	4,0	10
$0,31 \cdot 10^5$	19	4,0	10
$0,11 \cdot 10^5$	8,5	4,0	10

Es zeigte sich, daß die Kapazität zwischen den Punkten 1 und 2 (Abb. 93 und 94) für alle Widerstände und Frequenzen etwa 0,5 pF betrug. Der gemessene Widerstand zwischen diesen Punkten ist in Abb. 95 als

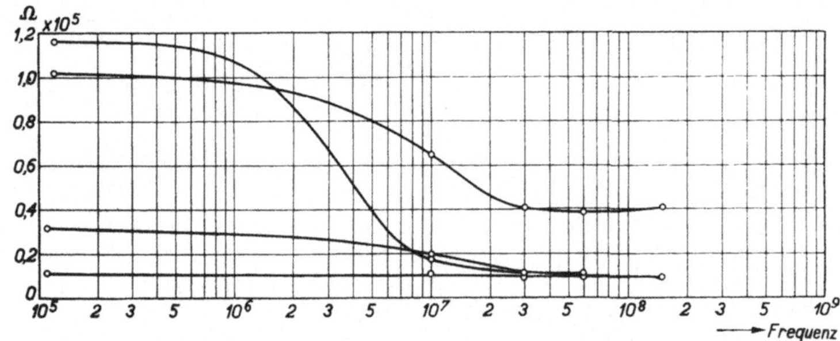

Abb. 95. Vertikal: Effektiver Wirkwiderstand zwischen den Punkten *1* und *2* der Abb. 93 und 94 für die 4 Widerstände, deren Abmessungen in der Tabelle des Textes zusammengestellt sind. Horizontal: Frequenz Hz.

Funktion der Frequenz gezeichnet worden. Der Kurvenverlauf in dieser Abb. 95 ist für alle analogen Fälle typisch. In der Praxis ist die bei diesen Messungen verwendete umhüllende Röhre nicht vorhanden. Die in Abb. 94 gezeichnete verteilte Kapazität verläuft dann zwischen jedem Punkte des Widerstandes und dem Gehäuse der Meßanordnung, ist also im allgemeinen nicht so regelmäßig verteilt wie im hier betrachteten Idealfall der Abb. 93. Das Ergebnis ist aber in großen Zügen das gleiche.

Schrifttum: Anhang sowie *21, 22, 35, 85, 89, 100, 101, 138, 143, 144, 146, 147, 153.*

IV. Verstärkung von Spannungen und Strömen im Kurzwellengebiet.

§ 24. Allgemeine Betrachtung einer Verstärkerstufe. Man kann eine Verstärkerstufe äußerlich auffassen als ein Gebilde mit zwei Eingangsanschlüssen und zwei Ausgangsanschlüssen. Zwischen den beiden ersten Anschlüssen ist die Eingangswechselspannung und zwischen den beiden letzten Anschlüssen die Ausgangswechselspannung vorhanden. Eine erste Forderung, die wir an Verstärkerstufen stellen, ist: Die Ausgangsamplitude soll mit der Eingangsamplitude proportional sein (Linearität). Das Verhältnis der Ausgangsamplitude zur Eingangsamplitude (wir setzen eine rein sinusförmig von der Zeit abhängige Eingangswechselspannung voraus) heißt Verstärkung g. Diese Zahl g soll unter Berücksichtigung der anderen Forderungen (Stabilität, zu verstärkendes Frequenzintervall) bei Spannungsverstärkern möglichst groß sein. In Empfangsgeräten ist hierbei die Verbrauchsleistung sowie die Nutzleistung der Verstärkerstufe stets klein (größenordnungsmäßig 1 Watt). In Abb. 96 ist eine Pentode zur Spannungsverstärkung im Kurzwellengebiet gezeichnet. Das Steuergitter ist mit $g1$ bezeichnet,

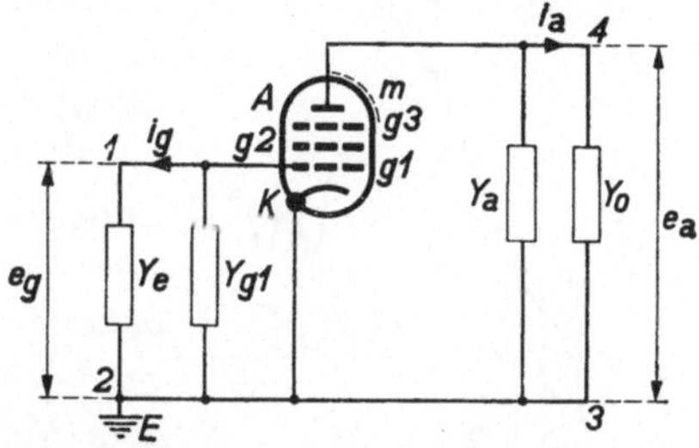

Abb. 96. Verwendung einer Pentode zur Spannungsverstärkung. g_1 Steuergitter, g_2 Schirmgitter, g_3 Bremsgitter. A Anode, m Metallisierung (Metallspritzfarbe oder Metallhülle außerhalb des Vakuumkolbens). K Kathode. E Erde (Gehäuse des Gerätes). Y_{g1} Admittanz zwischen Steuergitter und Erde innerhalb der Röhre im Betriebszustand. Y_a Admittanz zwischen Anode und Erde innerhalb der Röhre im Betriebszustand. Y_e und Y_0 sind Admittanzen, welche außerhalb der Röhre angeordnet sind. i_g und i_a bezeichnen Amplituden der Wechselströme, e_g und e_a Amplituden der Wechselspannungen.

das Schirmgitter mit $g2$ und das Bremsgitter mit $g3$. Die Gitter 2 und 3 sind hochfrequenzmäßig mit der Erde E (Gerätegehäuse) verbunden. In gleicher Weise ist die Metallisierung m der Röhre (metallische Hülle aus Metallspritzfarbe oder aus einem Blechmantel bestehend) direkt mit der Erde verbunden. Mit Y_{g1} ist der absolute Betrag der Admittanz (reziproke Impedanz) zwischen Steuergitter und Erde innerhalb der Röhre bezeichnet, mit Y_a der Betrag der Admittanz zwischen Anode A und Erde innerhalb der Röhre. Die Buchstaben Y_e und Y_0 bezeichnen die Admittanzen zwischen diesen Elektroden und Erde außerhalb der Röhre dem absoluten Betrag nach. Die Amplituden der Wechselströme sind mit i_g und i_a, jene der Wechselspannungen mit e_g und e_a bezeichnet. Zwischen diesen Größen bestehen die Gleichungen:

$$(24,\,1)\quad \begin{cases} i_a\cos(\omega t-\varphi_{ia})=Ae_g\cos(\omega t-\varphi_A-\varphi_{eg})+Be_a\cos(\omega t-\varphi_B-\varphi_{ea}); \\ i_g\cos(\omega t-\varphi_{ig})=Ce_g\cos(\omega t-\varphi_C-\varphi_{eg})+De_a\cos(\omega t-\varphi_D-\varphi_{ea}). \end{cases}$$

Hierbei sind die Wechselströme bzw. $i_a\cos(\omega t-\varphi_{ia})$ und $i_g\cos(\omega t-\varphi_{ig})$ und die Wechselspannungen $e_g\cos(\omega t-\varphi_{eg})$ und $e_a\cos(\omega t-\varphi_{ea})$. Die

Größen A, B, C und D haben die Dimension von Admittanzen. Sie bezeichnen die absoluten Beträge, während φ_A, φ_B, φ_C und φ_D die Phasenwinkel der betreffenden Admittanzen sind. Im Gebiete der längeren Wellen haben diese Größen eine einfache Bedeutung. Wenn wir in Abb. 96 die Admittanz Y_0 sehr groß machen (die Anode also hochfrequenzmäßig erden), so ist $e_a = 0$ und es wird:

$$(24, 2) \qquad i_a \cos(\omega t - \varphi_{ia}) = A\, e_g \cos(\omega t - \varphi_A - \varphi_{eg}) \,.$$

Wir erkennen hierin die einfache Gleichung: $i_a \cos\omega t = A\, e_g \cos\omega t$, wobei A die Steilheit darstellt. Hierzu müssen wir φ_{ia}, φ_A und φ_{eg} gleich Null setzen, denn es ist bekannt, daß bei längeren Wellen der Anodenwechselstrom gleichphasig mit der Gitterwechselspannung schwingt (oder mit einer halben Periode Phasendifferenz, je nach der gewählten Bezeichnungsweise für die Gitterwechselspannung). Dies geht aus der in Abb. 97 wiedergegebenen Röhrenkennlinie mit eingezeichneter Gitterwechselspannung hervor. Bei kurzen Wellenlängen erhält die Steilheit einen Phasenwinkel φ_A, wodurch der Anodenwechselstrom eine Phasenverschiebung gegenüber der Gitterwechselspannung aufweist. Wenn in der Abb. 96 die Admittanz Y_e sehr groß gemacht wird (das Gitter 1 hochfrequenzmäßig geerdet), so wird $e_g = 0$ und folglich:

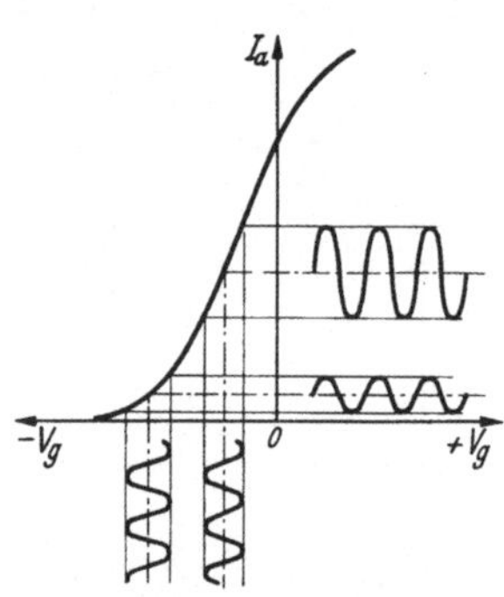

Abb. 97. Röhrenkennlinie: Anodenstrom (vertikal) als Funktion der Steuergitterspannung (horizontal) mit eingezeichnetem Verlauf der Gitterwechselspannung und des Anodenwechselstroms.

$$(24, 3) \qquad i_a \cos(\omega t - \varphi_{ia}) = B\, e_a \cos(\omega t - \varphi_B - \varphi_{ea}) \,.$$

Wir können hierbei die Spannungsamplitude e_a durch eine Spannungsquelle mit der inneren Impedanz Null parallel zu Y_a geliefert denken. Offenbar stellt B den Betrag der Admittanz zwischen Anode und Erde dar, d. h. die Admittanz, welche aus der Parallelschaltung der Admittanzen Y_a und Y_0 hervorgeht. Wenn z. B. $Y_0 = 0$ ist, so wird $B = Y_a$, d. h. gleich der Admittanz zwischen Anode und Erde innerhalb der Röhre. Für niedrige Frequenzen ist Y_a der reziproke Innenwiderstand der Röhre. Für höhere Frequenzen besteht die Admittanz zwischen Anode und Erde aus einer Parallelschaltung dieses Innenwiderstandes mit der Kapazität zwischen Anode und Erde. Aus der zweiten Gl. (24, 1) ergibt sich für $e_a = 0$:

$$(24, 4) \qquad i_g \cos(\omega t - \varphi_{ig}) = C\, e_g \cos(\omega t - \varphi_C - \varphi_{eg}) \,.$$

Die Spannungsamplitude e_g kann beispielsweise einer Spannungsquelle mit der inneren Impedanz Null parallel zu Y_{g1} entstammen. Wenn $Y_e = 0$ ist, wird $C = Y_{g1}$, d. h. gleich der Admittanz zwischen Steuergitter und Erde. Diese Admittanz kann man sich, analog wie die Anodenadmittanz, durch Parallelschaltung eines Widerstandes und einer Kapazität entstanden denken. Im Falle $e_g = 0$ ergibt sich aus der zweiten Gl. (24, 1):

$$(24, 5) \qquad i_g \cos(\omega t - \varphi_{ig}) = D e_a \cos(\omega t - \varphi_D - \varphi_{ea}).$$

Die hierbei auftretende Admittanz D zwischen Anode und Steuergitter kann bei Pentoden normalerweise für alle Frequenzen durch eine Kapazität dargestellt werden, die man als Rückwirkungskapazität bezeichnet, da sie die Rückwirkung der Anodenwechselspannung auf den Steuergitterkreis erzeugt. In besonderen Fällen muß im Kurzwellengebiet auch diese Admittanz durch Parallelschalten eines Widerstandes und einer Kapazität dargestellt werden.

Wenn man bei den Gl. (24, 1) annimmt, daß die Wechselspannung $e_a \cos(\omega t - \varphi_{ea})$ dadurch erzeugt wird, daß der Wechselstrom $i_a \cos(\omega t - \varphi_{ia})$ durch die beiden Admittanzen Y_a und Y_0 fließt, während im Gitterkreis in Reihe mit Y_e noch eine Wechselspannungsquelle mit der inneren Impedanz Null vorhanden ist, so genügen diese Gleichungen, um die beiden Wechselströme als Funktion der Wechselspannung dieser Quelle zu berechnen. Da dann auch die Anodenwechselspannung bekannt ist, erhält man aus dem Verhältnis der Anodenwechselspannungsamplitude und der äußeren Gitterspannungsamplitude der Quelle die Verstärkung der Stufe, welche uns in erster Linie interessiert. Zur Ausführung dieser Berechnung müssen A, B, C, D, φ_A, φ_B, φ_C, φ_D bekannt sein. Abgesehen von den an sich bekannten äußeren Admittanzen Y_e und Y_0 sind diese Admittanzen charakteristische Größen der betrachteten Verstärkerröhre. Wir haben diese Röhrenadmittanzen im Kurzwellengebiet für verschiedene Röhrenarten gemessen. Hierbei hat sich gezeigt, daß sie stark von der Frequenz abhängig sind.

Bei der Messung dieser Röhrenadmittanzen können wir unterscheiden zwischen den Admittanzen bei kalter Röhre, d. h. bei nicht emittierender Kathode, und bei warmer Röhre, d. h. bei emittierender Kathode. Im ersten Fall laufen keine Elektronenströme zwischen den Elektroden in der Röhre und im letzteren wohl. Bei der warmen Röhre können wir noch dem Steuergitter in bezug auf die Kathode eine verschiedene Spannung erteilen. Für die leistungslose Steuerung der Röhre im Gebiete der längeren Wellen ist es wesentlich, daß diese Gitterspannung negativ ist und im Betrag z. B. mindestens 2 oder 3 Volt. Die Gitteradmittanz Y_{g1} kann im Gebiete längerer Wellen in diesem Fall durch eine Kapazität dargestellt werden (daher die Bezeichnung leistungslose Steuerung, denn eine Wechselspannungsquelle im Gitterkreis liefert keine Wirkleistung an die Röhre). Für kurze Wellen muß die Gitteradmittanz Y_{g1} aber durch Parallelschalten eines Widerstandes mit einer Kapazität dargestellt werden und fällt der Begriff der leistungslosen Steuerung fort. Aus Gründen der Röhrendimensionierung (z. B.

höchstzulässiger Gleichstrom zum Schirmgitter und zur Anode) sowie
der Linearität der Verstärkung hält man auch im Kurzwellengebiet
oft die obige Regel in bezug auf die Gittergleichspannung ein. Diese
Gittergleichspannung wird zum Zwecke der Verstärkungsregelung bei
vielen Verstärkerröhrenarten in weiten Grenzen während des Betriebes
verändert. Daher ist es wichtig, die Röhrenadmittanzen als Funktion
dieser Steuergitterspannung zu messen.

Man kann noch fragen, welche Wechselspannungsamplituden und
Wechselstromamplituden zulässig sind. Die Beantwortung dieser Frage
muß vom Gesichtspunkt der Linearität ausgehen. Wenn die genannten
Röhrenadmittanzen nicht von diesen Amplituden abhängen, wie in
Gl. (24, 1) angenommen, ist diese Linearität, d. h. die Proportionalität
aller Wechselstrom- und Spannungsamplituden untereinander gewähr-
leistet. Bei Steigerung dieser Amplituden treten (zuerst geringe) Abweichungen von dieser Proportionalität auf, welche zu Verzerrungs-
effekten Anlaß geben. Diese äußern sich durch das Entstehen von
Wechselstrom- und Wechselspannungskomponenten, deren Frequenzen
Vielfache der Grundkreisfrequenz ω der bisher stets rein sinusförmig
vorausgesetzten Wechselspannungsquelle sind. Die zulässigen Amplituden sollen nun im allgemeinen so gewählt werden, daß die genannten
Verzerrungseffekte ein gewisses (sehr geringes) Maß nicht überschreiten.
Auf diese Fragen soll noch genauer eingegangen werden (vgl. § 31).

Schrifttum: Anhang sowie *144, 145.*

**§ 25. Meßergebnisse der Röhrenadmittanzen im Kurzwellen-
gebiet.** Bei den hier beschriebenen Meßergebnissen für die Röhrenadmittanzen im Kurzwellengebiet legen wir eine Anzahl von gebräuch-

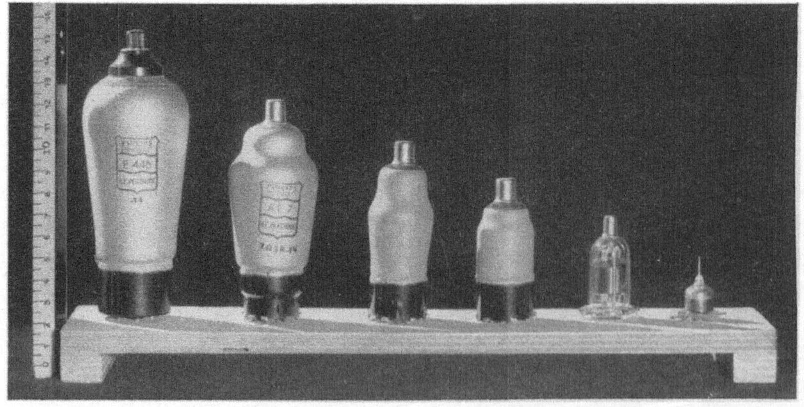

Abb. 98. Zusammenstellung einiger in den Jahren 1933 bis 1939 entwickelter Hochfrequenzpentoden, die
auch im Kurzwellengebiet bis etwa 1,5 m herab zur Verstärkung von Spannungen brauchbar sind Ganz
links eine Zentimeterskala. Ganz rechts eine „Knopfpentode" sehr kleiner Abmessungen, die bis Anfang
1939 die einzige brauchbare Verstärkerröhre bis zu 1 m Wellenlange herab darstellte. Der Steuergitteranschluß ist bei allen diesen Röhren außer einer am Scheitel des Kolbens ausgeführt. Die dritte Röhre
von links entspricht der E F 9. Die linke Röhre hat die Anode oben ausgeführt.

lichen Röhrenbauarten zugrunde. Für einige dieser Bauarten sind ausführliche Messungen der Admittanzen als Funktion der Frequenz sowie der Röhrenbetriebsdaten durchgeführt. Nachdem aus diesen

Abb. 99. Pentode zur Spannungsverstarkung im Rundfunk- und im Kurzwellengebiet bis etwa 4 m Wellenlange herab mit Stahlhulle und allen Elektroden- (auch Steuergitter-) Anschlussen am Boden. Rechts: Zentimeterskala.

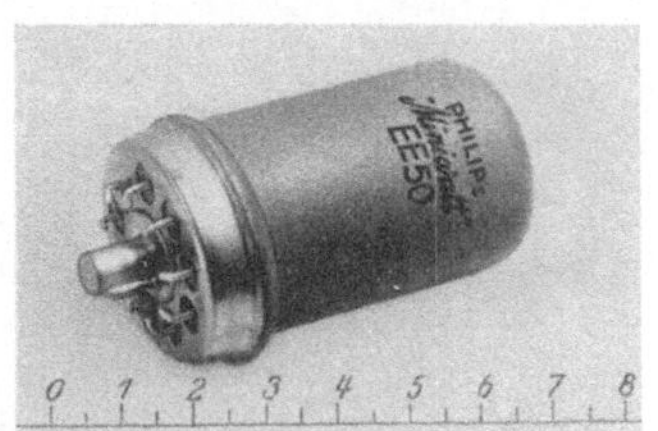

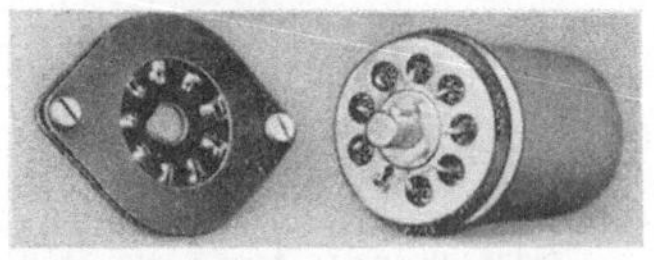

Abb. 101. Innenaufbau einer Rohre nach Abb. 100.

Abb. 100. Verstarkerrohre fur Fernsehzwecke. Diese Rohre hat eine Glashulle mit Metallspritzfarbenuberzug. Im Innern befindet sich ein System, bestehend aus Kathode, Steuergitter, Schirmgitter, Sekundaremissionskathode und Anode. Die Elektronen werden vom Steuergitter gesteuert (Intensitatssteuerung des Elektronenstroms), durcheilen das Schirmgitter, treffen auf die Sekundaremissionskathode, befreien hieraus Sekundarelektronen (z. B. 4 fur jedes Primarelektron) und gelangen zusammen mit den Sekundarelektronen zur Anode. Bei einem Anodenstrom von etwa 10 mA ist die Steilheit im Arbeitspunkt (Steuergitter − 2 Volt in bezug auf die Kathode) etwa 15 mA/V. Unten: Zentimeterskala.

ausführlichen Messungen der allgemeine Kurvenverlauf der Röhrenadmittanzen genügend hervorgegangen war, sind für die übrigen Röhrenarten nur einige wenige Messungen ausgeführt worden, die aber genügen, auch für diese Typen den vollständigen Kurvenverlauf zu überblicken. Eine Anzahl von Hochfrequenz-Verstärkerpentoden, wie sie in den letzten Jahren (1933 bis 1939) auch im Kurzwellengebiet bis etwa 1,5 m Wellenlänge herab verwendet wurden, ist in Abb. 98 zusammengestellt. Außer diesen Röhren mit Glashülle ist auch eine Reihe moderner Röhren im Kurzwellengebiet untersucht worden, deren Hülle aus Stahl besteht. Eine solche Röhre (Pentode für Hochfrequenzverstärkung) ist in Abb. 99 gezeigt. Für Fernsehzwecke sind Verstärkerröhren herausgebracht worden, die in den Abb. 100 und 101 gezeigt werden.

In bezug auf die Eingangsadmittanz und auf die Ausgangsadmittanz kann allgemein, wie bereits in § 24 hervorgehoben, gesagt werden, daß sie durch eine Parallelschaltung eines Widerstandes mit einer Kapazität dargestellt werden können. Für alle bisher gemessenen Röhrenarten gilt bis Wellenlängen von etwa 1 m herab (bisherige untere Grenze unserer Messungen), daß die so ermittelte Kapazität

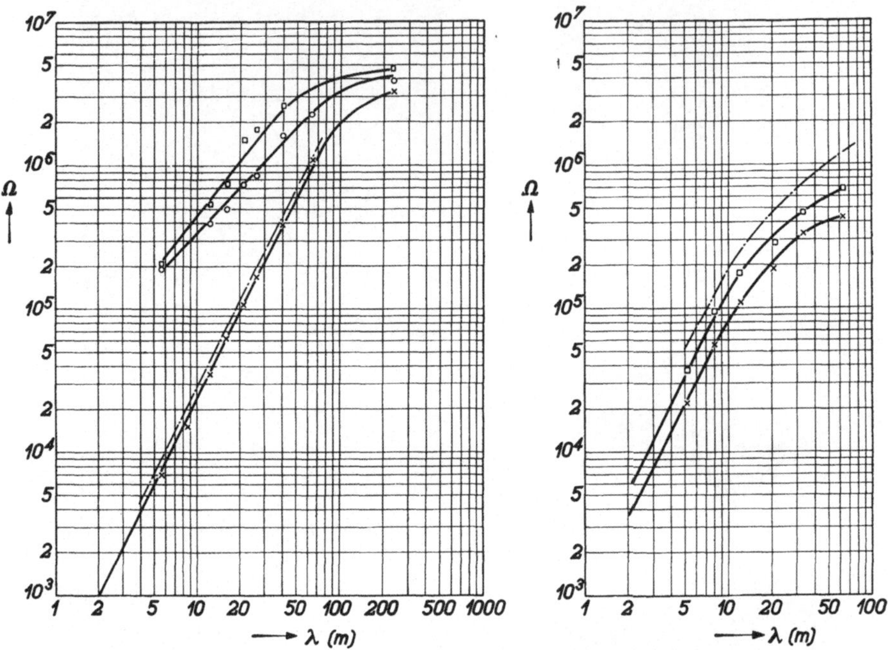

Abb. 102. Vertikal: Eingangswiderstand einer Pentode A F 3 (Philips, Äußeres wie zweite Röhre von links in Abb. 98) in Ohm zwischen Steuergitter und Kathode. Horizontal: Wellenlänge in m. Kreuze (R_w): Röhre im Betriebszustand bei 8 mA Anodenstrom, 200 Volt Anodenspannung, 100 Volt Schirmgitterspannung und etwa − 3 Volt Steuergitterspannung in bezug auf die Kathode. Kreise (R_k): Röhre mit ungeheizter Kathode. Quadrate (R_geregelt): Röhre bei Anodenstrom Null (durch negative Steuergitterspannung heruntergeregelt) und normaler Heizung sowie normalen positiven Spannungen. Punkt-Strich-Kurve: $R_\text{a\,tiv}$ definiert durch
$$R_\text{aktiv}^{-1} = R_w^{-1} - R_\text{geregelt}^{-1}.$$

Abb. 103. Vertikal: Ausgangswiderstand der Pentode A F 3 (Philips) in Ohm zwischen Anode und Kathode. Horizontal: Wellenlange in m. Kreuze (R_u): Röhre im Betriebszustand bei 9 mA Anodenstrom, vgl. Unterschrift der Abb. 102. Quadrate (R_geregelt): Röhre bei Anodenstrom Null, vgl. Unterschrift der Abb. 102. Punkt-Strich-Kurve: R_aktiv definiert durch
$$R_\text{aktiv}^{-1} = R_w^{-1} - R_\text{geregelt}^{-1}.$$

praktisch (innerhalb weniger Prozente) nicht von der Frequenz abhängt. Wir brauchen daher im folgenden keine Frequenzkurven für diese Kapazitäten der Röhren anzugeben. Weiterhin wurde noch gefunden, daß in bezug auf die Ausgangsadmittanz diese Kapazität auch praktisch nicht von den Betriebsdaten abhängt. Dagegen hängt die Röhreneingangskapazität wohl von den Betriebsdaten ab.

In Abb. 102 ist eine Reihe von Messungen zusammengestellt, welche auf die Hochfrequenzpentode A F 3 (Abb. 98) Bezug haben. Der Eingangsparallelwiderstand ist als Funktion der Wellenlänge gezeichnet bei für

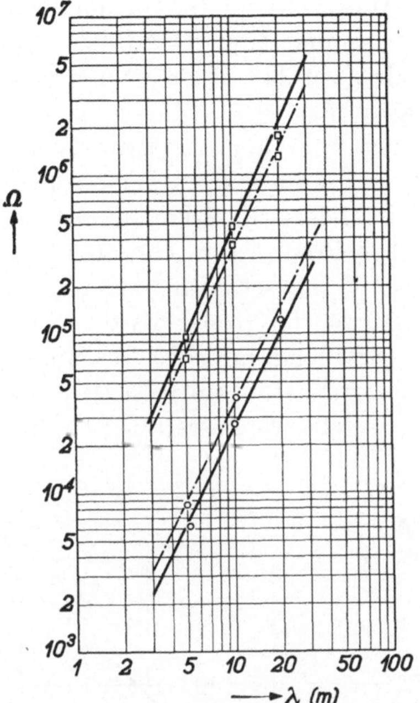

Abb. 104. Vertikal: Eingangswiderstand zwischen Steuergitter und Kathode in Ohm für eine Pentode E F 9 (Philips). Horizontal: Wellenlänge in m. Kreise: Röhre im Betriebszustand bei 6 mA Anodenstrom, 250 Volt Anodenspannung und 100 Volt Schirmgitterspannung. Quadrate: Röhre bei Anodenstrom Null (geregelt durch negative Steuergitterspannung) und den normalen positiven Spannungen. Ausgezogene Kurven: Ausführung der Röhre in der Form, welche die dritte Röhre von links der Abb. 98 hat. Punkt-Strich-Kurven: Röhre in einer Ausführung, welche jener der Abb. 100 und 101 entspricht (Ganz-Glas-Röhre). Die Eingangskapazität im Betriebszustand bei 6 mA Anodenstrom ist etwa 6,3 pF, jene im heruntergeregelten Zustand etwa 5,3 pF.

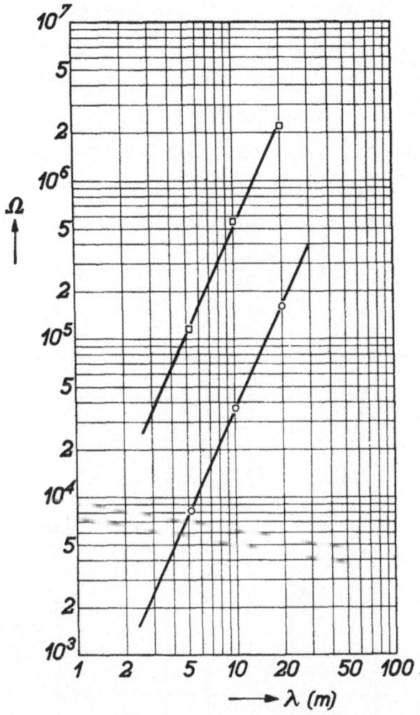

Abb. 105. Vertikal: Eingangswiderstand zwischen Steuergitter und Kathode, in Ohm für die Pentode E F 8 (Philips, rauscharme Verstärkerröhre). Horizontal: Wellenlange in m. Kreise: Röhre im Betriebszustand bei 8 mA Anodenstrom, 250 Volt Anodenspannung und 250 Volt Schirmgitterspannung. Quadrate: Rohre heruntergeregelt (Anodenstrom 0). Diese Röhre hat die außere Form der dritten Röhre von links in Abb. 98.

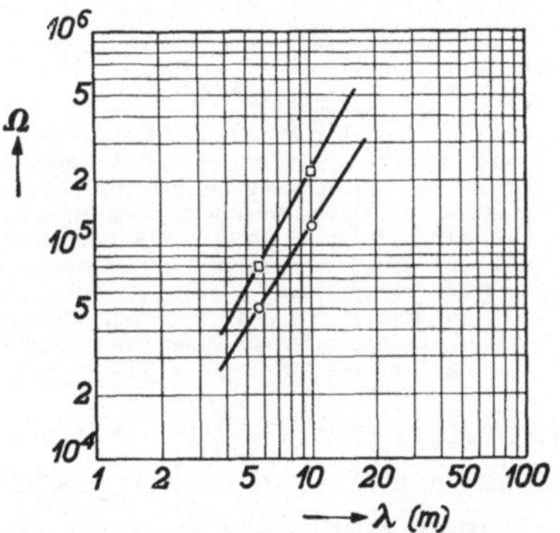

Abb. 106. Vertikal: Ausgangswiderstand zwischen Anode und Kathode in Ohm. Horizontal: Wellenlänge in m. Röhre E F 9 in der Ganz-Glas-Ausfuhrung (vgl. Unterschrift der Abb. 104). Kreise bei Anodenstrom 6 mA, Quadrate bei Anodenstrom 0. Übrige Daten vgl. Unterschrift der Abb. 104.

jede Kurve festen Betriebsdaten der Röhre. Bei diesem Eingangsparallelwiderstand können wir drei Betriebszustände der Röhre betrachten: Röhre im Betrieb bei normalem Anodenstrom (R_w, d. h. warmer Widerstand), Röhre im Betrieb beim Anodenstrom Null, was durch eine im Betrag große negative Spannung des Steuergitters gegenüber der Kathode erreicht wurde (R geregelt), Röhre bei kalter Kathode (R_k, d. h. kalter Widerstand). Für den Betrieb der Röhre zur Kurzwellenverstärkung ist in erster Linie R_w maßgebend. Aus Abb. 102 geht hervor, daß R_w im Kurzwellengebiet fast genau proportional zum Quadrate der Wellenlänge ist. Diese Eigenschaft werden wir bei allen gemessenen Röhren wiederfinden. Die Eingangskapazität dieser Röhre ist im „warmen" Zustand bei normalem Anodenstrom (8 mA) etwa 7,4 pF und im „kalten" Zustand etwa 6,4 pF. Sie ist im ganzen gemessenen Frequenzgebiet jeweils konstant. Der Ausgangsparallelwiderstand derselben Röhre ist in Abb. 103 dargestellt. Dieser ist bei jeder Wellenlänge viel größer als der Eingangswiderstand. Die Ausgangskapazität ist im warmen Zustand die gleiche wie im kalten Zustand

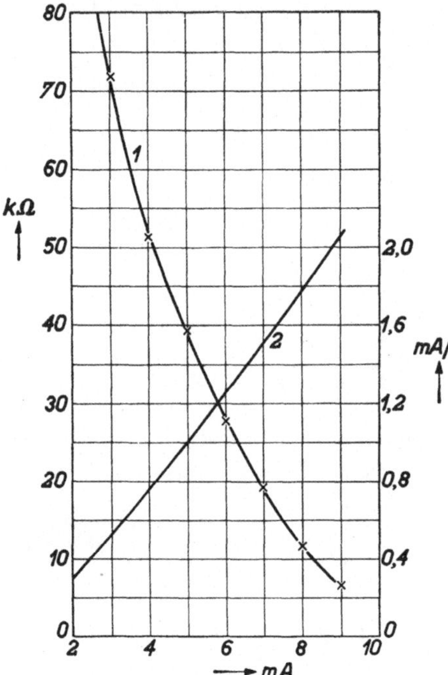

Abb. 107. Vertikal: Kurve 1 (linke Skala) Eingangswiderstand zwischen Steuergitter und Kathode der Pentode A F 3 (Philips) in kOhm bei einer Anodenspannung von 200 Volt und einer Schirmgitterspannung von 100 Volt. Kurve 2: Steilheit des Anodenstromes in bezug auf kleine Änderungen der Steuergitterspannung bei den gleichen positiven Spannungen wie Kurve 1 (rechte Skala) in mA/V. Horizontal: Anodenstrom in mA geregelt durch die Steuergitterspannung. Wellenlänge für Kurve 1:5 m.

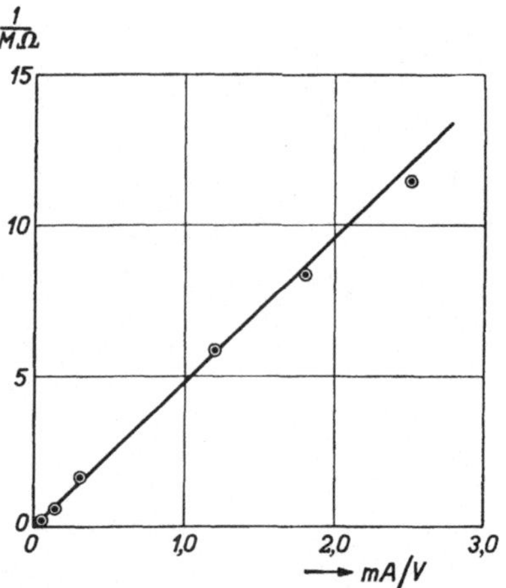

Abb. 108. Vertikal: Reziproker Ausgangswiderstand zwischen Anode und Kathode der Röhre A F 3 (Betriebsdaten vgl. Unterschrift der Abb. 107) in (MOhm) $^{-1}$. Horizontal: Steilheit des Anodenstromes in bezug auf kleine Änderungen der Steuergitterspannung in mA/V. Wellenlänge 8,0 m.

und beträgt etwa 7,6 pF. Für neuere Glasröhren sind die Meßdaten für Eingangswiderstand und Ausgangswiderstand in Abb. 104, 105 und 106 zusammengestellt. Insbesondere ist hierbei auch eine moderne Ausführung der Röhre EF 9 berücksichtigt, welche etwa wie in Abb. 100 und 101 aussieht, d. h. alle Elektrodenanschlüsse (auch das Steuergitter) auf der Bodenseite hat. Große quantitative Unterschiede sind bei allen diesen verschiedenen Röhrentypen in bezug auf den „warmen" Eingangswiderstand im Kurzwellengebiet nicht vorhanden. Auch der Ausgangswiderstand (Abb. 103 und 106) ist für verschiedene Röhren-

typen nicht wesentlich verschieden. Die Abhängigkeit des Eingangswiderstandes vom Anodenstrom sowie von der Steilheit ist in Abb. 107
für die Röhre AF3 (Abb. 98
2. von links) bei etwa 5 m
Wellenlänge gezeigt. Analoge
Kurven gelten auch für die
übrigen Röhrentypen. Der
reziproke Ausgangswider-
stand ist ungefähr proportional zur Steilheit, wenn
diese bei einer vorgelegten
Röhre mit Hilfe der nega-
tiven Spannung des Steuergitters geregelt wird. Abbildung 108 zeigt eine solche
Messung für die Röhre AF3.
Bei den Knopfpentoden (vgl.
Abb. 98) ist der Eingangswiderstand sowie der Aus-
gangswiderstand wesentlich
höher als für alle oben angeführten Röhrentypen nor-
maler Abmessungen. Der
Eingangswiderstand ist in
Abb. 109 gezeigt. Bei
1 m Wellenlänge beträgt
er noch etwa 2000 Ohm.
Hier ist das Gesetz, dem-
nach der Eingangswider-
stand dem Quadrate der
Wellenlänge proportio-
nal ist, bis zu den kür-
zesten Wellen erfüllt.

Wir kommen jetzt zur
Admittanz zwischen der
Anode und dem Steuer-
gitter, die als Rück-
wirkungsadmittanz be-
zeichnet ist [Betrag D
nach Gl. (24, 5)]. Diese
Admittanz wurde für

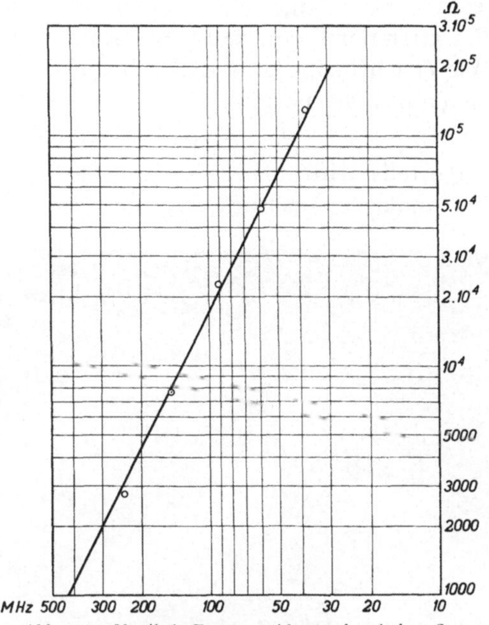

Abb. 109. Vertikal: Eingangswiderstand zwischen Steuergitter und Kathode für eine Knopfpentode im Arbeitspunkt (vgl. Abb. 98 ganz rechts) in Ohm. Horizontal:
Frequenz in MHz.

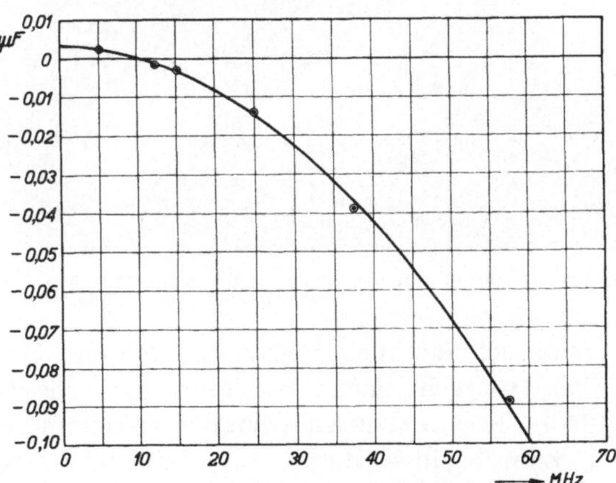

Abb. 110. Vertikal: Kapazität $C_{a\,g}$, welche der Impedanz zwischen
Anode und Steuergitter der Röhre AF3 entspricht (Rückwirkungskapazität) in pF. Horizontal: Frequenz in MHz.

verschiedene moderne Hochfrequenzpentoden als Funktion der Wellenlänge und der Betriebsverhältnisse gemessen, wobei die Anordnung der
Abb. 91 verwendet wurde. Der Einfluß der Betriebsdaten war stets

sehr gering und wird daher völlig außer acht gelassen. Wie bereits im § 24 bemerkt, kann diese Rückwirkungsadmittanz durch eine Kapazität C_{ag} dargestellt werden. Eine Messung dieser Kapazität als Funktion der Frequenz für die Röhre AF3 ist in Abb. 110 dargestellt. Wie ersichtlich, ergibt sich eine quadratische Kurve, wobei C_{ag} durch die empirische Formel:

$$(25, 1) \qquad C_{ag} = (0{,}0030 - 0{,}285 \cdot 10^{-4} \cdot f^2)\ \mathrm{pF}$$

dargestellt wird. Hierbei ist f die Frequenz, ausgedrückt in MHz. Ein analoger Ausdruck, nur mit anderen numerischen Koeffizienten,

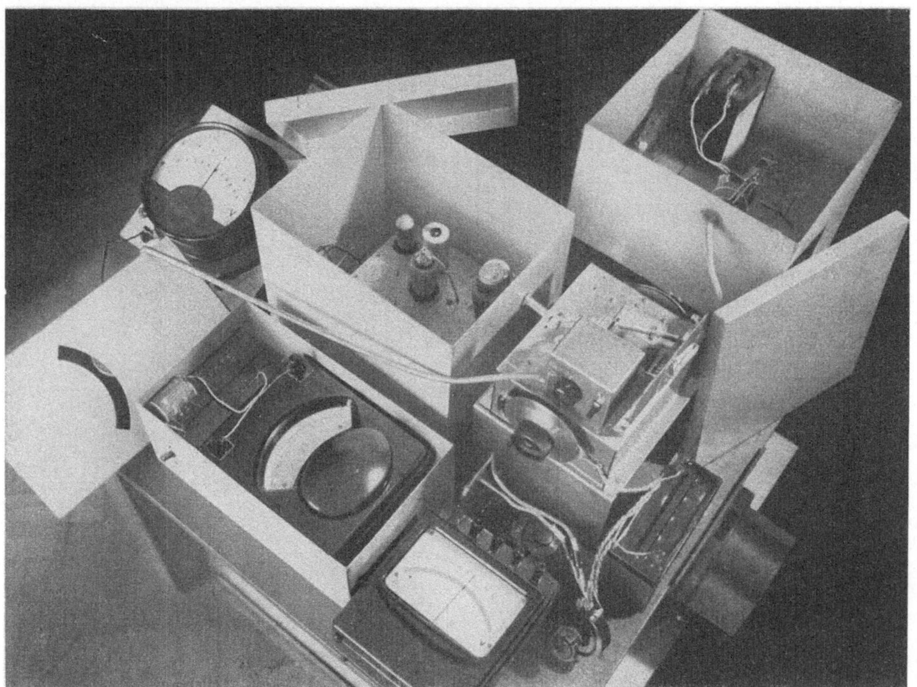

Abb. 111. Aufbau einer Anordnung zur Messung der komplexen Steilheit von Verstärkerröhren bis etwa 40 MHz nach dem Schaltbild der Abb. 92.

ergab sich für alle gemessenen Röhren. Wir können deshalb das in Abb. 110 recht genau befolgte empirische Gesetz (25, 1) als typisch für die Rückwirkungskapazität von Hochfrequenzpentoden betrachten.

Zum Schlusse dieses Paragraphen behandeln wir Messungen der Admittanz vom Steuergitter zur Anode [im Betrag gleich A nach Gl. (24, 2)]. Hierzu wurde die Anordnung von Abb. 92 benutzt. Der praktische Aufbau dieser Anordnung ist in Abb. 111 gezeigt. Wir stellen diese Admittanz dar durch den absoluten Betrag A und den Phasenwinkel φ_A. Messungen für verschiedene Röhrentypen haben ergeben, daß der Phasenwinkel φ_A dieser Admittanz bis einige m Wellenlänge herab, bei festen Betriebsdaten der Röhren, ziemlich genau proportional zur Frequenz ist. Durch experimentelle Schwierigkeiten bei der Messung dieser Admittanz konnten bisher nur die Werte bis etwa 3 m Wellenlänge herab innerhalb einiger Prozent ermittelt werden, während für die übrigen Admittanzen die bisherige Kurzwellengrenze der Messungen bei etwa 1 m Wellenlänge liegt. Für die Röhre AF 7 ergab sich bei 3 m Wellenlänge: $A = 2{,}7$ mA/V und $\varphi_A = 66°$. Hierbei war die Anodenspannung 200 Volt, die Schirmgitterspannung 200 Volt und die Steuergitterspannung $-1{,}9$ Volt. Der Betrag A war bei 500 Hz ebenfalls 2,7 mA/V. Wir schließen, daß der absolute Betrag dieser Admittanz (bei niedrigen Frequenzen die Steilheit) sich im Kurzwellengebiet gegenüber dem Wert bei niedrigen Frequenzen für Hochfrequenzpentoden normaler Abmessungen bis etwa 3 m Wellenlänge herab praktisch nicht ändert. Der Phasenwinkel φ_A ist mit der Frequenz proportional und wird größer für kleinere Anodenspannung und Schirmgitterspannung.

Schrifttum: *8, 9, 69, 102, 116, 144, 145, 148, 151, 152, 166.*

§ 26. Ursachen der Röhrenadmittanzänderungen im Kurzwellengebiet.

Da die Eingangsadmittanz und die Ausgangsadmittanz je durch eine Parallelschaltung eines Widerstandes und einer im ganzen Frequenzgebiet bei festen Betriebsdaten konstanten Kapazität darge-

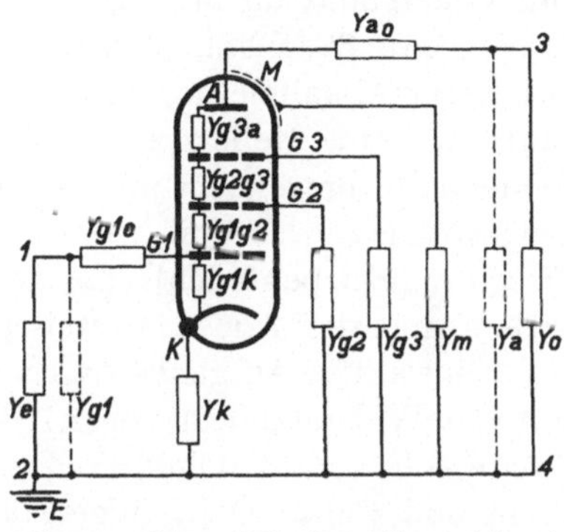

Abb. 112. Schematische Darstellung einiger in einer Pentode vorhandener Admittanzen. G_1, G_2, G_3 sind die drei Gitter, A ist die Anode, M die Metallisierung und K die Kathode. Die Admittanzen sind mit dem Buchstaben Y bezeichnet und die angehangten Indizes beziehen sich auf die betreffenden Elektroden. So ist z. B. Y_{g1e} die Admittanz, welche der Selbstinduktion der Zuleitung zum Gitter 1 entspricht, Y_{a0} die Admittanz, welche die Selbstinduktion der Zuleitung zur Anode verursacht. Die gestrichelt gezeichneten Admittanzen Y_{g1} und Y_a sind die innerhalb der Röhre zwischen dem Steuergitteranschluß und Erde (Gehäuse) bzw. zwischen dem Anodenanschluß und Erde vorhandenen Admittanzen, während Y_e und Y_0 die außerhalb der Röhre zwischen diesen Elektrodenanschlüssen und Erde angeordneten Admittanzen bezeichnen.

stellt werden, ändern sich diese Admittanzen im Kurzwellengebiet bereits erheblich, wenn man nur auf die Admittanzänderung der Kapazitätsanteile achtet. Diese selbstverständlichen Admittanzänderungen werden wir weiterhin außer acht lassen und wir beschränken uns bei diesen beiden Röhrenadmittanzen auf die Änderungen des Eingangswiderstandes sowie des Ausgangswiderstandes im Kurzwellengebiet. Als Ursachen dieser Änderungen sowie der übrigen Admittanzänderungen bei Röhren kommen in Betracht: Impedanzen der Elektroden und ihrer Zuleitungen innerhalb und außerhalb der Röhre und Elektronenlaufzeiten zwischen den Elektroden in der Röhre. Beide Ursachen sind auch im Gebiet längerer (z. B. Rundfunk-) Wellen vorhanden. Die genannten Impedanzen und Laufzeiten haben dann aber solche Werte, daß sie die

Röhrenadmittanzen praktisch nicht beeinflussen. In Abb. 112 ist eine Reihe von Impedanzen innerhalb einer Pentode zusammengestellt. Wir behandeln jetzt für jede der vier charakteristischen Röhrenadmittanzen die Ursachen ihrer Änderungen im Kurzwellengebiet.

Als erste betrachten wir die Ausgangsadmittanz. Die warme Ausgangsadmittanz kann, wie im § 25 gezeigt, durch Parallelschalten eines Widerstandes zur kalten Ausgangsadmittanz dargestellt werden. Dieser Widerstand, den wir „aktiven Ausgangswiderstand" nennen, nimmt für kürzere Wellen sehr stark ab. Bei der Röhre EF 6 (Hochfrequenzpentode) ist der Widerstand für niedrige Frequenzen etwa 2 MOhm und bei 60 MHz ist er etwa 85 kOhm. Man kann zunächst die Frage beantworten, ob bei dieser Abnahme des aktiven Ausgangswiderstandes die Elektronenlaufzeiten eine Rolle spielen. Wenn dies der Fall wäre, müßte dieser Widerstand umgekehrt proportional zum Anodengleichstrom sein. Wir betrachten zur Prüfung Messungen für die Röhren AF 3 und AF 7 (Hochfrequenzpentoden), die genau gleiche Abmessungen des Fanggitters und der Anode aufweisen. Bei 8 m ergab sich für die Röhre AF 3 eine aktive Ausgangsadmittanz (reziproker Wert des obengenannten aktiven Widerstandes) von 7,7 (MOhm)$^{-1}$ (vgl. Abb. 108) und für die Röhre AF 7: 8,7 (MOhm)$^{-1}$. Die Anodenströme sind in diesen Fällen 8 mA und 3 mA. Die Laufzeit der Elektronen kann also keine wesentliche Rolle für diese Admittanz spielen. Als Ursache für die Zunahme der Ausgangsadmittanz im Kurzwellengebiet kommt die Wirkung der Selbstinduktion und gegenseitigen Induktion der Zuleitungen nach den Röhrenelektroden sowie der Kapazität dieser Elektroden in Betracht. Wenn zwischen Anode und Kathode eine Wechselspannung vorhanden ist, fließen durch die Kapazitäten zwischen Anode und Fanggitter, zwischen Anode und Schirmgitter usw. Wechselströme, die durch die Elektrodenzuleitungen zur Erde (Gerätegehäuse) gelangen. Durch die gegenseitige Induktion zwischen diesen Zuleitungen und der Kathodenzuleitung entsteht auf diese Weise eine Wechselspannung zwischen Kathode und Erde und somit zwischen Kathode und Steuergitter. Diese Wechselspannung wird in der Röhre verstärkt und gibt Anlaß zu einer Wechselspannung zwischen Anode und Kathode, deren Phase in bezug auf die Ausgangswechselspannung derart ist, daß eine zusätzliche Admittanz zwischen Anode und Kathode entsteht. Man erhält für diese Admittanz angenähert die Formel:

$$\frac{1}{R} = \omega^2 S C_{g3a} M_{kg3}.$$

wobei S die Steilheit (im Betrage), C_{g3a} die Kapazität zwischen Anode und Fanggitter und M_{kg3} die gegenseitige Induktion der Zuleitungen zur Kathode und zum Fanggitter darstellen. In Abb. 108 ist $1/R$ als Funktion von S für die Röhre AF 3 gemessen. Mit $C_{g3a} = 3,5$ pF ergibt sich aus Abb. 108: $M_{kg3} = 24.10^{-9}$ Henry, was größenordnungsmäßig richtig ist [vgl. Gl. (13,3)]. Diese Deutung der Ausgangsadmittanz führt auch zum Verständnis der oben angeführten Messung für die Röhren AF3 und AF7, da die in der letzten Gleichung vorkommenden Größen für beide Röhren ungefähr die gleichen Werte haben. Wir dürfen auf Grund dieser Messungen unsere Deutung der aktiven Ausgangsadmittanz im Kurzwellengebiet als gesichert betrachten.

Auch bei der Eingangsadmittanz kann der warme Eingangswiderstand durch Parallelschalten eines Widerstandes zum kalten Eingangswiderstand dargestellt werden. Wir nennen diesen Widerstand wieder den „aktiven" Eingangswiderstand $R_{g\,\mathrm{akt}}$. Für diesen aktiven Eingangswiderstand kommen zwei Anteile in Betracht, einer infolge Elektronenlaufzeiten und ein zweiter infolge induktiver und kapazitiver Wirkungen der Röhrenelektroden und ihrer Zuleitungen. Für $R_{g\,\mathrm{akt}}$ setzen wir:

$$\frac{1}{R_{g\,\mathrm{akt}}} = \frac{1}{R_t} + \frac{1}{R_{LC}},$$

wobei der Anteil der Elektronenlaufzeiten mit $1/R_t$ und jener der Elektroden und ihrer Zuleitungen mit $1/R_{LC}$ angedeutet ist. Für diese Anteile ergeben sich bei Hochfrequenzpentoden angenähert die theoretischen Formeln:

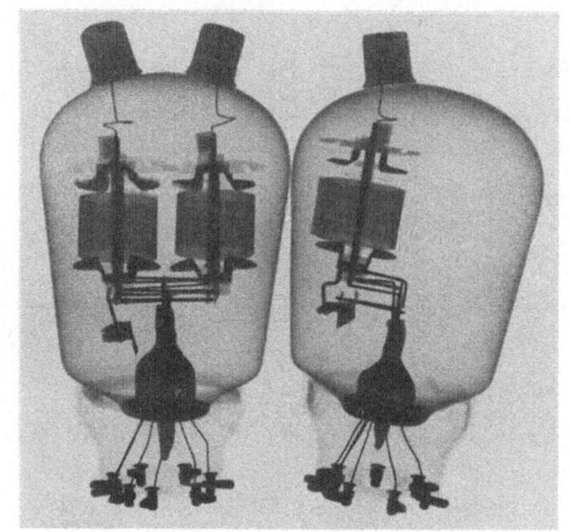

Abb. 113. Röntgenbild (infolge der Metallisierung sind die Glaskolben undurchsichtig) einer Röhre mit einem einfachen Pentodensystem (rechts) und mit einem doppelten Pentodensystem (links) auf gemeinsamen Zuleitungen zur experimentellen Trennung der verschiedenen Ursachen des aktiven Eingangswiderstandes.

$$\frac{1}{R_t} = f\,S_k\,(\omega\,t_{kg})^2$$

und

$$\frac{1}{R_{LC}} = \omega^2\,S_k\,L_k\,C_{kg}.$$

Hierbei ist f ein Faktor, der in der Größenordnung $1/10$ liegt, S_k die Steilheit des gesamten Kathodenstromes in bezug auf die Steuergitterspannung, ω die Kreisfrequenz, t_{kg} die Elektronenlaufzeit zwischen Kathode und Steuergitter, L_k die Selbstinduktion der Kathodenzuleitung und C_{kg} die Kathoden-Steuergitterkapazität im Betriebszustand. Beide Anteile von $1/R_{\mathrm{akt}}$ sind proportional zu ω^2 und zu S_k. Zur Trennung dieser Anteile haben wir Messungen an einfachen und an doppelten Röhren (beide Systeme auf gemeinsamen Zuleitungen angeordnet) ausgeführt (Abb. 113). Die Steilheit der doppelten Röhre ist zweimal so groß wie jene der einfachen Röhre. Wir nennen R_1 den Wert von $R_{g\,\mathrm{akt}}$

8*

für die einfache und R_2 den Wert von $R_{g\mathrm{akt}}$ für die doppelte Röhre.
Die Kapazität C_{kg} der doppelten Röhre ist das Zweifache jener der
einfachen Röhre. Folglich ist:

$$\frac{1}{R_1} = \frac{1}{R_{LC}} + \frac{1}{R_t},$$

$$\frac{1}{R_2} = \frac{4}{R_{LC}} + \frac{2}{R_t},$$

also

$$\frac{1}{R_{LC}} = \frac{1}{2\,R_2} - \frac{1}{R_1} \quad \text{und} \quad \frac{1}{R_t} = \frac{2}{R_1} - \frac{1}{2\,R_2}.$$

Hiermit wäre also die Trennung der beiden Ursachen für den aktiven
Eingangswirkwiderstand durchgeführt. Wir geben hier Messungen für
drei verschiedene Röhren an (Wellenlänge 7 m).

| Röhre | Elektrodenabstände | | S_k | R_t | R_{LC} | $\dfrac{1}{R_{LC}} : \dfrac{1}{R_t}$ |
	g_1-k (mm)	g_1-g_2 (mm)	mA/V	(Ohm)	(Ohm)	
1	0,10	0,30	18	60 000	600	100
2	0,20	0,76	2,3	27 000	46 000	0,60
3	0,35	2,10	1,9	11 000	39 000	0,28

Hier bedeutet k die Kathode, g_1 das Steuergitter und g_2 das Schirmgitter.

Die Röhre 2 enthält Elektrodensysteme der Hochfrequenzpentode EF 5
(Philips). Wir können aus diesen Messungen schließen, daß bei Hochfrequenzpentoden verschiedener Konstruktion die beiden Anteile der
aktiven Wirk-Eingangsadmittanz im Verhältnis zueinander sehr verschieden sein können. Die warme Eingangsadmittanz unterscheidet sich
von der kalten Eingangsadmittanz auch noch um eine Kapazität.
Diese Kapazität ist, wie die Messungen zeigen, praktisch unabhängig
von der Frequenz. Sie findet ihre Ursache in der Elektronenraumladung, welche in der warmen Röhre auftritt. Elektronenlaufzeiten
spielen hierbei bis etwa 3 m Wellenlänge herab keine Rolle. Erst bei
viel höheren Frequenzen (z. B. 50 cm Wellenlänge) könnten sie eine
Frequenzabhängigkeit dieser Kapazität verursachen.

Für niedrige Frequenzen verläuft der Wechselstrom im Anodenkreis
gleichphasig mit der Gitterwechselspannung. Im Kurzwellengebiet ist
die Zeit, die der Elektronenstrom in der Röhre braucht, um von der
Kathode zur Anode zu gelangen, nicht mehr vernachlässigbar kurz
gegenüber einer Periode der Wechselspannung. Eine einfache Schätzung
dieser Elektronenlaufzeit ergibt sich durch Betrachtung des homogenen
elektrischen Feldes zwischen zwei ebenen parallelen Elektroden a und b,
deren Abstand d beträgt, während ihre Spannungen gegenüber der
Kathode V_a und V_b sind. Die Elektronengeschwindigkeit v in jedem
Punkt des Potentialfeldes mit dem Potential V geht aus dem Energie-

erhaltungssatz hervor:

$$\frac{1}{2}\, m v^2 = e\, V$$

(m und e Masse und Ladungsbetrag eines Elektrons). Die Elektronenlaufzeit von a bis b ist

$$t_{ab} = \int\limits_0^d \frac{d\,x}{v} = \left(\frac{m}{2\,e}\right)^{1/2} \int\limits_0^d \frac{d\,x}{V^{1/2}}\,.$$

Im homogenen Felde gilt:

$$\frac{d\,x}{d} = \frac{d\,V}{V_b - V_a}\,,$$

also:

$$t_{ab} = \left(\frac{m}{2\,e}\right)^{1/2} \frac{d}{V_b - V_a} \int\limits_{V_a}^{V_b} \frac{d\,V}{V^{1/2}} = \frac{2\,d\,(m/2\,e)^{1/2}}{V_b^{1/2} + V_a^{1/2}} = \frac{2\,d}{V_b^{1/2} + V_a^{1/2}}\, 0{,}17 \cdot 10^{-7}\,.$$

Hierbei ist t_{ab} in sec, d in cm und V_a sowie V_b in Volt ausgedrückt. Als Beispiel sei $d = 0{,}5$ cm, $V_a = 250$ Volt, $V_b = 0$, woraus sich $t_{ab} = 1{,}07 \cdot 10^{-9}$ sec ergibt. In dieser Weise kann die Elektronenlaufzeit zwischen allen Elektroden einer Röhre berechnet werden, wenn die Wirkung der Raumladung vernachlässigt wird. Wir können die Steilheit durch einen absoluten Betrag A und einen Phasenwinkel φ_A ausdrücken (vgl. §§ 24 und 25). Für eine Pentode gilt:

$$\varphi_t = \omega\,(0{,}36\, t_{kg1} + t_{g1g2} + t_{g2g3} + \frac{2}{3}\, t_{g3a})\,,$$

wobei φ_t der Anteil von φ_A ist, der durch die Elektronenlaufzeiten verursacht wird, t_{kg1} die Laufzeit von der Kathode bis Gitter 1, t_{g1g2} die Laufzeit von Gitter 1 bis Gitter 2, t_{g2g3} die Laufzeit von Gitter 2 bis Gitter 3 und t_{g3a} die Laufzeit von Gitter 3 bis zur Anode. Außer diesem Laufzeitphasenwinkel muß noch ein zweiter Anteil von φ_A berücksichtigt werden, der von der Selbstinduktion L_k der Kathodenzuleitung herrührt. Dieser Anteil φ_L ist $\omega S_k L_k$, wobei S_k der absolute Betrag der Steilheit des gesamten Kathodenstromes in bezug auf die Steuergitterspannung ist. Insgesamt wird $\varphi_A = \varphi_t + \varphi_L$. Diese Deutung des Steilheitsphasenwinkels wurde durch Messungen im Kurzwellengebiet quantitativ geprüft. Wir führen eine Messung bei der Röhre AF 7 an bei 9,1 m Wellenlänge. Es ergab sich $A = 2{,}69$ mA/V und $\varphi_A = 22°$. Für niedrige Frequenz ergab sich bei der gleichen Röhre $A = 2{,}7$ mA/V. Der absolute Betrag der Steilheit hat sich also nicht geändert. Bei Berechnung des Phasenwinkels nach den angegebenen Formeln ergab sich 20,5°. Eine ebenso gute Übereinstimmung zwischen Messungen und Rechnungen war auch für andere Fälle vorhanden, woraus wir schließen, daß unsere Deutung der Steilheit im Kurzwellengebiet erschöpfend ist.

Die Rückwirkungsadmittanz wurde in § 25 durch eine Kapazität C_{ag}^1 dargestellt, für welche die Formel:

$$C_{ag}^1 = C_{ag} - K\omega^2$$

angegeben wurde. Aus der Tatsache, daß diese Admittanz bei kalter und warmer Röhre praktisch gleich ist, kann geschlossen werden, daß Elektronenlaufzeiten bei der Deutung ihrer Änderungen im Kurzwellengebiet keine Rolle spielen. Diese Änderung muß ganz auf Rechnung der Induktionen der Elektrodenzuleitungen sowie der Elektrodenkapazitäten geschrieben werden. Man kann die Größe K theoretisch angenähert durch die Formel:

$$K = C_a L C_e \cdot 10^{12}$$

darstellen, wobei C_a die Ausgangskapazität der Röhre, C_e die Eingangskapazität und L ein Induktionskoeffizient der Zuleitungen bedeuten. Größenordnungsmäßig sind C_a und C_e je etwa 10 pF. Zur Deutung des für die Röhre AF3 gemessenen Wertes $K = 75 \cdot 10^{-20}$ muß für L etwa $7{,}5 \cdot 10^{-9}$ Henry angenommen werden, was durchaus mit der Größenordnung der Zuleitungsinduktionskoeffizienten übereinstimmt. Der „Langwellenwert" C_{ag} der Rückwirkungskapazität spielt für die Kurzwellenverstärkung in den meisten Fällen nur eine untergeordnete Rolle, da der wirkliche Wert C_{ag}^1 sehr stark von C_{ag} abweichen kann.

Die Tatsache, daß einige charakteristische Röhrenadmittanzen im Kurzwellengebiet fast ganz und andere teilweise durch Induktionswirkungen der Elektrodenzuleitungen erklärt werden können, führt zur Frage, ob sich diese Induktionswirkungen dazu benutzen lassen, die Röhrenadmittanzen im Kurzwellengebiet günstiger zu gestalten. Diese Frage muß bejaht werden. Durch geeignete Anwendungen eben dieser Induktionswirkungen kann eine wesentliche Verbesserung der charakteristischen Röhrenadmittanzen im Kurzwellengebiet erzielt werden (§ 27).

Es hat sich gezeigt, daß Messungen der Röhrenadmittanzen im Kurzwellengebiet zu einer genauen experimentellen Bestimmung der Elektronenbewegung in Mehrgitterröhren führen. Diese Anwendung der Kurzwellenscheinleitwertmessungen hat neue Möglichkeiten eröffnet. Im Rahmen dieses Buches lassen sich aber die betreffenden Messungen nicht betrachten.

Schrifttum: *8, 9, 18, 116, 145, 147, 148, 149, 151, 154.*

§ 27. Verbesserung der Kurzwellen-Röhreneigenschaften durch Schaltmaßnahmen in Verstärkerstufen. Bei einer Verstärkerstufe (vgl. Abb. 96) ist parallel zum Röhreneingang (Anschlußelektroden: Steuergitter und Kathode) sowie zum Röhrenausgang (Anschlußelektroden: Anode und Kathode) eine Impedanz geschaltet, die aus einem Schwingungskreis aufgebaut ist (Selbstinduktion parallel zu einer Kapazität). Diese Schwingungskreise werden, mit den Röhrenadmittanzen parallel, auf die Frequenz der zu verstärkenden Wechselspannung abgestimmt. Wenn wir eine Schaltung mit mehreren Verstärkerstufen hintereinander betrachten (Kaskadenverstärker), so ist zu einigen Schwingungskreisen sowohl die Ausgangsadmittanz einer Verstärkerröhre als auch die Eingangsadmittanz der nächsten Röhre parallel geschaltet. Die Ausgangskapazität und die Eingangskapazität vergrößern nur die Kreiskapazität (vgl. Abb. 114). Das gleiche gilt für die Kapazität, welche parallel zum Ableitwiderstand R_1 auftritt (vgl. § 23). Wir nehmen an, die verwendete Selbstinduktionsspule habe ein bestimmtes Verhältnis der Selbstinduktion L zum Spulenserienwiderstand r. Die Gesamtkapazität eines Kreises zwischen zwei Verstärkerröhren ist die Abstimmkapazität C mit parallel dazu die Röhrenausgangskapazität C_a, die Röhreneingangskapazität C_e und die Montagekapazität C_m, in der wir alle übrigen Kapazitäten der Schaltung (der Montagedrähte, des Ableitwiderstandes R_1) zusammenfassen. Wenn wir den

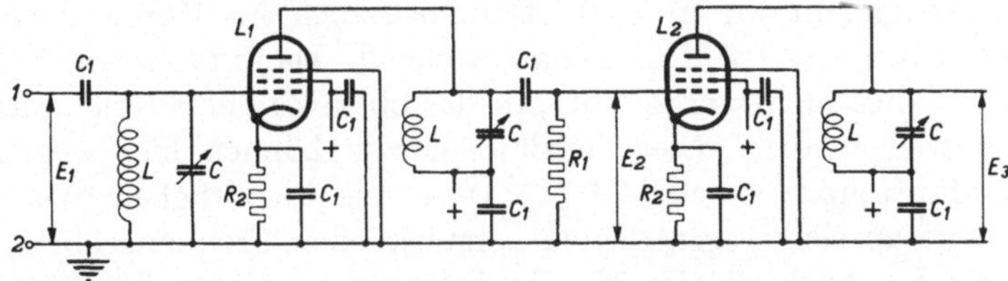

Abb. 114. Schaltbild eines zweistufigen Kurzwellen-Kaskadenverstarkers, wobei zwei Pentoden L_1 und L_2 benutzt werden. *1* und *2* bezeichnen die Eingangsanschlüsse, E_1 die Eingangsspannungsamplitude, E_2 die Spannungsamplitude am Eingang der zweiten Stufe und E_3 die Ausgangsamplitude. L und C sind die Selbstinduktion und Kapazität (Drehkondensator) der Schwingungskreise, die auf die zu verstärkende Wellenlange abgestimmt sind. C_1 sind Blockkondensatoren (etwa 10000 pF), R_1 ist ein Ableitwiderstand (einige zehntel MOhm) und R_2 sind Widerstande zur Erzeugung der richtigen negativen Gitterspannung (einige 100 Ohm).

Röhrenausgangswiderstand R_a, den Röhreneingangswiderstand R_e und den Widerstand R_1 vernachlässigen, wäre die Impedanz des Kreises zwischen zwei Röhren in der Abstimmlage:

$$\frac{L}{r\,(C_a + C_e + C_m + C)}.$$

Zu dieser Impedanz kommen nun R_a, R_e und R_1 (der effektive Wert dieses Ableitwiderstandes bei der betrachteten Wellenlänge, vgl. Abb. 95) parallel. Die Gesamtabstimmimpedanz des Kreises wird daher:

$$(27,1) \qquad Z_k = \left(\frac{r\,(C_a + C_e + C_m + C)}{L} + \frac{1}{R_a} + \frac{1}{R_e} + \frac{1}{R_1} \right)^{-1}.$$

Aus den Messungen des § 25 sowie aus Abb. 95 geht hervor, daß im Kurzwellengebiet R_a und R_1 (bei richtiger Wahl des Widerstandes) viel größer als R_e sind, z. B. R_a etwa 10mal R_e. Wir können uns daher für praktische Fälle in Gl. (27, 1) auf R_e beschränken und R_a sowie R_1 fortlassen.

Im Rundfunkgebiet ist die Abstimmimpedanz eines Kreises durch die erforderliche Breite des zu verstärkenden Frequenzgebietes bestimmt.

In der Abb. 80 ist eine Resonanzkurve gezeichnet (absoluter Betrag der Kreisimpedanz als Funktion der Abstimmkapazität). Man kann bei fester Kreiskapazität auch den absoluten Betrag der Kreisimpedanz als Funktion der Frequenz zeichnen und erhält dann eine der Abb. 80 vollkommen analoge Kurve (Abb. 126). Wenn wir das gesamte Frequenzintervall (links und rechts von der Resonanzlage) betrachten (vgl. Abb. 126), für das die Impedanz höher als $1/\sqrt{2}$ des Maximalwertes ist und dieses Frequenzintervall mit B (Hz) bezeichnen, so ist die Kreisimpedanz in der Abstimmung durch die Formel:

$$(27,2) \qquad Z_k = \frac{1}{2\pi B\,(C_a + C_e + C_m + C)}$$

gegeben. Als Beispiel sei im Rundfunkgebiet $B = 10^4$ Hz und $C_a + C_e + C_m + C = 50$ pF. Dann wird $Z_k = 3{,}2 \cdot 10^5$ Ohm. Wir betrachten in diesem Paragraphen für das Kurzwellengebiet die Übertragung von Sprache und Musik (allgemein von Schalldarbietungen). Fernsehübertragung behandeln wir in § 29. Dann ist auch im Kurzwellengebiet ein Frequenzintervall von 10^4 Hz ausreichend. Da in der Formel (27, 2) die Wellenlänge nicht vorkommt, gilt das obige Zahlenbeispiel auch für das Kurzwellengebiet. Die Kreisimpedanzen können hier wegen der Röhrenadmittanzen — vgl. Gl. (27, 1) — nie diese hohen Werte erreichen, die an sich wegen des zu verstärkenden Frequenzgebietes zulässig wären. Auch die im Kurzwellengebiet erreichbaren L/r-Werte (vgl. § 23) schließen an sich das Erzielen dieser hohen Impedanzwerte aus, sogar bei Verwendung von Kreisen, die aus konzentrischen Rohrleitungen bestehen (vgl. § 16).

Die im Kurzwellengebiet erreichbaren Verstärkungszahlen sind durch das Produkt der oben betrachteten Kreisimpedanz Z_k und des absoluten Betrages A der Admittanz vom Steuergitter zur Anode bestimmt (vgl. §§ 24 und 25). In Abb. 114 ist das Verhältnis der Spannungsamplituden E_2/E_1 durch diese Verstärkung gegeben:

$$(27,3) \qquad \frac{E_2}{E_1} = A\,Z_k\,.$$

Da der Betrag A im Kurzwellengebiet oberhalb 1 m nur wenig von der Wellenlänge abhängt und ungefähr der gleiche ist wie für längere Wellen, ist es zur Erreichung einer hohen Verstärkung je Stufe erwünscht, Z_k möglichst hoch zu machen. Die obigen Überlegungen zeigen, daß Z_k im Kurzwellengebiet in erster Linie durch den Wert des Röhreneingangswiderstandes R_e und in zweiter Linie durch den erreichbaren Wert von $L/r\,(C_a + C_e + C_m + C)$ beschränkt ist. Wenn wir L/r als gegeben ansehen, ist letzterer Wert möglichst hoch, wenn die Kapazitäten möglichst klein sind. Zusammenfassend: Es ist erwünscht, den Röhreneingangswiderstand zu vergrößern und die Röhrenkapazitäten zu verringern, damit wir eine möglichst große Verstärkung je Stufe in Kaskadenanordnungen erhalten.

Durch die Rückwirkungsadmittanz gelangt ein Teil der Ausgangs-amplitude der Röhre L_1 (Abb. 114) wieder auf den Eingangskreis zurück und addiert sich dort zur Eingangsamplitude E_1. Wenn die Phase dieser zurückgeführten Wechselspannung günstig ist, kann unter Umständen die Komponente dieser Wechselspannung, welche gleichphasig mit E_1 schwingt, die gleiche Größe wie E_1 haben oder sogar größer sein. Wenn dieser Fall eintritt, fängt die Verstärkerstufe von selbst zu schwingen an, da dann eine dauernde Aufrechterhaltung der Eingangs- sowie der Ausgangsamplitude stattfinden kann, ohne Speisung von einer äußeren Wechselspannungsquelle. In einem solchen selbstschwingenden Zu-stand gehen die behandelten Verstärkungseigenschaften der Stufe so weit verloren, daß sie praktisch unbrauchbar wird. Man soll daher diesen Schwingzustand stets vermeiden. Wenn wir annehmen, daß der Eingangsschwingungskreis einer Röhre mit allen Admittanzen parallel insgesamt eine Impedanz in der Abstimmung Z_e aufweist und der Ausgangskreis Z_k, während der Betrag der Rückwirkungsadmittanz gleich D ist, so kann diese Bedingung des Nichtselbstschwingens leicht zahlenmäßig ausgedrückt werden. Nach (27, 3) ist $E_2 = E_1 A Z_k$. Die zurückgeführte Wechselspannungsamplitude wird $E_r = D E_2 Z_e$, wenn wir annehmen, daß $Z_e \ll 1/D$ ist. Wenn nun $E_r < E_1$ ist, kann für keinen einzigen Phasenwinkel der Impedanzen und Wechselspannungen Schwingen eintreten. Folglich muß gelten:

$$(27, 4) \qquad D E_2 Z_e = D E_1 A Z_k Z_e < E_1 \quad \text{oder} \quad D A Z_e Z_k < 1.$$

Im Rundfunkgebiet ist, wie wir zeigten, Z_e sowohl als Z_k von der Größen-ordnung 10^5 Ohm. Die Steilheitsamplitude A sei etwa $2 \cdot 10^{-3}$ Ohm^{-1}. Folglich ergibt die Bedingung (27, 4) hier: $D < 5 \cdot 10^{-8}$ Ohm^{-1}. Für 200 m Wellenlänge erhält man hieraus für die Rückwirkungskapazität C_{ag}, durch die D dargestellt werden kann: $C_{ag} < 5{,}3 \cdot 10^{-15}$ Farad oder $C_{ag} < 0{,}0053$ pF. Die modernen Hochfrequenzpentoden haben Rück-wirkungskapazitäten, welche kleiner als $0{,}003$ pF sind. Folglich kann im Rundfunkgebiet kein Schwingen auftreten. Im Kurzwellengebiet nimmt die effektive Rückwirkungskapazität C_{ag}^1 im Betrag erst ab und dann wieder stark zu, wenn die Wellenlänge stetig abnimmt (vgl. Abb. 110). Man kann somit Verstärkerröhren zusammen mit ihrer Schal-tung und Montage im Gerät so dimensionieren, daß für eine bestimmte Frequenz praktisch keine Rückwirkung vorhanden ist. Wenn im Kurz-wellengebiet, namentlich für sehr kurze Wellen, keine Maßnahmen zur Verringerung der Rückwirkungsadmittanz getroffen werden, kann leicht der Fall des Selbstschwingens eintreten. Ein Beispiel möge dies zeigen. Für die Röhre AF3 beträgt der Eingangswiderstand bei 5 m Wellenlänge etwa 5,5 kOhm. Berücksichtigt man auch noch den Ausgangswiderstand der nächsten Röhre (Kaskadenverstärkung nach Abb. 114), so kann mit einer Kreisimpedanz Z_k von etwa 4 kOhm bei 5 m gerechnet werden. Die Rückwirkungsadmittanz beträgt etwa $D = 4 \cdot 10^{-5}$ Ohm^{-1} und die Steilheit A etwa $2 \cdot 10^{-3}$ Ohm^{-1}. Folglich ist $DAZ_e Z_k = 1{,}28$, also mehr als 1. Bei einer hierzu günstigen Phasenlage der Impedanzen und Wechselspannungen könnte folglich Schwingen der Verstärkerstufe eintreten.

Die einfachste Schaltung zur Verbesserung des Eingangswiderstandes besteht in der Anordnung eines kleinen Widerstandes in der Kathodenzuleitung der Röhre, wobei dieser kleine Widerstand durch einen kleinen Blockkondensator überbrückt werden soll. Die Wirkungsweise dieser Anordnung erläutern wir an Hand der Abb. 115. Wir nehmen an, die Röhrenkathode werde indirekt geheizt, wobei die Glühfädenanschlüsse f zur Sekundärwicklung tr eines Transformators führen, die

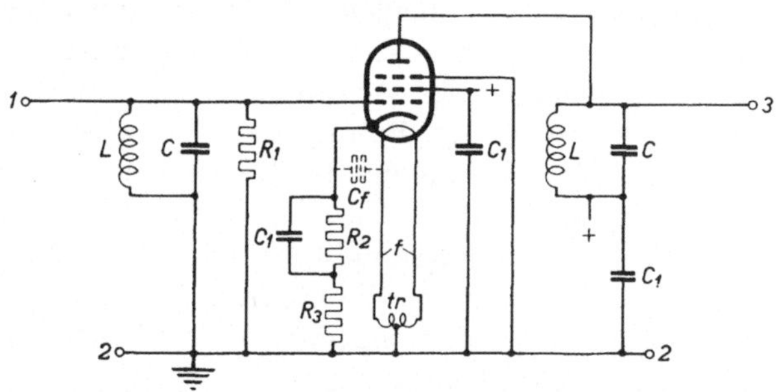

Abb. 115. Anordnung zur Vergrößerung des Eingangswiderstandes im Kurzwellengebiet für eine indirekt geheizte Pentode. *1* und *2* sind die Eingangsanschlüsse, *3* und *2* die Ausgangsanschlüsse einer Verstärkerstufe. L Selbstinduktion, welche mit der Kapazität C auf die zu verstärkende Wellenlänge abgestimmt ist. R_1 Ableitwiderstand (einige zehntel MOhm), C_1 Blockkondensatoren (etwa 10000 pF), R_2 Widerstand in der Kathodenleitung zur Erzeugung der negativen Steuergitterspannung, f Heizfaden, tr Heiztransformator, C_f Kapazität zwischen Heizfaden und Kathode (innerhalb der Röhre), R_3 Widerstand in der Kathodenleitung zur Vergrößerung des Eingangswiderstandes der Röhre im Kurzwellengebiet (etwa zwischen 10 und 100 Ohm für gebräuchliche Pentoden).

etwa in der Mitte geerdet ist. Die Kapazität C_f zwischen Glühfaden und Kathode, welche einige pF beträgt, ist somit parallel zum hier erörterten Widerstand R_3 geschaltet. Der Blockkondensator C_1 überbrückt wohl den Widerstand R_2 von einigen hundert Ohm, der die negative Gitterspannung erzeugt, aber nicht R_3. Da der Anodenwechselstrom durch R_3 fließt, entsteht über diesem Widerstand eine Wechselspannungsamplitude $A R_3 E_1$, wenn E_1 die Eingangsamplitude zwischen den Punkten 1 und 2 bezeichnet (vgl. Abb. 114). Die Phasen dieser zwei Wechselspannungen sind ungefähr um 180° verschieden, solange die Kapazität über R_3 klein ist. Folglich bewirkt der Widerstand R_3 eine Verringerung der Steilheit A auf den Betrag

$$(27{,}5) \qquad\qquad A^1 = \frac{A}{1 + A R_3}.$$

Durch die zu R_3 parallelgeschaltete Kapazität sowie durch die übrigen Impedanzen der Schaltung erfährt der Ausdruck noch eine geringe Korrektur, die wir außer acht lassen. Gegenüber dieser Verringerung der Steilheit nach Gl. (27, 5) steht aber eine wesentliche Verbesserung des Eingangswiderstandes. Wir verzichten hier auf die theoretische Begründung dieses Effekts und zeigen in Abb. 116 ein Meßbeispiel. In erster Linie geht aus diesen Messungen hervor, daß bei voller Verstärkung (Anodenstrom etwa 8 mA) sowohl bei 10 m als auch bei 5 m Wellenlänge durch Verwendung von 125 Ohm als Kathodenwiderstand R_3 (vgl. Abb. 115) der Eingangswiderstand bedeutend verbessert wird gegenüber dem Wert ohne Kathodenwiderstand, und zwar bei 5 m Wellenlänge von etwa 10 auf etwa 30 kOhm und bei 10 m Wellenlänge von etwa 40 auf etwa 77 kOhm. Weiter zeigen diese Messungen, daß man durch Verwendung eines Kathodenwiderstandes der betrachteten Art den Eingangswiderstand bei Vergrößerung der negativen Steuergitterspannung zum Zwecke der Verstärkungsregelung (vgl. § 31, der Anodenstrom in Abb. 116 sinkt in diesem Fall) einen nahezu konstanten Eingangswiderstand erzielen kann. Ohne Kathodenwiderstand dagegen (Kurve 3 der Abb. 116) ändert sich der Eingangswiderstand sehr

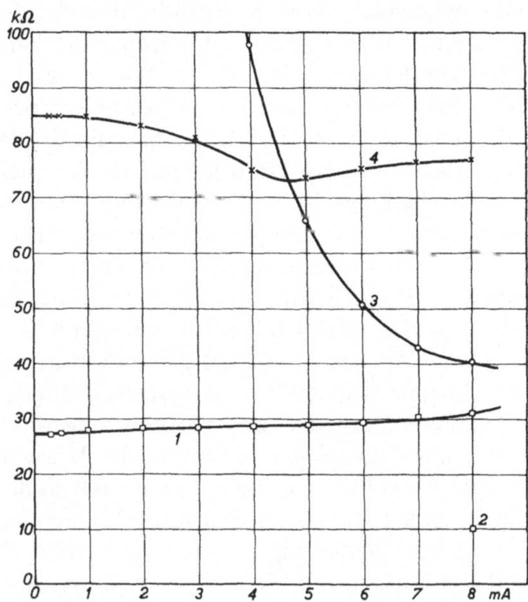

Abb. 116. Gemessener Eingangswiderstand zwischen Steuergitter und Erde der Röhre EF 5 in kOhm. Horizontal: Anodenstrom in mA bei 200 Volt Anodenspannung, 100 Volt Schirmgitterspannung, geregelt durch die negative Steuergitterspannung. Kurve 1: Messungen bei 5 m Wellenlange, wobei R_3 (vgl. Abb. 115) 125 Ohm betragt: Punkt 2: Ebenfalls bei 5 m Wellenlange gemessen mit $R_3 = 0$. Kurven 3 und 4 bei 10 m Wellenlange gemessen, Kurve 3 mit $R_3 = 0$ und Kurve 4 mit $R_3 = 125$ Ohm.

stark bei der Regelung. Auf die Folgen dieser Änderung gehen wir in § 31 genauer ein. Analoge Messungen, wie in Abb. 116 gezeigt, wurden bei vielen anderen Röhrentypen durchgeführt, mit gleich günstigen Ergebnissen. Die Steilheit A der betrachteten Röhre EF 5 aus Abb. 116 beträgt bei 8 mA etwa 1,7 mA/V ohne Kathodenwiderstand und somit bei 125 Ohm Kathodenwiderstand R_3 (Abb. 115) nach Gl. (27, 5) etwa 1,4 mA/V. Bei 5 m Wellenlänge ist das Produkt von Eingangswiderstand und Steilheit ohne Kathodenwiderstand etwa 17 (ungefähres Maß der maximal erzielbaren Verstärkung je Stufe) und mit Kathodenwiderstand etwa 42. Wir können durch diese Maßnahme also eine bedeutende Vergrößerung der Verstärkung je Stufe erreichen. Erwähnt sei noch, daß durch den Kathodenwiderstand eine Verringerung der Röhreneingangskapazität um einige Prozent auftritt, welche nach Gl. (27, 1) ebenfalls günstig ist für eine große Verstärkung je Stufe.

Eine zweite einfache Maßnahme zur Vergrößerung des Eingangswiderstandes beruht auf den Messungen in § 25. Hiernach wird bei vielen Röhrentypen eine bedeutende Verringerung des Eingangswiderstandes durch die Selbstinduktion der Zuleitung zwischen der Kathode in der Röhre und dem Gerätegehäuse (Erde) verursacht. Man kann nun versuchen, diese Selbstinduktion durch eine in Reihe geschaltete Kapazität abzustimmen. Als Kapazität kann in einfachster Weise der Blockkondensator des überbrückten Kathodenwiderstandes (C_1 in Abb. 115) benutzt werden. Ein Zahlenbeispiel möge dies illustrieren. Die genannte Selbstinduktion hat die Größenordnung [vgl. Gl. (13, 3)] 10^{-8} Henry pro cm Drahtlänge, also beispielsweise $5 \cdot 10^{-8}$ Henry. Bei 7 m Wellenlänge ist diese Selbstinduktion durch einen Reihenkondensator von etwa 270 pF abgestimmt. Die benutzte Formel lautet $\omega^2 L C_1 = 1$, wobei ω die Kreisfrequenz, L die Selbstinduktion (Henry) und C_1 die Kapazität (Farad) sind. Eine Vergrößerung des Eingangswiderstandes tritt auch noch ein, wenn C_1 etwas kleiner als der angegebene Wert ist, z. B. 200 pF, und zwar kann diese Vergrößerung bei sehr kleiner Kapazität zum Selbstschwingen führen.

Andere Methoden zur Verbesserung des Eingangswiderstandes beruhen auf dem feineren Studium der Ursachen dieses Widerstandes im Kurzwellengebiet. Es zeigt sich, daß außer der Selbstinduktion der Kathodenzuleitung auch Selbstinduktionen und gegenseitige Induktionen der übrigen Zuleitungen eine bedeutende Rolle spielen können. Die Selbstinduktion der Schirmgitterzuleitung einer Pentode wirkt z. B. günstig auf den Eingangswiderstand: Vergrößern dieser Selbstinduktion führt zu einer Vergrößerung des Eingangswiderstandes. Die gegenseitige Induktion der Steuergitterzuleitung und der Kathodenzuleitung wirkt ebenfalls günstig. Namentlich bei modernen Pentoden, die alle Elektrodenanschlüsse an einer Seite haben (vgl. Abb. 99 und Abb. 100), kann diese gegenseitige Induktion in einfacher Weise vergrößert werden, indem man diese Zuleitungen nahe aneinander legt. In dieser Weise sind in praktischen Fällen Vergrößerungen des Eingangswiderstandes von Pentoden bei 7 m Wellenlänge von z. B. 30% des ursprünglichen Wertes erreicht worden. Weitere Steigerung hat sich experimentell als möglich erwiesen.

Endlich beruht eine einfache Methode zur Verbesserung der Eingangsimpedanz auf der Verwendung der Gegentaktschaltung. Das Schaltbild einer solchen Stufe ist in Abb. 117 gezeichnet. Die Kreise bestehen aus je einer Selbstinduktion L, die mit zwei genau gleichen variablen Kondensatoren C auf die zu verstärkende Frequenz abgestimmt sind. Die Röhrenstrecken zwischen den Punkten 1 und 2 einerseits sowie 1 und 3 (Röhrenanschlüsse) andererseits stehen für den Eingangskreis in Reihe. Folglich ist der Eingangswiderstand ungefähr das Zweifache des Widerstandes für eine einzelne Röhre und die Eingangskapazität ungefähr die Hälfte. Man kann diesen Faktor 2, der ungefähr die Vergrößerung des Eingangswiderstandes darstellt, noch bedeutend erhöhen, indem die Abstände zwischen dem Punkte 1 und den Kathoden k_1 sowie k_2 möglichst verkürzt werden. Hierdurch

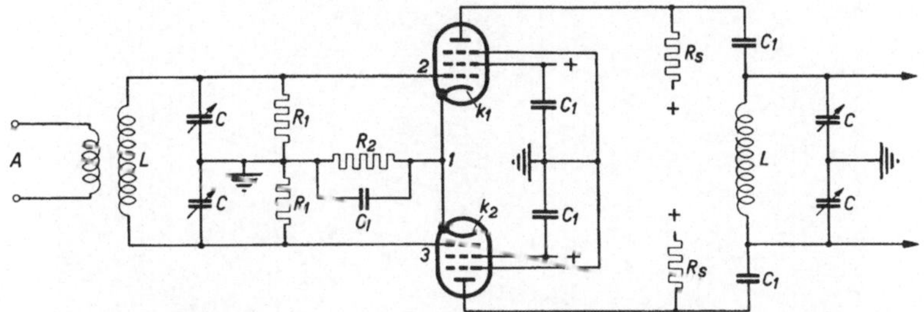

Abb. 117. Gegentaktverstärkerstufe, wobei zwei Pentoden verwendet werden. *A* Kopplung der Antennenleitung oder der vorhergehenden Stufe. *L* Selbstinduktion, welche mit den beiden auf einer Achse symmetrisch angeordneten Drehkondensatoren *C* auf die zu verstärkende Wellenlänge abgestimmt ist. C_1 Blockkondensatoren (etwa 10000 pF). R_1 Ableitwiderstände (einige zehntel MOhm). R_2 Widerstand zur Erzeugung der negativen Steuergitterspannung (einige zehntel kOhm). K_1 und K_2 Kathoden. R_s Serienwiderstände zur Speisung der Anoden.

werden die Selbstinduktionen der betreffenden Leitungsstücke verringert. An Stelle des genannten Faktors 2 kann man in dieser Weise Erhöhungen des Eingangswiderstandes auf mehr als das 5fache erzielen. Das gleiche, wie in bezug auf die Eingangsimpedanz gesagt, gilt für die Ausgangsimpedanz der Schaltung.

Schrifttum: *47, 63, 70, 109, 140, 149.*

§ 28. Bau von Kurzwellenverstärkern. Wir veranschaulichen den Bau von Kurzwellenverstärkern durch die Erörterung einiger Anord-

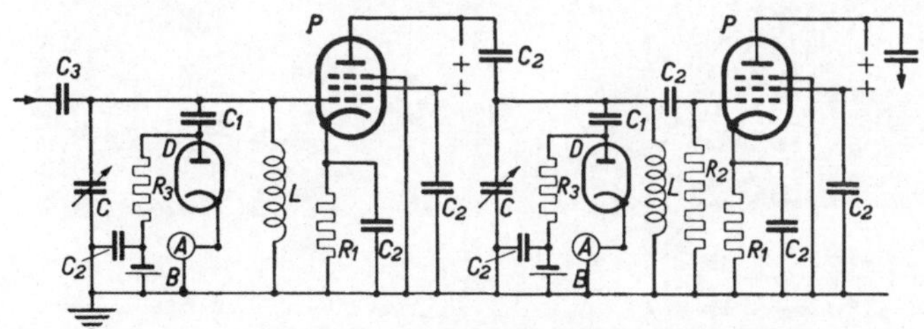

Abb. 118. Schaltbild eines zweistufigen Verstärkers für Meßzwecke mit eingebauten Diodenvoltmetern bei 7 m Wellenlänge. *P* Verstärkerpentoden. C_3 Eingangskopplungskondensator, C_1 und C_2 Blockkondensatoren (einige 1000 pF). R_2 und R_3 Ableitwiderstände (einige zehntel MOhm). *D* Dioden der Diodenvoltmeter. R_1 Widerstände in den Kathodenleitungen zur Erzeugung der richtigen negativen Steuergitterspannungen. *B* Batterien und *A* Mikroamperemeter der Diodenvoltmeter.

nungen und Messungen. Zu Versuchszwecken haben wir einen Zweiröhren-Verstärker für 7 m Wellenlänge mit eingebauten Diodenvoltmetern hergestellt. Das Schema dieses Verstärkers ist in Abb. 118 gezeichnet, während Abb. 119a und b den Aufbau zeigen. Der direkte

Einbau der Diodenvoltmeter erlaubt eine Messung der Verstärkung sowie der Eingangs- und Ausgangsadmittanzen der Röhren im Betrieb. Diese Admittanzen können noch von den in Meßeinrichtungen

Abb. 119a und b. Ausführung eines Verstarkers nach dem in Abb. 118 gezeichneten Schaltbild, wobei Röhren verwendet wurden, deren Elektrodenanschlüsse sämtlich am Boden des Vakuumkolbens angeordnet sind (vgl. Abb. 99 und 100). Die kleinen Knopfdioden (*D* in Abb. 118) sind deutlich zu erkennen.

gemessenen Admittanzen verschieden sein, da beim Bau eines Verstärkers wieder anders angeordnete Zuleitungen zu den Röhrenelektroden verwendet werden als in einer Meßeinrichtung der in § 23 beschriebenen Art. Die variablen Kapazitäten *C* der Abb. 118 sind geeicht. Hierdurch sind die genannten Messungen der Röhrenadmittanzen nach der in § 21 beschriebenen Methode durchführbar. Wir weisen noch daraufhin, daß beim Bau dieses Verstärkers Hochfrequenzpentoden verwendet wurden, wobei alle Elektrodenanschlüsse (auch des Eingangsgitters) sich unten am Röhrenkolben befinden. Diese Anordnung weicht von derjenigen ab, welche bis vor kurzem für Hochfrequenzpentoden gebräuchlich war (vgl. Abb. 98) und wobei ein Elektrodenanschluß (meistens das Steuergitter) an der Spitze des Kolbens angeordnet war.

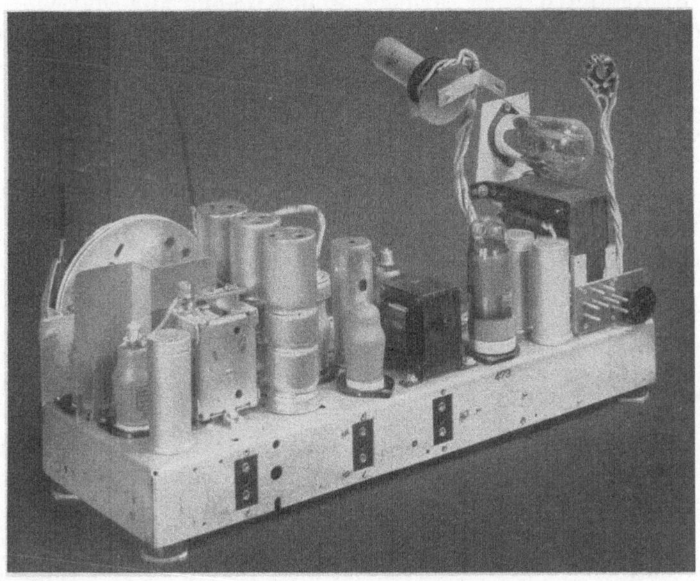

Abb. 120. Aufbau eines Empfangsgerates (Philips-Type 752A), das außer den Rundfunkwellengebieten (198 bis 585 m sowie 708 bis 2000 m Wellenlänge) auch einen Kurzwellenbereich enthalt (16,7 bis 51 m). Im Gegensatz zur Abb. 119 sind hierbei Rohren verwendet, welche den Steuergitteranschluß am Scheitel des Kolbens haben (vgl. Abb. 98). Die Metallbuchsen enthalten die Spulen der drei Wellenbereiche, wobei jede Buchse drei übereinander angeordnete Abteilungen enthält.

Durch diese neue Anordnung, welche innerhalb der Röhre besondere Abschirmungsmaßnahmen zur Verringerung der Rückwirkungsadmittanz bedingt, ist eine gedrängtere und übersichtlichere Bauart eines Verstärkers ermöglicht als bei den älteren Röhren (vgl. Abb. 120). Alle Elektrodenzuleitungen und Schaltelemente können unterhalb der Chassisplatte montiert werden. Wie aus Abb. 119 zu ersehen, ist der Raum unterhalb dieser Chassisplatte durch Querwände in Abteilungen eingeteilt. Diese Querwände verlaufen mit kleinen Aussparungen für die Elektroden am Röhrenhalter quer über die Mitte dieses Halters und bilden eine möglichst vollkommene Abschirmung der Eingangsseite (Steuergitter) von der Ausgangsseite (Anode) einer Röhre. Die Reihenfolge der Elektrodenanschlüsse von unten gesehen sowie der Verlauf der Querwand sind in Abb. 121 gezeichnet. Auch innerhalb der Röhre ist ein Schirmblech angeordnet, das sich der äußeren Schirmwand S der Abb. 121 anschließt. Die Metallisierung der Röhre, welche außen um den Glaskolben herum angeordnet ist (Blechbüchse oder Metallbespritzung) ist mit der Elektrode m der Abb. 121 verbunden. Diese Elektrode ist wieder auf möglichst kurzem Wege mit dem Schirm S verlötet.

Mit Hilfe der in Abb. 119 gezeigten Anordnung sind Messungen über die Rückwirkungsadmittanz verschiedener Pentoden im Kurzwellengebiet ausgeführt. Hierzu wurde der Kreis an der Anodenseite einer Röhre durch einen kleinen Reihenkondensator mit einem gut abgeschirmten Kurzwellensender gekoppelt und die Wechselspannungs-

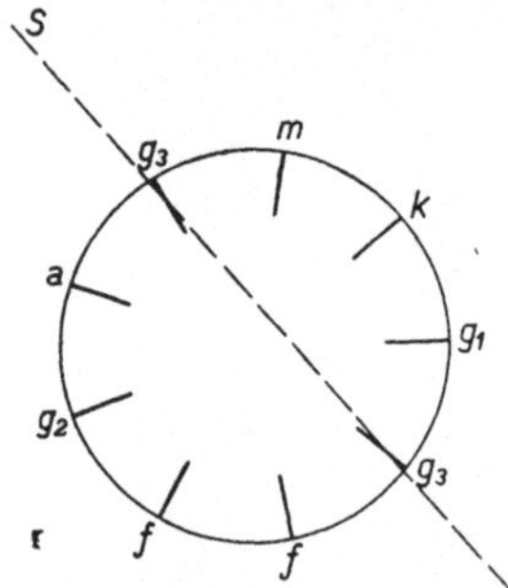

Abb. 121. Schematische Ansicht eines Röhrenhalters für neuere Röhren (Abb. 99 und 100) von unten. Anschlüsse: f Heizfäden, g_2 Schirmgitter, a Anode, g_3 Bremsgitter, m Metallisierung, k Kathode, g_1 Steuergitter. S bezeichnet die Querwand, welche im Gerät die Steuergitter- von der Anodenseite trennt.

amplitude E_a auf diesem Kreis gemessen. Die Impedanz Z_k des Schwingungskreises, der am Gitter derselben Röhre angeschlossen ist, wurde in der Abstimmlage gemessen, ebenso wie die Wechselspannungsamplitude E_g auf diesem Kreis. Wenn D der absolute Betrag der Rückwirkungsadmittanz ist, kann D aus diesen Meßwerten berechnet werden nach der Formel: $E_g = D Z_k E_a$ (vgl. § 23, Abb. 91). Als Beispiel führen wir Meßergebnisse bei 7 m Wellenlänge für die Fernseh-Verstärker-Pentode EF 50 (Philips) an. Die effektive Kapazität C_{ag}^1, durch welche die Rückwirkungsadmittanz dargestellt werden kann, betrug bei dieser Wellenlänge etwa 0,001 pF. Dieser Wert muß für die betreffende Wellenlänge als sehr günstig betrachtet werden. Als Vergleich sei nach Abb. 110 verwiesen, aus der für die Röhre AF 3 ein Wert C_{ag}^1 von etwa 0,05 pF folgt. Der „Langwellenwert" ist für die Röhre EF 50 etwa 0,003 pF.

Einige weitere Messungen im Chassis der Abb. 119 beziehen sich auf die Montagekapazität eines Kreises zwischen zwei Röhren. Diese war etwa 6 bis 8 pF. Die Eingangskapazität der Röhre EF 50 ist im Betriebszustand bei vollem Anodenstrom (10 mA) etwa 10 pF, die Ausgangskapazität etwa 5 pF und der Eingangswiderstand bei 7 m Wellenlänge und 10 mA Anodenstrom etwa 5 kOhm. Da die Steilheit S etwa 7 mA/V beträgt, ist bei Verwendung sehr guter Kreise (möglichst verlustfreie Selbstinduktion und kleine Abstimmkapazität C) eine etwa 30malige Verstärkung je Stufe möglich bei 7 m Wellenlänge. Messungen haben diese Zahl bestätigt. Die Gefahr des Selbstschwingens besteht bei dieser Verstärkung noch nicht, wie folgende Überlegung zeigt: Es muß gelten: $D S Z_k^2 < 1$ und $Z_k S = 30$, $Z_k = 4$ kOhm, folglich $D < 10^{-5}$. Nun ist aber ungefähr $\omega C_{ag}^1 = 2\pi \cdot 43 \cdot 10^{-15} 10^6 = 2{,}7 \cdot 10^{-7}$. Dieser Wert liegt noch bedeutend unterhalb der zulässigen Grenze. Im Gerät trat auch beim Betrieb keinerlei Neigung zum Selbstschwingen auf.

Diese oben gezeigte Bauart eines Kurzwellenverstärkers kann mit entsprechender Verringerung der Kreisabmessungen bis etwa 3 m Wellenlänge beibehalten werden. Der Eingangswiderstand der oben erwähnten Röhre EF 50 ist bei 3 m etwa 0,9 kOhm. Es kann noch eine etwa 5- bis 6 fache Verstärkung pro Stufe erzielt werden. (Wieder unter der Voraussetzung günstiger Schwingungskreise.) Für die Konstruktion der Spulen verweisen wir nach § 23.

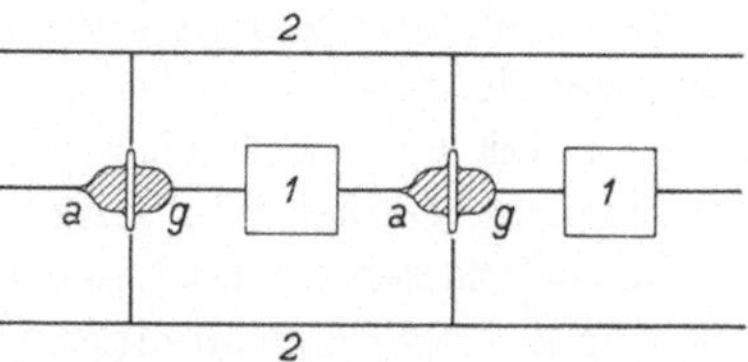

Abb. 122. Anordnung von Knopfröhren in einem Kurzwellenverstarker (schematisch): *g* Gitteranschluß, *a* Anodenanschluß, *1* Schwingungskreise, *2* Gehause.

Für Wellenlängen unterhalb 3 m empfiehlt sich die Verwendung von Knopfpentoden (vgl. Abb. 98). Die Anordnung dieser Röhren in einem Verstärker geht aus der schematischen Zeichnung der Abb. 122

Abb. 123. Einbau einer Gegentaktverstarkerröhre (mit zwei symmetrisch um die Kathode angeordneten Steuergittern und zwei symmetrischen Anoden) in Ganz-Stahl-Ausfuhrung in eine Verstärkerstufe. Kopplungsspule und Antennenkabel links. Spule des Eingangskreises mit zweiteiligem Gegentaktkondensator. Anschluß an die zwei Steuergitter der Röhre. Ausgangsteil befindet sich unterhalb der Abschirmplatte.

hervor. Als Kreise können bei diesen kurzen Wellen vorteilhaft konzentrische Rohrleitungsstücke von etwa einer Viertelwellenlänge verwendet werden (vgl. § 16). Hierüber sei noch folgendes bemerkt. Damit die Abmessungen einer solchen Leitungsimpedanz von einer Viertelwellenlänge nicht stören, kann eine einigermaßen flexible Leitung verwendet werden, die man dann aufrollt. Als Leitung eignet sich z. B. ein Stück eines Fernseh-Antennenkabels. Da der Eingangswiderstand von Knopfpentoden bei 3 m Wellenlänge etwa 17 kOhm (vgl. Abb. 109) beträgt und die Steilheit etwa 2 mA/V, kann man durch Verwendung günstiger Kreise Verstärkungszahlen von etwa 20 bis 25 pro Stufe bei 3 m erzielen. Hier zeigt sich deutlich die Überlegenheit der Knopfpentoden im Gebiet sehr kurzer Wellen.

Endlich zeigen wir noch den Einbau einer Gegentakt-Verstärkerröhre für sehr kurze Wellen in einer Verstärkerstufe. Es handelt sich hierbei im wesentlichen um die Schaltung der Abb. 117. Die zwei Kathoden K_1 und K_2 dieser Abbildung sind in einer einzigen Röhre zu einer Kathode vereinigt, um die herum zwei symmetrische Steuergitterhälften angeordnet sind, umgeben durch ein gemeinsames Schirmgitter sowie ein gemeinsames Bremsgitter und durch zwei symmetrische Anodenhälften (vgl. Abb. 138). Die äußere Ausführung ist die einer Stahlröhre (Abb. 123). In dieser Abbildung sind deutlich die zwei Steuergitteranschlüsse der Stahlröhre zu sehen, welche an den zwei Enden der Spule sowie den zwei symmetrischen Drehkondensatoren angeschlossen sind. Durch Vergleich mit den Abmessungen der Kondensatorskala der Abbildung, welche eine normale Größe hat, kann man schließen, wie klein der Gesamtaufbau der Anordnung ist. Die kleine Koppelspule mit zwei Windungen, welche der Abstimmspule gegenübersteht, ist mit der Antennenleitung verbunden. Mit Röhren dieser neuen Bauart konnten Ergebnisse erzielt werden, welche bedeutend günstiger sind als mit Knopfröhren auf Wellenlängen von z. B. 3 m abwärts.

Schrifttum: *41, 65, 145.*

§ 29. Breitbandverstärkung für Fernsehen, Selektionsforderungen. Die von den bis jetzt errichteten Fernsehsendern in Berlin, Paris, London und New York ausgesandten Signale zeigen einige Unterschiede. In Abb. 124 sind sie schematisch zusammengestellt. Mit f_b ist die Trägerwellenfrequenz des Bildes und mit f_t die Trägerwellenfrequenz des Tones bezeichnet. Das Frequenzintervall um f_b herum bezeichnet die Bandbreite der Bildmodulation. Die Bandbreite der Tonmodulation ist um f_t herum angedeutet, aber nicht im richtigen Maßstab, da diese Modulationsbreite dann in der Abb. 124 verschwindend klein wäre.

Die jetzige Praxis des Fernsehempfangs benutzt fast nur die Trägerwelle mit einem Seitenband der Bildmodulation. Man kann davon ausgehen, daß in der ersten Hochfrequenzstufe eines Fernsehempfangsgerätes der Ton gemeinsam mit dem Bildträger sowie einem Seitenband des Bildes verstärkt wird, oder aber der Bildträger mit einem Seitenband in der einen Stufe (Bildhochfrequenzstufe) und der Ton in einer getrennten Stufe. Wir behandeln hier den letztgenannten Fall.

Der andere Fall kann mit geringfügigen Änderungen hieraus abgeleitet werden. Bild und Ton sollen also bereits in der ersten Stufe getrennt werden. Wir denken uns weiterhin für den Bildträger nebst Modulation Kaskadenverstärkung angewandt, d. h. es sollen mehrere Hochfrequenz-

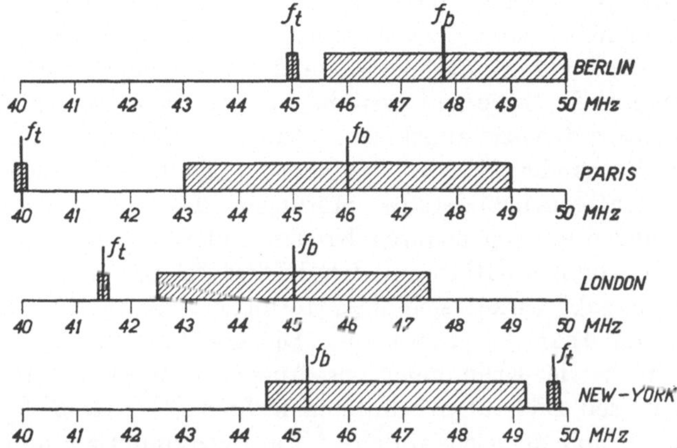

Abb. 124. Lage der Bildträgerfrequenz f_b und der Tonträgerfrequenz f_t für verschiedene Fernsehsender. Um diese Tragerfrequenzen herum ist schraffiert das Frequenzgebiet angegeben, innerhalb dessen die Modulation der betreffenden Trägerwellen gelegen ist. Im New Yorker Falle sind mehrere Fernsehsender vorhanden. In der Abbildung ist das Gesamtfrequenzgebiet eines dieser Sender angegeben.

stufen hintereinander geschaltet werden, bis zum Gleichrichter. Die Gesamtverstärkung in diesem Kaskadenverstärker vom Eingang der ersten Stufe bis zum Gleichrichter muß bei den heutigen Fernsehgeräten von der Größenordnung 10000 sein, wobei die Benutzung

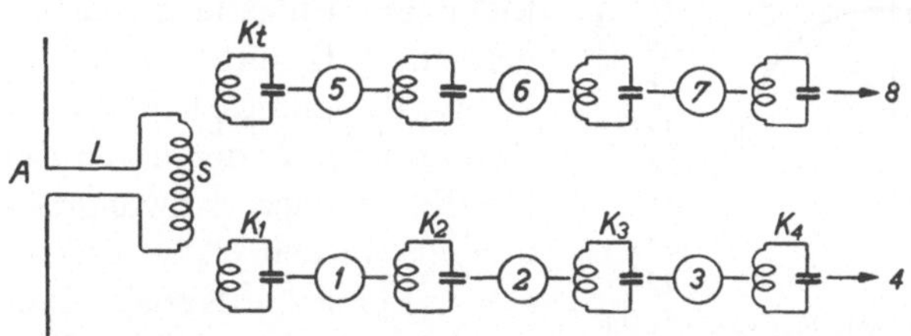

Abb. 125. Prinzipschaltbild für Ton- und Bildteil eines Fernsehverstarkers. A Halbwellenantenne. L Übertragungsleitung. S Kopplungsspule, welche sowohl mit dem Eingangskreis K_t des Tonteiles als auch mit dem Eingangskreis K_1 des Bildteiles gekoppelt ist. $1, 2, 3$: Erste, zweite und dritte Hochfrequenzverstarkerröhre des Bildverstärkers (Breitband). K_2, K_3, K_4 zugehörige Kreise. 4 zum Gleichrichter, Kathodenstrahlröhre, Synchronisierungsverstärker, Kippschwingungserzeuger. $5, 6, 7$ Röhren des Tonverstärkers. Es können dies drei Hochfrequenzstufen sein oder eine Hochfrequenzstufe, eine Mischstufe und eine Zwischenfrequenzstufe, oder aber eine andere Kombination solcher Stufen. 8 zum Gleichrichter, Niederfrequenzverstarker und Lautsprecher.

moderner Kathodenstrahlröhren für das Fernsehbild vorausgesetzt ist. In Abb. 125 ist ein Beispiel eines solchen Fernsehempfangsgerätes schematisch gezeichnet. Hierbei ist angenommen, daß die obengenannte Verstärkung des Bildträgers mit einem Seitenband von der Antenne bis zum Gleichrichter in drei Stufen durchgeführt wird. Von dieser Annahme wollen wir auch weiterhin ausgehen. Die getrennte Verstärkung, Gleichrichtung und Wiedergabe des Tones werden wir ebenfalls kurz behandeln.

Zur Vermeidung von Störungen der Bildwiedergabe muß das Verhältnis von Tonträger zu Bildträger auf dem Bildgleichrichter kleiner als 0,01 sein. Das gleichzeitige Vorhandensein beider Trägerwellen nebst ihren Modulationen auf dem Gleichrichter würde andernfalls die Bildung störender Kombinationsfrequenzen verursachen. Als weitergehende Sicherheit werden wir für dieses Verhältnis etwa 0,003 als obere Grenze annehmen. Außer in der Gleichrichterstufe kann das Vorhandensein des modulierten Tonträgers auch in den übrigen Hochfrequenzbildstufen Störungen des Bildes hervorrufen. Diese Störungen entstehen durch Kreuzmodulation, d. h. durch Übertragung der Tonmodulation auf den Bildträger und umgekehrt. Bei der Bildwiedergabe wirken sich diese Störungen z. B. als eine Bewegung des Bildes im Takt des Tones aus. Die erwähnte Kreuzmodulation entsteht durch die Krümmung der Anodenstrom-Steuergitter-Kennlinien der in den Bildstufen benutzten Röhren. Der Grad der Kreuzmodulation ist mit dem Quadrate der Tonträgeramplitude und mit der Modulationstiefe dieses Trägers proportional (vgl. § 31). Durch die Forderung geringer Kreuzmodulation ist es notwendig, auch in der ersten Bildstufe Maßnahmen zur Verringerung des Verhältnisses Tonträgeramplitude zu Bildträgeramplitude zu treffen. Wenn der Bildträger nebst einem Seitenband und der Tonträger gemeinschaftlich in der ersten Stufe verstärkt werden sollen, bedingt die Vermeidung der Kreuzmodulation, daß beide Amplituden am Eingang genügend klein sein müssen, z. B. unter 0,1 Volt (vgl. § 31).

Als Kopplungselemente zwischen den Röhren und vor der ersten Röhre können Bandfilter oder Schwungradkreise verwendet werden. Wir beschränken uns hier auf einzelne Kreise. Bei einem solchen Schwingkreis sind drei charakteristische Größen zu beachten: Die Impedanz des Kreises in der Abstimmlage, die ein reiner Widerstand R ist, die Kreiskapazität C in der Abstimmlage

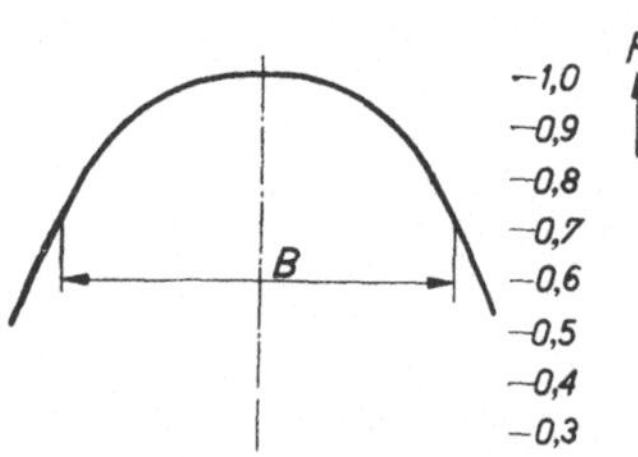

Abb. 126. Horizontal: Frequenzskala mit eingezeichneter Bandbreite B des betrachteten Schwingungskreises. Vertikal: Absoluter Betrag der Impedanz des Kreises. In der Abstimmung ist diese Impedanz ein Wirkwiderstand R. An den Enden der Bandbreite ist sie gleich $R/\sqrt{2}$.

und die „Bandbreite" B des Kreises. In Abb. 126 ist der absolute Betrag der Impedanz eines Schwungradkreises als Funktion der Frequenz (horizontal) gezeichnet. Die Bandbreite B ist nach der Abb. 126 so definiert, daß der Impedanzbetrag hier beiderseits der Abstimmlage auf 0,707 des Abstimmwertes R gesunken ist. Unter diesen Bedingungen gilt die Formel:

(29, 1)
$$R = \frac{1}{2\pi B C},$$

welche bei vorgegebener Bandbreite B und Kreiskapazität C den Impedanzwert R festlegt. Es ist R in Ohm, B in Hertz und C in Farad ausgedrückt. In Abb. 127 ist die Formel (29, 1) numerisch dargestellt.

Die Schaltung der Antennen-Eingangsseite ist in Abb. 125 schematisch dargestellt. Die von der Empfangsantenne kommende Übertragungsleitung ist sowohl mit dem Eingangskreis des Hochfrequenzbildverstärkers als auch mit jenem des Hochfrequenztonverstärkers gekoppelt. Parallel zur Impedanz des Bildeingangskreises ist somit einerseits der transformierte Wellenwiderstand der Übertragungsleitung (unter Beachtung von Streuungs-Selbstinduktion bzw. Kapazität) geschaltet und andererseits die Eingangsimpedanz der ersten Röhre. Der induktive bzw. kapazitive Teil dieser parallel geschalteten Impedanzen wird durch Abstimmen des Kreises auf die richtige Frequenz in den Kreis aufgenommen. Hierdurch entsteht im wesentlichen eine Vergrößerung der Gesamtkreiskapazität. Der Eingangsparallelwiderstand der ersten Röhre sowie der transformierte Wellenwiderstand der Übertragungsleitung sind zur Kreisabstimmimpedanz R_k parallel zu rechnen. Bei einem Kreis zwischen zwei Röhren ist einerseits der Röhrenausgang (Ausgangskapazität C_a und Ausgangsparallelwiderstand R_a) und andererseits der Röhreneingang

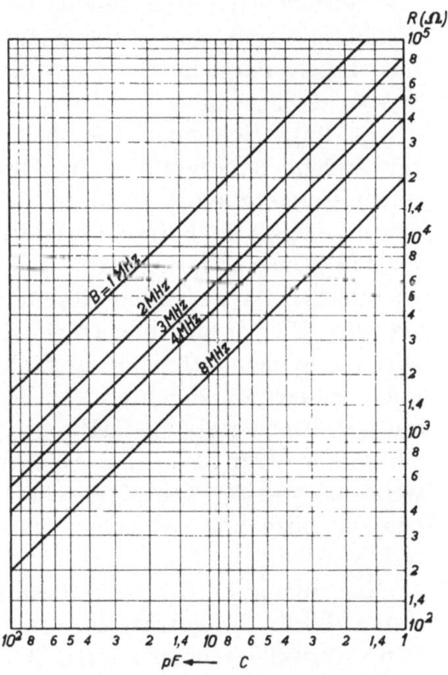

Abb. 127. Vertikal: Impedanzwert R eines Kreises in der Abstimmlage (Ohm) nach der Formel $R = 1/(2\,\pi B C)$. Horizontal: Kreiskapazität C. Als Parameter ist die Bandbreite B des betrachteten Kreises benutzt.

(Eingangskapazität C_e und Eingangsparallelwiderstand R_e) parallel zum Kreis geschaltet. In jedem dieser Fälle kommt noch eine gewisse Montagekapazität C_m parallel zum Kreis hinzu, welche von der gesamten Anordnung im Gerät (Drähte, Schalter usw.) herrührt.

Formelmäßig betrachtet können diese Überlegungen dahin zusammengefaßt werden, daß die gesamte Impedanz R_1 in der Abstimmlage eines Kreises am Eingang des Gerätes durch $R_1^{-1} = R_k^{-1} + R_w^{-1} + R_e^{-1}$ dargestellt wird. Hierbei ist:

$$(29, 2) \qquad R_1 = \frac{1}{2\,\pi B \,(C_m + C_e + C_k)} \,;$$

C_m ist die gesamte Montagekapazität bis zum Gitter der ersten Röhre, C_e die Eingangskapazität dieser Röhre im Betriebszustand und C_k die zum Abstimmen des Eingangskreises benötigte kleine veränderliche Kapazität. Weiter ist R_w der transformierte Wellenwiderstand der Antennenleitung und R_e der Eingangsparallelwiderstand der Röhre im Betriebszustand. Für einen Kreis zwischen zwei Röhren lauten diese Formeln: $R_z^{-1} = R_e^{-1} + R_a^{-1} + R_k^{-1}$ und

$$(29,3) \qquad R_z = \frac{1}{2\,\pi\,B\,(C_m + C_e + C_a + C_k)} \, .$$

Die Buchstaben haben dieselbe Bedeutung wie oben. Bei vorgegebener Bandbreite und vorgegebenen Montage- und Röhrendaten kann man aus diesen Formeln die Gesamtkreisimpedanzen und die benötigten R_k-Werte entnehmen.

Es fragt sich nun, wie die Kreisresonanzfrequenz zu legen ist und welche Bandbreite B man benutzen soll. Bei der Beantwortung dieser Frage kommen nicht mehr in erster Linie die Daten eines einzelnen Kreises in Betracht, sondern die Gesamtfrequenzkennlinie des Hochfrequenzverstärkers von der Antenne bis zum Gleichrichter. Es ist üblich, als Gesamtbandbreite dieser Kennlinie etwa 2,5 MHz zu wählen. Da wir nur die Trägerwelle und ein Seitenband verstärken, wird die Symmetrielinie der genannten Frequenzkurve, z. B. beim Berliner Sender, auf die Frequenz 48,8 MHz und beim Londoner Sender auf die Frequenz 46,25 MHz gelegt werden. Im Bildhochfrequenzverstärker wird also jenes Seitenband des Bildes verstärkt, das am weitesten von der Tonträgerwelle entfernt ist. Durch diese Wahl können die oben angegebenen Selektionsforderungen am einfachsten erfüllt werden.

Eine dieser Forderungen besteht darin, daß auf den Eingang der ersten Bildhochfrequenzröhre nur eine sehr kleine Amplitude der Tonträgerwelle gelangen soll. Während im nächsten § 30 angegeben wird, wie diese Forderung durch eine geeignete Wahl des ersten Kreises im Bildteil des Empfängers erfüllt werden kann, soll hier ein einfaches Mittel behandelt werden, das fast immer zum Ziel führt, und zwar die Anordnung eines geeigneten Sperrkreises. In Abb. 128 ist ein solcher Sperrkreis, bestehend aus einer Selbstinduktion l (der den Widerstand r in Reihe aufweist), in Reihe mit einer Kapazität c schematisch angegeben. Die Selbstinduktion l ist mit der Kapazität c auf die Tonträgerfrequenz abgestimmt. Die Reihenschaltung $l - r - c$ hat für diese Tonträgerfrequenz die Impedanz r, welche sehr klein ist im Vergleich zur Impedanz des Kreises K_b (mit der Röhre und der Antennenkopplung parallel). Für die (höheren) Frequenzen im zu verstärkenden Bildband ist die Impedanz dieses Sperrkreises dagegen praktisch eine Selbstinduktion, die parallel zum Kreis K_b liegt, und hier spielt dieser Sperrkreis somit keine Rolle. Einige Zahlen mögen diese Angaben veranschaulichen. Für einen Kreis erreichbarer Güte (vgl. § 23) ist bei etwa 7 m Wellenlänge der Wert l/r etwa $4 \cdot 10^{-7}$ (Ohm. Farad) und bei einer Kapazität c von etwa $7\,\mathrm{pF}$ ergibt sich ein Widerstand r von etwa 5 Ohm. Auch kleinere Werte von r können noch erzielt werden. Dies ist somit die Impedanz des Sperrkreises für die Tonträgerfrequenz. Für die (höhere) Bildträgerfrequenz wird diese Impedanz durch eine Selbstinduktion von etwa $2\cdot10^{-6}$ Henry dargestellt. Wenn die Abstimmimpedanz des Kreises K_b innerhalb seiner Bandbreite etwa gleich 2000 Ohm gesetzt wird, ergibt sich eine Schwächung des Tones gegenüber dem Bild am Eingang der ersten Röhre von etwa 1/400, wobei angenommen ist, daß die von der Antenne empfangenen Amplituden für beide etwa die gleichen sind.

Der Kreis K_t des Tonteiles braucht zur Erfassung der Tonmodulation nur eine sehr geringe Bandbreite zu haben. Diese Bandbreite ist sogar

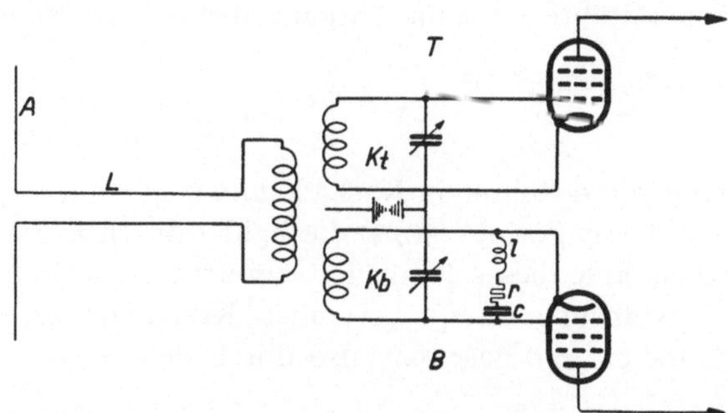

Abb. 128. Prinzipschaltbild der Eingangsstufen des Verstärkers von Abb. 125. *A* Halbwellenantenne, *L* Übertragungsleitung, K_t Eingangskreis des Tonverstärkers, K_b Eingangskreis des Bildverstärkers, lrc Reihenschaltung einer Selbstinduktion *l*, eines Widerstandes *r* und einer Kapazität *c*, welche auf die Tonträgerfrequenz abgestimmt ist und als Sperrkreis wirkt, wodurch die Tonfrequenzen von dem Bildverstärker ferngehalten werden.

so gering, daß man diesem Kreis eine möglichst hohe Impedanz in der Abstimmung geben kann, ohne befürchten zu müssen, daß hierdurch eine zu geringe Bandbreite entstehen würde. Bei der in Frage kommenden Wellenlänge von etwa 7 m wird die Abstimmimpedanz des Kreises im wesentlichen durch den Röhreneingangswiderstand und durch den transformierten Wellenwiderstand der Antennenleitung beschränkt. Werte über etwa 10000 Ohm können nur selten erreicht werden. Bei einer Gesamtkapazität von etwa 20 pF ergibt sich bei 10^4 Ohm eine Bandbreite B von etwa 0,8 MHz.

Schrifttum: *2a, 44, 51, 105, 115, 152, 157.*

§ 30. Kaskadenverstärkung mit verstimmten Kreisen. Als Schwungradkreis nehmen wir eine Parallelschaltung eines Widerstandes R, einer Selbstinduktion L und einer Kapazität C an. Für den absoluten Betrag Z der Impedanz eines solchen Kreises erhält man den Ausdruck:

$$(30,1)\qquad Z=\frac{1}{\left\{\dfrac{1}{R^2}+\left(\omega C-\dfrac{1}{\omega L}\right)^2\right\}^{1/2}}.$$

Nennen wir wieder, wie in Abb. 126, die Bandbreite des Kreises B, die Kreisfrequenz, welche der Abstimmung entspricht, ω_0, wobei gilt: $\omega_0 C = 1/\omega_0 L$, und setzen wir weiterhin den absoluten Betrag der Differenz $\omega - \omega_0$ gleich ω_1, so ergibt sich, unter Berücksichtigung der Formel (29, 1):

$$(30,2) \qquad Z = \frac{1}{2\pi B C} \frac{1}{\left(1 + \frac{\omega_1^2}{\pi^2 B^2}\right)^{1/2}} = \frac{R}{\left(1 + \frac{\omega_1^2}{\pi^2 B^2}\right)^{1/2}}.$$

Die erste Möglichkeit, wobei drei gleiche Röhren je mit der Steilheit S (Amp/V) in Kaskadenschaltung verwendet werden und insgesamt vier gleiche Schwingkreise (Abb. 125), welche auf die gleiche Kreisfrequenz ω_0 abgestimmt sind, ergibt als Gesamtverstärkung vom Gitter der ersten Röhre bis zum Ausgang der dritten Röhre:

$$(30,3) \qquad G(\omega_1) = (S Z)^3 = \frac{S^3}{(2\pi B C)^3} \frac{1}{\left(1 + \frac{\omega_1^2}{\pi^2 B^2}\right)^{3/2}}.$$

Bei Verwendung von n Röhren in Kaskade und insgesamt $n+1$ gleichen Kreisen muß in dieser Formel (30, 3) die Zahl 3 durch n ersetzt werden. Die Frequenzkennlinie dieses Kaskadenverstärkers wird durch das Verhältnis der Verstärkung $G(\omega_1)$ bei einer Kreisfrequenz ω zur Verstärkung G_{max} für $\omega_1 = 0$ gegeben, also durch den Ausdruck:

$$(30,4) \qquad \frac{1}{\left(1 + \frac{\omega_1^2}{\pi^2 B^2}\right)^{3/2}}.$$

Wir setzen den Wert von ω_1, für den der Ausdruck (30, 4) den Wert $1/\sqrt{2}$ annimmt, gleich πB_1. Offenbar ist dann nach unseren bisherigen Bezeichnungen B_1 die Bandbreite des ganzen Verstärkers, nämlich jenes Frequenzintervall, nach beiden Seiten symmetrisch zur Symmetriegeraden der Funktion $G(\omega_1)$ gerechnet, wobei die Verstärkung auf 0,707 der maximalen Verstärkung gefallen ist (vgl. Abb. 126). Wenn B_1 gegeben ist, kann man den Wert B, d. h. die Bandbreite des einzelnen Kreises, bei Verwendung einer gegebenen Anzahl Kreise berechnen:

$$(30,5) \qquad 1 + \frac{\pi^2 B_1^2}{\pi^2 B^2} = 2^{1/3}, \quad \text{oder} \quad B = \frac{B_1}{(2^{1/3} - 1)^{1/2}}.$$

Für n Röhren muß wieder die Zahl 3 durch n ersetzt werden. Aus diesen Formeln geht klar hervor, daß die Breite eines einzelnen Kreises größer werden muß als die Gesamtbandbreite. Hierdurch wird die Kreisimpedanz und somit die Gesamtverstärkung so stark verringert, daß mehrere Stufen nötig sind, um die erforderliche Verstärkung zu erzielen.

Beziehen wir uns als Beispiel auf den Londoner Fernsehsender (Abb. 124) und legen wir dabei die Abstimmfrequenz der Kreise auf

46,5 MHz, so ist der Abstand des Tonträgers von dieser Frequenz 5 MHz, also bei einer Bandbreite B_1 von 2,5 MHz genau gleich $2\,B_1$. Als „Selektivität" bezeichnen wir das Verhältnis der Verstärkung des Tonträgers zur Verstärkung der Abstimmfrequenz, wobei von gleichen Amplituden für diese beiden Frequenzen am Gitter der ersten Röhre ausgegangen ist. Man erhält diese Selektivität, indem in Gl. (30, 4) ω_1 gleich $2\pi B_1$ gesetzt, B_1 gleich 2,5 MHz gewählt und B nach Gl. (30, 5) berechnet wird. Es ergibt sich für eine Stufenzahl n:

$n =$	1	2	3	4	6	8
Selektivität	0,24	0,13	0,086	0,062	0,038	0,027

Aus dieser Tabelle geht hervor, daß bei 3 und sogar bei 8 Stufen unsere Forderung (§ 29), daß die Selektivität $^1/_{300}$ betragen soll, nicht erfüllt ist. Wir schließen, daß bei Verstärkung mit gleichen Kreisen die Selektivitätsforderung für dieses Beispiel nur erfüllt werden kann, indem ein Sperrkreis oder eine analog wirkende Anordnung verwendet wird (Abb. 128).

Für die übrigen Fernsehsender ergeben sich analoge Verhältnisse, nur im Pariser Fall liegen sie etwas günstiger (Abb. 124).

Die zweite zu behandelnde Möglichkeit ist jene der gegeneinander verstimmten Kreise. Während beim oben behandelten Fall gleicher Kreise die Bandbreite B jedes Kreises größer ist als die Gesamtbandbreite B_1 des Verstärkers (vgl. 30, 5), können im vorliegenden Falle einige Kreise eine kleinere Bandbreite erhalten als die Gesamtbandbreite B_1 des Verstärkers. Die Wahl der Bandbreiten der einzelnen Kreise sowie ihrer Abstimmfrequenzen kann derart erfolgen, daß eine möglichst günstige Selektivität und maximale Gesamtverstärkung erzielt wird. Diese wenigen Angaben genügen nicht für eine eindeutige Lösung der Aufgabe bei einer vorgegebenen Anzahl von Kreisen. Deshalb behandeln wir einige Beispiele, aus denen die allgemeinen Gesichtspunkte genügend hervorgehen. Wir verwenden hierbei insgesamt vier Kreise und drei Röhren, beachten also den Eingangskreis der ersten Röhre auch. Die Antenne und die Übertragungsleitung haben auch eine Frequenzkennlinie, welche bei der Betrachtung der Gesamtfrequenzkurve eines Bildempfangsgerätes berücksichtigt werden muß (vgl. §§ 5, 9 und 16). Wenn man annimmt, daß die Antenne und die Übertragungsleitung nebst Kopplung zusammen eine Frequenzkurve besitzen, welche in einem viel größeren Frequenzgebiet flach verläuft als die Gesamtfrequenzkurve des Dreiröhrenverstärkers, so wird diese Gesamtfrequenzkurve durch Berücksichtigung der genannten vier Kreise mit guter Annäherung erfaßt.

Im Falle, daß nur drei Kreise benutzt werden, nimmt man zwei Kreise geringer Bandbreite B und einen Kreis mit größerer Breite B^1. Die zwei ersten Kreise sollen einen gegenseitigen Abstand B^1 haben.

Die Abstimmung des dritten Kreises der Breite B^1 soll in der Mitte zwischen den Abstimmfrequenzen der zuerst genannten Kreise liegen. Die Gesamtbreite des Verstärkers wird ungefähr durch die Breite B^1 bestimmt. Dieses Verfahren führt zu befriedigenden Ergebnissen, solange B^1 zwischen $2B$ und $3B$ liegt.

Als erstes Beispiel für die Anwendung von vier verstimmten Kreisen sollen zwei eine Bandbreite B aufweisen, während ihre Abstimmfrequenzen in einem gegenseitigen Abstand $3B$ liegen. Die übrigen zwei Kreise haben je die Bandbreite $3B$ und die gleiche Abstimmfrequenz, welche in der Mitte zwischen den beiden zuerst genannten Abstimm-

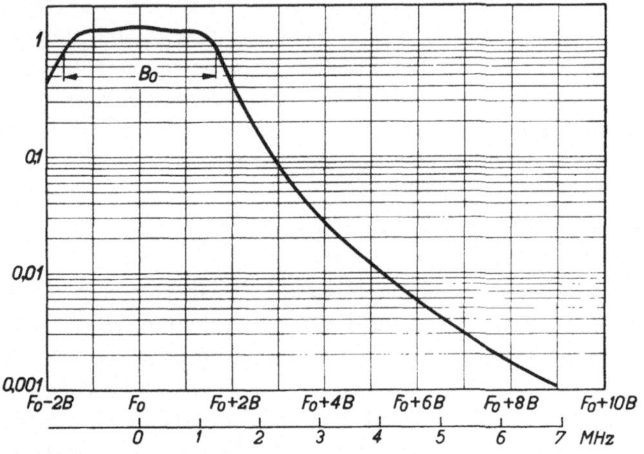

Abb. 129. Gesamtselektionskurve von vier in Kaskade geschalteten Schwingungskreisen. Die Kreise haben alle die gleiche Gesamtkapazität C. Vertikal: Produkt der absoluten Werte der Kreisimpedanzen, wobei das Produkt mit $(2\pi B_0 C)^4$ multipliziert ist. B_0 ist die „Bandbreite" der Gesamtkurve, wobei diese auf $1/\sqrt{2}$ des Maximalwertes symmetrisch zu beiden Seiten der mittleren Frequenz F_0 gesunken ist. Zwei der vier Kreise haben je eine Bandbreite B und sind auf die Frequenzen $F_0 + 1,5 \cdot B$ und $F_0 - 1,5 \cdot B$ abgestimmt. Die zwei weiteren Kreise sind auf die Frequenz F_0 abgestimmt und haben beide die Bandbreite $3B$. Horizontal: Frequenzskala. Wenn $B_0 = 2,5$ MHz gesetzt wird, kann diese Skala in MHz abgelesen werden.

frequenzen liegt. Der Verlauf der Gesamtfrequenzkurve ergibt sich in einfacher Weise durch Zeichnen der Einzelkurven der Kreise und durch Multiplikation dieser Werte. Wir nehmen hierbei noch an, daß alle Kreise die gleiche Gesamtkapazität C haben und multiplizieren das Ergebnis der Multiplikation mit dem Faktor $(2\pi B_0 C)^4$. Hierbei ist B_0 die resultierende Gesamtbandbreite der Frequenzkurve für vier Kaskadenkreise. Wir vergleichen in dieser Weise die im vorliegenden Beispiel erzielte Gesamtverstärkung mit jener, welche bei Verwendung von vier gleichen Kreisen gleicher Abstimmung und je mit der Bandbreite B_0 entstehen würde. Die hierdurch getroffene Maßstabswahl der Ordinaten der Kurven in den Abb. 129, 130 und 131 ist an sich willkürlich. In Abb. 129 ist das Rechenergebnis gezeigt. Es ergibt sich, daß $B_0 = 3,25 B$ ist. Weiter zeigt sich, daß die Gesamtverstärkung für dieses Beispiel um etwa 20% höher ist als bei Verwendung von vier

gleichen Kreisen je mit der Bandbreite B_0. Wenn man $B_0 = 2,5$ MHz
setzt, kann die horizontale Skala der Abb. 129 sofort in MHz abgelesen
werden (wie auch eingezeichnet). Die relativen Lagen der Tonträgerfrequenz können für die verschiedenen Fernsehsender eingezeichnet
werden. Für den Londoner Fernsehsender setzten wir z. B. $F_0 = 46,5$ MHz,
wie auch oben für das Beispiel gleicher Kreise. Da die Tonträgerfrequenz
sich bei 41,5 MHz befindet, ist der Frequenzabstand des Tonträgers
von F_0 gleich 5 MHz. Aus Abb. 129 ergibt sich, daß hier die Selektivitäts-
kurve bereits auf etwa $^1/_{300}$ des Wertes für F_0 gefallen ist, womit wir

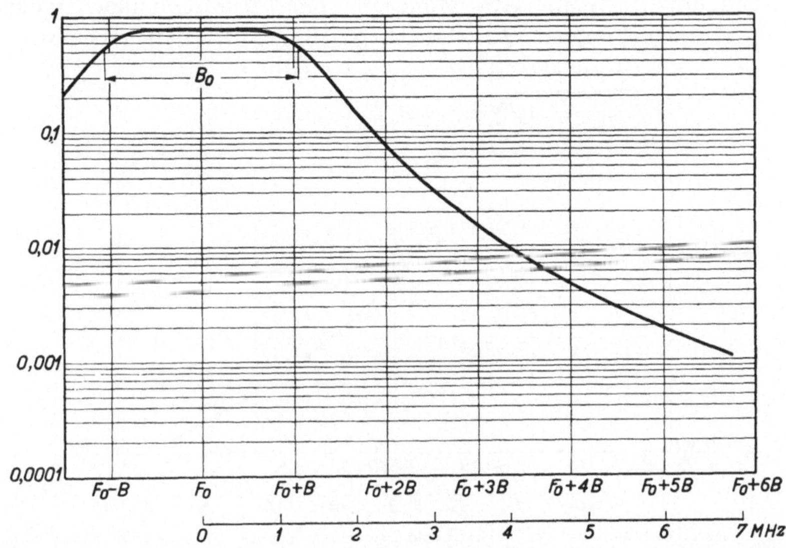

Abb. 130. Gesamtselektionskurve von vier in Kaskade geschalteten Schwingungskreisen. Ordinaten und
Abszissen wie in Abb. 129. Zwei Kreise haben je die Bandbreite B und die Abstimmfrequenzen $F_0 - B$
und $F_0 + B$. Die zwei übrigen Kreise haben je die Bandbreite $2B$ und die Abstimmfrequenzen $F_0 - 0,5\,B$
und $F_0 + 0,5 \cdot B$. Vertikaler Maßstab wie in Abb. 129.

der in § 29 erhobenen Selektivitätsforderung genügen. Analoges ergibt
sich für die übrigen Fernsehsender (vgl. Abb. 124).

Als zweites Beispiel für die Anwendung von vier verstimmten
Kreisen erteilen wir zwei Kreisen je die Bandbreite B, während ihre
Abstimmfrequenzen den gegenseitigen Abstand $2B$ haben. Die zwei
weiteren Kreise haben je die Bandbreite $2B$, während ihre Abstimmfrequenzen den gegenseitigen Abstand B haben. Im übrigen liegen die
Abstimmfrequenzen der Kreise symmetrisch zu einer gemeinsamen
mittleren Frequenz F_0. Es zeigt sich, daß in diesem Fall die Bandbreite B_0 der Gesamtfrequenzkennlinie gleich $2,09\,B$ ist, wie aus Abb. 130
hervorgeht. Wir nehmen bei der Berechnung wieder an, daß alle Kreise
die gleiche Kapazität C haben und multiplizieren das Produkt der
Kurven für die absoluten Beträge der Impedanzen mit $(2\pi B_0 C)^4$, wie
im ersten oben behandelten Beispiel. Im Gegensatz zu diesem ersten

Beispiel geht aus Abb. 130 hervor, daß die maximale Gesamtverstärkung etwas kleiner ist als bei Verwendung von vier gleichen Kreisen, welche je die Bandbreite B_0 haben und die Kapazität C. Wenn wir wieder $B_0 = 2,5$ MHz setzen, können wir die Abszissen der Abb. 130 in MHz ablesen. Legen wir wieder F_0 bei 46,5 MHz, so geht aus Abb. 130 hervor, daß bei der Frequenz des Tonträgers des Londoner Fernsehsenders die Verstärkung auf etwa $^1/_{200}$ ihres Maximalwertes gefallen ist. Analoges ergibt sich für die übrigen Fernsehsender.

Als drittes Beispiel erteilen wir zwei der vier Kreise je eine Bandbreite B und legen ihre Abstimmfrequenzen $3\,B$ auseinander, symmetrisch zu einer Frequenz F_0. Den zwei übrigen Kreisen geben wir je

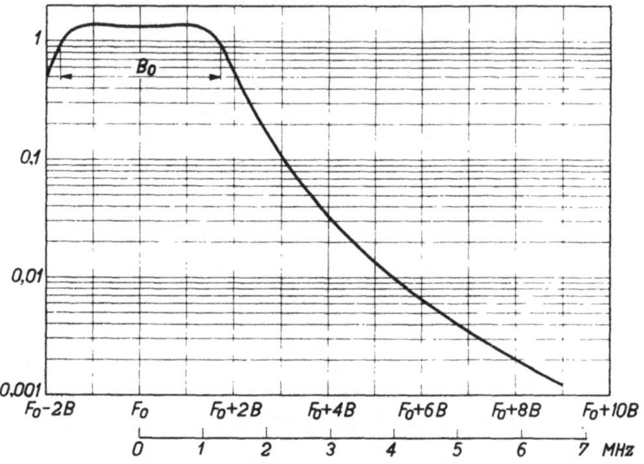

Abb. 131. Gesamtselektionskurve von vier in Kaskade geschalteten Kreisen. Ordinaten und Abszissen sowie Maßstäbe wie in Abb. 129 und 130. Zwei der Kreise haben je eine Bandbreite B und die Abstimmfrequenzen $F_0 + 1,5\,B$ und $F_0 - 1,5\,B$. Die zwei anderen Kreise haben je die Bandbreite $3\,B$ und die Abstimmfrequenzen $F_0 - 0,5\,B$ und $F_0 + 0,5\,B$.

eine Bandbreite $3\,B$ und legen ihre Abstimmfrequenzen B auseinander, wieder symmetrisch zu einer Frequenz F_0. Die Gesamtfrequenzkennlinie berechnen wir wieder durch Multiplikation der vier Kurven für die absoluten Beträge der Kreisimpedanzen (alle Kreise haben die gleiche Kapazität C) und multiplizieren hierauf das Produkt mit $(2\pi B_0 C)^4$, wobei B_0 die Bandbreite der Gesamtkennlinie ist. Es zeigt sich (Abb. 131), daß $B_0 = 3,4\,B$ ist. Im übrigen ist auch in dieser Abb. 131 eine Frequenzskala angegeben, wobei $B_0 = 2,5$ MHz gesetzt wurde. Man kann nun leicht die Schwächung der Tonträger gegenüber F_0 für die verschiedenen Fernsehsender (Abb. 124) aus Abb. 131 ablesen.

Es muß hier betont werden, daß die beiden letzten Beispiele zu einem gemeinsamen Typus gehören, der in folgender Weise charakterisiert werden kann. Es werden zwei Kreise geringer Breite B und zwei Kreise mit größerer Breite B^1 gewählt. Der gegenseitige Abstand der erstgenannten Kreise beträgt B^1, der der letztgenannten Kreise B.

Die Kreise liegen symmetrisch zu einer Frequenz F_0. Die Gesamtbreite des Verstärkers wird in erster Näherung durch die Breite B^1 bestimmt. Wie unsere Beispiele zeigen, führt dieses Verfahren zu befriedigenden Ergebnissen, wenn B^1 zwischen $2B$ und $3B$ liegt.

Wenn eine größere Verstärkung erforderlich wird, so daß mehr als drei Verstärkerstufen hintereinander geschaltet werden müssen, kann man in derselben Weise verfahren wie in unseren Beispielen. Es kommt immer darauf an, zwei Kreisen geringer Bandbreite einen gegenseitigen Abstand ungefähr gleich der erwünschten Bandbreite zu geben und die übrigen Kreise mit größerer Bandbreite in symmetrischer Weise dazwischen abzustimmen.

Für die Verstärkung von Fernsehsignalen ist es wesentlich, daß die Phasenverzögerung im Verstärker innerhalb der benutzten Bandbreite eine möglichst lineare Funktion der Frequenz F ist. In diesem Fall kann der Phasenwinkel φ durch $\varphi_0 + A(F - F_0)$ dargestellt werden, wobei F_0 die Mittelfrequenz des benutzten Bandes ist (vgl. Abb. 129, 130, 131). Wenn diese lineare Beziehung für den Phasenwinkel φ des gesamten Verstärkers gilt, entstehen bei der Bildwiedergabe keine Verzerrungen, welche auf Phasenverzögerungen im Verstärker zurückzuführen sind. Die im Kurzwellengebiet benutzten Verstärkerröhren, insbesondere für Fernsehen, weisen bei etwa 7 m Wellenlänge Phasenwinkel der Steilheit auf, welche zwischen etwa 20 und 80° liegen. Diese Phasenwinkel der Röhren sind in erster Näherung mit der Frequenz proportional (vgl. §§ 25 und 26), erfüllen also obige Forderung. Wir brauchen somit nur noch die Phasenwinkel zu betrachten, welche durch die verwendeten Kreise entstehen. Hierbei setzen sich die Winkel von in Kaskade geschalteten Kreisen und Röhren additiv zusammen. Für die oben behandelten drei Beispiele haben wir die Phasenwinkel berechnet und als Funktion der Frequenz gezeichnet (Abb. 132 und 133). Hieraus ergibt sich, daß die geforderte lineare Beziehung mit guter Annäherung erfüllt ist.

Wir behandeln noch die Frage der praktischen Ausführbarkeit der oben vorgeschlagenen Kreiswerte. Wie bereits erwähnt, kann angenommen werden, daß die Gesamtkapazität für jeden der benutzten Kreise etwa 25 pF ist, wobei in einzelnen Fällen Abweichungen von etwa 5 pF nach oben und unten auftreten können. Im ersten oben behandelten Beispiel haben zwei der vier Kreise eine Bandbreite $B = B_0/3{,}25$. Wenn wir B_0 gleich 2,5 MHz setzen, wird somit $B = 0{,}77$ MHz. Bei einer Kapazität von 25 pF ergibt sich nach Gl. (29,1) eine Kreisimpedanz R in der Abstimmlage von etwa 8,3 kOhm. Zur Erzielung dieser Kreisimpedanz müssen die Röhreneingangsimpedanz sowie die übrigen etwa parallel zum Kreis geschalteten Impedanzen (Ausgangsimpedanz, transformierter Wellenwiderstand der Antennenübertragungsleitung) Widerstandskomponenten aufweisen, die bedeutend höher als 8,3 kOhm sind. Von den Röhrenwiderständen ist der Eingangsparallelwiderstand stets am kleinsten. Für moderne Fernseh-Verstärkerröhren (z. B. EF 50 und EE 50 der Firma Philips) liegt dieser Eingangswiderstand bei 7 m Wellenlänge noch über 10 kOhm oder kann durch einfache Schaltmaßnahmen auf diesen Wert erhöht werden (vgl. § 27). In analoger Weise kann man zeigen, daß die übrigen in den obigen Beispielen verwendeten Kreise auch wirklich gebaut werden können.

Schrifttum: *44, 114, 152.*

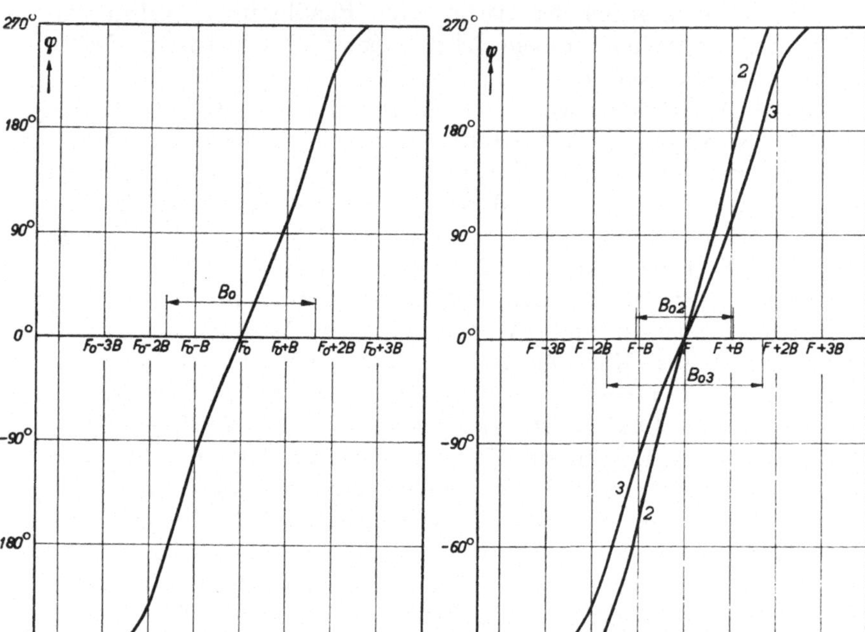

Abb. 132. Phasenwinkel φ der in Abb. 129 behandelten Schaltung (vertikal) als Funktion der Frequenz (horizontal). Die Gesamtbandbreite B_0 ist eingezeichnet (vgl. Abb. 129). Innerhalb dieser Bandbreite soll φ eine möglichst lineare Funktion der Frequenz sein.

Abb. 133. Achsen wie in Abb. 132. Kurve 2 bezieht sich auf die Schaltung der Abb. 130, Kurve 3 auf jene der Abb. 131. Die eingezeichnete Bandbreite B_{02} ist der Abb. 130, die Bandbreite B_{03} der Abb. 131 entnommen.

§ 31. Regelung der Verstärkung. Verzerrungen.

Bei der Regelung der Verstärkung eines Verstärkers kann von zwei verschiedenen Gesichtspunkten ausgegangen werden. Die Verstärkungsregelung kann durch Schaltmaßnahmen (Spannungsteiler) erfolgen, wobei die Betriebsbedingungen der Röhren unverändert bleiben, oder man kann die Betriebsbedingungen der Röhren (Steilheit, Dämpfung) ändern. Beide Maßnahmen können auch in geeigneter Weise kombiniert werden.

Die Anordnung eines Spannungsteilers zur Verstärkungsregelung kann zwischen der Antenne und dem Eingang der ersten Röhre erfolgen. Hierdurch werden die auf diesen Röhreneingang gelangenden Signale klein gehalten, wodurch auch die Verzerrungen in dieser Stufe klein bleiben. Diese Anordnung eines Spannungsteilers wird bei Fernsehverstärkern öfters angewandt. Eine automatische Verstärkungsregelung ist hierbei praktisch nicht gut durchführbar. Deshalb spielt auch die Röhrenregelung eine wichtige Rolle.

Bei der Verstärkungsregelung durch Änderung der Röhrenbetriebsdaten nehmen wir an, daß Pentoden benutzt werden. Die gebräuchlichste Regelung besteht darin, daß die Gleichspannung des Steuergitters nach negativeren Werten verschoben wird. Hierdurch ändern

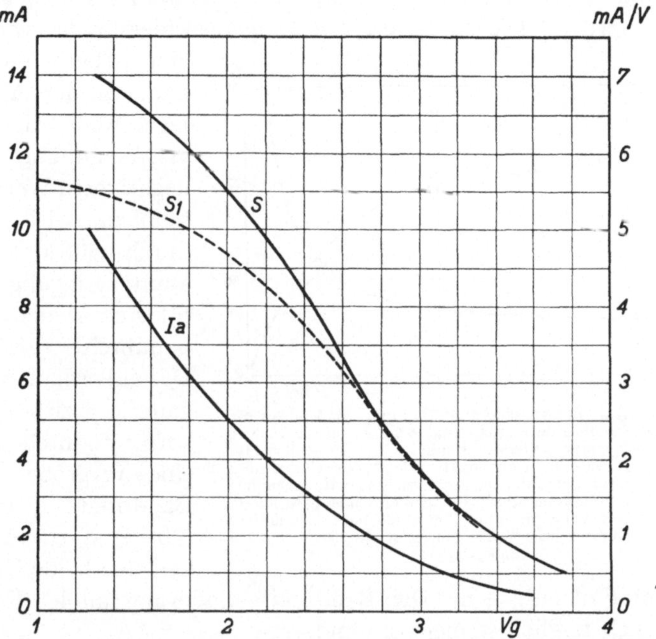

Abb. 134. Vertikal: Steilheit S in mA/V (rechter Maßstab) und Anodenstrom J_a (linker Maßstab) als Funktion der Steuergitterspannung $-V_g$ (horizontal). S_1 ist die Steilheit der gleichen Röhre (analog zur Philips-Type EF 50) mit einem Widerstand von 25 Ohm in der Kathodenzuleitung.

sich der Anodenstrom und die Steilheit. Für eine Pentode sind diese Kurven in Abb. 134 zusammengestellt. Da die Verstärkung einer Stufe mit der Steilheit proportional ist, soweit die übrigen Betriebsdaten konstant sind, erhält man eine einfache Regelung der Verstärkung. In Wirklichkeit sind aber diese übrigen Betriebsdaten nicht konstant, sondern ändern sich bei der Regelung. Hierbei kommen im wesentlichen die Eingangskapazität und der Eingangsparallelwiderstand der Röhre in Betracht. Kurven für die Änderungen dieser Größen als Funktion der negativen Steuergitterspannung sind in Abb. 135 für eine Röhre, analog zur Type EF 50, zusammengestellt. Wie ersichtlich, treten bei dieser Verstärkungsregelung beträchtliche Änderungen dieser Größen auf. In erster Linie ist die Änderung der Eingangskapazität etwa 10%

der gesamten Kreiskapazität (25 pF), welche wir bei unseren Rechnungen über die Selektivitätskurven der verwendeten Kreise angenommen haben. Nach Gl. (29, 1) bedeutet diese Kapazitätsänderung bei konstanter Kreisimpedanz in der Abstimmlage eine ebenfalls etwa 10 proz. Änderung der Kreisbandbreite B und zudem etwa 5% Änderung der Abstimmfrequenz. Nimmt man als ursprüngliche Abstimmfrequenz des Kreises 40 MHz an, so ändert sich die Abstimmlage um 2 MHz. Diese Änderung der Abstimmfrequenz ist von gleicher Größenordnung wie die verwendeten Bandbreiten und muß als gänzlich unzulässig bezeichnet werden. Die Änderung des Eingangswiderstandes verursacht eine höhere Kreisimpedanz in der Abstimmlage, wenn die Steuergitterspannung nach negativeren Werten verschoben wird. Hierdurch würde bei konstanter Eingangskapazität eine kleinere Kreisbandbreite entstehen. Da außerdem die Eingangskapazität kleiner wird, wodurch an sich eine Vergrößerung der Bandbreite [vgl. Gl. (29, 1)] stattfindet, wirken sich beide Ursachen

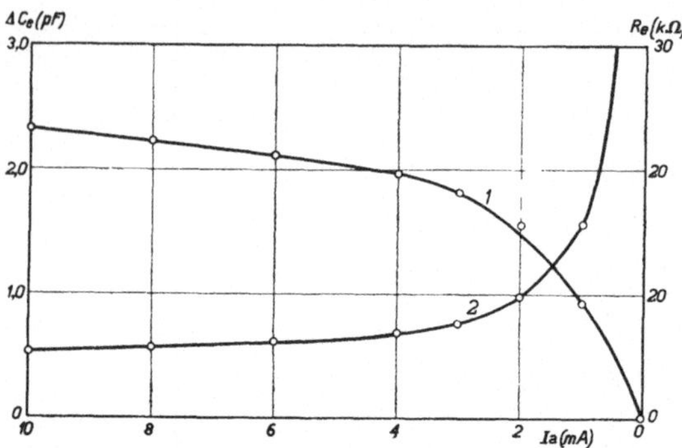

Abb. 135. Vertikal: Eingangskapazität C_e (linker Maßstab in pF, als Nullpunkt ist die Eingangskapazität beim Anodenstrom Null benutzt) und Eingangsparallelwiderstand R_e bei 7 m Wellenlange (rechter Maßstab in kOhm) als Funktion des Anodengleichstroms (horizontal, mA), geregelt mittels der negativen Steuergitterspannung (vgl. Abb. 134). Röhre analog zur Philips-Fernsehpentode EF 50. Die Zahlen der rechten Skala sollen von unten nach oben lauten: 0, 10, 20, 30. Kurve 1 gehört zum linken, Kurve 2 zum rechten Maßstab.

in diesem Fall entgegen. Die Bandbreitenänderung infolge Regelung wäre an sich folglich weniger störend.

Durch einfache Schaltmaßnahmen kann erreicht werden, daß die in Abb. 135 gezeigten Änderungen der Eingangskapazität und des Eingangswiderstandes bedeutend verringert werden (vgl. § 27). Messungen hierzu sind in Abb. 136 zusammengestellt. Für die gleiche Röhre, welche in Abb. 135 benutzt wurde, sind hier Eingangskapazität und Eingangswiderstand als Funktion der Steuergitterspannung gegeben, wobei in der Kathodenzuleitung ein Widerstand von 25 Ohm parallel zu einer Kapazität von 50 pF angeordnet wurde (vgl. Abb. 137). Die noch vorhandenen Änderungen der Eingangskapazität und des Eingangswiderstandes (Abb. 136) sind unbeträchtlich, wenn wir als Regelgebiet der Röhre die Werte der negativen Steuergitterspannung zwischen $J_a = 10$ und $J_a = 2$ mA betrachten. Durch die Einschaltung von R_1 und C_1 (Abb. 137) in die Kathodenzuleitung ändert sich die Steilheit der Röhre gegenüber den Werten der Abb. 134 (Kurve S), wie durch die Kurve S_1 dieser Abb. 134 gezeigt. Die Verringerung der

Eingangsimpedanzänderung wird demnach durch eine Verringerung der maximalen Steilheit und Verstärkung erkauft. Die Eingangskapazität bei vollem Anodenstrom (10 mA) ist um etwa 1 pF verringert gegenüber dem Fall ohne Kathodenwiderstand und der Eingangswiderstand ist von 5,2 kOhm auf 14,2 kOhm gestiegen. Diese beiden Daten sind also durch Einfügen des Kathodenwiderstandes bedeutend günstiger geworden. Wenn wir auf die in § 30 angegebenen Kreisimpedanzen in der Abstimmlage achten, kommen wir zum Schluß, daß durch Einfügen des Kathodenwiderstandes der Röhreneingangswiderstand so weit er-

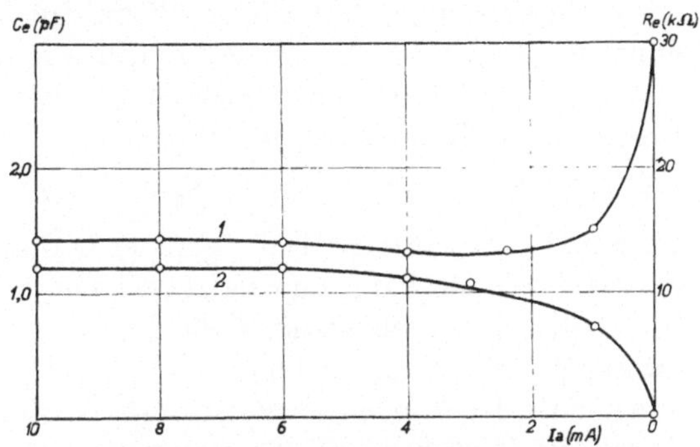

Abb. 136. Achsen und Röhre wie in Abb. 135. In die Kathodenleitung (zwischen Gehäuse-Erde und Kathode) ist ein Widerstand von 25 Ohm parallel zu einer Kapazität von 50 pF geschaltet. Verbesserung des Eingangswiderstandes und der Eingangskapazitätsänderung (vgl. Abb. 137). Kurve 2 gibt C_e, Kurve 1: R_e.

höht wird, daß die Verwirklichung dieser Kreise erst dadurch möglich wird (Kreisimpedanz z. B. 8,3 kOhm). Die Verringerung der Eingangskapazität um etwa 1 pF oder etwa 5 % der Gesamtkreiskapazität ermöglicht unter Beibehaltung der Bandbreite das Erreichen einer um etwa 5 % höheren Kreisimpedanz. Wir erwähnen, daß die Ausgangskapazität einer Pentode durch Änderung der Steuergitterspannung praktisch nicht geändert wird. Der Ausgangswiderstand nimmt, ebenso wie der Eingangswiderstand, zu, wenn die Gitterspannung nach negativeren Werten verschoben wird. Er ist aber an sich bereits so hoch, daß diese Änderung praktisch für die Kreisimpedanzen keine Rolle spielt.

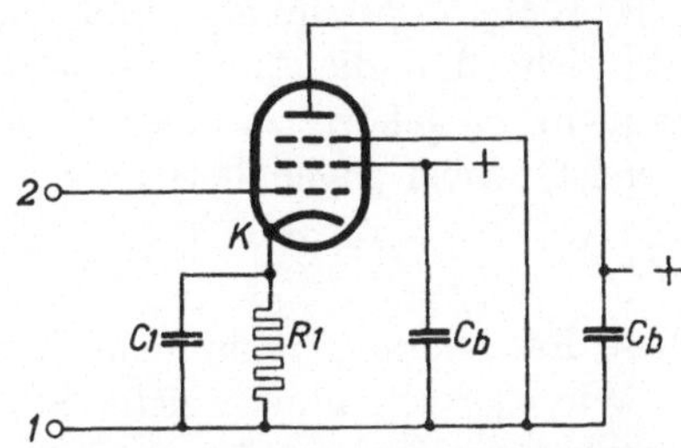

Abb. 137. Schaltung, welche bei den Messungen der Abb. 136 benutzt wurde. In die Kathodenzuleitung ist ein Widerstand R_1 parallel zu einer Kapazität C_1 geschaltet. K Kathode. 1 und 2: Punkte, zwischen denen der Eingangswiderstand R_e parallel zur Eingangskapazität C_e gemessen wurde. C_b Blockkondensatoren. Die negative Gitterspannung ist nicht angegeben.

Die gesamte Regelung pro Stufe kann für eine Röhre, wie die Type E F 50, etwa 5 bis 6 betragen. Bei Verwendung von drei Stufen ist somit durch Regelung der Steuergitterspannung eine etwa 150 fache Verstärkungsregelung durchführbar, wobei keine störende Verstimmung oder Bandbreitenänderung der Kreise auftritt. Zu dieser Regelung kommt noch jene hinzu, welche durch Spannungsteiler vor der ersten Röhre durchgeführt werden kann. Insgesamt kann leicht eine etwa 1000 fache Regelung stattfinden, wenn die erwähnten Röhren benutzt werden.

Wir kommen zu den Verzerrungen, welche bei der behandelten Verstärkung und bei der Regelung dieser Verstärkung auftreten. Diese Verzerrungen werden durch die Krümmung der Kennlinien: Anodenstrom als Funktion der Steuergitterspannung und Steilheit als Funktion der Gitterspannung, verursacht. Wenn eine sinusförmige Wechselspannung der Amplitude E_i am Röhreneingang angeschlossen ist, so kann die Amplitude i des entstehenden Wechselstromes mit der gleichen Frequenz am Röhrenausgang durch:

$$(31,1) \qquad i = SE_i + S_3 E_i^3 + S_5 E_i^5 + \cdots$$

dargestellt werden (die Glieder gerader Ordnung fehlen). Die Eingangswechselspannung kann nun moduliert sein: $E_i = E(1 + M \cos pt)$, wobei M die Modulationstiefe, p die Kreisfrequenz der Modulation und t die Zeit bedeuten. Aus Gl. (31, 1) ergibt sich dann nach einfacher Rechnung, daß der Anodenwechselstrom eine Modulationstiefe M_2 mit der doppelten Kreisfrequenz $2p$ aufweist (außer der Modulation mit der Kreisfrequenz p), welche in erster Näherung durch:

$$(31,2) \qquad \frac{M_2}{M} = \frac{S_3}{S} \frac{3}{2} M E^2$$

dargestellt wird. Dies nennt man Modulationsverzerrung. Beim Vorhandensein zweier Modulationsfrequenzen p und q entsteht eine gewisse Modulationstiefe der Frequenz $p \pm q$. Wenn zwei sinusförmige Wechselspannungen am Röhreneingang vorhanden sind, eine modulierte: $E_k(1 + M_k \cos pt) \sin \omega_k t$ und eine unmodulierte: $E_i \sin \omega_i t$, so ergibt sich, daß die Anodenwechselstromamplitude, welche zur Kreisfrequenz ω_i gehört, zu einer Tiefe M_0 mit der Kreisfrequenz p moduliert ist, wobei angenähert gilt:

$$(31,3) \qquad M_0 = 4 \frac{S_3}{S} E_k^2 M_k.$$

Diese Erscheinung nennt man Kreuzmodulation.

Wir erörtern nun, welche Störungen diese Verzerrungseffekte bei unserer Breitbandverstärkung für Fernsehempfang hervorrufen können. Am Eingang des Empfangsgerätes sind die Bildwechselspannung und die Tonwechselspannung vorhanden, deren Trägeramplituden, wie wir annehmen, von vergleichbarer Größe sind. Diese Amplituden können ohne Anwendung irgendwelcher Regelung vor der ersten Verstärkerstufe in Großstadtbezirken zwischen einigen zehntel Volt und einigen zehntel Millivolt liegen. Die Krümmungen der Kennlinien der Röhre EF 50 (vgl. Abb. 134) sind derart, daß bei einer Amplitude $E_k = 0{,}3$ Volt bereits 6% Kreuzmodulation auftreten kann, d. h. $M_0/M_k = 0{,}06$. Wir nehmen an, die Wechselspannung $E_k(1 + M_k \cos pt) \sin \omega_k t$ entspreche dem Ton. Die Modulationstiefe M_k kann bis 100% sein. Folglich könnten bei einer Amplitude $E_k = 0{,}3$ Volt bereits Modulationstiefen des Bildträgers mit Tonfrequenzen von 6% auftreten. Als höchstzulässige Werte muß man

1 bis 2% betrachten. Hieraus geht hervor, daß am Eingang der ersten Bildverstärkerröhre keine Tonträgeramplituden höher als etwa 0,15 Volt auftreten dürfen. Man kann dies, wie in § 30 dargelegt (Abb. 128), durch Anordnung eines geeigneten Sperrkreises erreichen. Man kann aber auch zwischen der Antenne und der Kopplung zum Bildteil und zum Tonteil einen regelbaren Spannungsteiler anordnen, wodurch überhaupt keine größeren Amplituden als etwa 0,1 Volt auf den Eingang des Empfangsgerätes gelangen können. Die Verzerrungen der Bildmodulation sind bei gleichmäßiger Verstärkungsregelung auf den drei Stufen am beträchtlichsten in der letzten Bildhochfrequenzstufe. Die Ausgangsamplitude dieser Stufe (zum Gleichrichter) soll z. B. in der Größenordnung 5 Volt liegen. Im herunter geregelten Zustand kann die Verstärkung dieser Stufe etwa 6, im ungeregelten Zustand 30 bis 40 betragen. Die Eingangsamplitude dieser Stufe beträgt somit im Höchstfall etwa 1 Volt. Wenn man, in Übereinstimmung mit den oben bezüglich Kreuzmodulation benutzten Werten, für S_3/S etwa 0,17 annimmt, so ergibt die Gl. (31, 2): $M_2/M = 0,25 M$. Für eine Modulationstiefe $M = 1$ erhält man somit eine Modulationstiefe von 25% für die zweite Harmonische. Dieser Wert muß erfahrungsgemäß für das Bild noch als zulässig bezeichnet werden. (Die Modulationsverzerrung stellt übrigens nicht immer ein geeignetes Maß für die Bildverzerrung dar).

Im Tonteil des Empfangsgerätes sind analoge Forderungen für die Kreuzmodulation zu stellen wie für den Bildteil. Diese Forderungen können wieder durch genügendes Herabdrücken der Eingangsamplituden mittels einer Regelung der Antennensignale erfüllt werden. Die Verzerrungsforderungen [z. B. zweite Harmonische nach Gl. (31, 2)] sind im Tonteil des Gerätes viel schärfer als im Bildteil. Zulässig ist z. B. nur etwa 2% als Wert für (M_2/M) nach Gl. 31, 2. Diese Forderungen können durch Verwendung anderer Röhren erfüllt werden, deren Kennlinien kleinere Werte für S_3/S aufweisen, analog wie sie im Rundfunkgebiet für Hochfrequenz-Verstärkerzwecke benutzt werden. Hierbei treten Werte von S_3/S auf, welche z. B. geringer als 0,02 sind.

In Abb. 119 (a und b) ist ein Versuchsgerät gezeigt, das unter Verwendung von Röhren EF 50 nach Gesichtspunkten gebaut ist, die in § 30 und § 31 dargelegt sind. Es handelt sich um einen Breitbandverstärker für 46,5 MHz Trägerfrequenz und 2,5 MHz Bandbreite.

Schrifttum: *47, 70, 145.*

§ 32. Rauschen. Wir werden hier nur jenes Rauschen betrachten, das durch die unregelmäßige Wärmebewegung der Elektronen in Widerständen, Impedanzen und Röhren verursacht wird. In Empfängern gibt es noch mehrere andere Quellen von Störungen, die sich als „Rauschen" äußern, z. B. Unregelmäßigkeiten der Kathodenemission der verwendeten Röhren, schadhafte Isolationsstellen und Kontaktstellen, Auftreten unerwünschter Schwingungen (z. B. Barkhausen-Schwingungen) usw.

Wir betrachten einen Widerstand R bei der absoluten Temperatur T ($0°\,C = 273°$ absolut). Als Folge der Brownschen Elektronenbewegung in diesem Widerstand entstehen zwischen den Anschlüssen von R winzige Spannungsschwankungen. Diese Spannungsschwankungen erfolgen unregelmäßig, alle Frequenzen sind darin vertreten. Wir können ein Frequenzintervall der Breite B betrachten. Der Effektivwert der Spannungsschwankungen ist für alle Frequenzen der gleiche, wobei von ganz hohen Frequenzen, welche mit der mittleren Frequenz der Elektronenzusammenstöße vergleichbar werden, abgesehen ist. Im betrachteten Frequenzintervall der Breite B kann ein Effektivwert der Spannungsschwankungen angegeben werden, der mit einer vollkommen quadratischen Meßeinrichtung bestimmt werden könnte. Für diese effektive Wechselspannung E_R gilt die Formel:

$$(32, 1) \qquad\qquad E_R^2 = 4\,kTRB\,,$$

wobei E_R in Volt, R in Ohm, B in Hertz, T in Grad absolut gemessen ist und k die Boltzmannsche Konstante ($1{,}37 \cdot 10^{-23}$ Joule Grad^{-1}) bezeichnet. Wir können diese effektive Spannung E_R durch eine Spannungsquelle erzeugt denken, die den inneren Widerstand R hat.

Auch bei einem Schwungradkreis treten Spannungsschwankungen als Folge der Brownschen Elektronenbewegung auf. An Stelle der etwas komplizierteren Formel für den effektiven Wert dieser Spannungsschwankungen verwenden wir eine Näherungsformel, welche auf der Gl. (32, 1) fußt (vgl. Anhang). In dieser Gl. (32, 1) sei R der Impedanzwert eines Schwungradkreises in der Abstimmlage und B die Bandbreite nach unserer früheren Definition (Abb. 126). Dann wird die effektive Spannung infolge Elektronenbewegung zwischen den Anschlüssen des Schwingungskreises angenähert durch Gl. (32, 1) dargestellt. Auch hier können wir diese Spannung durch eine Spannungsquelle mit dem Innenwiderstand R erzeugt denken.

Wir kommen jetzt zum Rauschen einer Verstärkerröhre. Infolge der unregelmäßigen Elektronenbewegung treten winzige Schwankungen des Anodenstromes auf. Das Frequenzspektrum dieser Stromschwankungen ist analog zum oben erwähnten Frequenzspektrum der Spannungsschwankungen zwischen den Anschlüssen eines Widerstandes. Wenn zwischen der Anode und der Kathode ein Schwungradkreis geschaltet ist, so verursachen diese Stromschwankungen zwischen den Anschlüssen des Kreises Spannungsschwankungen, welche dann weiter verstärkt und gleichgerichtet werden und bei der Tonwiedergabe das bekannte Rauschen, bei der Bildwiedergabe punktförmige Störungen des Bildes hervorrufen können. Die Anodenstromschwankungen können wir auch durch entsprechende Spannungsschwankungen entstanden denken, welche am Eingang der Verstärkerröhre wirken. Weiterhin können wir uns denken, daß diese Spannungsschwankungen von einem Widerstand herrühren, welcher am Eingang der betrachteten Verstärkerröhre angeschlossen ist. In dieser Weise gelangen wir zum Begriff des Ersatzrauschwiderstandes einer Verstärkerröhre. Dies ist jener Widerstand (auf Zimmertemperatur), der bei Anschluß an den Eingang einer idealen rauschfreien Röhre im Anodenkreis die gleichen Stromschwankungen hervorruft, welche bei kurzgeschlossenem Eingang infolge der unregelmäßigen Elektronenbewegung in der wirklichen Röhre entstehen würden. Die Größe des Ersatzwiderstandes hängt von den Konstruktions- und Betriebsdaten der verwendeten Röhren ab. Für Pentoden gilt mit guter Annäherung die Formel:

$$(32,2) \qquad R_{\mathrm{ers}} = 2 \cdot 10^4 \cdot \frac{J_a}{S^2} F_a^2 \ (\text{Ohm}),$$

$$F_a^2 = \frac{F_k^2 J_a + J_{g2}}{J_a + J_{g2}},$$

$$F_k^2 = 0{,}2 \frac{S}{J_a}.$$

Hierbei ist J_a der Anodengleichstrom in mA, J_{g2} der Schirmgitterstrom in mA, S die Steilheit des Anodenstroms in bezug auf die Steuergitterspannung in mA/V. Aus dieser Formel $(32,2)$ geht hervor, daß der Rauschersatzwiderstand bei vorgegebenen Werten der Steilheit und des Anodenstromes kleiner ist, je kleiner der Schirmgitterstrom in bezug auf den Anodenstrom ist. Auf dieser Erkenntnis fußen die Mittel, welche bei modernen Röhren zur Verringerung des Rauschersatzwiderstandes verwendet worden sind. Man erhält aus der Gl. $(32,2)$ für moderne Verstärkerröhren Rauschwiderstände in der Größenordnung von einigen kOhm. Diese berechneten Werte sind in guter Übereinstimmung mit gemessenen Werten.

Beim Vergleich und bei der Zusammensetzung verschiedener Rauschquellen gehen wir davon aus, daß die betreffenden Spannungsschwankungen voneinander unabhängig sind. Folglich ist das Quadrat der resultierenden effektiven Spannung gleich der Quadratsumme der effektiven Spannungsschwankungen der einzelnen Quellen. Wenn am Eingang einer Röhre ein Kreis angeschlossen ist mit dem Rauschwiderstand R', während die Röhre den Ersatzrauschwiderstand R_{ers} aufweist, so kann das Rauschen am Röhrenausgang berechnet werden, indem man an den Eingang einen Widerstand $R' + R_{\mathrm{ers}}$ legt (vgl. Anhang).

Diese einfache Regel erlaubt, die Rauschverhältnisse bei einem Verstärker zu überblicken. Der Eingangskreis der oben behandelten Breitbandverstärker hat in der Abstimmung Impedanzen, die für verschiedene Fälle (§ 30) zwischen etwa 2 und 8 kOhm gelegen sind. Diese Werte entsprechen nach unserer vereinfachten Rechnung ungefähr den Rauschwiderständen, solange der Eingangswiderstand der betrachteten Röhre bei der betrachteten Wellenlänge bedeutend größer ist. Damit das Röhrenrauschen unter allen Umständen beträchtlich unterhalb des Kreisrauschens liegt, soll der Rauschersatzwiderstand der ersten Verstärkerröhre möglichst nicht mehr als etwa 1000 Ohm betragen. Zur Erzielung einer möglichst geringen Rauschstörung im Gerät ist es oft günstig, dem ersten Kreis des Verstärkers eine möglichst hohe Abstimmimpedanz zu erteilen (vgl. § 41). Nach den Überlegungen von § 30 (Verwendung verschiedener verstimmter Kreise) käme somit für den ersten Kreis eine kleine Bandbreite in Betracht. Diese Forderung entspricht jener der möglichst guten Selektion des ersten Kreises zur Trennung von Tonträger und Bild. Die Verwendung eines Sperrkreises ist außerdem empfehlenswert. Als Gesamtrauschwiderstand am Eingang der ersten Röhre des Bildteiles erhält man in praktischen Fällen z. B. 3000 Ohm. Bei einer Bandbreite von 2,5 MHz entspricht diesem Wert eine effektive Rauschspannung E_R nach Gl. (32, 1) von etwa 10^{-5} Volt. Wenn man annimmt, daß diese Rauschspannung nur etwa 1% der effektiven Bildsignalspannung betragen darf, gelangt man zur Forderung, daß letztere Spannung am Eingang der ersten Röhre mindestens 1 mV betragen soll. Bei Werten dieser Eingangsbildsignalspannung von 0,1 mV würden in unserem Beispiel bereits beträchtliche Rauschstörungen der Bildwiedergabe auftreten.

Bei einer der Röhre EF 50 analogen Fernsehpentode ist ein Rauschersatzwiderstand von etwa 1000 Ohm erzielt worden. Dies ist durch Verringerung des Schirmgitterstromes erreicht. Dieser beträgt etwa 1,5 mA bei 10 mA Anodenstrom. Für einen Schirmgitterstrom von 3,5 mA bei 10 mA Anodenstrom beträgt für eine analoge Röhre der Rauschersatzwiderstand etwa 2000 Ohm, wie aus der Formel (32, 2) hervorgeht. Zur Verringerung des Schirmgitterstromes auf den angegebenen Wert ist das Schirmgitter etwas weitmaschiger gewickelt als normalerweise bei Hochfrequenzpentoden üblich ist. Hierdurch ist zugleich eine Verbesserung der Steilheit bei gleichem Anodenstrom erzielt worden. Die geringe Vergrößerung der Anoden-Steuergitter-Kapazität durch das weitmaschigere Schirmgitter hat keine nachteiligen Folgen, zumal im Kurzwellengebiet die Rückwirkung einer Verstärkerstufe nur zum Teil durch diese Kapazität bedingt wird. Kapazitive und induktive Wirkungen der Elektrodenzuleitungen im Gerät spielen für diese Rückwirkung bei den betrachteten Frequenzen die Hauptrolle (vgl. §§ 25 und 26).

Oben haben wir für das Rauschen des Verstärkers nur das Rauschen der ersten Röhre und des Eingangskreises in Betracht gezogen. Dies ist so lange richtig, wie die Verstärkung der ersten Stufe nicht zu klein wird. Zur Beurteilung hiervon muß man die effektive Spannung des Rauschens am Eingang der zweiten Stufe mit der einmal verstärkten

Signalspannung vergleichen. Ist dieses Verhältnis z. B. weit unter 1 % , so spielt dieses Rauschen keine Rolle mehr.

Schrifttum: Anhang sowie *10, 11, 68, 87, 91a, 162, 163, 164.*

§ 33. Grenzen der Kurzwellenverstärkung. Wir behandeln zwei Grenzen für die Kurzwellenverstärkung: eine Spannungsgrenze und eine Frequenzgrenze. Die untere Grenze der noch verstärkungsfähigen Spannungen hängt unmittelbar mit dem in § 32 behandelten Elektronenrauschen zusammen. Sobald die effektive Spannung des Rauschens am Eingang des Verstärkers beträchtlich wird im Verhältnis zur Signalspannung, ertrinkt letztere gewissermaßen im Rauschpegel und ist eine Verstärkung der Signale nutzlos, da die Störungen die Signale übertönen. Wie bereits in § 32 erörtert, spielt hierbei die zu verstärkende Bandbreite eine große Rolle. Da die effektive Spannung des Rauschens zur Quadratwurzel der zu verstärkenden Bandbreite proportional ist [vgl. Gl. (32, 1)], muß die untere Grenzspannung, wobei noch nützliche Verstärkung möglich ist, im Falle der Breitbandverstärkung, z. B. für Bildübertragungen, höher liegen als im Falle der Verstärkung einer tonmodulierten kurzwelligen Spannung. Wir zeigen an zwei Beispielen, wie diese Verhältnisse quantitativ liegen.

Als erstes Beispiel betrachten wir die Verstärkung von Fernsehbildsignalen und wählen hierbei als zu verstärkende Bandbreite 2,5 MHz. Welche kleinste effektive Signalspannung ist in diesem Fall noch verstärkungsfähig? Die Fernsehsignale sollen mit Hilfe einer abgestimmten Halbwellenantenne empfangen werden. Wenn wir annehmen, daß eine solche Antenne in der Mitte aufgeschlitzt ist, so können die beiden Anschlußpunkte unmittelbar mit dem Eingang der ersten Verstärkerröhre verbunden sein. Die Eingangskapazität soll durch die Selbstinduktion der Antenne abgestimmt sein. An diesem Röhreneingang liegt dann ein Widerstand von etwa 70 Ohm. Die Selektionsmittel, welche die Bandbreite von 2,5 MHz bestimmen, befinden sich sämtlich hinter der ersten Röhre. Als gesamter Rauschwiderstand am Eingang der ersten Röhre haben wir also praktisch den Ersatzrauschwiderstand der Röhre. Insgesamt wird der Rauschwiderstand bei Verwendung einer geeigneten Röhre etwa 1000 Ohm betragen können. Diesem Rauschwiderstand entspricht bei 2,5 MHz Bandbreite [vgl. Gl. (32, 1)] eine effektive Rauschspannung bei Zimmertemperatur ($T = 300°$ absolut) von etwa 6 Mikrovolt. Die effektive Signalspannung am Röhreneingang muß bei großer Modulationtiefe (etwa 100 %) etwa das Zehnfache dieses Wertes, also etwa 60 Mikrovolt, betragen, damit die Bildwiedergabe noch gut erkennbare Bilder liefert. Hiermit haben wir für dieses Beispiel die untere Grenze der Signalspannung ermittelt.

Das zweite Beispiel bezieht sich auf die Verstärkung einer tonmodulierten Trägerwelle, wobei wir eine Bandbreite von 8 kHz voraussetzen. Die Kopplung zwischen Antenne und Röhreneingang soll in gleicher Weise durchgeführt sein, wie beim ersten Beispiel oben angegeben. Der Gesamtrauschwiderstand am Eingang der ersten Röhre beträgt somit etwa 1000 Ohm, bei einer Bandbreite von 8 kHz. Nach Gl. (32, 1) ergibt sich eine effektive Eingangsrauschspannung von etwa 0,4 Mikrovolt. Effektive Signalspannungen von etwa 4 Mikrovolt sind bei Modulationstiefen von etwa 100 % also bereits verstärkungsfähig, und Signalspannungen von etwa 40 Mikrovolt würden eine Wiedergabe ermöglichen, welche praktisch frei von Rauschstörungen wäre.

Jetzt kommen wir zur unteren Frequenzgrenze für die Spannungsverstärkung. Diese untere Frequenzgrenze wird für die heutigen Verstärkerröhren durch den Eingangsparallelwiderstand bedingt (vgl. § 25). Dieser Eingangswiderstand ist für alle gemessenen Röhren im gemessenen Frequenzgebiet (bis 300 MHz) meistens bedeutend niedriger als der Ausgangswiderstand. Wir können folglich annehmen, daß die Impedanz eines Kreises in der Abstimmlage, der parallel zum Ausgang der einen und zum Eingang der nächsten Röhre geschaltet ist, etwas niedriger ist als der Eingangswiderstand von einer der verwendeten Röhren. Die Verstärkung pro Stufe ist bei Kaskadenverstärkern somit etwas niedriger als das Produkt des absoluten Betrages der Steilheit und des Eingangswiderstandes. Für eine Hochfrequenz-Verstärkerröhre vom Typus EF9 z. B. ist der Eingangswiderstand bei 5 m etwa 6 kOhm (Abb. 104) und die Steilheit im Arbeitspunkt etwa 2 mA/V, das erwähnte Produkt somit etwa 12. Die Verstärkung hört auf, wenn dieses Produkt unter 1 liegt. Für die als Beispiel erwähnte Röhre ist dies bei etwa 1,5 m der Fall, wenn man annimmt, daß der Eingangswiderstand bis zu dieser Wellenlänge proportional zum Quadrate der Wellenlänge bleibt (also die in Abb. 104 gemessene Kurve extrapoliert). Neuere Messungen haben die Zulässigkeit dieser Extrapolation erwiesen. Ein anderes Beispiel bezieht sich auf die Knopfpentode, für deren Eingangswiderstand in Abb. 109 einige Messungen wiedergegeben sind. Diese Pentode hat im Arbeitspunkt eine Steilheit von etwa 2 mA/V und folglich bei 1 m Wellenlänge noch einen Wert des genannten Produktes von etwa 4. Man kann also bei 1 m Wellenlänge mit dieser Röhre Verstärkungen von etwa 3 pro Stufe erzielen. Das Produkt von Steilheit und Eingangswiderstand wird erst für Wellenlängen unterhalb 60 cm für diese Röhre kleiner als 1. Die untere Frequenzgrenze der Verstärkung liegt somit bei etwa 60 cm Wellenlänge. Da günstigere Röhren bis vor kurzem nicht existierten, war hiermit bis vor kurzer Zeit die obere Frequenzgrenze für Spannungsverstärkung überhaupt festgelegt.

Bei der Entwicklung von neuen Verstärkerröhren, welche auch noch bis etwa 1 m herab arbeiten sollen, ist man neuerdings vom Gegentaktprinzip ausgegangen. Wie aus den §§ 25 und 26 hervorgeht, wird bei den benutzten Verstärkerröhren ein beträchtlicher Teil der Eingangsverluste im Kurzwellengebiet durch die Elektrodenzuleitungen innerhalb und außerhalb der Röhren verursacht. Dieser Einfluß der Zuleitungen kann durch Anordnung zweier Elektrodensysteme im Gegentakt innerhalb eines einzigen Vakuumkolbens stark verringert werden. Als erstes Beispiel hierfür sei die in Abb. 123 gezeigte Stahlpentode mit Gegentaktelektroden angeführt. Die innere Schaltung dieser Elektroden geht aus Abb. 138 hervor. Das um die Kathode K angeordnete Steuergitter $g1$ (vgl. Teil 2 der Abb. 138) besteht aus zwei symmetrischen Hälften, ebenso wie die Anode ($a1$ und $a2$). Bei Verwendung normaler Abmessungen ließ sich mit diesem Aufbau eine Steilheit von etwa 2 mA/V für jede Hälfte erzielen. Der Eingangswiderstand in Gegen-

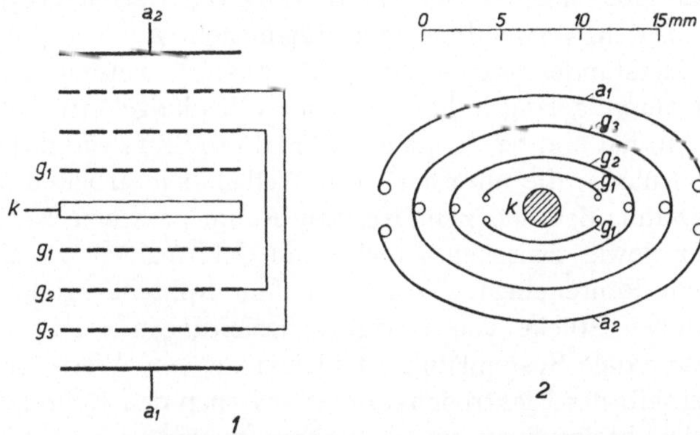

Abb. 138. Innerer Bau einer Gegentaktpentode für Dezimeterwellenverstärkung (äußerer Bau vgl. Abb. 123). Skizze 1: Schaltung der verschiedenen Elektroden, g_1 Steuergitter, g_2 Schirmgitter, g_3 Bremsgitter, a_1 und a_2 Anoden. Diese Skizze stellt einen Schnitt durch die Achse der Kathode K dar. Skizze 2: Schnitt mit einer Ebene senkrecht zur Achse der Kathode K.

taktschaltung war bei 5 m Wellenlänge etwa 25 kOhm, unter normalen Betriebsbedingungen. Diesen Wert sollte man z. B. mit dem oben angeführten Wert von 6 kOhm für die Röhre EF 9 vergleichen. Die Eingangskapazität in Gegentaktschaltung betrug 3,8 pF im normalen Betriebszustand und 3,5 pF in heruntergeregeltem Zustand. Für Fernsehverstärkerzwecke könnte diese Röhre in Konkurrenz mit der Knopfpentode treten. Dieses Prinzip wurde auf Pentodensysteme großer Steilheit angewandt, wie sie z. B. in der Röhre EF 50 verwendet werden (Steilheit etwa 7 mA/V im Arbeitspunkt). Als zweites Beispiel erwähnen wir eine Röhre, wobei zwei solche Pentodensysteme in einem Vakuumkolben derart angeordnet sind, daß ihre Kathodenachsen in einer Geraden liegen. Messungen mit einer solchen Röhre (vgl. Abb. 165 und 168) in Gegentaktschaltung ergaben bei 7 m Wellenlänge einen Eingangswiderstand von etwa 50 kOhm. Diese Zahl zeigt eine bedeutende Verbesserung des Eingangswiderstandes gegenüber demjenigen einer EF 50-Röhre in normaler Ausführung bei 7 m Wellenlänge (etwa 5 bis 6 kOhm). Extrapoliert man bis 1 m Wellenlänge, so ergibt sich ein Produkt von Eingangswiderstand und Steilheit von etwa 7 und eine maximale Verstärkung in Kaskadenstufen von 3,5 (vgl. Anhang) gegenüber einem Wert 4 für die oben betrachtete Knopfpentode. Zur weiteren Vergrößerung dieses Produktes sind zwei Systeme der Röhre EE 50 (Verstärkerröhren mit Sekundäremission, wobei im Arbeitspunkt die Steilheit etwa 15 mA/V beträgt) benutzt worden. Der Eingangswiderstand ist hierbei günstiger als für die Röhre EF 50. Das Produkt von Steilheit und Eingangswiderstand ist bei 1 m Wellenlänge etwa 25 bis 30 (vgl. § 43 sowie Anhang zu § 33). Man kann bei 1 m Wellenlänge eine etwa 20fache Verstärkung pro Stufe mit diesen Röhren erzielen, d. h. etwa 7mal soviel als mit den oben betrachteten Knopfpentoden. Hiermit sind die Möglichkeiten der Verstärkung von Dezimeterwellen nicht erschöpft. Durch Verwendung von Hilfsmitteln zur Vergrößerung des Eingangswiderstandes, wie sie in § 27 erwähnt wurden, ist man zu Verstärkerröhren gelangt, die bei 1 m Wellenlänge etwa 40mal, bei 0,5 m etwa 10mal und bei 20 cm etwa 5mal pro Stufe verstärken. Hierbei ist für Röhren, die unterhalb 1 m Wellenlänge arbeiten sollen, ein Aufbau gewählt, der den zylindrischen Raum zwischen Kathode und Steuergitter sowie zwischen Anode und Schirmgitter zu einem Teil der an dem Röhreneingang sowie an dem Röhrenausgang (Tetrode) angeschlossenen Stücke von Übertragungsleitungen macht (vgl. § 16). Die gesamte axiale Systemlänge ist kleiner als eine Viertelwellenlänge, damit innerhalb des Elektrodensystems zwischen den Röhrenelektroden überall gleichphasige Spannungen vorhanden sind.

Schrifttum: Anhang, sowie *43, 55, 68, 70, 81, 102, 111, 112, 155, 166.*

V. Überlagerungsverstärkung und Gleichrichtung.

§ 34. Schaltungen von Mischstufen. In einer Überlagerungsstufe (Mischstufe) wird der Eingangswechselspannung mit der Kreisfrequenz ω_i eine Wechselspannung (Hilfswechselspannung oder Oszillatorspannung) mit der Kreisfrequenz ω_h überlagert. Als Ergebnis dieser Überlagerung entsteht am Ausgang der Mischstufe eine Wechselspannung mit der Kreisfrequenz $\omega_0 = \omega_h - \omega_i$ (Zwischenfrequenz). Die Wahl der drei genannten Frequenzen kann nach verschiedenen Gesichtspunkten erfolgen. Wenn wir annehmen, daß die Eingangskreisfrequenz ω_i festliegt, so kann ω_h und damit ω_0 gewählt werden. Im Rundfunkgebiet und im Kurzwellenbereich handelsüblicher Empfangsgeräte (bis etwa 25 MHz Eingangsfrequenz) ist es gebräuchlich, ω_0 etwa gleich $2\pi \cdot 500$ kHz zu wählen und ω_h höher als ω_i. Der Grund hierfür liegt in den Wellenbereichen, welche mit einem Spulensatz durch Verändern der Abstimmdrehkondensatoren umspannt werden müssen. Diese Wellenbereiche sind z. B. im Rundfunkgebiet: 200 bis 600 m und 700 bis 2000 m und im Kurzwellengebiet z. B. etwa 15 bis 50 m. Mit Drehkondensatoren, deren Kapazität zwischen etwa 40 und etwa 500 pF veränderlich ist, können diese Wellenbereiche gerade umspannt werden, und man will möglichst für die Oszillatorfrequenzen keinen größeren, sondern einen kleineren Frequenzbereich haben als für die Eingangsfrequenz. Dies wird erreicht, indem $\omega_h > \omega_i$ ist. Im kurzen Rundfunkwellengebiet ist z. B. die Eingangsfrequenz 500 bis 1500 kHz und die Oszillatorfrequenz 1000 bis 2000 kHz. Im Kurzwellengebiet fällt die Begründung für diese gegenseitige Lage von Eingangs- und Oszillatorfrequenz immer mehr fort, je kürzer die Wellenlänge ist. Als Beispiel diene: Eingangsfrequenz 20 MHz bis 6 MHz, Oszillatorfrequenz 20,5 MHz bis 6,5 MHz. Aus verschiedenen Gründen, die mit der Wirkungsweise und den dabei auftretenden Störungen der Mischröhre zusammenhängen, ist man manchmal bestrebt, im Kurzwellengebiet eine hohe Zwischenfrequenz zu wählen. Man geht dabei so weit, daß die Zwischenfrequenz höher gewählt wird als die Eingangsfrequenz, z. B. für Fernsehen: Eingangsfrequenz 40 MHz, Oszillatorfrequenz 100 MHz, Zwischenfrequenz 60 MHz.

Die Arbeitsweise der heutigen Mischröhren ist stets so, daß die Steilheit im Rhythmus der Oszillatorfrequenz schwankt. Die entstehende Steilheit kann als Funktion der Zeit durch eine FOURIERsche Reihe dargestellt werden, deren Grundkreisfrequenz gleich ω_h ist:

$$(34,1) \qquad S = S_g + S_1 \sin \omega_h t + S_2 \cos 2\,\omega_h t + S_3 \sin 3\,\omega_h t + \cdots$$

Die Reihenfolge der Sinus- und Kosinusglieder ist durch den Symmetriecharakter der Anodenstrom-Zeit-Kurve bedingt. Bei einem hochfrequenten Eingangssignal der Mischstufe $E_i \sin \omega_i t$ entsteht infolge der obengenannten Steilheit ein Anodenstrom der Mischröhre, die durch $E_i \sin \omega_i t \cdot S$ dargestellt wird. Durch Zerlegen dieses Stromes in seine Komponenten erhält man die Zwischenfrequenzkomponente $^1/_2 E_i S_1$ $\cos(\omega_h - \omega_i)t = S_c E_i \cos \omega_0 t$. Hierbei ist $S_1/2$ durch S_c, die Überlagerungssteilheit, ersetzt. Diese Überlagerungssteilheit spielt bei Mischstufen die gleiche Rolle wie die gewöhnliche Steilheit in Verstärkerstufen. Der zwischenfrequente Anodenwechselstrom erzeugt auf einem Anodenschwingungskreis, der auf die Zwischenfrequenz abgestimmt ist, eine Zwischenfrequenzwechselspannung $E_0 \cos \omega_0 t$. Man nennt das Verhältnis E_0/E_i die Mischverstärkung oder Überlagerungsverstärkung der Stufe.

In Abb. 139 ist ein Schaltbild für die Verwendung von Tetroden und Pentoden als Mischröhren gezeichnet. Hierbei ist zwischen Steuergitter und Erde (Geräte-Gehäuse) ein Eingangskreis geschaltet, der in der Zeichnung direkt mit der Antenne verbunden ist. Zwischen Erde und Kathode befindet sich eine kleine Spule, welche mit dem nichtgezeichneten Oszillatorteil der Mischstufe (z. B. Triode in Schwingschaltung) gekoppelt ist. Auf den Eingangskreis gelangt ein Eingangssignal

$E_i \sin \omega_i t$, vom Oszillator her gelangt auf die Spule eine Spannung $E_h \sin \omega_h t$. Infolge der Mischung entsteht über dem Anodenkreis, der auf die Kreisfrequenz $\omega_0 = \omega_h - \omega_i$ abgestimmt ist, eine Wechselspannung $E_0 \cos \omega_0 t$. Es zeigt sich, daß für eine möglichst hohe Überlagerungssteilheit die Oszillatoramplitude E_h ungefähr gleich der Differenz der Gitterspannungen gewählt werden muß, die für den Arbeitspunkt der Röhre (meistens —2 Volt) und für jenen Punkt gelten, wo die Anodenstrom-Gitterspannungs-Kennlinie sich der Spannungsachse nähert. Der zu erzielende Wert der Mischsteilheit ist etwa $^1/_4$ der Steilheit im Arbeitspunkt. Bei dieser Wahl der Betriebsdaten ist zugleich dafür gesorgt, daß ein möglichst kleiner Ersatzrauschwiderstand am Eingang der Misch-

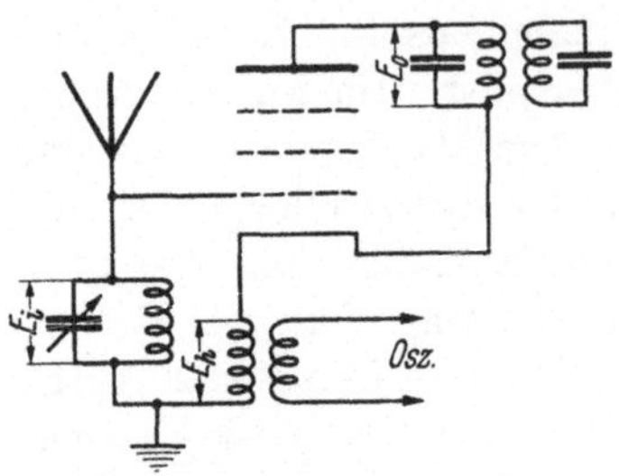

Abb. 139. Prinzipschaltbild einer Überlagerungsstufe unter Verwendung einer Pentode. Auf das Steuergitter gelangt eine Eingangsspannung $E_i \sin \omega_i t$ (im Bild aus der Antenne auf den Eingangskreis induziert). Zwischen Kathode und Erde und somit ebenfalls zwischen Kathode und Steuergitter gelangt weiter von einem Oszillator her eine Wechselspannung $E_h \sin \omega_h t$. Auf dem Anodenkreis, der auf die Kreisfrequenz $\omega_0 = \omega_h - \omega_i$ abgestimmt ist, entsteht eine Wechselspannung $E_0 \cos \omega_0 t$.

röhre entsteht. Dieser Ersatzrauschwiderstand ist etwa das Vierfache des Ersatzrauschwiderstandes der gleichen Röhre, wenn sie als Verstärker benutzt wird. Als Erläuterung zu diesen Ausführungen ist in Abb. 140 die Kennlinie: Steilheit als Funktion der Steuergitterspannung für eine Hochfrequenzpentode gezeichnet (links oben). Zugleich ist (links unten) die Oszillatorspannung, welche zwischen Kathode und Steuergitter gelangt, als Funktion der Zeit gezeichnet und die Konstruktion der sich ergebenden Steilheitskurve als Funktion der Zeit gezeigt. Diese Kurve ist zusammen mit der Anodenstromkurve als Funktion der Zeit in Abb. 141 noch einmal gezeichnet. Die in Abb. 140 benutzte Oszillatoramplitude von 4 Volt entspricht ungefähr dem für diese Kennlinie günstigsten Wert in bezug auf Mischsteilheit und auf Rauschen, wie oben angegeben.

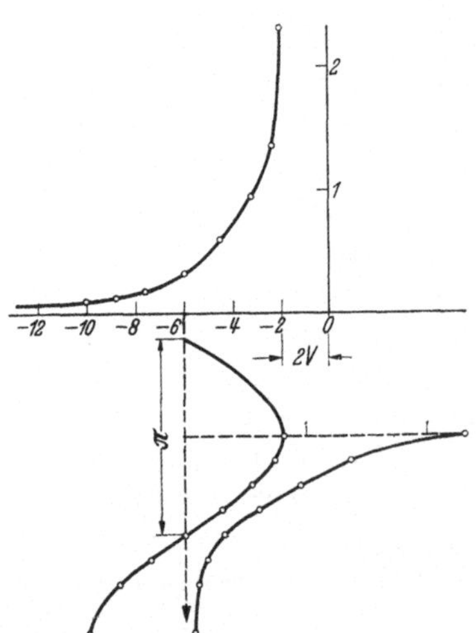

Abb. 140. Oben: Steilheit (vertikal, mA/V) als Funktion der Steuergitterspannung (horizontal, V), für eine Pentode. Unten: Oszillatorspannung als Funktion der Zeit (Zeitachse vertikal) und die entstehende Steilheit als Funktion der Zeit.

In Abb. 142 ist die Schaltung einer Oktode (Röhre mit 6 gitterförmigen Elektroden, die in Abb. 142 von der Kathode beginnend numeriert sind) als selbstschwingende Mischröhre gezeichnet. Der Teil dieser Mischröhre, welcher der Kathode am nächsten liegt (Kathode, Gitter 1, Gitter 2) dient als Schwingtriode. Das „Gitter" 2 besteht aus zwei seitlich außerhalb der Hauptelektronenbahn angeordneten Stäbchen (Hilfsanode). Zwischen Gitter 1 und der Kathode entsteht eine sinusförmige Wechselspannung. Diese Wechselspannung ist links unten in Abb. 143 als Funktion der Zeit gezeichnet. Links oben in dieser Abb. 143 ist die Anodenstrom-Gitterspannungs-Kennlinie sowie die Kennlinie der Steilheit des Anodenstromes J_a bei einer kleinen Änderung der Spannung V_4 von Gitter 4, also $\partial J_a/\partial V_4$ als Funktion der Spannung V_1 von Gitter 1 angegeben. Rechts findet man die entstehende Anoden-

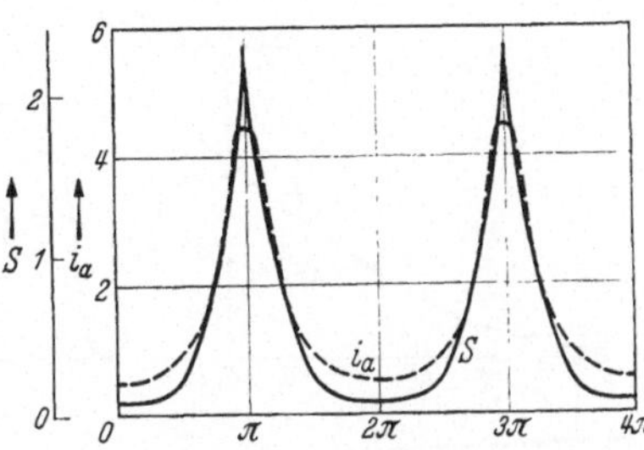

Abb. 141. Vertikal: Anodenstrom i_a (mA) und Steilheit S (mA/V) als Funktion der Zeit (horizontal) für die gleiche Pentode und für dieselbe Oszillatorspannung wie in Abb. 140.

stromkurve, die in anderem Maßstab zugleich die Steilheitskurve darstellt, als Funktion der Zeit, als Folge der links unten gezeichneten Wechselspannung. Diese Steilheitskurve kann nach Gl. (34, 1) in eine

FOURIERsche Reihe zerlegt werden und ergibt dann in einfacher Weise den Wert der Überlagerungssteilheit. Hierbei muß berücksichtigt werden, daß das Eingangssignal $E_i \sin \omega_i t$ zwischen der Kathode und dem Gitter 4 angelegt wird.

In Abb. 144 ist die Schaltung einer Hexode (Röhre mit 4 gitterförmigen Elektroden) zusammen mit einer Triode als Schwingungserzeuger gezeichnet.

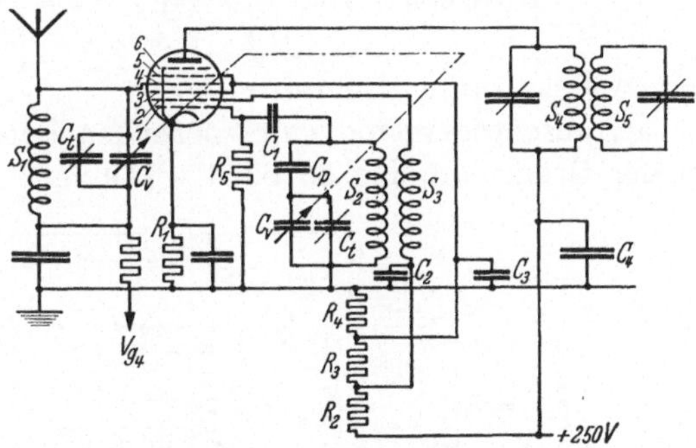

Abb. 142. Schaltbild einer Oktode (Philips-Type A K 2) als selbstoszillierende Mischröhre. Der Eingangskreis wird durch S_1, C_t und C_v gebildet, der Oszillatorkreis von S_2 mit C_p, C_v und C_t, während S_3 die Rückkoppelspule darstellt. Der Zwischenfrequenztransformator enthält die Spulen S_4, S_5. Die Werte der Widerstände sind etwa $R_1 = 250$, $R_2 = 2000$, $R_3 = 700$, $R_4 = 6500$, $R_5 = 50000$ Ohm. Die Gitter der Oktode sind von der Kathode ab numeriert.

Die Triode kann, wie bei neueren Röhren vielfach ausgeführt, mit der Hexode in einem Vakuumkolben angeordnet sein. Hierdurch entsteht in analoger Weise wie im behandelten Fall einer Oktode eine einzige selbstschwingende Mischröhre. Das Eingangssignal wird zwischen der Kathode und dem direkt benachbarten Gitter 1 angelegt, die Oszillatorspannung zwischen der Kathode und dem Gitter 3. Die Wirkungsweise der Hexode geht aus Abb. 145 hervor. In dieser Abbildung ist die Oszillatorspannung zwischen Gitter 3 und der Kathode als Funktion der Zeit gezeichnet (links unten). Weiter ist der Anodenstrom und die Steilheit des Anodenstroms bei einer kleinen Änderung der Spannung von Gitter 1 links oben als Funktion der Spannung von Gitter 3 angegeben. Die entstehenden Anodenstrom-Zeit- und Steilheit-Zeit-Kurven sind rechts gezeichnet. Hieraus ergibt sich nach der Fourier-Zerlegung (34, 1) in einfacher Weise die Überlagerungssteilheit.

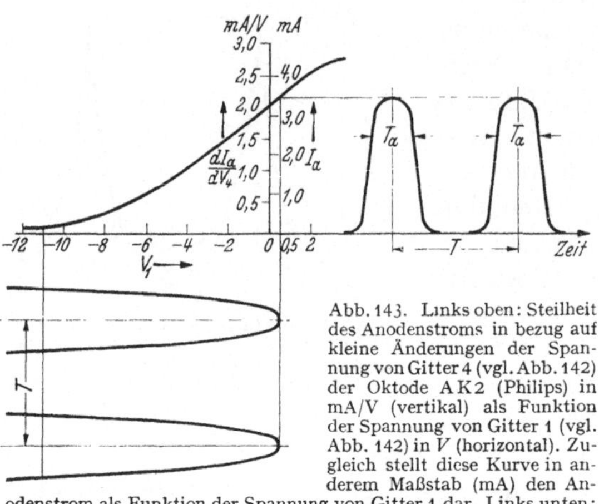

Abb. 143. Links oben: Steilheit des Anodenstroms in bezug auf kleine Änderungen der Spannung von Gitter 4 (vgl. Abb. 142) der Oktode A K 2 (Philips) in mA/V (vertikal) als Funktion der Spannung von Gitter 1 (vgl. Abb. 142) in V (horizontal). Zugleich stellt diese Kurve in anderem Maßstab (mA) den Anodenstrom als Funktion der Spannung von Gitter 1 dar. Links unten: Oszillatorspannung von Gitter 1 als Funktion der Zeit (Zeitachse vertikal, T ist eine Periode der Wechselspannung). Rechts: Steilheit und Anodenstrom als Funktion der Zeit.

Die in den Abb. 143 und 145 gezeichneten Schwingamplituden entsprechen ungefähr den Betriebswerten, die zu einer möglichst großen Mischsteilheit und zu einem möglichst kleinen Ersatzrauschwiderstand am Röhreneingang führen. Bei den zwei genannten Mehrgitterröhren (Oktode und Hexode) liegt dieser Ersatzrauschwiderstand unter normalen Betriebsbedingungen ungefähr in der Größenordnung 80 bis 100 kOhm.

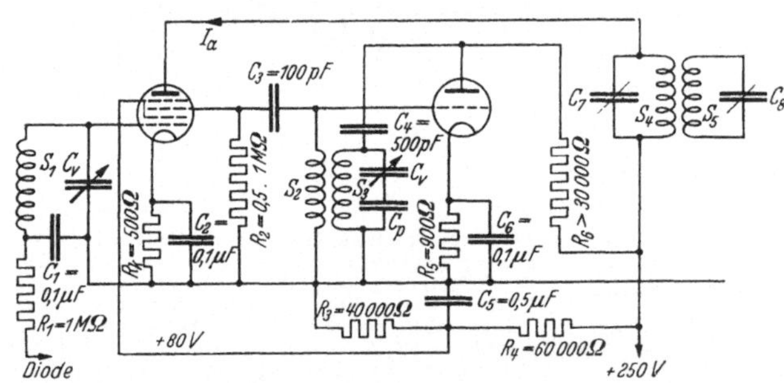

Abb. 144. Schaltbild einer Mischstufe, bestehend aus einer Hexode A H 1 (links) und einer getrennten Oszillatorröhre A C 2. Der Eingangskreis ist $S_1 C_1 C_v$, der Oszillatorkreis $S_2 C_v C_p$ und S_2 ist die Rückkoppelspule. Der Ausgangskreis wird durch $C_7 S_4$ gebildet.

Als letzte Mischschaltung in diesem Paragraphen behandeln wir die Diodenmischröhre (Abb. 146). Da bei der Diode nur zwei Elektroden (Anode und Kathode) vorhanden sind, werden die Eingangssignalspannung und die Schwingspannung in Reihe zwischen diese Elektroden gelegt (Abb. 146). Die Kennlinie Anodenstrom-Anodenspannung ist oben in Abb. 147 gezeichnet, während unten in dieser Abbildung die angelegte Schwingspannung angegeben ist. Als Folge dieser Schwingspannung entsteht eine Kurve für den Anodenstrom als Funktion der Zeit, die in Abb. 148 gezeichnet ist. Der Differentialquotient dieser Kurve nach der Spannung wird als Steilheit bezeichnet und ist eben-

falls in Abb. 147 und 148 gezeichnet (die gleichen Kurven mit anderem Ordinatenmaßstab). Die genannte Steilheitskurve als Funktion der Zeit kann wieder nach Gl. (34, 1) in eine Fourier-Reihe zerlegt werden. Wenn $E_i \sin \omega_i t$ die Eingangssignalspannung ist, so ergibt sich der Anodenstrom mit der Kreisfrequenz $\omega_h - \omega_i = \omega_0$ aus:

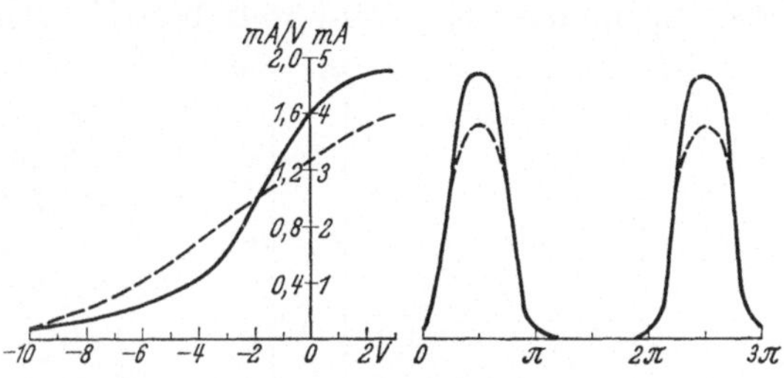

Abb. 145. Wirkungsweise einer Hexode als Mischröhre. Links oben: Steilheit des Anodenstromes in bezug auf kleine Änderungen der Spannung von Gitter 1 (ausgezogene Kurve) in mA/V und Anodenstrom in mA (gestrichelte Kurve) als Funktion der Spannung von Gitter 3 (V) einer Hexode A H1 (Philips). Links unten: Oszillatorspannung von Gitter 3 als Funktion der Zeit (Zeitachse vertikal), Rechts: Steilheit und Anodenstrom als Funktion der Zeit.

$$E_i \sin \omega_i t \cdot S_1 \sin \omega_h t = \frac{1}{2} E_i S_1 \cos (\omega_h + \omega_i) t + \frac{1}{2} E_i S_1 \cos (\omega_h - \omega_i) t .$$

Die Ausgangswechselspannung $E_0 \cos \omega_0 t$ entsteht über der in Abb. 146 gezeichneten Impedanz R, also in Reihe mit der Diode und den übrigen zwei Wechselspannungen. Weiter gilt: $E_0 = R i_0$, wobei i_0 die Wechselstromamplitude der Kreisfrequenz ω_0 durch den Diodenkreis bezeichnet. Folglich gilt:

$$(34,2) \quad \begin{cases} i_0 = \dfrac{E_0}{R} \\ = \dfrac{1}{2} S_1 E_i - E_0 S_g . \end{cases}$$

Hierbei ist S_g die in (34, 1) so bezeichnete Fourier-Komponente der Steilheit (mittlere Steilheit der Diode). Man findet aus (34, 2):

$$(34,3) \quad \frac{E_0}{E_i} = \frac{\frac{1}{2} S_1}{\dfrac{1}{R} + S_g} .$$

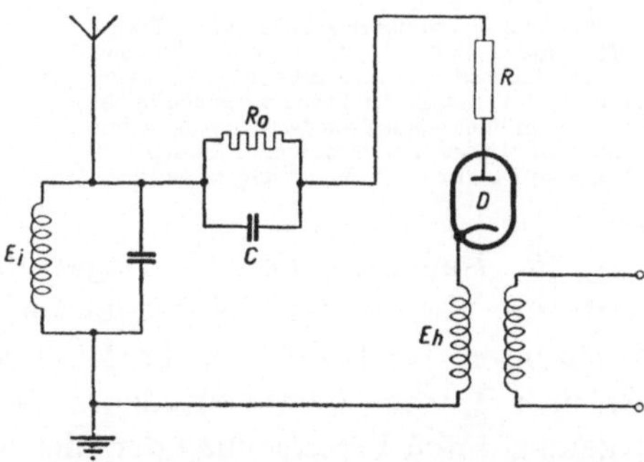

Abb. 146. Schaltbild einer Diode als Mischröhre. Der Eingangskreis erhält (z. B. wie in der Abbildung gezeichnet, aus der Antenne) eine Signalamplitude E_i. Zwischen Anode und Kathode der Diode wird zudem noch eine Oszillatoramplitude E_h (einige Volt) mit Hilfe einer Kopplungsspule angelegt. Der Ableitwiderstand R_0 sorgt für die erwünschte Gleichspannung der Anode in bezug auf die Kathode und ist durch den Kondensator C hochfrequenzmäßig überbruckt. R stellt den Ausgangskreis dar, der auf die Zwischenfrequenz abgestimmt ist.

Wenn die Diodenstrom-Zeit-Kurve scharfe hohe Zacken hat (vgl. Abb. 148), was für hohe Werte der Schwingspannung eintritt (vgl. Abb. 147), so gilt angenähert: $S_1/2 = S_g$. Wenn nun außerdem $1/R$ klein ist gegenüber S_g, was für eine hohe Abstimmimpedanz des mit

R bezeichneten Kreises in Abb. 146 eintritt, so zeigt Gl. (34, 3) daß $E_0 = E_i$ wird, d. h. die Zwischenfrequenz-Ausgangsamplitude der Spannung ist in diesem Fall gleich der Hochfrequenz-Eingangsamplitude dieser Spannung. Man wird stets bestrebt sein, die Diodenmischröhre so zu betreiben, daß diese Bedingung möglichst gut erfüllt ist.

Schrifttum: Anhang sowie *137, 139, 141.*

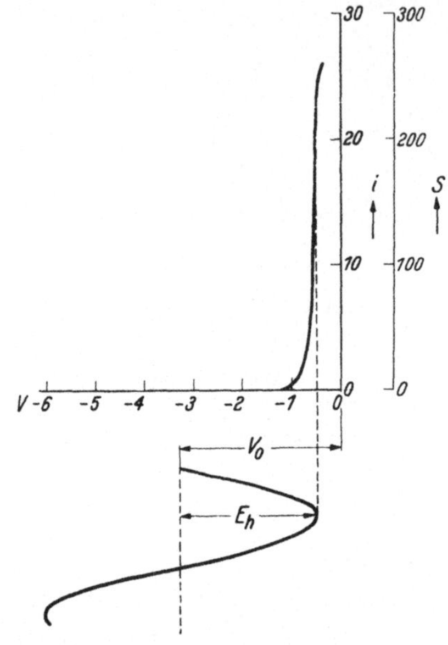

Abb. 147. Wirkungsweise einer Diode A B 2 (Philips) als Mischröhre. Oben: Anodenstrom i in Mikroampere und Steilheit S des Anodenstromes in bezug auf kleine Änderungen der Anodenspannung in Mikroamp/V als Funktion der Anodenspannung in Volt (horizontal). Unten: Anodenspannung im Betriebszustand als Funktion der Zeit (Zeitachse vertikal).

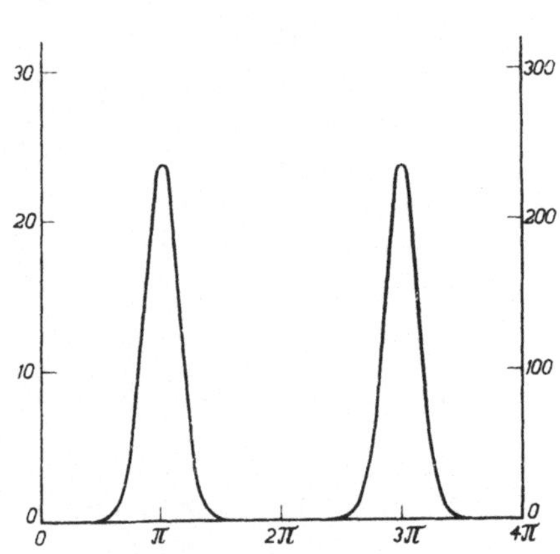

Abb. 148. Anodenstrom in Mikroampere (linke Skala) und Steilheit in Mikroamp/V (rechte Skala), beide vertikal, als Funktion der Zeit (horizontal) als Folge der angelegten Schwingspannung (vgl. Abb. 147).

§ 35. Regelung der Überlagerungsverstärkung, Verzerrungen, Pfeiftöne. Genau wie bei Verstärkerröhren (§ 31) besteht auch bei Mischröhren das Bedürfnis, die Mischverstärkung im Gerät zu regeln. Bei einer Tetrode oder Pentode als Mischröhre (Abb. 139) kann diese Regelung durch Verschiebung der Gleichspannung zwischen dem Steuergitter und der Kathode nach negativeren Werten stattfinden. Hiermit wird die Steilheit, und somit auch die Überlagerungssteilheit, herabgesetzt. Für die bei den Kurven der Abb. 140 und 141 benutzte Pentode ist die Überlagerungssteilheit als Funktion der Gittergleichspannung (Regelkurve) in Abb. 149 dargestellt (Kurve 1, die Kurven 2 und 3 dieser Abbildung werden weiter unten behandelt). Bei einer Oktodenmischröhre wird die Überlagerungsverstärkung geregelt, indem die Spannung V_{g4} des Gitters 4 (Abb. 142) nach negativeren Werten verschoben wird. Die hierdurch entstehende Regelkurve einer Oktode ist in Abb. 150 gezeichnet. Bei einer Hexode (Abb. 144) findet diese Regelung durch Verschieben der Spannung von Gitter 1 (der Kathode zunächst gelegen) nach negativeren Werten statt. Auch bei einer Diodenmischstufe kann die Überlagerungsverstärkung geregelt werden. Hierzu muß nur in Reihe mit der automatischen Vorspannung (Abb. 146) noch eine zusätzliche veränderliche negative Spannung angeordnet werden, wodurch der Diodenstrom und die Steilheit herabgedrückt werden.

Bezüglich der Verzerrungen der Überlagerungsverstärkung kann Analoges gesagt werden wie in § 31 bei der Verstärkung. Wie in § 34 bemerkt, wird die Hälfte der Größe S_1 aus der Fourier-Zerlegung der Steilheitskurve nach Gl. (34, 1) als Überlagerungssteilheit S_c bezeichnet. Die Amplitude i_0 des Anodenwechselstroms mit der Kreisfrequenz ω_0 (Zwischenfrequenz - Anodenwechselstrom - amplitude) kann als Funktion der Amplitude E_i der Eingangswechselspannung durch die Reihe:

$$(35, 1) \quad i_0 = S_c E_i + S_{c3} E_i^3 + S_{c5} E_i^5 + \cdots$$

dargestellt werden. Diese Formel zeigt eine vollkommene Analogie zur Gl. (31,1) in § 31. Auch im vorliegenden Fall der Überlagerungsverstärkung treten bei der Reihenentwicklung der Zwischenfrequenz - Anodenstromamplitude nur ungerade Potenzen der Eingangswechselspannungsamplitude auf. Die Eingangswechselspannung sei mit der Kreisfrequenz p moduliert: $E_i = E(1 + M \cos pt)$. Im Zwischenfrequenz-Anodenwechselstrom tritt außer einer Modulation mit dieser Kreisfrequenz p auch eine gewisse Modulationstiefe mit der Kreisfrequenz $2p$, mit $3p$ usw. auf. Die Modulationstiefe M_2 mit der Kreisfrequenz $2p$ ist angenähert durch die Formel:

$$(35, 2) \quad \frac{M_2}{M} = E^2 \frac{3}{2} M \frac{S_{c3}}{S_c}$$

gegeben. Auch diese Formel, welche die Verzerrung der Modulation bestimmt, ist vollkommen analog mit der entsprechenden Formel

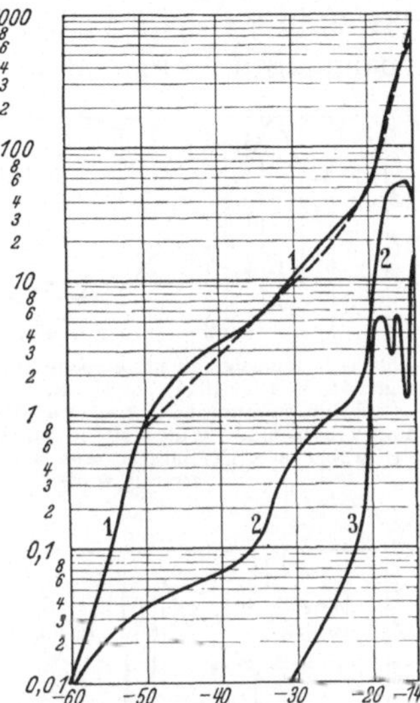

Abb. 149. Kurve 1 (ausgezogene Kurve): Überlagerungssteilheit in Mikroamp/V (vertikal) als Funktion der negativen Spannung des Steuergitters für die in Abb. 139, 140 und 141 benutzte Pentode (Regelkurve). Die gestrichelte Kurve stellt eine theoretische Näherung der Regelkurve dar. Die Kurven 2 und 3 beziehen sich auf die Intensität gewisser Pfeiftonstörungen, welche bei dieser Rohre beim Mischvorgang entstehen, und werden im Text behandelt.

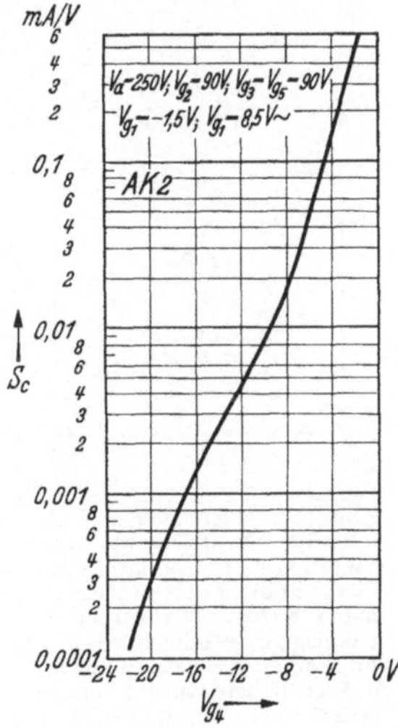

Abb. 150. Überlagerungssteilheit der Oktode AK2 (Philips) in mA/V (vertikal) als Funktion der Gleichspannung V_{q_4} des Gitters 4 (vgl. Abb. 142) in V (horizontal).

(31, 2) in § 31. Im Falle, daß am Eingang der Mischstufe zwei Wechselspannungen, eine unmodulierte $E_i \sin \omega_i t$ und eine modulierte

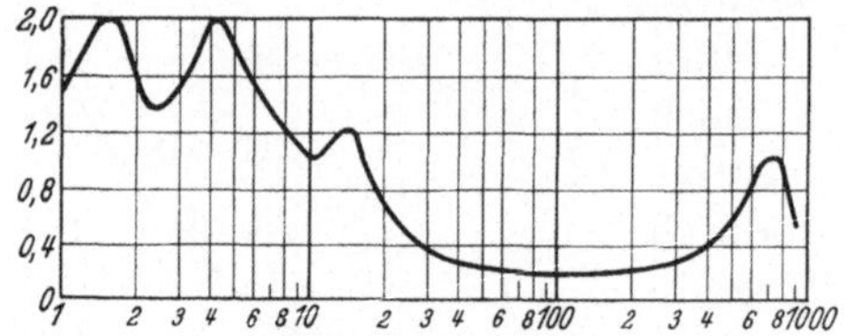

Abb. 151. Zulassige effektive Spannung eines storenden Signals in Volt (vertikal), das 6% Kreuzmodulation verursacht, als Funktion der Überlagerungssteilheit in Mikroamp/V (horizontal) fur die Pentode der Abb. 139, 140 und 141, wobei diese Überlagerungssteilheit wie in Abb. 149 geregelt wird.

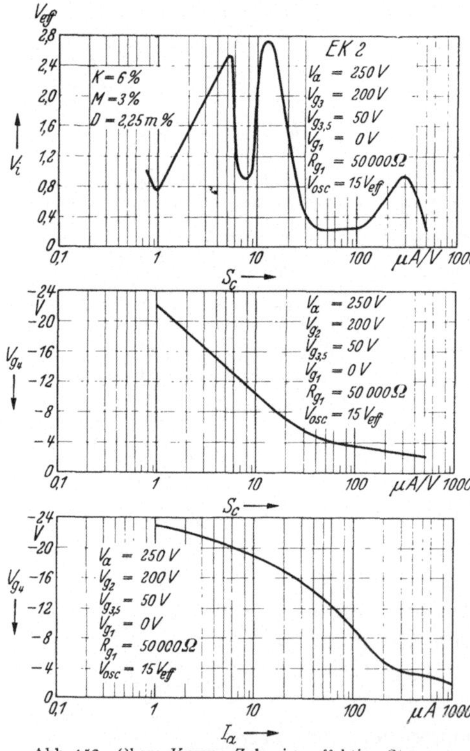

Abb. 152. Obere Kurve: Zulassige effektive Storspannung in Volt, welche 6% Kreuzmodulation erzeugt, als Funktion der Überlagerungssteilheit in Mikroamp/V (horizontal) fur die Oktode E K 2 (Philips), deren Betriebsdaten rechts oben angegeben sind. Mittlere Kurve: Überlagerungssteilheit in Mikroamp/V (horizontal) als Funktion der negativen Spannung von Gitter 4 (vertikal) in Volt. Untere Kurve: Anodenstrom in Mikroamp (horizontal) als Funktion der negativen Spannung von Gitter 4 (vertikal) in Volt.

$E_k(1 + M_k \cos p t) \cdot \sin \omega_k t$ vorhanden sind, wobei die Kreisfrequenz ω_i zusammen mit der Hilfsfrequenz ω_h die Zwischenkreisfrequenz $\omega_0 = \omega_h -- \omega_i$ bildet, ergibt sich für den Zwischenfrequenz-Anodenwechselstrom eine gewisse Modulationstiefe M_0 mit der Kreisfrequenz p (Kreuzmodulation). Diese Kreuzmodulationstiefe ist in erster Näherung durch die Formel:

$$(35,3) \qquad M_0 = 4 \frac{S_{c3}}{S_c} E_k^2 M_k$$

bestimmt, welche wieder vollkommen zur Formel (31, 3) in § 31 analog ist. Hiermit sind die wichtigsten Verzerrungseffekte, welche bei Überlagerungsstufen infolge Krümmung der Röhrenkennlinien auftreten können, behandelt. Die Formeln können auch auf Diodenmischstufen unter Verwendung der hierbei auftretenden Überlagerungssteilheit angewandt werden. Die Größe der genannten Verzerrungseffekte hängt von der betrachteten Stelle der Regelkennlinie ab. Es ist üblich, die effektive Spannung des zweiten Eingangssignals

$$E_k(1 + M_k \cos p t) \sin \omega_k t,$$

das die Kreuzmodulation verursacht, für einen gewissen vorgegebenen Prozentsatz der Kreuzmodulation, z. B. für $M_0/M_k = 0{,}06$, anzugeben. Solche

Werte können als Funktion der Überlagerungssteilheit S_c gemessen werden, wobei wir diese Steilheit in der oben beschriebenen Weise durch Veränderung der negativen Spannung des Steuergitters geregelt denken. In Abb. 151 ist eine solche Kreuzmodulationskurve für die in den Abb. 139, 140 und 141 verwendete Pentode gezeichnet, während in Abb. 152 Regel- und Kreuzmodulationskurven für eine Oktode dargestellt sind. Aus diesen Kurven geht hervor, daß die zulässige effektive Spannung, welche 6% Kreuzmodulation erzeugt, an verschiedenen Stellen der Regelkurve starke Unterschiede aufweist. Da im Betriebe die Regelkurve bei automatischer Lautstärkeregelung in ihrer ganzen Ausdehnung benutzt werden kann, sind die Minimalwerte der effektiven Störspannung, welche aus Kreuzmodulationskurven, wie in Abb. 151 und 152, folgen, für die Beurteilung der Brauchbarkeit der betreffenden Röhre für einen vorgeschriebenen Regelbereich in dieser Hinsicht maßgebend.

Außer den obengenannten Störungen erzeugen die Krümmungen der Röhrenkennlinien bei Mischröhren noch weitere Störungen, welche als Pfeiftöne bezeichnet werden. Dieser Name rührt daher, daß in einem Gerät für den Empfang tonmodulierter Träger infolge dieser Störungen beim Abstimmen auf einen Sender an verschiedenen Stellen „Pfeifen" auftritt.

Wir werden hier jene Pfeiftöne untersuchen, die ihr Entstehen der Mischröhre verdanken. Es können auch andere Ursachen von Pfeiftönen im Gerät vorhanden sein. Wenn wir annehmen, daß die Siebkreise nach der Mischröhre (Zwischenfrequenzfilter) derart konstruiert sind, daß sie nur die Kreisfrequenz ω_0 und um diese Frequenz ein Gebiet von z. B. ± 5 kHz durchlassen, so können jene anderen Ursachen im Gerät nach der Mischröhre zunächst ausgeschaltet werden. Bei genügender Linearität der Hochfrequenzverstärkung vor der Mischröhre können auch hier keine Quellen von Pfeiftonstörungen auftreten.

Wir nehmen zunächst an, daß nur ein einziges Eingangssignal auf das Eingangsgitter der Mischröhre gelangt. Dies setzt voraus, daß entweder nur ein einziges Eingangssignal auf dem Antennenanschluß des Gerätes vorhanden ist oder daß die Hochfrequenzkreise vor der Mischröhre nur ein einziges Signal, das ihrer Abstimmung entspricht, zur Mischröhre gelangen lassen.

Wenn neben der Zwischenfrequenz ω_0 noch eine hiervon nur wenig verschiedene Frequenz $\omega_0 \pm \delta$ am Mischröhrenausgang auftritt, so werden diese beiden Frequenzen durch die Zwischenfrequenzsiebe durchgelassen und gelangen schließlich beide nach der Zwischenfrequenzverstärkerstufe auf die Gleichrichterröhre, wo dann infolge der Gleichrichtung ein hörbarer Ton der Frequenz δ gebildet wird. Dieser Ton wird im Niederfrequenzteil des Gerätes verstärkt und gelangt zusammen mit der gewünschten Musikmodulation von ω_0 auf den Lautsprecher. Wir fragen: Wie kann in der Mischröhre eine Wechselspannung der Frequenz $\omega_0 \pm \delta$ neben einer solchen der Frequenz ω_0 entstehen?

Der Anodenstrom der Mischröhre enthält sowohl Oberwellen der Eingangssignalfrequenz ω_i als auch Obertöne der Oszillatorfrequenz ω_h. Es bilden sich Summen und Differenzen der Frequenzen jener Obertöne. Es ist:

$$(35,4) \qquad \pm \omega_0 = \omega_h - \omega_i.$$

Meistens gilt in Gl. (35, 4) das positive Zeichen. Durch die Oberwellen von ω_h und von ω_i kann nun die Gleichung

$$(35,5) \qquad \pm m\omega_h \pm n\omega_i = \omega_0 \pm \delta$$

mit ganzzahligen Werten von m und n erfüllt sein und somit ein störender Pfeifton auftreten. Nimmt man in Gl. (35, 4) das obere Zeichen an, so erhält man aus Gl. (35, 5):

$$(35,6) \qquad \begin{cases} \dfrac{\omega_0}{\omega_i} = \dfrac{m-n}{1-m}, & \text{oder} \\[2ex] \dfrac{\omega_0}{\omega_i} = \dfrac{n-m}{1+m}, & \text{oder} \\[2ex] \dfrac{\omega_0}{\omega_i} = \dfrac{m+n}{1-m}, & \text{usw.} \end{cases}$$

Hierbei sind m und n ganze positive Zahlen. Natürlich muß der Quotient ω_0/ω_i positiv sein, und dies beschränkt in jeder der Gl. (35, 6) die möglichen Werte von m und n etwas. Die nachfolgende Tabelle enthält einige berechnete Quotienten ω_0/ω_i:

n	3	7	6	2	5	7	1	5	7	6	2	5	3
m	0	1	1	0	1	2	0	2	3	3	1	3	2
ω_0/ω_i	3	3	5/2	2	2	5/3	1	1	1	3/4	1/2	1/2	1/3

Die Tabelle kann natürlich nach Wunsch bedeutend erweitert werden. Auch der Fall, daß in Gl. (35, 4) das untere Zeichen gilt, kann analog wie oben behandelt werden. Die Pfeiftöne sind im allgemeinen schwächer, je höher n und (oder) m, so daß diejenigen der Tabelle mit niedrigstem m und (oder) n als die störendsten anzusehen sind.

Wir nehmen nun an, daß außer dem gewünschten Eingangssignal aus der Antenne noch ein zweites Signal oder sogar mehrere andere Eingangssignale auf das Eingangsgitter der Mischröhre gelangen. Die störenden Signale, welche gleichzeitig mit dem erwünschten Signal der Frequenz ω_i auf das Eingangsgitter der Mischröhre gelangen, sollen die Frequenzen ω_1, ω_2, ω_3 usw. haben. Dann entstehen nach Analogie der Ausführungen, welche oben angegeben wurden, Pfeiftöne, wenn die Gleichungen

$$(35,7) \qquad \begin{cases} \omega_h - \omega_i = \omega_0; \\ \pm m\omega_h \pm n\omega_i \pm n_1\omega_1 \pm n_2\omega_2 \pm n_3\omega_3 \pm \cdots = \omega_0 \pm \delta \end{cases}$$

mit ganzzahligen Werten m, n, n_1, n_2, gleichzeitig erfüllt sind. Offenbar gibt es sehr viele Möglichkeiten hierzu.

Wir untersuchen noch insbesondere den Fall, daß außer dem erwünschten nur ein einziges störendes Signal auf das Eingangsgitter der Mischröhre gelangt. Hierbei nehmen wir an, ω_0/ω_i stehe nicht in einem solchen Verhältnis, daß hierdurch bereits ein Pfeifton durch das erwünschte Signal allein erzeugt werden kann. Dann bleiben z. B. die Gleichungen:

$$(35,8) \qquad \omega_h - \omega_i = \omega_0; \quad \pm m\,\omega_i \pm n_1\,\omega_1 = \omega_0 \pm \delta\,.$$

Bei vorgegebenem ω_h, ω_i und ω_0 kann man aus Gl. (35, 8) leicht die Frequenz ω_1 berechnen, welche zu Pfeiftönen Anlaß geben kann. Als Beispiel sei $\omega_i = 10000$ kHz, $\omega_0 = 150$ kHz, $\omega_h = 10150$ kHz. Dann wird ein unerwünschtes Signal $\omega_1 = 10076$ kHz zu einem Pfeifton führen, denn $2 \cdot 10150 - 2 \cdot 10076 = 148$ kHz. Diese Frequenz unterscheidet sich aber nur um $\delta = 2$ kHz von $\omega_0 = 150$ kHz, und man wird im Lautsprecher einen Pfeifton von 2000 Hz hören.

Wir geben auch noch ein Beispiel für einen Pfeifton, den ein einziges Eingangssignal in der Mischröhre erzeugen kann. Es sei $\omega_i = 230$ MHz, $\omega_0 = 116$ MHz, $\omega_h = 346$ MHz. Dann ist $2 \cdot 230 = 460$ und $460 - 346 = 114$. Es ergibt sich somit ein Pfeifton von 2 MHz mit $\omega_0 = 116$ MHz. In diesem Beispiel ist nach den Gl. (35, 5) $m = 1$ und $n = 2$ gesetzt.

Man kann zeigen, daß die Anodenwechselstromamplitude, welche einem Pfeifton einer Frequenzkombination entspricht, welche $n\,\omega_i$ enthält, proportional zur n-ten Potenz der Eingangsamplitude E_i ist. Diese Regel ist wesentlich für die Beurteilung des Verhältnisses der Stärke eines störenden Pfeiftones zur gewünschten Musikmodulation. Dieses Verhältnis ist für alle Werte von n außer $n = 0$ und $n = 1$ von der Eingangsamplitude E_i abhängig, und zwar ist es für $n = 2$ proportional zu E_i, für $n = 3$ porportional zu E_i^2 usw. Daher verschwinden jene Pfeiftöne, wobei n groß ist, auch rasch, wenn man E_i verringert. Ein Maß für die Stärke einiger Pfeiftöne bei einer Pentoden-Mischröhre ist in Abb. 149 gezeichnet und zwar für $m = 1$, $n = 2$ (Kurve 2) und $m = 1$, $n = 3$ (Kurve 3). In diesen Kurven ist die Anodenwechselstromamplitude infolge dieser Pfeiftonkombinationen nach Messungen dargestellt und zwar für die Kurve 2 dividiert durch das Quadrat der Eingangsamplitude E_i (Maßstab: mA/V²) und für die Kurve 3 dividiert durch E_i^3 (Maßstab: mA/V³). Aus diesen Kurven kann für eine bestimmte Eingangsamplitude E_i sofort die Anodenstromamplitude dieser Röhre, welche durch eine der beiden genannten Frequenzkombinationen entsteht, abgelesen werden.

Im Fernsehfrequenzgebiet können infolge der breiten zu verstärkenden Frequenzbänder Pfeiftöne der beschriebenen Art sehr leicht auftreten. Die vollständige Vermeidung der Pfeiftöne gelingt durch eine geeignete Wahl der Hilfsfrequenz in bezug auf die Eingangsfrequenz.

Die Trägerfrequenz des Bildes sei v_i und die Schwingungsfrequenz v_h, wobei eine Zwischenkreisfrequenz $v_0 = v_h - v_i$ entsteht. Es handelt sich nun in erster Linie darum, daß $\pm m v_h \pm n v_i$ nie gleich $v_0 \pm \delta$ werden darf, wobei δ innerhalb der zu verstärkenden Bandbreite (z. B. 2,5 MHz) liegt. Man kann hierbei die zusätzliche Bedingung angeben, daß für n keine Zahlen größer als etwa 3 eingesetzt zu werden brauchen, da dann die entstehenden Pfeiftöne nur sehr schwach wären. Als Beispiel sei $v_h = 100$ MHz, $v_i = 40$ MHz und $v_0 = 60$ MHz. Diese Zahlen erfüllen unsere Bedingung. Es müssen auch noch Pfeiftöne in Betracht gezogen werden, welche durch Kombinationen mit der Tonträgerfrequenz entstehen. Eine vollständige Diskussion würde zu weit führen. Wir haben den Weg gezeigt, wie durch eine geeignete Wahl der Frequenzen gewisse Pfeiftöne vermieden werden können.

Schrifttum: *137, 140, 145*.

§ 36. Frequenzverwerfung. Jede Mischstufe besitzt einen Oszillatorteil. Wenn die durch diesen Oszillatorteil erzeugte Schwingungsfrequenz sich durch irgendeine Ursache während des Betriebes ändert, so nennt man dies Frequenzverwerfung.

Eine erste, oft eintretende Ursache für Frequenzverwerfung liegt in der Veränderung der Speisespannungen im Gerät. Wenn die positive Spannung des Triodenteils der Mischstufe sich ändert, so ändern sich die Ströme und die negative Vorspannung des Steuergitters sowie die Amplitude der erzeugten Wechselspannung. Diese Änderungen veranlassen wieder eine Änderung der Kapazität, welche durch die Röhre parallel zum Schwingungskreis liegt, und somit eine Änderung der Schwingungsfrequenz. Diese Frequenzverwerfung ist in Hertz ausgedrückt größer, je höher die Schwingungsfrequenz ist. Denn eine ebenso große absolute Veränderung der Kapazität des Schwingungskreises bedeutet bei kurzen Wellen eine größere Frequenzänderung als bei längeren Wellen. Als Mittel gegen die Frequenzverwerfung infolge Speisespannungsänderungen kann zunächst angegeben werden eine weniger feste Koppelung des Schwingungskreises an das Steuergitter der Oszillatortriode. Dies wird erreicht durch Anordnung dieses Kreises im Anodenkreis der Triode (Abb. 144). Tatsächlich wird hierdurch die Frequenzverwerfung auch im Kurzwellengebiet bei z. B. 10% Änderung der Speisespannung auf nur einige tausend Hertz (z. B. bei 12 m Wellenlänge) herabgesetzt, was einen brauchbaren Wert darstellt. Im Rundfunkgebiet ist diese Frequenzverwerfung überhaupt praktisch bedeutungslos.

Eine zweite Ursache der Frequenzverwerfung liegt in der Regelung der Überlagerungssteilheit der Mischröhre. Wir betrachten zunächst die Oktode. Durch Vergrößerung der negativen Spannung auf Gitter 4 (Abb. 142) zur Erzielung dieser Regelung werden immer mehr Elektronen vor Gitter 4 zur Umkehr gezwungen. Ein Teil dieser Elektronen kann in die Nähe der Gitter 1 und 2 gelangen und so die Kapazität zwischen der Kathode und diesen Gittern verändern. Da diese Kapazitäten mit dem Schwingungskreis gekoppelt sind, ändert sich hierdurch die Schwingungsfrequenz. Übrigens ändern sich auch die Ströme nach den Gittern 1 und 2 und die Schwingungsamplitude, was natürlich auch zu Frequenzverwerfung führen muß. Es zeigt sich, daß im Rundfunkgebiet die Frequenzverwerfung, z. B. bei der Oktode A K 2, bei voller Regelung der Überlagerungssteilheit nicht mehr als einige hundert Hertz beträgt, also unschädlich ist. Im Kurzwellengebiet beträgt aber die Verwerfung bei der gleichen Oktode in ungünstigen Fällen 20 kHz und mehr, bei z. B. 15 m Wellenlänge, was durchaus unzulässig ist. Eine Verbesserung entsteht auch hier im Kurzwellengebiet durch Anordnung des Schwingungskreises im Anodenkreis des Triodenteiles (Kathode-Gitter 1 und -Gitter 2). Eine bedeutende Verbesserung kann außerdem erzielt werden durch geeignet gewählte Serienwiderstände, durch Kondensatoren überbrückt, in den Speiseleitungen nach Gitter 2 und 3. Hierdurch wird bei Regelung auf Gitter 4 infolge der Stromänderung nach diesen Gittern ihre positive Spannung geändert, wodurch eine gewisse Kompensierung entsteht. Es sind besondere Oktodensysteme (z. B. E K 3 der Firma Philips) herausgebracht worden, welche diese Frequenzverwerfung nicht zeigen.

Bei der Hexode mit separater Triode (Abb. 144) ist die Frequenzverwerfung infolge der Regelung der Überlagerungssteilheit klein zu halten durch Verwendung eines kleinen Kopplungskondensators zwischen Oszillatorteil und Hexode (in Abb. 144: 100 pF). Wenn aber, wie bei den zusammengebauten Triode-Hexoden ECH 11 und ECH 3, das Steuergitter der Triode galvanisch mit dem dritten Gitter der Hexode verbunden ist, entstehen im Kurzwellengebiet analoge Frequenzverwerfungen bei Regelung auf Gitter 1 der Hexode, wie oben bei der Oktode E K 2 beschrieben. In diesem Fall können die gleichen Mittel wie bei der Oktode Verbesserung bringen.

Eine besonders wichtige Rolle spielen im Kurzwellengebiet die Frequenzverwerfungen infolge von Temperaturänderungen der Schwingröhre. Als Beispiel führen wir einige Messungen für eine Oktode an (Abb. 153). Die nach Einschalten stattfindende allmähliche Erwärmung der ganzen Röhre muß nach diesen Messungen als Ursache der auftretenden Frequenzverwerfung betrachtet werden. Der Schwingungskreis ist im benutzten Gerät zwischen der Kathode und dem Gitter 1 der Oktode geschaltet. Die gemessene Frequenzverwerfung von etwa 5 kHz kann als Kapazitätsänderung dieses Kreises gedeutet werden. Unter der Annahme einer Gesamtschwingkreiskapazität von 75 pF bei 20 m Wellenlänge beträgt diese Kapazitätsänderung zwischen Gitter 1 und der Kathode etwa $5 \cdot 10^{-2}$ pF. Als Ursache hierfür kommt die Änderung der dielektrischen Konstante des Glases im Quetschfuß der Röhre in Betracht. Wenn man als Kapazität zwischen den Zuleitungen nach Gitter 1 und der Kathode im Quetschfuß etwa 1 pF annimmt, müßte die dielektrische Konstante sich um etwa 5% ändern. Bei einer Endtemperatur von 200° C für den Quetschfuß ist diese Größenordnung für die verwendete Glassorte richtig.

Außer Änderungen der Kapazitäten innerhalb der verwendeten Röhren infolge von Erwärmung müssen auch Änderungen von Kapazitäten und Selbstinduktionen in der Schaltung im Gerät durch Temperaturänderungen während des Betriebes in Betracht gezogen werden.

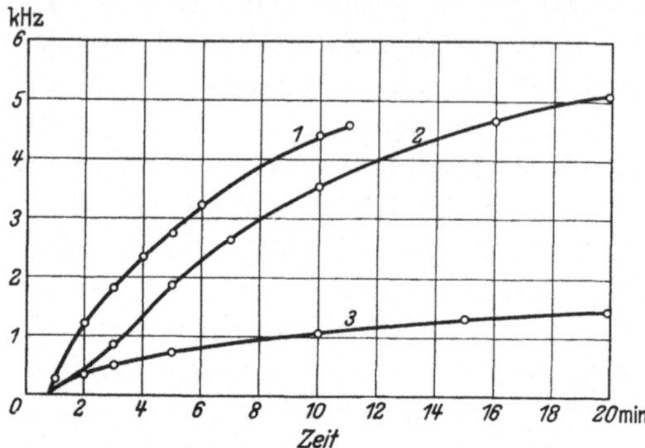

Abb. 153. Frequenzverwerfung bei der Oktode A K 2 als Folge von Temperaturänderungen der Röhre im Empfangsgerat. Vertikal: Frequenzverwerfung in kHz. Horizontal: Zeit in Minuten nach dem Einschalten der Röhre. Kurve 1 bei einer Abstimmwellenlänge des Gerätes von 19,7 m. Kurve 3 bei einer Abstimmwellenlange von 200 m. Bei diesen beiden Kurven war das Gerat zur Zeit Null (horizontale Skala) nebst Röhren kalt und wurde dann der Netzschalter betätigt. Bei der Kurve 2 wurde das Gerat 60 min vor der Zeit Null der Abbildung eingeschaltet. Zur Zeit Null wurde die im Gerät befindliche Oktode durch eine kalte Oktode ersetzt (Wellenlange 19,7 m). Ein Vergleich der Kurven 3 und 2 zeigt, daß die Frequenzverwerfung in diesem Fall im wesentlichen von der Oktode A K 2 und nicht von anderen Ursachen herruhrt.

Je kürzer die Wellenlänge, desto beträchtlicher werden diese Frequenzverwerfungen. Man hat neuerdings Kurzwellenempfangsgeräte hergestellt, wobei ein kleiner Wellenbereich (z. B. 30 bis 31,5 m) auf einem großen Teil der ganzen Wellenskala auseinandergezogen ist. Hierbei sind dann die einzelnen Kurzwellensender durch Striche auf dieser Skala angegeben. Die genannten Frequenzverwerfungen würden eine völlig falsche Markierung auf dieser Skala zur Folge haben. Man hat daher nach Mitteln gesucht, die eine Kompensation der behandelten Frequenzverwerfungen im Gerät erzeugen. Gewisse Stoffe haben einen negativen Temperaturkoeffizienten der dielektrischen Konstanten im hier in Frage kommenden Temperaturgebiet. Kondensatoren aus diesen Stoffen können dazu benutzt werden, gewisse Kapazitätsänderungen von Röhren und Schaltelementen als Folge von Temperaturänderungen im Gerät aufzuheben.

Schrifttum: *64, 128, 142, 145.*

§ 37. Admittanzen von Mischröhren. In erster Linie handelt es sich um die Messung der Eingangsadmittanz zwischen Eingangssignalgitter und Kathode (Erde). Diese Admittanz kann dargestellt werden durch einen Widerstand, den Eingangsparallelwiderstand, parallel zu einer Kapazität. Zur Messung von Eingangsparallelwiderstand und Eingangsparallelkapazität wird der Röhreneingang parallel zu einem Schwingungskreis geschaltet. Aus der Veränderung des Impedanzwertes beim Abstimmen dieses Kreises auf die Eingangssignalfrequenz mit parallel geschalteter Röhre und ohne dieselbe folgt der Eingangsparallelwiderstand. Aus der Verstimmung des Kreises beim Parallelschalten der Röhre ergibt sich die Röhreneingangskapazität.

Diese im Prinzip einfache Messung erfordert gegenüber der analogen Messung bei einer Hochfrequenz-Verstärkerröhre eine viel kompliziertere Vorrichtung. Infolge der Rückwirkung der in der Mischröhre erzeugten oder an diese Röhre gelegten Oszillatorspannung entsteht auf dem Eingangskreis auch eine Wechselspannung der Oszillatorfrequenz. Diese induzierte Oszillatorspannung kann unter Umständen um ein Vielfaches größer sein als die Eingangssignalspannung. Hieraus entsteht die Forderung, daß das Voltmeter für die Eingangssignalwechselspannung nicht auf Wechselspannungen der Oszillatorfrequenz reagieren darf. Am einfachsten wird ein Empfangsgerät, dessen automatischer Schwundausgleich außer Betrieb gesetzt ist, als abgestimmtes Voltmeter benutzt. Beim Vorhandensein von zwei Hochfrequenzkreisen in diesem Gerät ist die Trennschärfe meist genügend, um unangenehme Nebeneffekte durch die induzierte Oszillatorwechselspannung auszuschließen. Für sehr kurze Wellen ist oft der Einbau eines Sperrkreises für die Oszillatorfrequenz in die Eingangsstufe des abgestimmten Voltmeters erforderlich. Die Gesamtwechselspannung auf dem Eingangskreis wird mit einem Diodenvoltmeter gemessen.

Als zweite Meßgröße nennen wir die Überlagerungssteilheit (zwischenfrequenter Anodenwechselstrom dividiert durch hochfrequente Eingangssignalspannung). Diese Größe kann unter Betriebsverhältnissen mit einer Meßeinrichtung der beschriebenen Art für die Eingangssignalspannung leicht bestimmt werden. Hierzu leitet man den Anodenstrom durch einen Schwingungskreis bekannter Impedanz, welcher auf die Differenz von Oszillatorfrequenz und Signalfrequenz (Zwischenfrequenz) abgestimmt ist, und mißt die Wechselspannung auf diesem Kreis. Die Röhrenausgangsimpedanz kann mit diesem Kreis auch leicht bestimmt werden, wenn man ihn lose mit einem gesonderten Sender der Zwischenfrequenz koppelt und dann die Änderung der Kreisimpedanz durch Parallelschalten des Röhrenausgangs bestimmt.

Sehr wichtig ist im Kurzwellengebiet das Verhalten des Oszillatorteiles der Mischröhren. Die Meßeinrichtung muß eine Standardoszillatorschaltung zur Prüfung des Oszillierens enthalten. Die Steilheit des Oszillatorteiles der Mischstufe muß im Kurzwellenbereich in absoluter Größe und in bezug auf Phasenwinkel gemessen werden.

Wir haben eine Einrichtung konstruiert, die Messungen bis etwa 25 MHz gestattet, später ist es durch sorgfältige Abschirmung und Dimensionierung der Schaltelemente gelungen, eine Einrichtung zu bauen, mit der Messungen bis etwa 100 MHz möglich sind (Abb. 154). Hierbei sind die Erfahrungen mit früher gebauten Meßeinrichtungen für Hochfrequenz-Verstärkerröhren bis etwa 300 MHz benutzt worden. Alle Gruppen von Schaltelementen sind nach außen und untereinander durch 1 mm starkes Eisenblech abgeschirmt. Die einzelnen Blech-

Abb. 154. Einrichtung zur Messung der Eingangsadmittanz, Ausgangsadmittanz, Überlagerungssteilheit, Ruckwirkung des Oszillatorteiles auf den Eingang, Frequenzverwerfung, Eigenschaften des Oszillatorteiles und anderer Kurzwelleneigenschaften von Mischrohren bis etwa 100 MHz. *1* und *2* Triodenvoltmeter, *3*, *4* und *5* Batteriebehalter, *6* Behalter der Mischrohrenschaltung sowie der ubrigen Hochfrequenzmeßeinrichtungen, *7* und *8* Mikroamperemeter.

behälter sind untereinander durch angelötete Kupferröhren verbunden, welche die notwendigen Leitungen enthalten. Die Abb. 154 zeigt den Gesamtaufbau der Meßanordnung bis 100 MHz. Die obere Frequenzgrenze von 100 MHz ist festgelegt durch die Eigenschaften der verwendeten Diodenvoltmeter.

Eine Frage, die bei unseren Kurzwellen-Meßeinrichtungen auftauchte, aber für Rundfunkgeräte mit Kurzwellenteil allgemeines Interesse besitzt, gilt der Erzeugung einer möglichst gleichmäßigen Stärke der Oszillatorschwingung in einem bestimmten Kurzwellenband (z. B. 13 bis 40 m). Eine normale Oszillatorschaltung, wie z. B. in den Abb. 142 und 144 dargestellt, kann folgende Nachteile aufweisen: Am kurzwelligen Ende eines Kurzwellenbandes ist die Impedanz des Schwingkreises meistens so günstig, daß hier mit mäßig starker Rückkopplung bereits eine genügende Oszillatorwechselspannung erzeugt werden kann. Zum langwelligen Ende des Bandes hin wird die Kreisimpedanz infolge der Vergrößerung der Abstimmkapazität stets geringer, und da die Rückkopplung fest eingestellt ist, wird auch die erzeugte Oszillatorspannung kleiner. Dies geht so weit, daß die Röhre oft schon vor dem langwelligen Ende des Bandes nicht mehr schwingt. Das naheliegende Mittel hiergegen ist: Vergrößerung der Rückkopplung. Man kann in dieser Weise meistens am langwelligen Ende des Bandes noch (wenn auch schwaches) Schwingen erreichen. Dreht man den Abstimmkondensator nun aber zum kurzwelligen Ende des Bandes zurück, so wird hier die Oszillatorwechselspannung größer und sehr oft zeigt sich dann hier die Erscheinung des sog. Überschwingens (Erzeugung von Kippschwingungen), wodurch der Oszillator für Überlagerungszwecke unbrauchbar wird. Das Überschwingen besteht meistens in einem bei hoher Frequenz auftretenden Aussetzen und Wiedereinsetzen der Wechselspannungserzeugung. Es können hierbei auch mehrere Schwingungsfrequenzen auftreten. Verminderung der Rückkopplung beseitigt meistens das Überschwingen, führt aber wieder zum Aufhören des Schwingens vor dem langwelligen Ende des Wellenbandes. Die Lösung muß also gesucht werden in einem gleichmäßig starken Schwingen im ganzen Wellenband durch geeignete Bemessung der Schwingspulen und durch eventuelle Dämpfung dieser Kreise.

Zunächst führen wir einige Zahlen für die Oktode A K 2 an bei 14 m Wellenlänge. Die Betriebsspannungen bei diesen Messungen sind: $V_a = 200$ Volt, $V_{3,5} = 70$ Volt, $V_2 = 90$ Volt, $V_4 = -1,5$ Volt, R_5 (Abb. 142) $= 50000$ Ohm. Der Strom durch R_5 ist 150 μA (Maß für die Oszillatorwechselspannung, die etwa 6,5 V_{eff} beträgt). Zwischen dem Eingangskreis und dem Gitter 4 ist ein Widerstand von 1 MOhm überbrückt durch 2000 pF, geschaltet. Mit i_4 ist der Strom durch diesen Widerstand, der die Verhältnisse im Empfangsgerät (Schaltung zur automatischen Lautstärkeregelung) nachahmen soll, bezeichnet. Im Fall A ist die Oszillatorfrequenz gleich der Eingangsfrequenz plus Zwischenfrequenz, im Fall B gleich der Eingangssignalfrequenz minus Zwischenfrequenz. Die Oktode arbeitet hier mit einer getrennten Oszillatortriode.

Fall	Zwischenfrequenz	Überlagerungssteilheit S_c	Anodenstrom	i_4	C_4	R_4	E_{ind}	Schaltung
	kHz	μA/V	mA	μA	pF	kOhm	Volt	
A	500	20	0,13	0,1	8,5	13	5,5	Ohne Kondensator C_{14}
B	500	530	2,4	5,0	8,5	15	5,0	
A	1000	80	0,25	1,1	8,6	17	2,5	
B	1000	500	1,26	2,3	8,6	24	2,0	
A	500	270	0,76	1,9	9,4	11	2,1	C_{14} etwa 1 pF
B	500	335	0,88	1,0	9,4	11	1,7	
A	1000	280	0,90	1,5	9,4	12	1,1	
B	1000	355	1,08	1,0	9,4	12	0,78	

Mit C_4 und R_4 sind die Eingangskapazität und der Eingangswiderstand bezeichnet, die beim Anschalten der Röhre parallel zum Eingangskreis liegen. Die Werte E_{ind} geben die effektiven Wechselspannungen der Oszillatorfrequenz an, die auf den Eingangskreis induziert werden. Wie ersichtlich, ist es im Kurzwellengebiet empfehlenswert, einen kleinen Kondensator C_{14} zwischen Gitter 1 und Gitter 4 zu schalten zur Kompensierung der Induktion. Wählt man außerdem den Fall B, so sind die Eigenschaften der Röhre als Überlagerungsverstärker günstig Während in obiger Tafel die Röhre nicht selbstschwingend gemessen wurde, geben wir jetzt Zahlen für eine selbstschwingende Oktode A K 2 (vgl. Abb. 142). Die Bezeichnungen und Betriebsbedingungen sind die gleichen wie oben (Wellenlänge 13 m).

Fall	Zwischenfrequenz	Überlagerungssteilheit	Anodenstrom	i_4	C_4	R_4	E_{ind}	Schaltung
	kHz	μA/V	mA	μA	pF	kOhm	Volt	
A	500	< 50	0,20	0,0	9,0	26	4,9	Ohne C_{14}
B	500	520	1,59	1,8	9,1	— 32	4,2	
A	500	270	0,76	0,8	10,6	200	1,5	C_{14} etwa 1,5 F
B	500	330	0,33	1,3	10,6	200	1,0	

Durch die Steilheit von Gitter 4 nach Gitter 2, in Kombination mit der Rückkopplung von Gitter 2 nach Gitter 1 und der Elektronenkopplung von Gitter 1 nach Gitter 4, ist der Eingangswiderstand größer (einmal sogar negativ) als bei nichtoszillierender Röhre.

Entsprechende Messungen sind auch für Hexoden ausgeführt worden. Die Spannungen waren $V_a = 200$ Volt, $V_{2,4} = 70$ Volt, $V_1 = -2$ Volt, $8\,V_{eff}$ Oszillatorspannung an dem Gitter 3 und 1 MOhm zwischen diesem Gitter und Erde (Wellenlänge 14 m), Röhre A H 1 (vgl. Abb. 144).

Fall	Zwischenfrequenz	Überlagerungssteilheit	Anodenstrom	i_1	C_1	R_1	E_{ind}
	kHz	μA/V	mA	μA	pF	kOhm	Volt
A	500	490	1,10	0,2	9,4	10	0,44
B	500	260	0,85	0,2	9,5	11	0,37
A	1000	370	1,05	0,1	9,4	11	0,19
B	1000	275	1,17	0,1	9,4	11	0,15

Während bei dieser Röhre der Induktionseffekt sogar geringer ist als bei der Oktode, die eine Kapazität $C_{1,4}$ hat, ist der Eingangswiderstand ungünstiger als bei der selbstoszillierenden Oktode. Auch ist die Veränderung von C_1 beim Regeln (mehr negative Vorspannung am Gitter 1) größer (etwa 1 pF) als jene der entsprechenden Kapazität C_4 bei der Röhre AK2, wenn man die negative Spannung von Gitter 4 von $-1,5$ Volt auf -30 Volt bringt (etwa 0,3 pF).

Röhre	Fall	Zwischen-frequenz	Über-lagerungs-steilheit S_c	Anoden-strom	i_1	C_1	R_1	E_{ind}
		kHz	μA/V	mA	μA	pF	kOhm	Volt
A H 1	A	500	510	1,20	0,8	9,5	2,8	0,9
A H 1	B	500	180	0,70	0,8	9,5	3,0	1,1
E H 2	A	500	400	2,24	1,25	7,7	10,6	0,66
E H 2	B	500	455	1,90	2,98	8,5	5,3	0,76

Wir haben bei einer Mischhexode AH1 unter den gleichen Bedingungen wie oben bei 6 m Wellenlänge Messungen ausgeführt (vgl. letzte Tabelle). Auch bei Röhren der Type EH2, die ein Elektrodensystem mit kleineren Abmessungen als die Röhre AH1 hat, sind entsprechende Messungen bei den für diese Röhre geltenden Betriebsverhältnissen ($V_a = 200$, $V_{2,4} = 80$, $V_1 = -2$ Volt, die Oszillatorspannung an Gitter 3 beträgt 8 V_{eff} und zwischen Gitter 3 und der Kathode ist 0,5 MOhm geschaltet) ausgeführt worden. Aus diesen Messungen geht hervor, daß die Röhre AH1 bei 50 MHz wegen zu geringem Eingangswiderstand R_1 weniger gut brauchbar ist. Dagegen kann die Röhre EH2 hier noch gut als Mischröhre verwendet werden.

Zur Beurteilung der mit Mischröhren der oben beschriebenen Art erreichbaren Verstärkung muß man beachten, daß die Überlagerungssteilheit S_c einer Mischröhre dieselbe Bedeutung besitzt wie die Steilheit einer Verstärkerröhre. Bei den behandelten Mischröhren ist die Überlagerungssteilheit im Kurzwellengebiet bis etwa 5 m herab von der Größenordnung 0,5 mA/V. Als Beispiel behandeln wir die Wellenlänge 7 m (Fernsehen) für den Eingangsteil der Mischröhre und etwa 20 m für den Ausgangsteil (Zwischenfrequenz). Die Impedanz des Röhrenausgangs (Kreis mit Röhre parallel) sei 3000 Ohm. Die Verstärkung der Mischstufe ist in diesem Fall etwa 1,5 fach. Wenn die Zwischenfrequenz statt 15 MHz nur 500 kHz beträgt, wie für normale Kurzwellenempfangsgeräte (Musikempfang) üblich, so können leicht Verstärkungszahlen von 50 und mehr für die Mischstufe erreicht werden.

Die bei Hexoden (vgl. die Röhrentypen AH1 und EH2 der letzten Tabelle) gemessenen Werte der Induktionsspannungen E_{ind} sind im Gebiet sehr kurzer Wellen (z. B. unter 10 m Wellenlänge) beträchtlich kleiner als aus den Werten der Eingangsadmittanz und der Kapazität C_{g3g1} zwischen Gitter 3 und Gitter 1 der Röhre durch eine einfache Rechnung unter Berücksichtigung der benutzten Schwingamplitude am

Gitter 3 folgen würde. Diese Erscheinung ist auf die gleichen Ursachen zurückzuführen wie die Änderung der Steuergitter-Anodenkapazität von Pentoden im Kurzwellengebiet (vgl. §§ 25 und 26). Die genannte Kapazität C_{g3g1} ändert sich im Kurzwellengebiet infolge der Wirkungen von Selbstinduktionen und gegenseitigen Induktionen der Röhren-elektrodenzuleitungen nach der Formel:

$$(37,1) \qquad C_{g3g1} = C_{g3g1}^{0} - A\,\omega^2 .$$

Bei den genannten Röhren ist bei 6 m Wellenlänge der zweite Ausdruck rechts etwa 30% des ersten. Hieraus folgt die Größenordnung von A. Diese Überlegungen zeigen, daß man durch geeignete Dimensionierung Mischröhren vom Hexodentyp herstellen kann, bei denen für eine bestimmte Wellenlänge gar keine Induktionsspannung auf den Eingangskreis gelangt, wodurch diese Röhren bei der betreffenden Wellenlänge den Wert der Überlagerungssteilheit haben würden, den sie bei viel niedrigeren Frequenzen besitzen.

Als Beispiel für die Verwendung einer steilen Pentode als Mischröhre im Kurzwellengebiet erwähnen wir Messungen für die Röhre EF 50 (Fernsehpentode) bei 6 m Wellenlänge. Die hierbei benutzte Schaltung weicht von der in Abb. 139 dargestellten ab. Die Schwingspannung ist nicht durch eine kleine Spule zwischen Kathode und Erde geschaltet. Diese Maßnahme erzeugt bei diesen kurzen Wellen eine beträchtliche Verringerung des Eingangswiderstandes der Röhre infolge der Selbstinduktion in der Kathodenzuleitung (vgl. § 26). Die Schwingspannung ist mittels einer kleinen Kapazität (z. B. zwei parallele Drahtstücke von etwa 2 cm Länge, 1 mm Durchmesser und 4 mm Abstand) direkt zum Eingangsgitter der Röhre geführt. Die gemessenen Werte für den Eingangsparallelwiderstand R_e (kOhm) und für die Überlagerungssteilheit sind bei verschiedenen Gitterspannungen V_g und effektiven Schwingspannungen E_h am Röhrengitter in nebenstehender Tabelle zusammengefaßt.

$-V_g$ (V)	E_h (V)	R_e (kOhm)	S_c (mA/V)
2,7	0,5	5,5	1,20
3,0	0,7	5,5	1,45
3,4	1,0	6,0	1,50
3,6	1,4	4,8	1,80

Die Änderung der Eingangskapazität der Mischstufe vom kalten Zustand zum Betriebszustand war etwa 1 pF. Die gemessenen Werte der Überlagerungssteilheit sind beträchtlich höher als für die oben behandelten Mischröhren und lassen diese Schaltung besonders geeignet zur Erzielung hoher Verstärkungen der Mischstufe erscheinen. Messungen bei etwa 3 m Wellenlänge haben für die Röhren EF 50 und EE 50 noch keine meßbare Abnahme der Überlagerungssteilheit ergeben, während der Eingangswiderstand unter konstanten Betriebsbedingungen proportional zum Quadrat der Wellenlänge ist.

Wir behandeln noch die Eingangs- und die Ausgangsadmittanz einer Dioden-Mischstufe nach der Schaltung von Abb. 146. Diese Admittanzen können wieder als Parallelschaltung einer Kapazität mit einem Widerstand betrachtet werden. Die Kapazitäten hängen außer von der Kapazität zwischen den Elektroden der Diode auch von der Montagekapazität der Gesamtanordnung ab und betragen etwa einige pF. Der Eingangswiderstand ist parallel zum Hochfrequenz-Eingangskreis der Schaltung zu denken (vgl. Abb. 146). Es zeigt sich, daß der Eingangswiderstand gleich der Summe des Innenwiderstandes der Diode unter den vorliegenden Betriebsverhältnissen und des Widerstandes R ist, den die primäre Seite des Zwischenfrequenztransformators (vgl. Abb. 146) für die Zwischenfrequenz aufweist. Der Diodeninnenwiderstand liegt meistens in der Größenordnung von 0,1 MOhm. Andererseits gilt eine vollkommen reziproke Formel für den Ausgangswiderstand der Schaltung. Dieser Ausgangswiderstand ist parallel zu R geschaltet und ist gleich der Summe des Diodeninnenwiderstandes und des Abstimmwiderstandes des Eingangskreises für die Eingangsfrequenz. Diese Angaben erlauben eine zweckmäßige Dimensionierung einer Diodenmischstufe.

Schrifttum: *64, 145, 146.*

§ 38. Grenzen der Überlagerungsverstärkung. In analoger Weise wie in § 33 für Verstärkerstufen angegeben, unterscheiden wir auch für Überlagerungsstufen erstens eine Grenze der noch mit Nutzen zu verstärkenden Eingangsamplitude in Anbetracht des Rauschens, und zweitens eine Grenze der noch zu Verstärkungen führenden Wellenlängen.

Wie bereits in § 32 erörtert, ist das Rauschen einer Mehrgitterröhre stärker als das Rauschen einer Triode. Die Mischröhren mit 4 (Hexode), 5 (Heptode) oder sogar 6 Gittern (Oktode) haben im Betriebszustand Eingangsrauschwiderstände zwischen 80 und 100 kOhm. Pentoden, insbesondere die rauscharme Fernsehpentode EF 50, haben kleinere Ersatzrauschwiderstände. Für eine rauscharme Röhre analog zur Type EF 50 beträgt der Ersatzrauschwiderstand im Betriebszustand als Mischröhre etwa 4000 Ohm. Bei der Bestimmung der kleinsten Eingangsspannungswerte von Mischröhren, welche noch ohne unzulässige Störung durch das Rauschen der Röhre verstärkt werden können, behandeln wir zwei Beispiele.

Das erste Beispiel bezieht sich auf Breitbandverstärkung für Fernsehen. Wir nehmen hierbei an, die Bandbreite sei 2,5 MHz. Bei 80 kOhm Ersatzrauschwiderstand ergibt sich nach Gl. (32, 1) eine effektive Spannung des Rauschens am Röhreneingang von etwa $6 \cdot 10^{-5}$ Volt. Der Rauschwiderstand des Eingangskreises der Mischröhre kann gegenüber dem großen Ersatzrauschwiderstand der Röhre vernachlässigt werden, da er nur einige kOhm beträgt (vgl. § 29). Wenn man als Verhältnis der effektiven Rauschspannung zur Signalspannung 10% zuläßt (im Fernsehfall verursacht hierbei das Rauschen bereits gut sichtbare Störungen der Bildwiedergabe), so muß die effektive Eingangssignalspannung der Mischröhre 600 μV betragen. Man darf annehmen, daß durch das Rauschen im Fernsehfall keine Störungen des Bildes mehr auftreten, wenn die effektive Eingangsrauschspannung weniger als 1% der effektiven Eingangssignalspannung beträgt, also in unserem Beispiel für Signalspannungen über etwa 6 mV. Bei Fernseh-Empfangsgeräten wird man Mischröhren mit einem Rauschniveau, wie in diesem Beispiel, nie als erste Röhre des Gerätes verwenden. Man wird vielmehr das Antennensignal zuerst hochfrequent verstärken und erst als zweite oder dritte Stufe des Gerätes die Mischstufe anordnen. In diesem Fall kann die Eingangssignalspannung der Mischröhre genügend hoch sein, um keine Rauschstörungen im Bilde zu erhalten, welche von der Mischröhre herrühren. Wenn eine der Pentode EF50 analoge Röhre, die als Verstärkerröhre etwa 1 kOhm Rauschwiderstand aufweist, als Mischröhre verwendet wird, erhält man als effektive Eingangsrauschspannung etwa 20 μV. Hierbei ist ein Rauschwiderstand des Kreises am Eingang der Mischröhre von etwa 4 kOhm berücksichtigt. Diese Rauschspannung ist somit etwa dreimal geringer als bei den zuerst genannten Mischröhren.

Das zweite Beispiel bezieht sich auf die Verstärkung einer tonmodulierten Trägerwelle, wobei wir eine Gesamtbandbreite von 8 kHz annehmen. Einem Rauschwiderstand von 80 kOhm entspricht hierbei eine effektive Rauschspannung von etwa 3 μV. Wir können somit Eingangssignalspannungen von etwa 0,3 mV völlig rauschfrei verstärken und Eingangsspannungen von etwa 30 μV mit hörbaren Rauschstörungen. Im Falle, daß wir eine Pentode analog zur Röhre EF50 als Mischröhre verwenden, liegen diese Werte etwa dreimal niedriger. Wir haben hierbei angenommen, daß der Rauschwiderstand des Kreises vor der Mischröhre klein gegenüber 80 kOhm ist (etwa 4 kOhm). Diese Bedingung ist z. B. auch erfüllt, wenn die Mischröhre direkt an die Antenne angeschlossen wird, wie auch in § 33 angegeben.

Besondere Berücksichtigung verdient der Fall einer Dioden-Mischröhre. Beim Betrieb mit genügend großer Schwingspannungsamplitude E_h (vgl. Abb. 146 und 147) fließt während einer kurzen Zeitspanne in jeder Periode der Schwingspannung ein beträchtlicher Diodenstrom. Wenn wir den minimalen Diodenstrom (vgl. Abb. 148) mit $J_{\min}$ (μA) bezeichnen, so entspricht diesem Stromwert ein Rauschwiderstand R, der für normale Betriebsverhältnisse angenähert durch (vgl. Anhang):

$$(38,1) \qquad\qquad R = 2 \cdot 10^4 / J_{\min} \text{ Ohm}$$

gegeben wird. Wenn wir annehmen, $J_{\min}$ sei etwa 0,10 μA, so ergibt sich ein Eingangsrauschwiderstand der Diode als Mischröhre von etwa 200 kOhm. Zur Beurteilung des Gesamtrauschens der Diodenmischstufe muß der Rauschwiderstand des Eingangskreises (der auf die Kreisfrequenz ω_i abgestimmt ist, vgl. Abb. 146) zu diesem Eingangsrauschwiderstand der Diode addiert werden (vgl. Anhang).

Wir kommen jetzt zur Frequenzgrenze der Überlagerungsverstärkung. Die Verstärkung einer Überlagerungsstufe ist durch das Produkt der Überlagerungssteilheit und der effektiven Gesamtimpedanz des Ausgangskreises in der Abstimmlage gegeben. Wir nehmen an, daß am Ausgang der Mischröhre als Kopplungselement ein einfacher Schwingungskreis angeordnet ist. Da auf eine Überlagerungsstufe in einer Empfangsanordnung meistens eine Verstärkerstufe folgt, wird diese Impedanz des Kreises durch den Ausgangsparallelwiderstand der Mischröhre, den Eingangswiderstand der nächsten Verstärkerröhre und den Abstimmwiderstand des benutzten Schwingungskreises an sich bestimmt. Während die Eingangsfrequenz der Mischröhre der empfangenen kurzen Wellenlänge entspricht, wird die Ausgangsfrequenz meistens viel niedriger gewählt. Hierdurch ist die Impedanz des Ausgangskreises einer Mischstufe in vielen Fällen bedeutend höher als die Ausgangsimpedanz einer Verstärkerstufe für die Eingangswellenlänge der Mischstufe. Demgegenüber steht, daß die Überlagerungssteilheit nur ein Bruchteil der Steilheit von Verstärkerstufen ist. Diese Überlagerungssteilheit nimmt für Mischröhren vom Hexodentyp bei Wellenlängen unter 6 m im absoluten Betrag ab. Bei Mischröhren vom Pentodentypus tritt diese Abnahme erst bei viel kürzeren Wellen (von der Größenordnung von 1 m) auf. Die Oktodenmischröhren verhalten sich in dieser Hinsicht wie Pentoden.

Durch diese Ausführungen erhellt, daß die obere Frequenzgrenze von Mischstufen in viel höherem Maß von der benutzten Schaltung abhängt als jene von Verstärkerröhren. Die obere Frequenzgrenze der Überlagerungsverstärkung ist eben eigentlich keine Röhreneigenschaft. Als Beispiel wählen wir eine Eingangswellenlänge von 1 m und benutzen eine Pentode vom Typus E F 50, mit einer separaten Trioden-Schwingröhre als Mischröhre. Die Ausgangsfrequenz der Mischstufe sei 1000 kHz. Für diese Frequenz kann die Impedanz des Ausgangskreises für tonmodulierte Träger 100 kOhm betragen. Man erhält dann eine Überlagerungsverstärkung im Werte von etwa 150. Wenn man diese Zahl mit der Verstärkung von Hochfrequenzstufen für diese Wellenlänge vergleicht, fällt sofort der größenordnungsmäßige Unterschied auf (vgl. § 33).

Im Falle des Fernsehempfangs, wobei die Verstärkung einer großen Bandbreite notwendig ist, liegen die Verhältnisse viel weniger günstig für die Überlagerungsverstärkung. Die Kreisimpedanz wird in diesem Fall durch die Bandbreite und durch die Gesamtkapazität, die parallel zum Kreis liegt, bestimmt (vgl. § 29). Der Ausgangskreis der Mischröhre hat daher ungefähr den gleichen Impedanzwert wie der Ausgangskreis einer Hochfrequenz-Verstärkerröhre. Da aber die Mischsteilheit viel kleiner ist als die Steilheit einer Verstärkerröhre, ist in diesem Fall die Verstärkung einer Mischstufe bedeutend geringer als die Verstärkung einer entsprechenden Hochfrequenz-Verstärkerstufe (vgl. § 42).

Schrifttum: Anhang sowie *142, 145, 155*.

§ 39. Admittanzen von Gleichrichterstufen. Eine der gebräuchlichen Schaltungen bei Diodengleichrichtung ist in Abb. 67b gezeichnet. In Abb. 155 ist diese Diodenschaltung nochmals angegeben, diesmal in Verbindung mit der Verstärkerstufe vor der Diode (Röhre P_1) und mit der Verstärkerstufe nach der Diode (Röhre P_2). Die Wirkungsweise dieser Schaltung ist wie folgt. In der Röhre P_1 wird eine modulierte Trägerwelle verstärkt. Der Schwingungskreis CL ist auf die Trägerfrequenz abgestimmt. Die Bandbreite dieses Kreises, welche durch die Gesamtimpedanz des Kreises unter Berücksichtigung der Parallelschaltung des Ausgangs der Röhre P_1 sowie der Diode D bestimmt wird, ist so bemessen, daß die höchsten und niedrigsten Frequenzen im übertragenen Band noch wenig geschwächt im Vergleich zur mittleren Frequenz durch die Röhre P_1 verstärkt werden (vgl. die Aus-

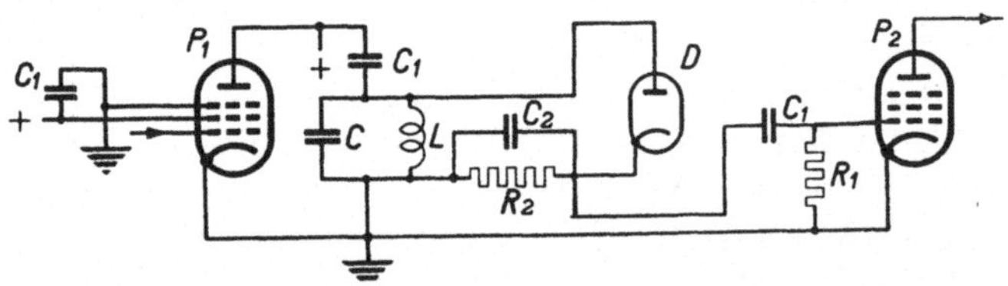

Abb. 155. Schaltbild einer Diodengleichrichterstufe zwischen zwei Verstärkerstufen. P_1 und P_2 sind Verstärkerpentoden. In der Röhre P_1 wird die modulierte Trägerwelle verstarkt, während P_2 zur Verstarkung der Modulation dient. C_1 sind Blockkondensatoren (einige 1000 pF). Der Schwingungskreis CL ist auf die mittlere Frequenz des mit der Röhre P_1 zu verstarkenden Frequenzgebietes abgestimmt. D ist die Diode, R_1 ist ein Ableitwiderstand (einige zehntel MOhm). Der Widerstand R_2 und die Kapazitat C_2 sind so bemessen, daß C_2 den Widerstand R_2 für die Abstimmfrequenz des Kreises CL kurzschließt und andererseits für die mit der Röhre P_2 zu verstärkenden Frequenzen eine größere Impedanz als R_2 hat. Im Text ist die Bemessung von R_2 und C_2 ausfuhrlich behandelt.

führungen in § 29). Wir nehmen an, die Kreisfrequenz der Trägerwelle sei ω und jene der höchsten gewünschten Modulationsfrequenz sei p. Dann soll die Bemessung der Kapazität C_2 und des Widerstandes R_2 nach den Formeln $R_2 \gg 1/\omega C_2$; $R_2 \ll 1/p C_2$ erfolgen. Der ersten dieser Bedingungen kann stets leicht genügt werden. Ob und inwieweit man dann der zweiten Bedingung genügen kann, hängt vom Verhältnis ω/p ab. Im Kurzwellengebiet ist dieses Verhältnis, außer im Fall von Fernsehbildübertragungen, genügend groß, damit die zwei angeschriebenen Ungleichungen gleichzeitig erfüllt werden können. In diesem Fall entsteht eine Wechselspannung, welche der Modulationstiefe der modulierten Trägerwelle entspricht und deren Frequenz die Modulationsfrequenz ist, zwischen den Anschlüssen des Widerstandes R_2 und gelangt von da auf den Eingang der Röhre P_2, in der sie weiter verstärkt wird.

Eine Frage, die wir beantworten müssen, lautet: Welche Impedanz kommt durch die Diodenschaltung parallel zum Kreis CL? Diese Frage ist bereits zum Teil in § 19 im Anschluß an Abb. 67b in Gl. (19, 6) beantwortet worden. Die Impedanz der Diodenschaltung kann durch einen Widerstand R_e parallel zu einer Kapazität C_e ersetzt werden, welche beide parallel zum Kreis CL (Abb. 155) kommen. Wenn die obengenannten Bedingungen für C_2 und R_2 erfüllt sind, ergibt sich, daß R_e mit guter Annäherung gleich dem Innenwiderstand R_i der Diode unter Betriebsbedingungen und C_e gleich der Kapazität C_i der Diode ist. Nach den Ausführungen in § 19 ist dieser Dioden-Innenwiderstand R_i für große Werte der Trägerwellenamplitude (z. B. für normale Dioden über 10 Volt) durch diese Amplitude dividiert durch zweimal den Diodengleichstrom gegeben. Andererseits ist in diesem Fall bei genügend großem Wert von R_2 gegenüber R_i diese Wechselspannungsamplitude gleich der Gleichspannung zwischen den Anschlüssen des Widerstandes R_2. Da R_2 gleich dieser Gleichspannung dividiert durch den Diodengleichstrom ist, erhält man die Regel: Für große Trägerwellenamplituden ist R_e etwa gleich dem halben Widerstandswert R_2. Hierbei ist angenommen, daß für R_2 der Wert bei Gleichstrom eingesetzt wird. Für kleine Trägeramplituden ist R_e kleiner als $R_2/2$ und für ganz kleine Amplituden (unter etwa 0,1 Volt für normale Dioden, wie etwa die Röhre AB2) wird R_e gleich etwa $0{,}1\,R_2$ bis $0{,}15\,R_2$. Die Diodenkapazität C_i im Betriebszustand beträgt normalerweise einige pF. Wie in Abb. 155 gezeigt, kommen die Eingangskapazität und der Eingangswiderstand R_p der nächsten Verstärkerröhre P_2 parallel zu R_2. Da die hierbei in Betracht kommenden Frequenzen sehr niedrig sind (im Falle der Tonmodulation einige kHz und bei Fernsehbildmodulation einige MHz), ist R_p sehr groß (einige MOhm) und kann gegenüber R_2 in erster Annäherung vernachlässigt werden. Die Eingangskapazität der Röhre P_2 vergrößert die Kapazität C_2. Beide Größen sind praktisch ohne Einfluß auf den Eingangswiderstand R_e und auf die Eingangskapazität C_e der Diodenschaltung vom Kreis CL aus betrachtet.

Als Beispiel betrachten wir die Gleichrichtung eines modulierten Bildträgers beim Fernsehempfang. Die Röhre P_1 sei die letzte Hochfrequenz-Verstärkerröhre für die Trägerwelle des Bildes und P_2 sei die erste Bildfrequenz-Verstärkerröhre (Abb. 155). Die Verstärkung der Röhre P_1 wird wesentlich durch die Gesamtimpedanz des Ausgangskreises dieser Röhre in der Abstimmlage bestimmt. Wenn der Ausgangswiderstand der Röhre P_1 sowie der Innenwiderstand R_i der Diode unter Betriebsbedingungen genügend hoch sind, hängt diese Gesamtimpedanz R von der zu verstärkenden Bandbreite B und von der Gesamtkapazität C_g des Ausgangskreises ab (vgl. § 29). Die Gesamtkapazität C_g setzt sich aus der Summe der Ausgangskapazität der Röhre P_1, der Kreisabstimmkapazität C (Abb. 155), der Montagekapazität und der Diodenkapazität C_i zusammen. Es gilt die Formel: $R = (2\,\pi BC_g)^{-1}$. Zum Erzielen eines möglichst großen Wertes R und damit einer möglichst hohen Verstärkung der Röhre P_1 ist es günstig, wenn C_i möglichst klein ist. Der Widerstand R_2 und die Kapazität C_2, in der wir auch die übrigen zu R_2 parallel geschalteten Kapazitätswerte der Anordnung Abb. 155 zusammenfassen, werden durch das mit der

Bildfrequenz-Verstärkerröhre P_2 zu verstärkende Frequenzgebiet bestimmt. Hierfür wird ein Gebiet festgelegt, das sich von 0 bis zur Frequenz B erstreckt. Der absolute Betrag der Impedanz, welche durch die Parallelschaltung von R_2 und C_2 gebildet wird, soll in diesem Gebiet möglichst konstant gehalten werden. Für niedrige Frequenzen ist er gleich R_2, und für die Frequenz B soll er auf $R_2/\sqrt{2}$ gefallen sein. Dann wird R_2 durch die Formel:

$$(39,1) \qquad\qquad R_2 = \frac{1}{2\,\pi\,C_2\,B}$$

gegeben. Da die Diodenkapazität in Abb. 155 für das Bildfrequenzgebiet parallel zu R_2 geschaltet ist, muß sie möglichst klein sein, damit R_2 bei gegebenem B-Wert möglichst hoch gewählt werden kann. Wenn wir annehmen C_2 sei 20 pF und B sei 3 MHz, so erhält man aus Gl. (39, 1) einen Wert R_2 von etwa 2,7 kOhm. Die im Fernsehfall entstehenden Werte von R_2 sind somit um eine Größenordnung kleiner als jene, welche für tonmodulierte Trägerwellen gewählt werden (z. B. 0,5 MOhm).

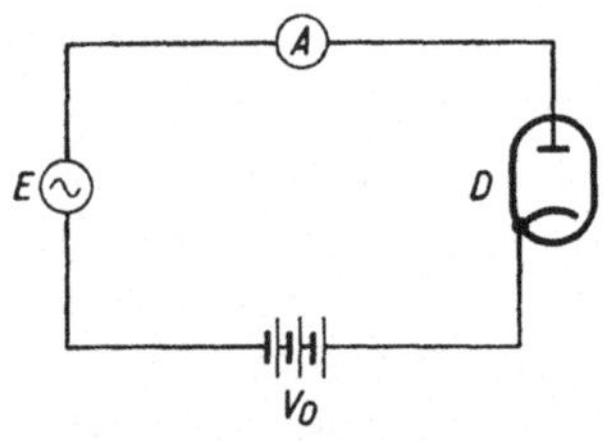

Abb. 156. Meßeinrichtung zur Bestimmung der Eigenschaften von Gleichrichterdioden. E Wechselspannungsquelle. V_0 variable Batteriespannung. A Milliamperemeter. D Diode.

Es handelt sich für dieses Beispiel darum, Dioden herzustellen, welche eine kleine Kapazität C_i aufweisen und die gleichzeitig bei kleinen Werten des Widerstandes R_2 bereits eine günstige Gleichrichterwirkung zeigen. Letztere Forderung erörtern wir an Hand von einigen Messungen. Hierbei wurde die in Abb. 156 dargestellte Meßeinrichtung benutzt. Mit E ist eine Wechselspannungsquelle angedeutet, die einen sehr kleinen inneren Widerstand hat. Bei verschiedenen Wechselspannungen dieser Quelle und für verschiedene Werte der Gleichspannung V_0 messen wir den Gleichstrom durch die Diode D mit dem Milliamperemeter A. Das Ergebnis einiger solcher Messungen ist in Abb. 157 dargestellt, und zwar für eine normale Rundfunkdiode (Philips Type A B 2) und für eine Spezialfernsehdiode (Philips Type E A 50). Wenn an Stelle der Batteriespannung V_0 der Abb. 156 eine Parallelschaltung von R_2 und C_2 (Abb. 155) benutzt wird, so ergeben sich die entstehenden Ströme durch diesen Widerstand und Spannungen zwischen seinen Anschlüssen durch Bestimmung der Schnittpunkte der in Abb. 157 gezeichneten Kurven mit einer Geraden, deren Neigung dem Wert von R_2 entspricht. Die Gerade in Abb. 157 entspricht einem Widerstand R_2 von 2 kOhm. Aus Abb. 157 geht hervor, daß bei einer effektiven Wechselspannung von 5 Volt zwischen den Anschlüssen des Widerstandes R_2 von 2000 Ohm eine Gleichspannung von etwa 4,1 Volt erzeugt wird für die Diode E A 50 und eine Gleichspannung von etwa 2,6 Volt für die normale Diode A B 2. Diese Gleichspannung entspricht der Bildfrequenzspannung im Fernsehgebiet (Abb. 155). Aus Abb. 157 kann entnommen werden, daß die gleichgerichtete Spannung für sehr hohe Werte des Widerstandes R_2 (Gerade mit sehr geringer Neigung in Abb. 157) ungefähr gleich dem Scheitelwert der Wechselspannung (in Abb. 157 etwa 7,07 Volt) wird. Unter dem Wirkungsgrad der Gleichrichterstufe verstehen wir das Verhältnis der gleichgerichteten Spannung zwischen den Anschlüssen des Widerstandes R_2 zum Scheitelwert der angelegten Wechselspannung. Für genügend große Werte von R_2 ist dieser Wirkungsgrad für normale Dioden nahezu gleich 1. Für die Diode EA 50 ist im obigen Beispiel (R_2 gleich 2 kOhm) der Wirkungsgrad etwa 58% und für die Rundfunkdiode AB2 etwa 37%. Ein hoher

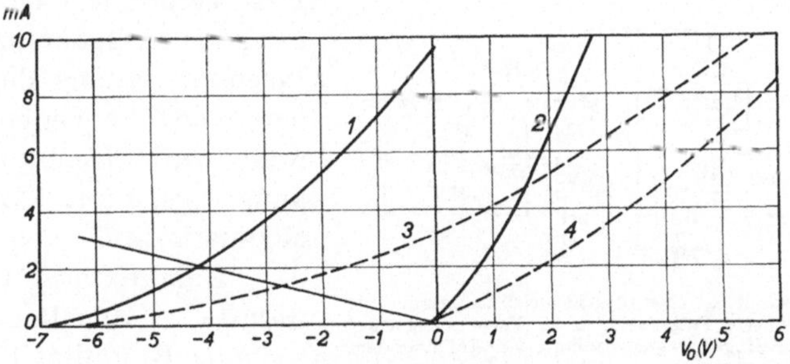

Abb. 157. Meßergebnisse, welche mit der Anordnung von Abb. 156 erhalten wurden. Die Kurven 3 und 4 beziehen sich auf die für Rundfunkempfang benutzte Diode AB2 (Philips), die Kurven 1 und 2 auf die Fernsehdiode. EA 50 (Philips). Vertikal: Anodenstrom in mA (mit A in Abb. 156 gemessen). Horizontal: Batteriespannung V_0 der Abb. 156. Die Kurven 1 und 3 wurden mit einer Wechselspannung der Quelle E (Abb. 156) von 5 V eff aufgenommen, die Kurven 2 und 4 bei 0 Volt Wechselspannung. Die Gerade bezieht sich auf den Fall, daß an Stelle der Batterie V_0 in Abb. 156 ein Widerstand von 2000 Ohm, uberbruckt durch eine große Kapazität, verwendet wird.

Wert dieses Wirkungsgrades kann, wie durch Betrachtung der Kurven in Abb. 157 einleuchtet, bei großer „Steilheit" der gemessenen Kennlinien erzielt werden. Diese Steilheit ist für die Kurven 1 und 2 der Abb. 157 viel höher als für die Kurven 3 und 4. Eine große Steilheit der Diodenkennlinien kann durch Verringerung des Abstandes Anode-Kathode einer Diode oder durch Vergrößerung der wirksamen Oberflächen dieser Elektroden erreicht werden. Andererseits bedingen diese Maßnahmen eine Zunahme der Diodenkapazität C_i, was für die Brauchbarkeit der Diode in unserem Beispiel ungünstig ist. Die Daten der Röhre EA 50 sind so gewählt, daß ein günstiger Kompromiß zustande gekommen ist.

Neben den behandelten Diodengleichrichterstufen werden auch noch Anodengleichrichterstufen benutzt. Die Wirkungsweise eines solchen Anodengleichrichters erörtern wir an Hand der Abb. 158. Hierbei ist eine Hochfrequenzpentode benutzt. Der Eingangsteil dieser Pentodenschaltung ist demjenigen ähnlich, der bei der Verwendung der Pentode in einer Hochfrequenz-Verstärkerstufe benutzt wird. Nur der Kathodenwiderstand R_k ist im vorliegenden Fall viel höher (etwa 10

bis 30 kOhm) als bei Verstärkerstufen (etwa 250 Ohm). Die Eingangsimpedanz der Stufe ist gleich jener einer Verstärkerstufe mit der gleichen
Röhre unter gleichen Betriebsbedingungen im Kurzwellengebiet. Der
Ausgang der Pentode enthält für die hochfrequenten Schwingungen
einen Kurzschluß (Kondensator von 250 pF) und ist in Abb. 158 für
die Gleichrichtung einer tonmodulierten Trägerwelle geschaltet. Die
Widerstände R_1 und R_2 bilden einen Spannungsteiler zur Erzeugung
der Schirmgitterspannung und sind so bemessen, daß diese Elektrode
im Betrieb eine konstante Spannung erhält. Zwischen den Anschlüssen
des Widerstandes R_a wird eine Niederfrequenz-Wechselspannung erzeugt, die der Tonmodulation der hochfrequenten Trägerwelle entspricht.

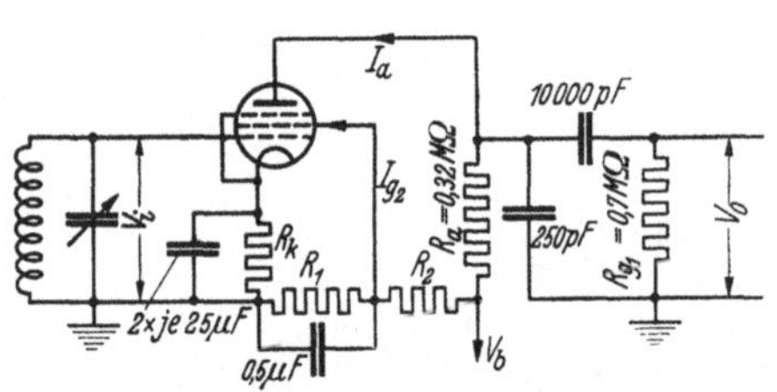

Abb. 158. Schaltbild einer Anodengleichrichterstufe für
eine tonmodulierte Trägerwelle, unter Verwendung einer
Pentode. Die Eingangssignalspannung V_i wird über dem
Eingangsschwingungskreis angelegt. R_k Kathodenwiderstand zur Erzeugung der negativen Steuergitterspannung
(mehrere kOhm), R_1 und R_2 Widerstände eines Spannungsteilers zur Speisung der Anode und des Schirmgitters
(einige kOhm). R_a Anodenreihenwiderstand. R_{g1} Gitter-
ableitwiderstand der nächsten Verstärkerröhre mit der
effektiven Eingangsspannung $V_0 \cdot J_a$ Anodenstrom. J_{g2}
Schirmgitterstrom.

Das Verhältnis dieser Ausgangswechselspannung zur
Wechselspannung der modu-
lierten hochfrequenten Trägerwelle wird „Detektorverstärkung" genannt. Bei einer
Modulationstiefe von 0,3 liegt
diese Detektorverstärkung für
normale Hochfrequenzpen-
toden (z. B. Philips Type A F 7
oder E F 6) zwischen 5 und 10,
wenn die Schaltung von
Abb. 158 benutzt wird. Der
Vorteil dieser Anodengleich-
richterschaltung gegenüber der
Diodenschaltung kann in dieser Verstärkung erblickt werden, die aber
durch die Verwendung einer komplizierteren Röhre erkauft wird.

Bei der Gleichrichtung treten, ebenso wie bei der Verstärkung, auch
Verzerrungen auf. Hierbei sind die Verzerrungen der Modulation der
Trägerwelle hinter der Gleichrichterstufe in erster Linie wichtig. Während diese Verzerrungen (Bildung von höheren Harmonischen und von
Kombinationen der Modulationsfrequenzen) für die Tonwiedergabe
nur wenige Prozent betragen dürfen, ist für die Bildwiedergabe im
Fernsehempfänger ein höherer Prozentsatz (z. B. 10%) zulässig, ohne
daß störende Effekte im Fernsehbild entstehen. Die Einhaltung der
oben für Ton-Diodengleichrichter angegebenen zwei Bedingungen und
der im obigen Beispiel für Anodengleichrichtung bei Tonmodulation
angegebenen Zahlen führt zu günstigen Zahlen für die genannten Verzerrungseffekte.

Schrifttum: *145, 152.*

§ 40. Gegentaktschaltungen. Die in diesem Paragraphen behandelten Schaltungen beziehen sich sowohl auf Mischröhren als auch auf
Gleichrichterröhren. Sie weisen, analog wie die in den §§ 27 und 33

angegebenen Gegentaktschaltungen für Verstärkerstufen, im Kurzwellengebiet eine Anzahl von charakteristischen Vorzügen auf, welche ihre Anwendung in vielen Fällen nützlich erscheinen läßt.

Wir haben bei Mischröhren, da eine Eingangswechselspannung, eine Hilfswechselspannung vom Schwingungserzeuger und eine Ausgangswechselspannung vorhanden sind, verschiedene Möglichkeiten, für diese Wechselspannungen die Gegentaktschaltung anzuwenden:

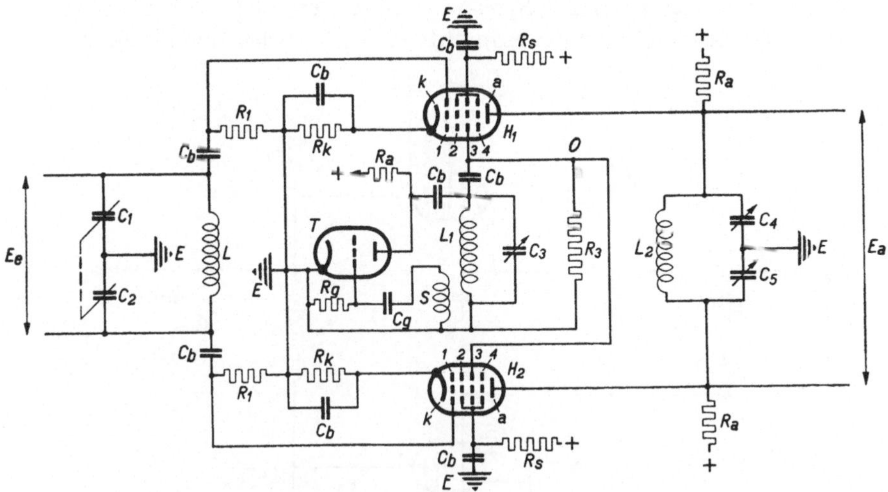

Abb. 159. Schaltbild einer Gegentaktmischstufe unter Verwendung zweier Hexoden H_1 und H_2, sowie einer Schwingtriode T. E Erde (Gerategehäuse). E_e Eingangsspannung, E_a Ausgangsspannung, C_1 und C_2 zwei symmetrisch angeordnete gleiche variable Kondensatoren, welche mit der Selbstinduktion L auf die Eingangsfrequenz abgestimmt sind. C_b Blockkondensatoren (einige 1000 pF). R_1 Gitterableitwiderstande (einige zehntel MOhm). R_k Kathodenwiderstande (einige 100 Ohm) zur Erzeugung der negativen Gleichspannung von Gitter 1 (die Gitter der Hexoden sind von den Kathoden k anfangend bis zu den Anoden a numeriert). R_a Anodenspeisungswiderstände. R_s Schirmgitterspeisungswiderstände. S Rückkopplungsspule der Schwingschaltung. R_g Gitterwiderstand (etwa 20 kOhm) und C_g Gitterkondensator (etwa 50 pF). $L_1 C_3$ Schwingungskreis der Triode, abgestimmt auf die Oszillatorfrequenz. R_3 Ableitwiderstand der Gitter 3 der Hexoden. L_2 Selbstinduktion und C_4 und C_5 symmetrische Kapazitaten des Gegentakt-Ausgangskreises, auf die Zwischenfrequenz abgestimmt.

1. Eingang gegentakt, Ausgang gegentakt, Hilfsspannung nicht gegentakt;

2. Eingang gegentakt, Ausgang nicht gegentakt, Hilfsspannung gegentakt;

3. Eingang nicht gegentakt, Ausgang gegentakt, Hilfsspannung gegentakt.

Ein Schaltbild zur ersten Möglichkeit, unter Verwendung zweier Mischröhren H_1 und H_2 vom Hexodentyp ist in Abb. 159 dargestellt. Zwischen dem Punkt 0 und der Erde E wird eine Wechselspannung (Hilfswechselspannung) durch die Schwingtriode T erzeugt. Diese Oszillatorspannung wird den beiden Gittern 3 der Hexoden zugeführt. Die Steilheit S des Anodenstroms dieser Hexoden in bezug auf Spannungsänderungen am Gitter 1 schwankt demnach für beide

Hexoden H_1 und H_2 im gleichen Rhythmus und im gleichen Sinne [vgl. Gl. (34, 1)]:

$$S = S_g + S_1 \sin \omega_h t + S_2 \cos 2\omega_h t + S_3 \sin 3\omega_h t + \cdots$$

Die Eingangsspannung wird den beiden Eingangsgittern (den Gittern 1) im Gegentakt zugeführt. Für die Hexode 1 wird sie also: $E_i \sin \omega_i t$ und für die 2. Hexode $-E_i \sin \omega_i t$. Die Anodenstromkomponenten der Kreisfrequenz $\omega_0 = \omega_h - \omega_i$ werden für die beiden Hexoden bzw. gleich $1/2\, E_i S_1 \cos \omega_0 t$ und $-1/2\, E_i S_1 \cos \omega_0 t$. Über dem Gegentaktausgangskreis entsteht eine Spannungsamplitude E_a, welche durch Multipli-

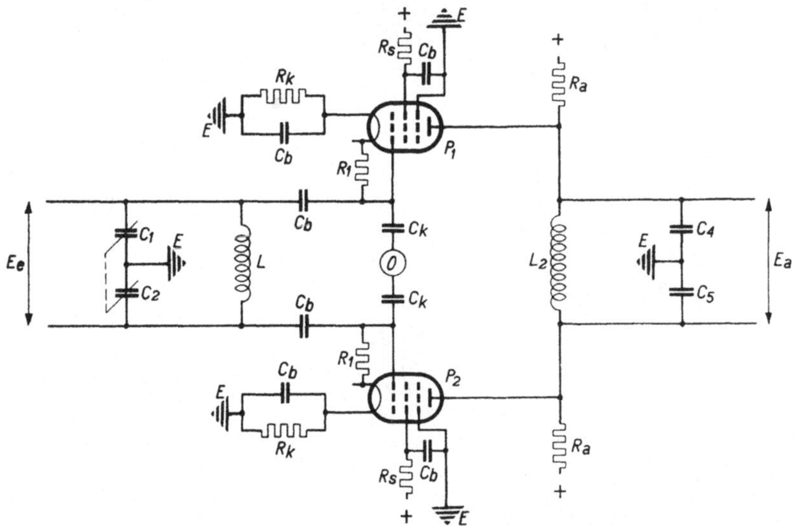

Abb. 160. Gegentaktmischstufe mit zwei Pentoden P_1 und P_2. Der Oszillatorteil ist der gleiche wie in Abb. 159 und ist mit O angedeutet. Bedeutung der Buchstaben wie in Abb. 159.

kation von $E_i S_1$ mit dem halben Wert der Gesamtkreisimpedanz (mit Röhrenausgang parallel) in der Abstimmlage (Kreisfrequenz ω_0) erhalten wird. Da die Eingangsamplitude der Stufe durch $E_e = 2E_i$ gegeben wird, erhält man als Überlagerungssteilheit $S_1/4 = S_c$, im Vergleich zu $S_1/2$ bei einer Mischstufe mit einer einzelnen Röhre. In Abb. 160 ist ein Schaltbild einer Gegentaktmischstufe nach der ersten obengenannten Möglichkeit mit zwei Pentoden P_1 und P_2 dargestellt. Die Oszillatorspannung gelangt vom Punkt O der nicht im einzelnen gezeichneten Schwingschaltung (vgl. Abb. 159) über Kopplungskondensatoren C_k auf die Steuergitter. Die Steilheit schwankt im Rhythmus dieser Hilfswechselspannung im gleichen Sinne für beide Pentoden. Die Wirkungsweise der Schaltung ist im übrigen die gleiche wie oben für die zwei Hexoden angegeben. Die Vorteile dieser Art der Gegentaktschaltung von Mischstufen sind folgende: a) Günstigerer Eingangswiderstand der Stufe für die Eingangsfrequenz (zumindest verdoppelt gegenüber einer einzelnen Röhre). b) Die Eingangskapazität der Stufe ist die Hälfte derjenigen bei einer einzelnen Röhre. c) Auch die Montagekapazität der Schaltung ist in bezug auf eine einfache Stufe halbiert. Diese drei Punkte führen dazu, daß bei tonmodulierten und bei bildmodulierten Trägerwellen eine bedeutend höhere Impedanz des Eingangskreises in der Abstimmlage (mit Röhreneingang parallel) erzielt werden kann, als bei einfachen Stufen unter Verwendung der gleichen Röhren möglich ist. Die Änderung der Eingangskapazität und des Eingangswiderstandes der Mischstufe beim Regeln der Verstärkung durch Änderung der negativen Spannung von Gitter 1 wird gegenüber der Änderung für eine einzige Röhre ebenfalls halbiert. In bezug auf den Ausgang der Mischstufe gelten die gleichen Vorteile wie in bezug auf den Eingang. Während der Ausgangswiderstand der Mischröhren wegen der niedrigeren Ausgangsfrequenz meistens bereits so hoch ist, daß er keine Beschränkung der Kreisimpedanz darstellt, führt die Verringerung der Kapazität am Ausgang zu einer höheren Kreisimpedanz bei gleicher Bandbreite (vgl. § 29). Den genannten Vorteilen stehen auch Nachteile gegenüber: a) Kompliziertere Schaltung, welche mehr Schaltelemente benötigt. b) Erhöhter Eingangsrauschwiderstand der Stufe. Der erste Punkt leuchtet wohl genügend ein. Beim Punkt b) ist zu bedenken, daß die beiden Röhreneingänge je einen Ersatzrauschwiderstand der entsprechenden Röhre aufweisen, und diese Ersatzrauschwiderstände sind in Reihe geschaltet. Der gesamte Ersatzrauschwiderstand am Eingang der Mischstufe setzt sich demnach aus der Summe des Rauschwiderstandes des benutzten Kreises und dem zweifachen Eingangsersatzrauschwiderstand einer der benutzten Röhren zusammen.

Statt bei dieser Schaltungsmöglichkeit (Abb. 159) zwei getrennte Röhren zu benutzen, kann auch eine einzige Röhre benutzt werden. Diese muß dann zwei symmetrisch zueinander und zur Kathode angeordnete Eingangsgitter und zwei ebensolche Anoden haben. Die übrigen Gitter können einfach sein (vgl. Abb. 138 und 165). Durch eine solche Anordnung wird namentlich der Eingangswiderstand der Stufe für kurze Wellen noch bedeutend erhöht im Vergleich zur Verwendung getrennter Röhren. Wie bei Hochfrequenzverstärkerstufen beruht dies darauf, daß die Effekte der Zuleitungen zur Kathode und zum Gitter in noch weitergehendem Maße kompensiert werden als bei Verwendung getrennter Röhren. Endlich ist ein Vorteil der behandelten Gegentaktschaltung darin zu erblicken, daß weder vom Eingang noch vom Ausgang der Mischstufe her (bei völliger Symmetrie der Schaltung) Wechselspannung auf den Oszillatorteil, also zum Punkt O der Abb. 159 und 160, gelangen kann. Alle störenden Effekte, welche bei Mischstufen durch diese Rückwirkung verursacht werden können, fallen somit fort. Auch vom Oszillatorteil her kann keine Wechselspannung auf den Eingang der Mischstufe gelangen. Als Beispiel diene der Fall, daß die Hilfsfrequenz die Hälfte der Eingangsfrequenz ist. Die zweite Harmonische der Oszillatorfrequenz könnte in diesem Fall bei gewöhnlichen Mischstufen eine Wechselspannung auf den Eingang induzieren, aber bei Gegentaktstufen der behandelten Art nicht. Analoges gilt für den Ausgang der Gegentaktstufe.

Ein Schaltungsbeispiel für die zweite obengenannte Möglichkeit bei Gegentaktstufen ist in Abb. 161 unter Benutzung zweier Hexoden dargestellt. Die Oszillatorwechselspannung wird durch eine Gegentakt-

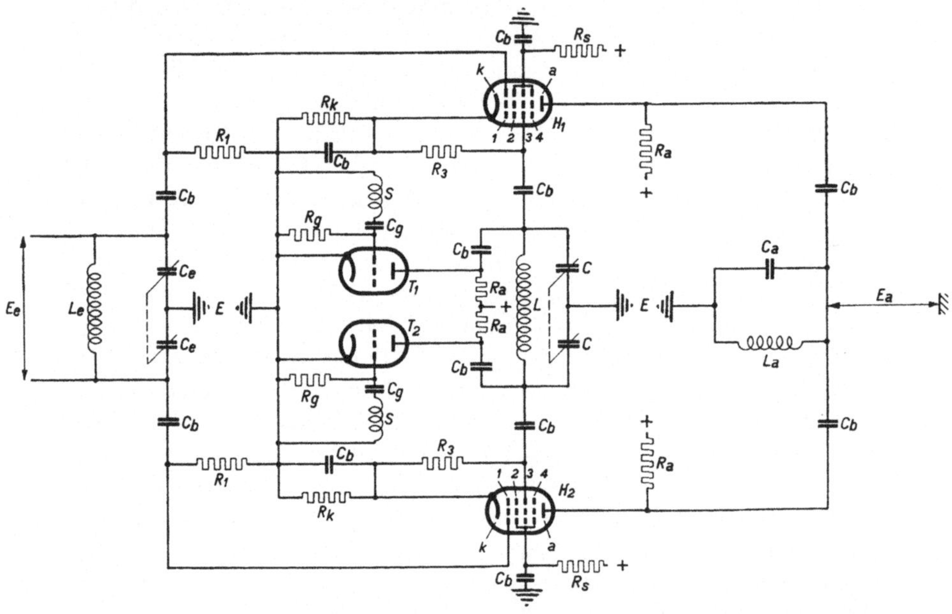

Abb. 161. Gegentaktmischstufe mit zwei Hexoden H_1 und H_2 sowie zwei Trioden T_1 und T_2. E Erde (Gerätegehäuse). E_e Eingangsspannung. E_a Ausgangsspannung. L_e Selbstinduktion, mit den beiden symmetrischen Kondensatoren C_e abgestimmt auf die Eingangsfrequenz. L Selbstinduktion, mit den beiden symmetrischen Kondensatoren C auf die Oszillatorfrequenz abgestimmt. L_a Selbstinduktion, mit C_a auf die Zwischenfrequenz abgestimmt. Die übrigen Bezeichnungen haben die gleiche Bedeutung wie in Abb. 159.

Schwingschaltung unter Verwendung zweier Trioden T_1 und T_2 erzeugt und den beiden Gittern 3 der Hexoden zugeführt. Hierdurch schwankt die Anodensteilheit in bezug auf Änderungen der Spannung von Gitter 1 für die beiden Hexoden ebenfalls im Gegentakt:
Für die Hexode H_1:

$$S = S_g + S_1 \sin \omega_h t + S_2 \cos 2\omega_h t + S_3 \sin 3\omega_h t + \cdots$$

Für die Hexode H_2:

$$S = S_g - S_1 \sin \omega_h t + S_2 \cos 2\omega_h t - S_3 \sin 3\omega_h t + \cdots$$

Bei der Hexode 1 ist die Eingangsspannung $E_i \sin \omega_i t$ und bei der Hexode 2 ist sie $-E_i \sin \omega_i t$. Multiplikation der Steilheitsausdrücke mit diesen Wechselspannungen und Addition der Ergebnisse (da der

Ausgang nicht im Gegentakt geschaltet ist) ergibt als Gesamtstrom durch den Ausgangskreis:

$$2S_1E_i \sin\omega_h t \cdot \sin\omega_i t + 2S_3E_i \sin 3\,\omega_h t \cdot \sin\omega_i t + \cdots$$

Wenn wir hieraus die Stromkomponente durch den Ausgangskreis mit der Kreisfrequenz $\omega_0 = \omega_h - \omega_i$ bilden, ergibt sich als Amplitude dieser Komponente $i_0 = S_1E_i$. Da die Eingangsamplitude der Stufe gleich $E_e = 2E_i$ ist, wird die Überlagerungssteilheit $S_1/2$, wie bei gewöhnlichen Mischstufen. Die obengenannten Vorteile der ersten Schaltungsart (Abb. 159 und 160), welche sich auf den Eingang der Stufe beziehen, gelten auch für die jetzt behandelte zweite Schaltungsart. Auch die dort genannten Nachteile (wie größerer Rauschwiderstand am Eingang) bleiben beim Eingang der Stufe gültig. Der Vorteil der ersten Schaltungsart, der in der Aufhebung der Rückwirkungen zwischen Eingang und Oszillatorteil gelegen war, gilt hier nicht. Da Eingangsteil und Oszillatorteil im Gegentakt geschaltet sind, können bei dieser zweiten Schaltungsart wohl Wechselspannungen vom einen zum anderen Teil der Schaltung übertragen werden. Dafür hat diese zweite Schaltungsart den Vorteil (der bei der ersten nicht vorhanden ist), daß keine Eingangssignalspannung auf den Ausgang der Schaltung gelangen kann. Man denke als Beispiel an eine Eingangsfrequenz von 40 MHz, eine Oszillatorfrequenz von 81 MHz und eine Ausgangsfrequenz von 41 MHz. Bei Mischstufen der üblichen Art kann nun direkt durch das Glied S_g der oben angeschriebenen Reihen für die Anodensteilheit Eingangsspannung verstärkt auf den Ausgang gelangen, da der Ausgangskreis auch für 40 MHz noch eine beträchtliche Impedanz aufweist. Es würden auf diesem Kreis also zwei Ausgangsspannungen, eine von 41 MHz (infolge der Überlagerungssteilheit) und eine von 40 MHz (direkte Verstärkung) vorhanden sein. Im Empfangsgerät entstehen unter Umständen hierdurch starke Störungen (Pfeiftöne, in diesem Beispiel Bildstörungen bei der Fernsehwiedergabe). In analoger Weise ist ein Vorteil dieser zweiten Schaltungsart (auch bei der ersten vorhanden), daß keine Oszillatorwechselspannung auf den Ausgang der Mischstufe gelangen kann. Da die Röhrenkapazität (Gitter 3 in bezug auf Erde), welche parallel zur Oszillatorschaltung kommt, gegenüber dem Fall einer einzigen Röhre halbiert ist, werden auch Änderungen dieser Kapazität (sowie des hierzu parallelen Röhrenwiderstandes) bei Änderungen der Betriebsdaten der Röhren (z. B. Verstärkungsregelung oder Speisespannungsschwankungen) halbiert. Hierdurch wird die Frequenzverwerfung des Oszillatorteils verringert. Bei dieser zweiten Schaltungsart können ebenso wie bei der ersten auch Pentoden oder Oktoden an Stelle der Hexoden verwendet werden. Auch die Anordnung eines zweiteiligen symmetrischen Eingangsgitters und eines ebensolchen Oszillatorgitters in einem einzigen Vakuumkolben ist möglich und bietet analoge Vorteile wie bei der ersten Gegentaktschaltung.

Die Schaltung 1 weist noch einen weiteren wichtigen Vorteil auf. Im Anodenstrom können keine Komponenten auftreten, die proportional zum Quadrate der Spannungsamplitude E_i am Eingang von jeder der Mischröhren sind. Man überzeugt sich leicht von der Richtigkeit dieser Behauptung, indem die obigen Überlegungen mit der Eingangsspannung $E_i^2 \sin^2 \omega_i t$, welche durch Kennlinienkrümmungen erzeugt wird und für beide Röhren die gleiche ist, durchgeführt werden. Hierdurch fallen in dieser Gegentaktschaltung eine Reihe wichtiger Pfeiftonkombinationen fort, welche sonst in Mischröhren auftreten können. Nach § 35 sind dies jene, für die $n = 2$ ist.

Für die dritte Gegentaktschaltung (Oszillator und Ausgang gegentakt, Eingang nicht gegentakt) erübrigt sich nach den obigen Ausführungen ein Schaltungsbeispiel. Im Gegensatz zu den Schaltungen 1 und 2 tritt keine Verbesserung, sondern eine Verringerung der Eingangsimpedanz der Stufe gegenüber einer einzigen Röhre auf. Es kann keine Oszillatorspannung auf den Eingang und keine Eingangsspannung auf den Oszillatorteil gelangen. Es kann auch keine Eingangsspannung direkt verstärkt zum Ausgang (vgl. das Beispiel hierzu bei der zweiten Gegentaktschaltung) und keine Ausgangsspannung auf den Eingang der Stufe gelangen. Im übrigen sind die Vorteile bereits oben erwähnt worden. Auch bei dieser dritten Schaltung kann ein einziger Vakuumkolben mit geeignet angeordneten mehrfachen Elektroden als Röhre für die Gesamtstufe verwendet werden.

Außer den drei behandelten Gegentaktmischstufen gibt es noch einige nützliche Möglichkeiten, welche dadurch entstehen, daß nur für einen einzigen Teil der Schaltung (Eingang, Oszillatorteil oder Ausgang) die Gegentaktschaltung verwendet wird. Wir behandeln hiervon zwei Fälle: 4. Nur Eingang gegentakt. 5. Nur Oszillatorteil gegentakt.

Im 4. Fall gelten für den Eingang der Mischstufe alle Vorteile, welche oben für die Fälle 1 und 2 erwähnt wurden. Die Steilheiten nach den Anoden der beiden verwendeten Mischröhren schwanken durch die Oszillatorspannung im Gleichtakt.

$$\text{Röhre 1: } S = S_g + S_1 \sin \omega_h t + S_2 \cos 2\omega_h t + S_3 \sin 3\omega_h t + \cdots,$$
$$\text{Röhre 2: } S = S_g + S_1 \sin \omega_h t + S_2 \cos 2\omega_h t + S_3 \sin 3\omega_h t + \cdots.$$

Auf den Eingang der Röhre 1 gelangt die Spannung $E_i \sin \omega_i t$ und auf den Eingang der Röhre 2 die Spannung $-E_i \sin \omega_i t$. Die entstehenden Anodenströme der Röhren müssen addiert werden. Offenbar ergibt sich ein Anodenstrom Null. Durch die Krümmung der Röhrenkennlinien entstehen aber in der Röhre auch Anodenstromkomponenten, die mit dem Quadrat der Eingangsspannung, also mit $(E_i \sin \omega_i t)^2$ proportional sind. Diese Stromkomponenten heben sich nach Addition im Ausgangskreis nicht auf. Eine dieser Komponenten ist z. B. $S_1 \sin \omega_h t \cdot E_i^2$ $\cdot \cos 2\omega_i t$. Sie gibt z. B. Anlaß zur Bildung eines Stromanteils mit der Kreisfrequenz $\omega_h - 2\omega_i$. Besonders bei Verwendung von Dioden als Mischröhren kann infolge der beträchtlichen Kennlinienkrümmungen in dieser Weise noch eine beachtliche Ausgangsspannung der Mischstufe erhalten werden.

Im 5. Fall gelten für den Oszillatorteil die Vorteile, welche oben für die Fälle 2 und 3 erwähnt wurden. Die Steilheiten der beiden verwendeten Mischröhren schwanken im Gegentakt:

$$\text{Röhre 1: } S = S_g + S_1 \sin \omega_h t + S_2 \cos 2\omega_h t + S_3 \sin 3\omega_h t + \cdots,$$
$$\text{Röhre 2: } S = S_g - S_1 \sin \omega_h t + S_2 \cos 2\omega_h t - S_3 \sin 3\omega_h t + \cdots.$$

Am Eingang von jeder der Röhren ist die Spannung $E_i \sin \omega_i t$ vorhanden. Die entstehenden Anodenströme müssen addiert werden. Es ergibt sich:

$$2 S_g E_i \sin \omega_i t + 2 S_2 E_i \cos 2\omega_h t \cdot \sin \omega_i t + \cdots.$$

Im Ausgangskreis der Mischstufe entsteht also eine Stromkomponente mit der Kreisfrequenz $2\omega_h - \omega_i = w_0$. Hierdurch können mit dieser Schaltung z. B. tonmodulierte Eingangssignale zur Mischung gelangen, deren Frequenz etwa das Zweifache der Oszillatorfrequenz beträgt, wenn $\omega_0 \ll \omega_h$ ist. Im Gebiet der Dezimeterwellen, wobei es schwer sein kann, Schwingungserzeuger genügend hoher Frequenz herzustellen, ist dies ein bedeutender Vorteil dieser Schaltung.

Als Mischröhren können bei den behandelten Schaltungen auch Dioden verwendet werden (vgl. § 34). Ein wesentlicher Zug beim Betrieb einer Diode als Mischröhre unter Verwendung großer Oszillatoramplituden (z. B. 10 Volt) liegt darin, daß die Größen S_1, S_2, S_3 usw. in der Fourierentwicklung der Steilheit alle fast gleich groß sind und nur langsam mit wachsender Ordnungszahl abnehmen (z. B. S_{10} noch gleich $^1/_2 S_1$). Diese Eigenschaft kann, z. B. in Verbindung mit der 5. obengenannten Schaltung, dazu verwendet werden, Eingangsspannungen sehr hoher Frequenz zur Mischung zu bringen unter Benutzung von Oszillatorspannungen viel niedrigerer Frequenz. Als Beispiel erwähnen wir eine Eingangsfrequenz von $3 \cdot 10^9$ Hz (10 cm Wellenlänge) und eine Oszillatorfrequenz von $3 \cdot 10^8$ Hz (1 m Wellenlänge). Zur Mischung verwenden wir unter Benutzung der 5. Schaltung die Größe S_5 und erhalten eine Ausgangsspannung, welche fast ebenso groß ist wie bei Verwendung einer Oszillatorfrequenz von etwa $3 \cdot 10^9$ Hz, wobei S_1 benutzt würde.

Auch Gleichrichterstufen können im Gegentakt geschaltet werden. Diese Schaltung wird besonders in Empfangsgeräten angewandt, wobei die Verstärkerstufen vor der Gleichrichterstufe im Gegentakt geschaltet sind (vgl. Abb. 67c).

Schrifttum: *61, 155.*

VI. Gesamtaufbau von Empfangsanlagen.

§ 41. Anschluß der Antennenleitung an die erste Verstärkerstufe. Wir nehmen an, daß der Anschluß der Antenne an die Übertragungsleitung nach den Erörterungen von § 14 erfolgt. Der Ausgang der Übertragungsleitung kann in diesem Fall ersetzt werden durch eine Wechselspannungsquelle ohne jegliche innere Impedanz, in Reihe mit einem Widerstand, der gleich dem Wellenwiderstand der Übertragungsleitung ist. Die erste Verstärkerstufe des Empfangsgerätes soll am Eingang einen Schwungradkreis erhalten, der an dem Steuergitter einerseits und an der Kathode der ersten Röhre andererseits angeschlossen ist. Wir fragen: Wie hat der Anschluß des Ausgangs der Übertragungsleitung an den Eingang der ersten Verstärkerstufe zu erfolgen? Bei der Beantwortung müssen wir zunächst klarstellen, was durch diesen Anschluß erreicht werden soll.

Man könnte davon ausgehen, daß am Eingang der ersten Verstärkerstufe eine möglichst hohe Wechselspannung erwünscht wäre. Die betrachtete Anordnung ist in Abb. 162 gezeichnet. Zwischen dem Ausgang der Übertragungsleitung und dem Eingang der ersten Verstärkerstufe ist ein Transformator Tr geschaltet. Wir nehmen an, dieser Transformator habe keine Streuungsselbstinduktion und das Übertragungsverhältnis sei $W_1 : W_2$, wie in der Abb. 162 angegeben. Die Impedanz am Eingang der ersten Verstärkerstufe (Kreis mit Röhreneingang parallel) sei auf die zu empfangende Frequenz abgestimmt. Dann kann diese Impedanz, wie in Abb. 162 gezeichnet, durch einen Widerstand R dargestellt werden. Die zwischen den Anschlüssen dieses Widerstandes R entstehende Spannungsamplitude E_e ergibt sich aus der Formel:

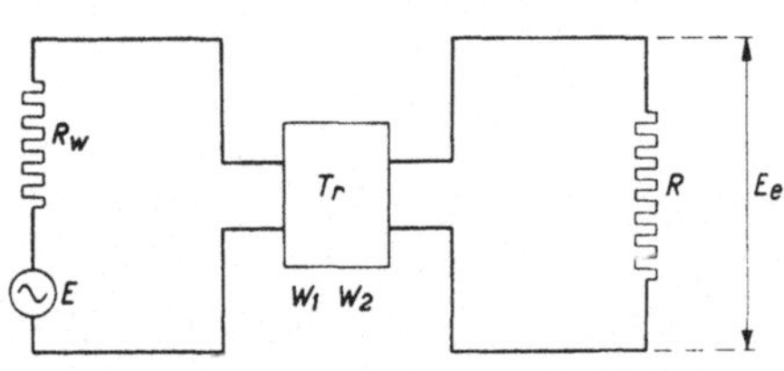

Abb. 162. Ersatzschaltbild für den Anschluß des Ausganges einer Übertragungsleitung an die erste Verstärkerstufe eines Empfangsgerätes. E Wechselspannungsquelle ohne innere Impedanz, welche zusammen mit dem Wellenwiderstand R_w der Übertragungsleitung den Ausgang dieser Leitung darstellt. Tr Transformator mit dem Übersetzungsverhältnis $W_1 : W_2$. R Abstimmimpedanz des Eingangskreises mit dem Röhreneingang parallel. E_e Eingangswechselspannung der ersten Röhre. Für das Verhältnis E_e/E gilt Gl. (41, 1).

$$(41,1) \qquad E_e = \frac{W_2}{W_1} \cdot \left(\frac{W_1}{W_2}\right)^2 R \left[R_W + \left(\frac{W_1}{W_2}\right)^2 R \right]^{-1} E,$$

wobei E die Spannungsamplitude der Spannungsquelle im Ersatzschaltbild des Ausgangs der Übertragungsleitung ist. Bei gegebenen Werten von R, R_W und E wird E_e möglichst groß, wenn $(W_1/W_2)^2 = R_W/R$ ist. Diese Dimensionierung des Transformators führt dazu, daß der Eingang der Verstärkerstufe für die Spannungsquelle E durch den Widerstand R_W ersetzt werden kann. Anders gesagt: Die Übertragungsleitung ist genau mit ihrem Wellenwiderstand abgeschlossen. Es können also auf dieser Leitung keine reflektierten Wellen auftreten, und es findet daher eine möglichst günstige Leistungsübertragung statt. Die Spannungsamplitude E_e ergibt sich durch Einsetzen dieses Transformationsverhältnisses in Gl. (41, 1) zu:

$$(41, 2) \qquad E_e = \frac{1}{2} E \left(\frac{R}{R_W} \right)^{1/2}.$$

Zur Erzielung möglichst hoher Werte von E_e ist es offenbar günstig, R möglichst groß zu wählen. In praktischen Fällen können zweierlei Beschränkungen für R auftreten. In erster Linie ist R im Kurzwellengebiet, namentlich unterhalb etwa 20 m Wellenlänge, durch die Röhreneingangswiderstände beschränkt (vgl. §§ 25, 27, 37, 40). Dieser Röhreneingangswiderstand ist parallel zum Eingangskreis geschaltet, R kann also nicht größer als dieser Eingangswiderstand sein. Zum Kreis ist auch noch der transformierte Wellenwiderstand der Leitung im Betrag $(W_2/W_1)^2 R_W$ parallel geschaltet. In zweiter Linie ist R durch die zu verstärkende Bandbreite B beschränkt, im Zusammenhang mit der Gesamtkapazität C, welche parallel zur Selbstinduktion des Schwungradkreises geschaltet ist. Für R gilt die Formel (vgl. § 29): $R = (2\pi BC)^{-1}$. Die Verluste im Schwungradkreis selber spielen als Beschränkung des Wertes R im Kurzwellengebiet eine geringere Rolle. Wir können z. B. durch Verwendung von Stücken konzentrischer Leitungen für 1 m Wellenlänge Impedanzen in der Abstimmlage von mehr als 10^4 Ohm erreichen (vgl. § 16), während bei dieser Wellenlänge die Röhreneingangswiderstände höchstens einige kOhm betragen.

Oben ist betont worden: Man könnte davon ausgehen, daß eine möglichst große Eingangsamplitude erwünscht wäre. Wir behandeln jetzt die Frage, wie diese Forderung zu den Überlegungen steht, welche sich auf das Elektronenrauschen des Empfangsgerätes beziehen. Dieses Elektronenrauschen kann durch eine effektive Rauschspannung am Eingang der ersten Röhre ausgedrückt werden (§ 32). Es ist erwünscht, ein möglichst großes Verhältnis der Eingangssignalspannung zur Eingangsrauschspannung zu erzielen. Namentlich für schwache Eingangssignale ist die Möglichkeit des Empfangs im weiten Maße durch dieses Verhältnis bedingt (vgl. auch die Erörterung anderer Empfangsstörungen in § 44). Wir können das Rauschen am Eingang der Verstärkerstufe auch durch die Summe zweier Rauschwiderstände ausdrücken (vgl. § 32), den Rauschwiderstand des Kreises mit Röhreneingang parallel und den Ersatzrauschwiderstand der ersten Röhre. Der erste Rauschwiderstand ist gleich R' und den letzten nennen wir R_r. Zur Vereinfachung der Überlegungen nehmen wir an, daß der gesamte Rauschpegel des Gerätes durch die Summe $R' + R_r$ bestimmt wird, wobei das Rauschen von Kreisen und Röhren nach der ersten Verstärkerstufe außer acht bleibt (vgl. auch § 42 und § 38). Es soll noch erwähnt werden, daß der Wert R_r im Kurzwellengebiet der gleiche ist wie unter den gleichen Betriebsbedingungen bei Rundfunkwellen (vgl. § 32). Die effektive Eingangsspannung des Rauschens ist mit $(R' + R_r)^{1/2}$ proportional (vgl. § 32). Wir behandeln zwei extreme Fälle, welche die Verhältnisse genügend beleuchten, damit man sich auch über andere Fälle ein Bild machen kann.

Erstens soll R' groß gegenüber R_r sein, also ein hoher Rauschwiderstand des Eingangskreises und ein geringes Rauschen der ersten Röhre. Als Beispiel kann man eine Röhre analog zur Type EF 50 (Fernsehpentode) betrachten, wobei R_r etwa 1000 Ohm ist. Die Eingangsrauschspannung ist in diesem Fall ungefähr mit $\sqrt{R'}$ proportional. Aber auch die Eingangssignalspannung wächst nach Gl. (41, 2) mit $\sqrt{R'}$ (vgl. Anhang). Eine Vergrößerung von R' und damit der Eingangssignalspannung nach Gl. (41, 2) ändert daher in diesem Falle fast nichts am Verhältnis der Signalspannung zur Rauschspannung, solange R' groß ist im Vergleich zu R_r. Wenn die Signalamplitude E am Ausgang der Übertragungsleitung (vgl. Abb. 162) nicht bereits beträchtlich über der Eingangsrauschspannung der ersten Verstärkerstufe liegt, so kann man auch durch Vergrößerung der Werte von R' keine Verbesserung des Empfangs erzielen.

Zweitens soll R' klein sein gegenüber R_r, also ein kleiner Rauschwiderstand des Eingangskreises und ein hoher Rauschersatzwiderstand der ersten Röhre. Als Beispiel betrachte man eine der in § 34 behandelten Mehrgittermischröhren mit Eingangsrauschwiderständen von etwa 80 kOhm. In diesem Fall ist die effektive Rauschspannung am Eingang der ersten Stufe proportional zu $R_r^{1\,2}$ und ändert sich praktisch nicht bei Änderung des Kreiswiderstandes R. Da die Signaleingangsspannung der ersten Röhre proportional mit $R^{1/2}$ zunimmt, führt eine Vergrößerung von R zu einer Verbesserung des Verhältnisses: Signalspannung zu Rauschspannung am Eingang der ersten Röhre. Zusammenfassend läßt sich sagen: Eine Vergrößerung von R führt zu einem besseren Empfang in bezug auf das Elektronenrauschen, solange der zu R gehörige effektive Rauschwiderstand R' noch nicht groß ist gegenüber R_r. Ist diese Grenze für R erreicht, so führt eine weitere Vergrößerung von R nicht mehr zu weiterer Verbesserung der Rauschverhältnisse beim Empfang. Das Verhältnis der Eingangssignalspannung zur Rauschspannung ist mit $\sqrt{R'}/(R' + R_r)^{1/2}$ proportional. Der eben erörterte Verlauf dieses Verhältnisses als Funktion von R'/R_r wird durch Abb. 163 illustriert (vgl. Anhang).

Für die praktische Ausführung des Transformators Tr in Abb. 162 verweisen wir nach den Erörterungen in §§ 13 und 14. Die Abb. 50 und 51 zeigen Kurzwellentransformatoren, die bis etwa 10 m herab benutzt werden können. Für kürzere Wellen können Übertragungsleitungsstücke von einer Viertelwellenlänge (§ 13) bequem als Transformatoren verwendet werden.

Bei den obigen Ausführungen haben wir angenommen, daß eine bestimmte Antenne mit einer gegebenen und richtig dimensionierten Übertragungsleitung (vgl. § 14) in Kombination mit einem bestimmten Empfangsgerät benutzt wird. Für Empfangsanlagen, welche für kom-

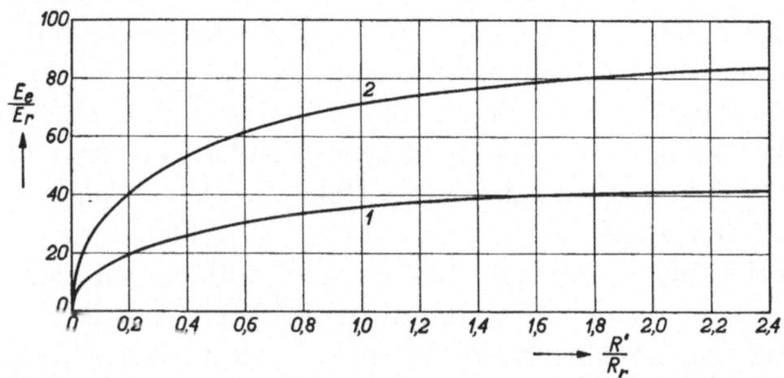

Abb. 163. Vertikal: Verhältnis der Eingangsspannung E_e (vgl. Abb. 162) zur Rauschspannung E_r am Eingang der ersten Stufe nach der Formel:

$$\frac{E_e}{E_r} = \frac{1}{2\,c}\,\frac{E}{E_w} \cdot \left(\frac{R'}{R' + R_r}\right)^{1/2}.$$

wobei E die Ausgangsspannung der Übertragungsleitung ist (Abb. 162), E_w die Rauschspannung, welche dem Wellenwiderstand R_w der Übertragungsleitung entspricht, R_r der Rauschwiderstand am Eingang der ersten Rohre infolge des Schroteffektes dieser Röhre und R' der Rauschwiderstand des Eingangskreises mit dem Röhreneingang parallel. Horizontal: R'/R_r. Kurve 1 für $E/c\,E_w = 100$, Kurve 2 für $E/c\,E_w = 200$. (Für die Ableitung und die Bedeutung von c vgl. Anhang zu § 41.)

merzielle Zwecke betrieben werden (z. B. Kurzwellen-Nachrichtenstationen) und für Amateurgeräte können diese Bedingungen erfüllt werden. Wenn wir aber an Rundfunkempfangsgeräte mit einem Kurzwellenteil (z. B. bis 15 oder bis 12 m herab) denken, so leuchtet ein, daß hierbei andere Bedingungen vorliegen. Empfangsanlagen dieser Art werden meistens unter Verwendung einer Antenne betrieben, welche im Rundfunkgebiet genügenden Empfang ergibt, die aber für Kurzwellen keineswegs immer günstig ist. Dazu kommt noch, daß der

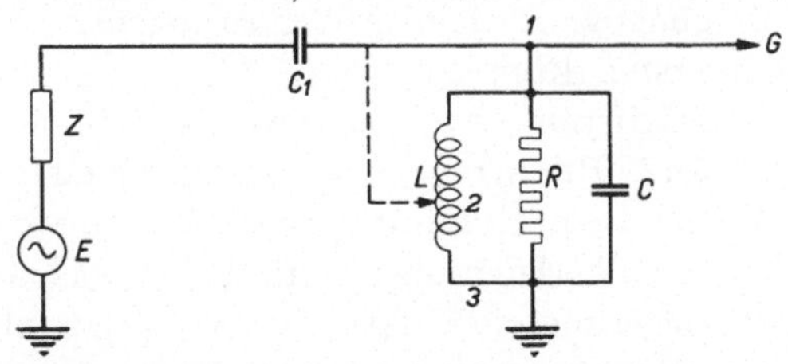

Abb. 164. Schaltbild einer Antenne, welche durch eine Spannnngsquelle E ohne innere Impedanz in Reihe mit der Antennenimpedanz Z dargestellt wird und die durch den Kondensator C_1 an den Schwingungskreis LRC gekoppelt ist. G zum Gitter der ersten Röhre.

Kurzwellenbereich solcher Geräte oft ein Wellengebiet von z. B. 15 bis 50 m Wellenlänge oder ein analoges Gebiet umfaßt. In einem solchen Wellengebiet schwanken die Eigenschaften einer einfachen Rundfunkantenne erheblich. Man wird deshalb eine Anordnung am Eingang des Gerätes anstreben, die bei Anschluß an Antennen und Antennenleitungen sehr verschiedener Art noch genügende Empfangsverhältnisse zeigt. Die Lage dieser Dinge wird durch Abb. 164 illustriert. Der Ausgang der Antenne bzw. der Antennenleitung kann durch eine Spannungsquelle E ohne innere Impedanz in Reihe mit einer Impedanz Z dargestellt werden. Diese Impedanz Z kann für verschiedene Werte der Wellenlänge sowie für verschiedene Antennenanlagen sehr verschiedene absolute Werte (z. B. zwischen 100 und 1000 Ohm) und sehr verschiedene Phasenwinkel aufweisen. Durch eine Kapazität C_1 wird die Antenne mit dem Punkt 1 oder mit einem geeignet gewählten Punkt 2 des Eingangskreises verbunden. Es ist erforderlich, daß die Abstimmung dieses Kreises, d. h. der Skalenwert des Drehkondensators C, sich nicht zu viel ändert, bei einer bestimmten Frequenz, wenn Z stark schwankt. Daher wird man C_1 klein machen und (oder) den Punkt 2 nahe zum Punkt 3 wählen (großes Transformationsverhältnis). Als einfaches Beispiel wählen wir den Anschluß an Punkt 1. Wenn der Minimumwert der Kreiskapazität C zu 50 pF bei 20 MHz angenommen wird und man fordert, daß sich die Abstimmung bei Verwendung verschiedener Antennen um nicht mehr als 1 MHz ändert, so kann C_1 wie folgt geschätzt werden. Für $Z = 0$ ist C_1 parallel zu C, für sehr große absolute Werte von Z spielt C_1 keine Rolle. Folglich kann C_1 etwa 10% von C, also etwa 5 pF sein. Wenn als mittlerer Wert für Z z. B. ein Wirkwiderstand von 200 Ohm angenommen wird und für R, die Abstimmimpedanz des Kreises mit der Röhre parallel, ein Wert von 10 kOhm, so wird in diesem Beispiel die Wechselspannung zwischen den Punkten 1 und 3, also am Eingang der ersten Stufe, etwa gleich der Wechselspannung der Quelle, d. h. der Antenne. In bezug auf das Verhältnis der Signalspannung zur Rauschspannung am Eingang der ersten Röhre wäre es in diesem Beispiel oft günstig, R nicht größer zu machen als der Ersatzrauschwiderstand der ersten Röhre.

Schrifttum: Anhang sowie *155*.

§ 42. Hochfrequenzverstärkung oder Überlagerungsverstärkung? Während im Rundfunkgebiet die Antwort auf obige Frage eindeutig lautet: Überlagerungsverstärkung, was aus der großen Überzahl der Überlagerungsempfänger im Vergleich zu den Geradeausempfängern (nur Hochfrequenzverstärkung und dann Gleichrichtung) hervorgeht, ist die Lage im Kurzwellengebiet durchaus nicht so eindeutig festgelegt. Wir behandeln zwei Fälle, den Empfang und die Verstärkung einer bildmodulierten Trägerwelle für Fernsehen (Breitbandverstärkung) und den Empfang einer tonmodulierten Trägerwelle einschließlich des Dezimeterwellengebietes.

Im ersten Fall gehen wir von einem Vergleich der Verstärkung einer Hochfrequenzstufe mit derjenigen einer Mischstufe und einer Zwischenfrequenzstufe (Verstärkerstufe nach der Mischstufe) aus, wobei wir für alle Stufen die gleiche Bandbreite annehmen. Im Falle der Verstärkung einer bildmodulierten Trägerwelle für Fernsehen ist diese Bandbreite z. B. etwa 2,5 MHz (vgl. §§ 29 und 30). Die Impedanz in der Abstimmlage ist für Schwungradkreise, die an Röhren angeschlossen sind, bei einer solchen Bandbreite einige kOhm und wird im allgemeinen nur durch die Gesamtkapazität und durch die Bandbreite und weniger durch den Eingangswiderstand und den Ausgangswiderstand der Röhren bestimmt. Die verwendete Abstimmung der Hochfrequenzkreise soll für diese Betrachtung etwa bei 7 m Wellenlänge liegen, entsprechend den europäischen Fernsehwellenlängen. Die Wellenlänge, welche der Abstimmlage der Zwischenfrequenzkreise nach der Mischröhre entspricht, soll etwa 20 m sein. Für diese Kreise gilt auch das oben bezüglich der Impedanz Gesagte. Die Röhrenwiderstände nehmen in diesem Wellengebiet proportional zum Quadrate der Wellenlänge zu. Wenn sie bei 7 m keine Beschränkung der Kreisimpedanzen bilden, so gilt dies natürlich auch bei 20 m Wellenlänge. Die Zwischenfrequenzkreise des Gerätes haben also die gleiche Impedanz wie die Hochfrequenzkreise. Ob wir gegeneinander verstimmte Kreise zur Erzielung besserer Gesamtselektionskurven verwenden, spielt für eine Betrachtung der Gesamtverstärkung praktisch keine Rolle (§ 30). Wir können in dieser Beziehung ebenso gut annehmen, daß alle Kreise die gleiche Bandbreite, ungefähr gleich der gewünschten Gesamtbandbreite des Gerätes, haben und auch die gleiche Abstimmlage. Die Verstärkung pro Stufe, sei es nun eine Hochfrequenzstufe (7 m), eine Mischstufe oder eine Zwischenfrequenzstufe (20 m), ist unter diesen Annahmen durch das Produkt der Steilheit (bzw. Überlagerungssteilheit) der betreffenden Stufe und dem Impedanzwert eines der Kreise, der für alle Stufen gleich ist, gegeben. Die Verstärkung einer Hochfrequenzstufe ist bei Verwendung gleicher Röhren gleich jener einer Zwischenfrequenzstufe. Die Verstärkung einer Mischstufe ist, wieder unter der Annahme der gleichen Röhre, etwa $^{1}/_{4}$ dieses Wertes. Wenn wir somit insgesamt eine festgelegte Stufenzahl verwenden wollen (z. B. 4), so ist die Verstärkung bei einer Schaltung mit Mischstufe etwa $^{1}/_{4}$ jener einer Geradeaus-Hochfrequenzverstärkerschaltung, gleiche Röhren und Bandbreiten vorausgesetzt. Diese Überlegung führt somit zu einer Bevorzugung der Geradeaus-Hochfrequenzverstärkung vor der Überlagerungsverstärkung.

Es gibt noch praktische Gesichtspunkte, welche bei der Beurteilung dieser beiden Schaltungsarten im obengenannten Beispiel wichtig sind. In erster Linie die Stabilität und die Störungen der Verstärkung. Beim Überlagerungsverstärker können leicht Frequenzverwerfung (§ 36) und Pfeiftöne (§ 35) auftreten, beim Hochfrequenzverstärker sind diese Störungen nicht vorhanden. Beim Hochfrequenzverstärker tritt bei Verwendung mehrerer Stufen leichter Selbstschwingen infolge Rückwirkungen über mehrere Stufen hinweg ein, als beim Überlagerungsverstärker. Dies ist darin begründet, daß im erstgenannten Fall alle Stufen die gleiche (oder nahezu gleiche) Abstimmfrequenz haben, im letzten Fall nicht.

Wir haben beim obigen Vergleich nur die Verstärkung eines einzigen Fernsehbildes betrachtet. In den Vereinigten Staaten sind mehrere Fernsehsender mit verschiedenen Trägerwellen am gleichen Ort vorgesehen (vgl. Abb. 124). Wir müssen auch diesem Fall Rechnung tragen und Verstärker betrachten, die nach Wahl auf diese verschiedenen Fernsehsender abgestimmt werden können, analog wie wir es bei Rundfunkgeräten gewöhnt sind. Beim Hochfrequenzverstärker heißt dies, daß alle Hochfrequenzkreise zugleich verstimmt werden müssen, unter Beibehaltung einer richtigen gegenseitigen Lage ihrer Abstimmfrequenzen zur Erzielung einer für alle Fernsehstationen gleichen Gesamtselektionskurve. Dies ist eine Aufgabe, welche für einen analogen Fall bei Rundfunkempfangsgeräten, z. B. durch Anordnung der Drehkondensatoren sämtlicher Kreise auf einer Achse, gelöst wurde. Im Kurzwellengebiet (es kommt das Gebiet von etwa 7 bis etwa 4 m in Betracht) sind die mit einer derartigen Lösung verbundenen Schwierigkeiten größer als bei Rundfunkwellen. Für Rundfunkempfänger hat die Mehrzahl der herstellenden Firmen diese Lösung zugunsten von Überlagerungsempfängern verlassen. Für das Kurzwellengebiet dürfte die Schlußfolgerung analog sein. Beim Überlagerungsverstärker liegen für alle Fernsehstationen alle Kreise nach der Mischröhre fest. Diese Zwischenfrequenzkreise bestimmen zusammen im wesentlichen die Gesamtselektionskurve des Verstärkers. Nur die Hochfrequenzkreise (z. B. bei Verwendung einer Hochfrequenzstufe vor der Mischröhre insgesamt einschließlich Schwingstufe 3 Kreise) müssen eine veränderbare Abstimmung haben.

Soll für Fernsehempfang mit einem Überlagerungsverstärker am Eingang des Gerätes eine Überlagerungsstufe oder eine Hochfrequenzstufe verwendet werden? Diese Frage kann mit Hilfe der Daten über das Rauschen beantwortet werden (vgl. §§ 32, 33, 38 und 41). Wenn als Mischröhre und als Hochfrequenzverstärkerröhre die gleiche Röhre benutzt wird (z. B. eine Pentode wie die Röhre EF 50), ist der Eingangsrauschwiderstand der Mischröhre etwa das Vierfache von jenem der Verstärkerröhre. Für Mischröhren vom Mehrgittertyp (z. B. Hexoden oder Oktoden) ist dieser Eingangsrauschwiderstand viel höher (Größenordnung von etwa 80 kOhm). Folglich ist die Verwendung einer Hochfrequenzstufe am Eingang des Verstärkers empfehlenswert. Wenn diese Stufe z. B. 20 mal verstärkt, ist das Verhältnis von Signalspannung zu Rauschspannung am Eingang der nachfolgenden Mischstufe bereits etwa 10 mal günstiger als am Eingang der Hochfrequenzstufe. Hieraus geht hervor, daß im allgemeinen eine einzige Hochfrequenzstufe vor der Mischstufe genügt.

Wir betrachten als zweiten Fall den Empfang einer tonmodulierten Trägerwelle. Bei der Beantwortung der Frage: Hochfrequenzstufe oder Mischstufe als erste Stufe des Gerätes spielt das Rauschen wieder eine wesentliche Rolle. Auch hier müssen wir damit rechnen, daß der Eingangsrauschwiderstand einer Mischstufe mindestens das Vierfache (häufig noch mehr) des Rauschwiderstandes einer Verstärkerstufe beträgt, wenn vergleichbare Röhren betrachtet werden (z. B. in beiden Fällen die gleiche Pentode). In allen Fällen, wo die Eingangssignalspannungen nicht mehr als etwa das Hundertfache der Rauschspannungen von Mischstufen betragen, wird man die Hochfrequenzstufe als Eingangsstufe des Gerätes bevorzugen. Wir verweisen für Betrachtungen über Kreisrauschen und Röhrenrauschen der Eingangsstufe nach § 41. Die Hochfrequenzeingangsstufe soll mindestens eine solche Verstärkung aufweisen, daß die Eingangssignalspannung der zweiten Stufe im Gerät weit genug über der Eingangsrauschspannung dieser Stufe liegt, damit die letztgenannte Spannung außer acht gelassen werden kann (z. B. Signalspannung mehr als hundertmal Rauschspannung). Bei der Behandlung der weiteren Stufen im Gerät von der zweiten an kann das Rauschen außer Betracht bleiben. Die Wahl: Hochfrequenzstufe oder Überlagerungsstufe, kann hier in erster Linie nach dem Gesichtspunkt der Verstärkung stattfinden. Für tonmodulierte Trägerwellen sind die notwendigen Kreisbandbreiten gering (z. B. 8 kHz) im Vergleich zum Fall der Bildmodulation. Die Kreisimpedanzen von Hochfrequenzstufen sind unterhalb etwa 15 m größtenteils durch die Röhrenwiderstände (Eingangswiderstand), durch die Kreisverluste und durch die Gesamtkreiskapazität (Drehkondensator), aber nicht durch die Bandbreite beschränkt. Dies heißt, daß die Kreisimpedanzen im Kurzwellengebiet unter 15 m kleiner sind als die bei gleicher Bandbreite erzielbaren Impedanzen bei z. B. 600 m (Zwischenfrequenz). Eine Mischstufe wird also mehr Verstärkung aufweisen als eine Hochfrequenzstufe bei Verwendung der gleichen Röhre (z. B. in beiden Fällen Pentoden). Im Wellengebiet 15 bis 50 m nimmt der Unterschied der Verstärkung beider Arten von Stufen unter vergleichbaren Bedingungen nach längeren Wellen ab. Auch bei 50 m überwiegt oft noch die Verstärkung einer Mischstufe. Diese Überlegungen lassen die Wahl der Überlagerungsverstärkung und insbesondere einer Mischstufe als zweite Stufe des Gerätes gerechtfertigt erscheinen. Sie gelten bis zu den kürzesten Wellenlängen (unter 1 m) herab. Weitere Gründe für und wider Überlagerungsverstärkung sind: Stabilität der Verstärkung, Störungen durch Pfeiftöne, Strahlung des Gerätes und kompliziertere (evtl. kostspieligere) Schaltung durch die Verwendung eines Schwingungserzeugers, leichte Abstimmbarkeit auf mehrere Sender. Für eine Diskussion kann nach den Ausführungen verwiesen werden, welche sich oben bei der Behandlung des ersten Falles auf diese Punkte beziehen.

Schrifttum: *155*.

§ 43. Empfangsgeräte für Dezimeterwellen.

Als Wellenlängen werden wir bei den Erörterungen dieses Paragraphen 1 m und 20 cm annehmen. Für beide Werte werden wir die Anordnung, den Bau und die Eigenschaften der verschiedenen Stufen eines Empfangsgerätes behandeln.

Für 1 m Wellenlänge lautet die erste Frage: Welche Stufe wird am Eingang des Gerätes verwendet? Die Überlegungen von § 42 führen dazu, daß als erste Stufe eine Hochfrequenzverstärkerstufe angeordnet werden soll, wenn auch schwache Eingangssignalspannungen in Betracht kommen. Denn für solche schwachen Eingangsspannungen, welche vergleichbar sind (z. B. das Zehnfache) mit der Eingangsrauschspannung, kommt es darauf an, daß die Eingangsrauschspannung möglichst niedrig ist, und diese Bedingung führt zu einer Hochfrequenzverstärkerstufe. Die Eingangsstufe des Gerätes soll möglichst so viel verstärken, daß die Signalspannung am Eingang der zweiten Stufe groß ist (z. B. mehr als das Hundertfache) im Vergleich zur Rauschspannung. Aus Gründen der möglichst hohen Gesamtverstärkung des Gerätes unter Verwendung von möglichst wenig Stufen ist es an sich empfehlenswert, eine Mischstufe möglichst nahe am Eingang des Gerätes anzuordnen, z. B. als zweite Stufe. Denn die Verstärkung von Mischstufen und Zwischenfrequenzstufen ist viel höher als jene von Hochfrequenzstufen bei dieser kurzen Wellenlänge, wenn man vergleichbare Röhren betrachtet (vgl. § 42). Wir nehmen als Beispiel an, daß die Röhre in der ersten Stufe des Gerätes einen Eingangsrauschwiderstand von 10 kOhm hat, etwa dem Wert von normalen Hochfrequenzpentoden mit regelbarer Steilheit und auch von Knopfpentoden entsprechend. Das Rauschen des Eingangskreises kann gegenüber diesem Ersatzrauschwiderstand als erste Näherung vernachlässigt werden. Denn der niedrige Eingangswiderstand der ersten Röhre (z.B. 1 oder 2 kOhm) bedingt eine Gesamtkreisimpedanz in der Abstimmlage, die viel kleiner als 10 kOhm ist. Dieser Wert ergibt bei einer Bandbreite von 8 kHz (tonmodulierte Trägerwelle) eine effektive Rauschspannung von 1,15 μV. Die minimale effektive Signalspannung soll 11,5 μV betragen. Als zweite Stufe verwenden wir eine Mischstufe mit der gleichen Röhre wie in der ersten Stufe des Gerätes. Die effektive Rauschspannung am Eingang dieser Mischstufe beträgt etwa 2,30 μV (Rauschwiderstand das Vierfache des Rauschwiderstandes der Hochfrequenzstufe, folglich Rauschspannung das Zweifache). Erwünscht ist eine zwanzigfache Verstärkung der Hochfrequenzstufe, damit die Eingangssignalspannung der Mischstufe 230 μV beträgt und das Verhältnis Rauschspannung zu Signalspannung hier auf 0,01 herabgesunken ist. Unter diesen Bedingungen würde das Rauschen der Mischstufe keine Rolle mehr spielen und wäre das Rauschen am Ausgang des Gerätes einzig und allein von dem Eingang der ersten Stufe abhängig.

Eine solche zwanzigfache Verstärkung einer Hochfrequenzstufe war bis vor kurzer Zeit unerreichbar. Die Knopfpentoden, welche bisher die besten Hochfrequenzverstärkerröhren für Meterwellen darstellten (§ 33), ergeben bei 1 m Wellenlänge bestenfalls eine drei- bis vierfache Verstärkung der ersten Stufe. Wenn in der zweiten Stufe als Misch-

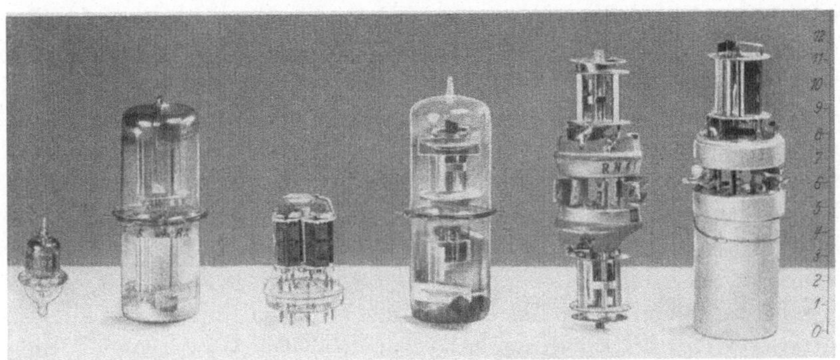

Abb. 165. Photo von Gegentaktverstärkerröhren, welche aus zwei Elektrodensystemen bestehen, die parallel (dritte von links) und koaxial angeordnet sind. Ganz links eine Knopfpentode. Rechts cm-Skala.

röhre auch eine Knopfpentode verwendet wird, beträgt die Signalspannung am Eingang der Mischstufe etwa 30 bis 40 μV und die effektive Rauschspannung etwa 2,3 μV. Das Rauschen der zweiten Stufe ist somit im Gesamtrauschen des Gerätes noch zu etwa 25 % vertreten, wenn man das Rauschen auf Widerstandswerte bezieht.

Mit den neu entwickelten Gegentakt-Verstärkerröhren mit eingebauter Sekundäremissionskathode (Abb. 165, 166) ist eine etwa vierzigfache Verstärkung bei 1 m Wellenlänge möglich (vgl. Anhang zu § 33). Diese Röhren können somit die oben gestellten Forderungen erfüllen. Die Anwendung von Gegentaktstufen erfährt in Empfangsgeräten für 1 m Wellenlänge keine beson-

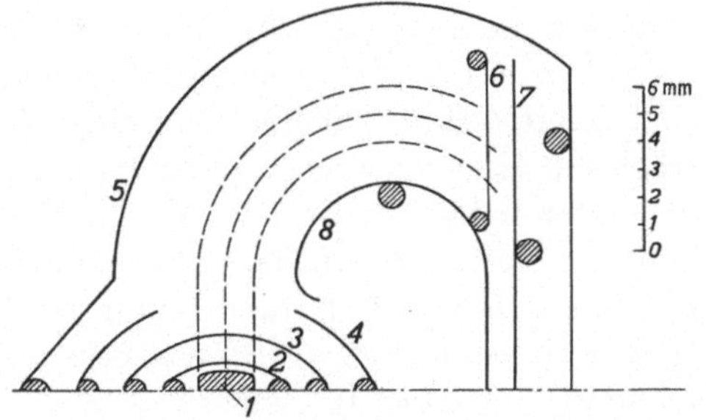

Abb. 166. Querschnitt durch eines der koaxialen Elektrodensysteme der Abb. 165 (ganz rechts sowie zweites von links) mit einer Ebene senkrecht zur Kathodenachse (symmetrisch zur Punkt-Strich-Geraden zu ergänzen). *1* Kathode, *2* Steuergitter, *3* Schirmgitter, *4* Schirme auf Kathodenpotential zur Bündelung des Elektrodenstroms, *5* Schirm-Kathodenpotential, *6* Anode (gitterformig), *7* Sekundärkathode, *8* Schirm auf Anodenpotential.

deren Schwierigkeiten, da die Antenne meistens aus zwei symmetrisch zum Gehäuse angeordneten Hälften besteht (vgl. §§ 8 und 14). Auch die Übertragungsleitung kann so gestaltet werden, daß die beiden Leiter symmetrische Wechselspannungen in bezug auf das Gehäuse führen. Gegenüber der Verwendung von Knopfpentoden ist in der ersten Stufe eine etwa zehnfach größere Verstärkung zu verzeichnen (Hochfrequenzstufe mit vierzigfacher Verstärkung gegenüber höchstens vierfacher Verstärkung mit einer Knopfpentode).

Für die Gegentaktmischstufe kann eine der im § 40 behandelten Anordnungen, wobei der Eingang der Stufe im Gegentakt geschaltet ist, verwendet werden. Wir haben hierfür die Möglichkeiten: Oszillator im Gegentakt, Ausgang im Gleichtakt oder Oszillator im Gleichtakt und Ausgang im Gegentakt, oder aber nur Eingang im Gegentakt. Im Dezimeterwellengebiet wird man die letztgenannte Möglichkeit nicht wählen, weil hierbei die Oszillatorfrequenz etwa gleich der doppelten Eingangsfrequenz sein muß, wenn die Zwischenfrequenz klein ist im Vergleich zur Oszillatorfrequenz und zur Eingangsfrequenz. Für die Zwischenfrequenzverstärkung ist es schaltungsmäßig am einfachsten, wenn der Ausgang der Mischstufe die Gleichtaktschaltung hat. Für die Mischstufe selber ergibt sich eine einfachere Schaltung, wenn der Oszillator die Gleichtaktschaltung hat (vgl. § 40). Die Wahl zwischen diesen beiden Möglichkeiten muß unter Berücksichtigung der Merkmale jedes einzelnen Falles erfolgen.

Wir betrachten das Rauschen von Gegentaktstufen, wobei Röhren wie in Abb. 165 und 166 benutzt werden. Das Rauschen der Kreise sei zunächst vernachlässigt. Der Rauschersatzwiderstand jeder Hälfte dieser Röhren, im Arbeitspunkt einer Verstärkerschaltung, beträgt etwa 3 kOhm für die Ausführung mit Sekundäremissionskathode (Steilheit jeder Hälfte etwa 15 mA/V) und etwa 1000 Ohm für die Ausführung ohne Sekundärkathode (Pentoden mit einer Steilheit von etwa 7 mA/V für jede Hälfte). Die Eingangsrauschwiderstände der Gegentaktröhren sind somit 6 und 2 kOhm. Bei einer Bandbreite von etwa 8 kHz beträgt die Eingangsrauschspannung im ersten Falle etwa 0,9 μV und im letzten Falle etwa 0,5 μV. Für die Mischstufe sind die entsprechenden Zahlen etwa das Zweifache der genannten. In günstigen Fällen können wir mit den neuen Röhren somit eine Eingangsspannung von etwa 5 μV noch verstärken, wobei das Verhältnis Rauschspannung zu Signalspannung nur etwa 0,1 ist.

Wie günstig diese Zahlen sind, lehrt ein Vergleich mit den entsprechenden Zahlen für eine heute noch oft zum Empfang von Wellenlängen, die etwa 1 m betragen, verwendete Anordnung. Hierbei nehmen wir an, die Antenne sei an dem Röhreneingang angeschlossen. Es werde eine Diode als Mischröhre verwendet. Aus § 38 wissen wir, daß der Eingangsrauschwiderstand in der Größenordnung von 100 kOhm liegt. Wenn wir nur 50 kOhm annehmen, so wird für 8 kHz Bandbreite die Eingangsrauschspannung etwa 2,6 μV. Die Eingangssignalspannung, welche mit einem Verhältnis Rauschspannung zu Signalspannung von 0,1 noch verstärkt werden kann, beträgt somit etwa 26 μV gegenüber 5 μV im obigen Vergleichsfall. Für die Nachrichtenübermittlung mit Hilfe von Meterwellen heißt dies, daß der Sender, bei der Mischdiodenschaltung im Empfangsgerät, eine etwa 25 mal größere Leistung erzeugen muß, um die gleichen Ergebnisse auf dem gleichen Übermittlungswege zu erhalten wie im Falle der Verwendung der neuen Verstärkerröhren in der ersten Stufe des Empfangsgerätes.

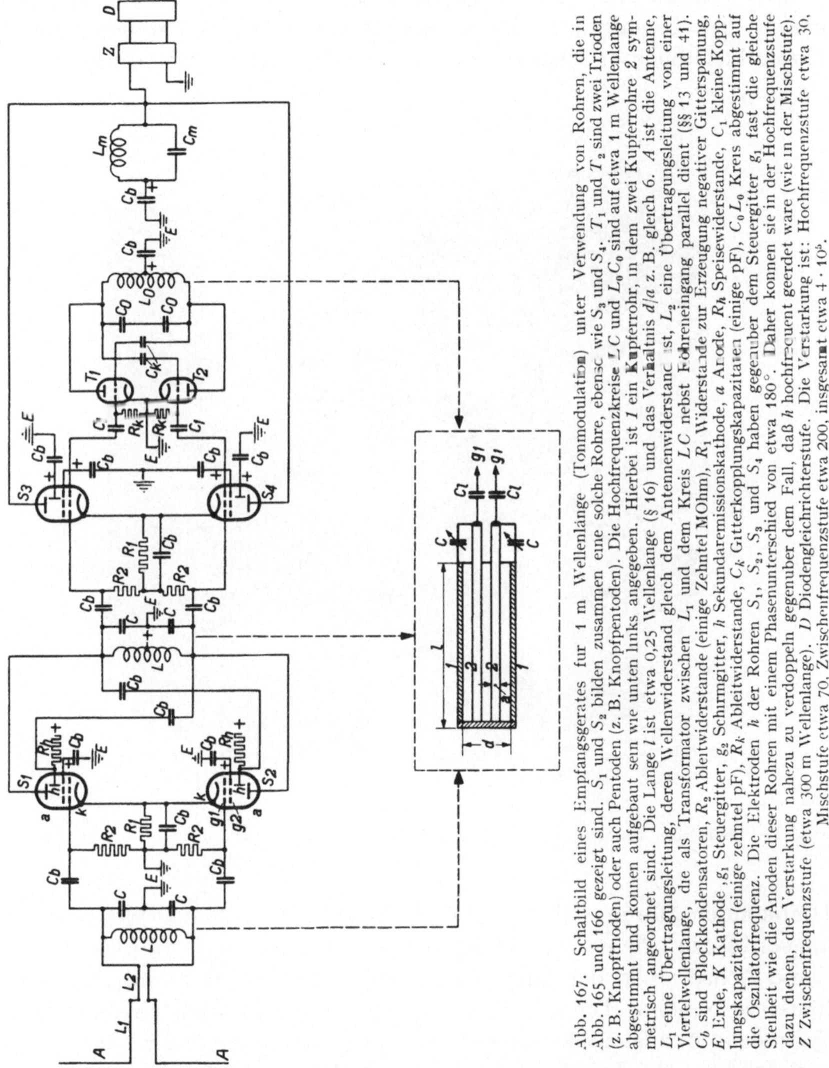

Abb. 167. Schaltbild eines Empfangsgerätes für 1 m Wellenlänge (Tonmodulation) unter Verwendung von Rohren, die in Abb. 165 und 166 gezeigt sind. S_1 und S_2 bilden zusammen eine solche Rohre, ebenso wie S_3 und S_4. T_1 und T_2 sind zwei Trioden (z. B. Knopftrioden) oder auch Pentoden (z. B. Knopfpentoden). Die Hochfrequenzkreise LC und $L_0 C_0$ sind auf etwa 1 m Wellenlänge abgestimmt und können aufgebaut sein wie unten links angegeben. Hierbei ist l ein Kupferrohr, in dem zwei Kupferrohre 2 symmetrisch angeordnet sind. Die Länge l ist etwa 0,25 Wellenlänge (§ 16) und das Verhältnis d/a z. B. gleich 6. A ist die Antenne, L_1 eine Übertragungsleitung, deren Wellenwiderstand gleich dem Antennenwiderstand ist, L_2 eine Übertragungsleitung von einer Viertelwellenlänge, die als Transformator zwischen L_1 und dem Kreis LC nebst Röhreneingang parallel dient (§§ 13 und 41). C_b sind Blockkondensatoren, R_2 Ableitwiderstände (einige Zehntel MOhm), R_1 Widerstände zur Erzeugung negativer Gitterspanung, E Erde, K Kathode, g_1 Steuergitter, g_2 Schirmgitter, h Sekundaremissionskathode, a Anode, R_h Speisewiderstände, C_1 kleine Kopplungskapazitäten (einige zehntel pF), R_k Ableitwiderstände, C_k Gitterkopplungskapazitäten (einige pF), $C_0 L_0$ Kreis abgestimmt auf die Oszillatorfrequenz. Die Elektroden h der Rohren S_1, S_2, S_3 und S_4 haben gegenüber dem Steuergitter g_1 fast die gleiche Steilheit wie die Anoden dieser Rohren mit einem Phasenunterschied von etwa 180°. Daher können sie in der Hochfrequenzstufe dazu dienen, die Verstärkung nahezu zu verdoppeln gegenüber dem Fall, daß h hochfrequent geerdet wäre (wie in der Mischstufe). D Diodengleichrichterstufe. Die Verstärkung ist: Hochfrequenzstufe etwa 200, insgesamt etwa $4 \cdot 10^5$. Z Zwischenfrequenzstufe (etwa 300 m Wellenlänge). D Diodengleichrichterstufe. Die Verstärkung ist: Hochfrequenzstufe etwa 200, insgesamt etwa $4 \cdot 10^5$. Mischstufe etwa 70, Zwischenfrequenzstufe etwa 30,

Der Eingangswiderstand kann für beide Typen der neuen Gegentaktröhren etwa 2 bis 4 kOhm bei 1 m Wellenlänge betragen und die Eingangskapazität etwa 4 bis 5 pF. Die Gesamtkreisimpedanz in der Abstimmlage kann für den Eingangskreis des Gerätes zu etwa 2 kOhm angenommen werden und für den zweiten Kreis zu etwa 4 kOhm.

Denn es ist leicht möglich, dem Eingangskreis an sich (ohne Röhre und Antennenleitung) eine Abstimmimpedanz von 20 kOhm oder, bei Verwendung von konzentrischen Röhren (§ 16), sogar noch mehr zu erteilen.

Der Aufbau eines Empfangsgerätes geht aus den Abb. 167 und 168 hervor. Die Hochfrequenzkreise sind hierbei aus kleinen Spulen, evtl. in Kupferblechbüchsen eingekapselt, hergestellt, unter Verwendung kleiner

Abb. 168. Photo einer Hochfrequenz-Verstärkerstufe fur Meterwellen nach dem Schaltbild der Abb. 167 fur Meßzwecke.

Drehkondensatoren. Diese bestehen aus zwei vollkommen symmetrisch angeordneten Sätzen von Drehplatten auf einer gemeinsamen Achse. Diese Achse ist in der Mitte durch einen Schleifkontakt mit dem Gehäuse verbunden. Die zwei festen Plattensätze sind wieder vollkommen symmetrisch zueinander angeordnet und mit den Enden der Spule verbunden. Als Zwischenfrequenz ist 1 MHz gewählt. Der Oszillator der Mischstufe ist in Gegentakt geschaltet. Nach der Mischstufe ist eine Zwischenfrequenzverstärkerstufe angeordnet und dahinter ein Gleichrichter. Die maximale Gesamtverstärkung bei 1 m ist etwa 30 (Hochfrequenzstufe) $\times$ 70 (Mischstufe) $\times$ 200 (Zwischenfrequenzstufe) oder etwa $4 \cdot 10^5$.

Im Falle des Empfanges von Signalen mit einer Wellenlänge von 20 cm gelten analoge Überlegungen, wie oben für 1 m Wellenlänge angegeben. Das Produkt von Eingangswiderstand und absolutem Betrag der Steilheit ist ein Maß für die mit einer Röhre in einer Verstärkerstufe erreichbare Verstärkungszahl (vgl. § 33). Dieses Produkt liegt zwischen 4 und 7 für Gegentaktröhren mit Sekundäremissionskathode bei 20 cm Wellenlänge. Wir können also eine etwa sechsfache Verstärkung in einer Hochfrequenzstufe erzielen. Der oben geäußerte Wunsch, daß die Hochfrequenzstufe etwa 20 fach verstärken soll, wenn

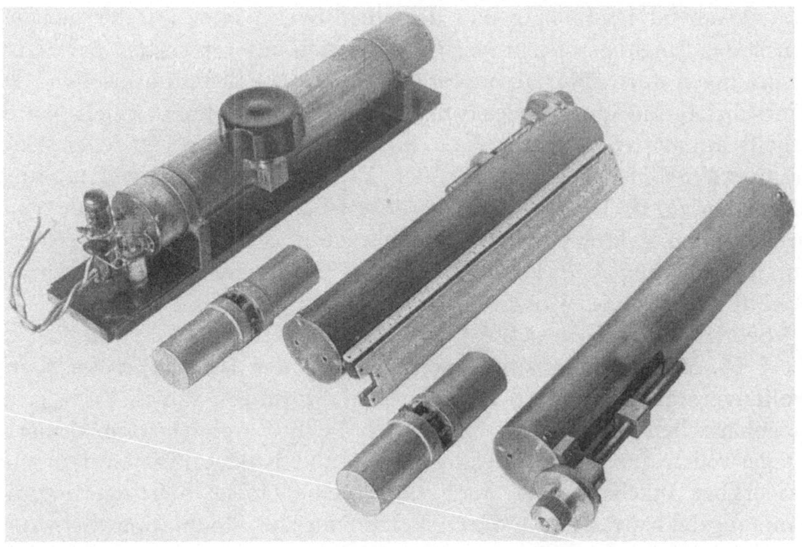

Abb. 169. Aufbauteile eines Empfangsgerates fur Dezimeterwellen unter Verwendung der Röhren von Abb. 165 und 166. Rohrkreise nach Abb. 167 mit Feinabstimmung (Mikrometer), Oszillator mit zwei Röhren im Gegentakt und einem Rohrkreis (links). Vergleichsmaßstab von etwa 25 cm Länge.

hinter ihr eine Mischstufe mit der gleichen Röhre geschaltet ist, besteht auch in unserem Falle bei 20 cm Wellenlänge. Da wir diesen Wunsch mit einer einzigen Hochfrequenzstufe nicht erfüllen können, erscheint es unter Umständen empfehlenswert, zwei Hochfrequenzstufen hintereinander und dann eine Mischstufe zu verwenden. Wenn die Rauschspannung am Eingang der ersten Stufe 10% der Signalspannung beträgt, so ist die Rauschspannung am Eingang der zweiten Stufe nur noch 10/6 = 1,7% der Signalspannung. Wir können uns also bei der Betrachtung des Gesamtrauschens am Ausgang des Gerätes in diesem Fall auf das Rauschen am Eingang der ersten Stufe beschränken. Für die bei einem Verhältnis Rauschspannung zu Signalspannung von 10% erforderlichen Mindestsignalspannungen gelten die oben angegebenen Zahlen, wobei nur das Röhrenrauschen zu berücksichtigen ist. Wegen des kleinen Eingangswiderstandes der betrachteten Verstärkerröhren bei 20 cm Wellenlänge kommt nur eine Abstimmimpedanz des Eingangskreises in Betracht, die klein ist (einige hundert Ohm) im Vergleich zum Eingangsrauschwiderstand der Stufe (etwa 6 kOhm). Folglich spielt das Rauschen des Eingangskreises im Vergleich zum Röhrenrauschen keine Rolle. Als Beispiel für die Teile eines Empfangsgerätes für Dezimeterwellen kann Abb. 169 betrachtet werden.

Durch die Verwendung der neuen Kurzwellenröhren (Abb. 165 und 166) ist eine neue Grundlage für den Bau von Kurzwellenempfangsgeräten geschaffen. Der Empfang von Wellenlängen der Größenordnung von 20 cm ist heute in genau derselben Weise und mit der gleichen, durch das Eingangsröhrenrauschen bedingten unteren Grenze der Signalspannungen durchführbar, wie der Empfang von Rundfunkwellen. Der Fortschritt, der durch die Einführung dieser Röhren erzielt wurde, erhellt am besten dadurch, daß die Senderleistung bei gleichen Übertragungsergebnissen gegenüber der Verwendung früherer Empfangsmethoden (z. B. Diode als Mischröhre in der ersten Stufe) um einen bedeutenden Faktor verringert werden kann. Für den Bau der Röhren zur Verstärkung sehr kurzer Wellen sei nach den Bemerkungen am Schluß von § 33 verwiesen.

Schrifttum: *13, 30, 41, 80, 81, 90, 111, 112, 155, 158, 160.*

§ 44. Maßnahmen zur Unterdrückung der Störungen der Kurzwellenverstärkung. Zu den wichtigsten Störungen zählen die sog. atmosphärischen Störungen, welche sich beim Empfang tonmodulierter Trägerwellen durch Laute, wie Krachen und Brodeln, im Lautsprecher bemerkbar machen, oder auch durch eine starke Verringerung der Empfangsfeldstärke sowie durch Verzerrung der Modulation (Schwunderscheinungen). Ähnliche Krachstörungen können auch durch die Wirkung elektrischer Geräte, wie Kraftwagenzünder, Kurzwellenheilgeräte und dergleichen, entstehen. In größeren Wohnbezirken sind letztere Ursachen ebenso wichtig wie die atmosphärischen Krachursachen.

Wir beschäftigen uns zunächst mit der Verringerung der atmosphärischen Krachstörungen. Im Kurzwellengebiet unterhalb etwa 50 m Wellenlänge nehmen diese Störungen in absoluter Intensität meistens ab bei abnehmender Wellenlänge. Ein einfaches Mittel zur Vergrößerung des Verhältnisses Signal zu Störungen geht von der Anwendung gerichteten Empfanges aus. Wenn die atmosphärischen Störungen gleichmäßig aus allen Richtungen auf die Empfangsanlage treffen, so kann eine gerichtete Empfangsantenne weniger Störungen auffangen als eine ungerichtete und dagegen die gleiche oder sogar eine größere Signalspannung. Ein Beispiel möge diese Sachlage erläutern. Die Signalwellen sollen aus einer bestimmten horizontalen Richtung eintreffen (ebene Wellen) und die Störungen aus allen horizontalen Richtungen gleichmäßig (ebenfalls ebene Wellen). Die Signalwellen und die Störungswellen seien vertikal polarisiert. Innerhalb des empfangenen Frequenzgebietes dürfen wir annehmen, daß die Störungen ein kontinuierliches Frequenzspektrum aufweisen. Die Bandbreite des Empfangsgerätes sei B, wobei wir der Einfachheit halber eine rechteckige Siebkurve voraussetzen (voller und gleicher Empfang für alle Frequenzen innerhalb der Bandbreite B und kein Empfang außerhalb dieser Bandbreite). Bei der Berechnung der effektiven Störungsfeldstärke, die diesem Frequenzgebiet der Breite B entspricht, gehen wir genau so vor wie in § 32 in bezug auf das Rauschen angegeben wurde. Wir addieren die zu den einzelnen Frequenzen in dieser Bandbreite gehörigen Störungsfeldstärken quadratisch und erhalten aus dieser Addition eine resultierende Feldstärke der Störungen. Diese Überlegungen gelten für jede betrachtete Richtung der eintreffenden Störungswellen. Die aus verschiedenen Richtungen stammenden Störungswellen liefern je einen Beitrag zur Eingangsstörspannung des Empfangsgerätes. Diese Beiträge müssen quadratisch addiert werden und ergeben dann die Gesamtstörspannung E_s am Eingang des Gerätes. Die Eingangssignalspannung beträgt hier E. Diese Zahlen gelten für eine ungerichtete Empfangsantenne, z. B. für eine vertikale Halbwellenantenne. Als gerichtete Antenne betrachten wir die in § 15 behandelte Wellenantenne. Die Hauptempfangsrichtung (vgl. Abb. 55 und 56) der Wellenantenne soll mit der Richtung der eintreffenden Signalwellen zusammenfallen. Die Wellenantenne soll so dimensioniert sein, daß die auf den Eingang des Empfangsgerätes gelangende Signalspannung wieder E beträgt, wie bei der oben betrachteten Vertikalantenne. Das Richtdiagramm (vgl. Abb. 56) der Wellenantenne vereinfachen wir so, daß es aus einem Kreisbogen und zwei Radien besteht (vgl. Abb. 170), mit einem Öffnungswinkel β. Unter diesen Bedingungen beträgt die Gesamtstörspannung am Eingang des Gerätes im Falle der Wellenantenne $E_s\,(\beta/2\pi)^{1/2}$. Das Verhältnis der Störspannung zur Signalspannung ist dann für die Wellenantenne um den Faktor $(\beta/2\pi)^{1/2}$ kleiner als für die Vertikalantenne.

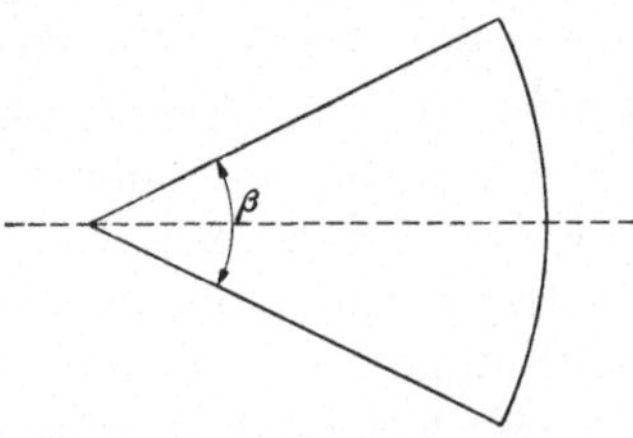

Abb. 170. Idealisiertes Empfangsrichtdiagramm als Vereinfachung der Abb. 56.

Es sind auch Fälle bekannt, wobei die Störungswellen aus einer Vorzugsrichtung eintreffen. In solchen Fällen kann eine wesentliche Verbesserung des Verhältnisses Störspannung zu Signalspannung durch die Anwendung gerichteter Empfangsantennen erreicht werden, wenn diese Vorzugsrichtung nicht mit der Richtung der eintreffenden Signale zusammenfällt.

Krachstörungen durch elektrische Geräte können wesentlich in ihrer Wirkung verringert werden, indem die Empfangsantenne an einem Ort angeordnet wird, wo diese Störungen nur geringe Feldstärken erzeugen. In Großstadtbezirken sind die Störungen durch Kraftwagenzünder im Kurzwellengebiet oft stark. Es empfiehlt sich daher, Antennen so anzuordnen, daß sie möglichst weit von der Straße, dem Ort der Störungsquellen, entfernt sind, z. B. auf den Dächern mehrstöckiger Häuser. Auch hier kann außerdem die Verwendung gerichteter Antennen weitere Verbesserungen der Empfangsverhältnisse bringen. Als Beispiel sei die Anordnung von Fernsehempfangsantennen erwähnt, welche auf Dächern oft in Sicht der Sendeantenne angeordnet werden können.

Die atmosphärischen Empfangsstörungen, welche auf Schwunderscheinungen beruhen durch Interferenzen zwischen Wellen, welche mit verschiedenen Phasenverzögerungen vom Sender zum Empfänger gelangen, können wesentlich verringert werden durch die Verwendung mehrerer getrennter Empfangsantennen. Jede dieser Antennen ist mit einem Empfangsgerät verbunden, und die empfangenen Signale werden nach Überlagerung oder nach der Gleichrichtung addiert, wobei gegebenenfalls vorausbestimmte Phasenverzögerungen der verschiedenen Signale vor den Empfangsgeräten eingefügt werden. Die Empfangsantennen müssen gegenseitige Abstände von einigen Wellenlängen haben. Ihre Polarisationsrichtungen und ihre durch Richteffekte hervorgerufenen Hauptempfangsrichtungen können verschieden sein. Es ist nicht zu erwarten, daß unter solchen Bedingungen die verschiedenen empfangenen Signale die gleichen Schwunderscheinungen zeigen. Daher kann durch Addition ein gleichmäßigerer Empfang erzielt werden als mit einer einzigen Empfangsantenne. Durch eine solche gegenseitige Entfernung der Empfangsantennen sind ihre gegenseitigen Rückwirkungen gering und bildet jede Antenne mit dem zugehörigen Gerät eine von den übrigen völlig getrennte Empfangseinheit.

Durch eine einfache Überlegung können wir uns die Verbesserung des Empfangs durch Anwendung mehrerer Antennen vor Augen stellen. In Abb. 171 ist eine Anzahl von Antennen gezeichnet worden, die je durch zwei Spannungsquellen in Reihe mit einem Widerstand R_a dargestellt sind. Die Spannungsquellen haben den inneren Widerstand Null und die effektiven Spannungen e_s und e_a. Hierbei stelle e_s den Effektivwert der Signalträgerwellenspannung dar und e_a den Effektivwert der Spannung, die innerhalb der Bandbreite des Gerätes durch atmosphärische Störungen verursacht wird. Die Antennen sind mittels Übertragungsleitungen je mit einem Empfangsgerät $(1, 2, \ldots N$ in Abb. 171) verbunden. Nach der Gleichrichtung werden die Niederfrequenzsignale zum selben Niederfrequenzverstärker geführt, der durch einen Widerstand dargestellt ist. Am Eingang dieses Niederfrequenzteiles entsteht eine effektive Signalwechselspannung E_s, eine effektive Wechselspannung durch die atmosphärischen Störungen E_a und eine effektive Wechselspannung durch das Rauschen der Empfangsgeräte E_r.

Am Eingang von jedem der Empfangsgeräte soll eine effektive Rauschspannung e_r vorhanden sein. Bei geeignet gewählter Schaltung am Eingang des Niederfrequenzverstärkers ist E_s proportional mit $N \cdot e_s$, E_a proportional mit $\sqrt{N}\, e_a$ und E_r proportional mit $\sqrt{N}\, e_r$. Dies liegt daran, daß die am Ausgang der Empfänger 1, 2, ... N erzeugten Niederfrequenzsignalspannungen bei vollkommener Gleichheit der Antennen und Empfangsgeräte gleichphasig sind und folglich addiert werden müssen. Die Störspannungen e_a und e_r erzeugen Geräusche (vgl. § 32 in bezug auf das Rauschen), deren effektive Spannungswerte quadratisch addiert werden müssen. Daher die Proportionalität von E_a und E_r mit $\sqrt{N}$. Die Verhältnisse E_s/E_a und E_s/E_r sind also proportional mit $\sqrt{N}$, d. h. der relative Störungspegel wird geringer, wenn N größer gewählt wird. Diese Methode der Störungsverminderung kommt für Privatpersonen der hohen Kosten wegen kaum in Betracht. Bei kommerzieller Übertragung, z. B. Telephonver

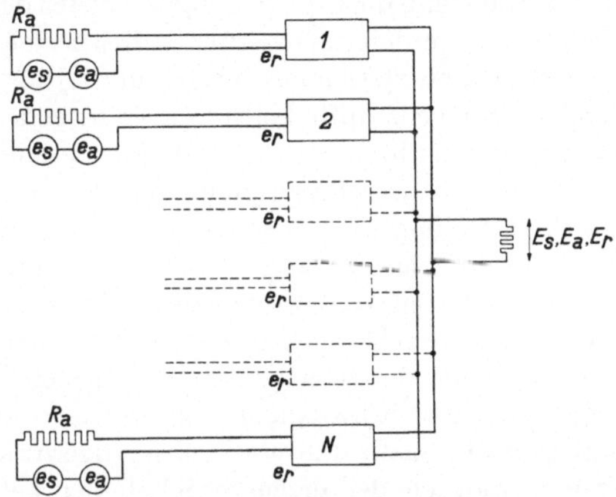

Abb. 171. Schaltung von N Kurzwellenempfangsantennen mit N Empfangsgeraten, deren Ausgangsstufe eine Gleichrichterstufe ist, alle parallel an einem Niederfrequenzverstarker angeschlossen, der durch einen Widerstand dargestellt ist. Die Antennen sind je durch einen Widerstand R_a in Reihe mit zwei Spannungsquellen, die je eine innere Impedanz Null haben, dargestellt. Hierbei ist e_a die effektive Spannung, welche innerhalb der betrachteten Bandbreite von der Antenne aus dem atmosphärischen Storungsfeld empfangen wird, und e_s die effektive Signalspannung, wahrend e_r die effektive Rauschspannung am Eingang der Empfangsgerate ist. E_s, E_a und E_r sind die entsprechenden effektiven Spannungen am Eingang des Niederfrequenzteiles.

kehr auf Kurzwellen zwischen den Kontinenten, kann der Empfang in dieser Weise aber bedeutend verbessert werden.

Wie bereits in § 10 erwähnt, können beim Fernsehempfang Verzerrungen des Bildes auf dem Schirm der Kathodenstrahlröhre auftreten, welche eine Folge von Reflexionen sind. Hierbei kann ein Signal direkt zum Eingang des Empfangsgerätes gelangen und darauf noch ein zweites, drittes, ... Mal infolge von Reflexionen. Solche Reflexionen können an festen und beweglichen Objekten (z. B. Flugzeugen) stattfinden. Die Differenzen zwischen diesen verschiedenen Zeitpunkten müssen, damit keine Störungen der Bildwiedergabe auftreten, kleiner als etwa 10^{-8} sec sein. Diese Zahl hängt mit der Schreibgeschwindigkeit des Kathodenstrahles auf dem Fluoreszenzschirm zusammen. Reflexionen der betrachteten Art können, wie in § 10 angegeben, auftreten, bevor die Signale die Empfangsantenne erreichen (Erdboden, Gebäude). Hier beschäftigen wir uns insbesondere mit Reflexionsstörungen, welche zwischen der

Antenne und dem Empfangsgerät auf der Übertragungsleitung entstehen können. Wenn diese Leitung am Antennenende und am Geräteende nicht mit ihrem Wellenwiderstand abgeschlossen ist, können Signale auf dieser Leitung hin- und herlaufende Wellen verursachen (vgl. §§ 11, 14 und 18). Der genaue Abschluß an einem Ende der Leitung genügt bereits, um dies zu vermeiden, da dann scheinbar die Leitung nach dieser Seite unendlich lang ist. Die Laufzeit der Signale auf der Leitung kann bei Reflexionen näherungsweise unter der Annahme berechnet werden, daß die Geschwindigkeit gleich der Lichtgeschwindigkeit ist. Im übrigen werden die eventuell reflektierten Signale bei Leitungen mit starker Dämpfung sehr geschwächt und wirken demnach viel weniger störend. Solche gedämpfte Leitungen verursachen aber auch große Verluste für die erwünschten Signale und sind deshalb nicht empfehlenswert.

Eine in Kurzwellenempfangsgeräten oft auftretende Störung wird durch das Klingen verursacht. Diese Erscheinung kann allgemein wie folgt beschrieben werden. Durch den Lautsprecher werden Teile des Gerätes: Kondensatoren (namentlich Drehkondensatoren), Spulen, Röhren und andere Schaltelemente, entweder infolge Schallübertragung durch die Luft oder durch Schalleitung in festen Körpern zu Schwingungen angeregt. Diese Schwingungen beeinflussen die Schallabgabe des Lautsprechers. Es kann nun eine selbsttätige Anfachung gewisser Töne auftreten, wodurch der erzeugte Schall der betreffenden Frequenzen bis zu einem Maximum steigt, der durch Leistungsabsorption in verschiedenen Teilen des Gerätes bedingt ist. In diesem „klingenden" Zustand ist das Gerät für Empfangszwecke praktisch unbrauchbar. Physikalisch kann man sich die Vorgänge so vorstellen, daß durch kleine Schwingungen von Röhrenelektroden (z. B. Gitter oder Glühfäden direkt geheizter Röhren) und von Kondensatorplatten geringe Verstimmungen der angeschlossenen Schwingungskreise infolge Kapazitätsänderungen auftreten. Diese Verstimmungen verursachen eine Vergrößerung oder eine Verringerung der Verstärkung. Wenn diese Verstärkungsänderungen auf dem Wege über den Lautsprecher hinweg gerade zu einer richtigen Phase der Schwingungsanfachung führen, entsteht Klingen. Messungen moderner Hochfrequenzverstärkerröhren und Mischröhren mit indirekt geheizter Kathode haben ergeben, daß sie in den meisten Fällen genügend unempfindlich gegen Schwingungsanregungen sind. Direkt geheizte Röhren (für Batterieempfänger) sind in dieser Beziehung durchwegs ungünstiger. Auch Niederfrequenzverstärkerröhren können, wenn zwischen der betreffenden Röhre und dem Lautsprecher eine hohe Verstärkung stattfindet, Klingneigung zeigen. In den meisten Fällen sind die Drehkondensatoren aber weitaus am empfindlichsten. Maßnahmen zur Unterdrückung des Klingens bestehen in der Verhütung oder Verringerung der Schwingungsanregung: Anordnung des Lautsprechers derart, daß der Schall die Geräteteile nur wenig erreicht. Lagerung der Röhrenhalter oder (und)

Kondensatoren auf Gummiunterlagen oder Filzunterlagen. Einkapselung der betreffenden Teile.

Als letzte Störung erwähnen wir die Erzeugung von Kippschwingungen in Kurzwellengeräten. Beim Abstimmen eines Gerätes auf einen Sender können etwas neben der Abstimmung Kippschwingungen auftreten. Die Ursache hierfür liegt meistens in einem Zusammenwirken der Frequenzverwerfung der Mischstufe mit der automatischen Lautstärkeregelung. Beim Abstimmen des Gerätes tritt diese Lautstärkeregelung in Tätigkeit und ändert automatisch die negativen Gitterspannungen einer oder mehrerer Röhren. Hierdurch können in der Mischstufe Frequenzverwerfungen von mehreren kHz auftreten, welche wieder die Verstärkung beeinflussen und eine erneute Änderung des Arbeitspunktes infolge der Lautstärkeregelung verursachen. Wenn diese Wirkungen der Lautstärkeregelung relativ zueinander eine gewisse Phasenlage aufweisen, kann Schwingungsanfachung auftreten. Durch Verhütung oder genügende Verringerung der in Frage kommenden Frequenzverwerfungen der Mischstufe verschwindet die Erscheinung. Die genannten Frequenzverwerfungen können von Änderungen der negativen Gitterspannungen der Mischstufe infolge Verstärkungsregelung in dieser Stufe herrühren oder aber von Änderungen der Gerätespeisespannungen infolge Verstärkungsregelung anderer Stufen, wenn keine Regelung der Mischstufe stattfindet. Im letzten Fall genügt eine ausreichende Abflachung dieser Speisespannungen durch Verwendung großer Blockkondensatoren (z. B. elektrolytischer Kondensatoren von 30 μF). Im ersten Fall müssen in der Mischstufe Maßnahmen zur Verringerung der Frequenzverwerfung getroffen werden (vgl. § 36).

Schrifttum: *20a, 39, 45, 49, 67, 76, 88.*

§ 45. Der Empfang frequenzmodulierter Signale. Die bisher gebräuchlichste Modulationsart ist die Amplitudenmodulation. Hierbei wird die Intensität der Trägerwelle im Rhythmus der Modulation verändert. Wenn wir eine einzige Modulationsfrequenz $p/2\pi$ annehmen und eine Modulationstiefe M, während die Amplitude der unmodulierten Trägerwelle E ist, so lautet der Ausdruck für die modulierte Trägerwelle $E(1 + M\cos pt)\cos\omega t$. Hierbei ist ω die Kreisfrequenz der Trägerwelle. Durch Zerlegen erhält man:

$$(45,1) \quad E(1 + M\cos pt)\cos\omega t = E\cos\omega t + \frac{1}{2}ME\cos(\omega + p)t$$
$$+ \frac{1}{2}ME\cos(\omega - p)t.$$

Wir können drei Frequenzen unterscheiden: Die Trägerfrequenz und die beiden Seitenbandfrequenzen, die sich von der Trägerfrequenz je um die Modulationsfrequenz unterscheiden. Diese Darstellung gilt für jede der Modulationsfrequenzen einer Trägerwelle. Auf diese Amplitudenmodulation haben wir die Überlegungen der vorhergehenden Paragraphen bezogen.

Bei der Frequenz- oder Phasenmodulation bleibt die Amplitude der Trägerwelle unverändert, wird aber die Frequenz dieser Trägerwelle im Rhythmus der Modulation variiert. Der Ausdruck hierfür lautet: $E \cos(\omega t + m \sin p t)$. Hierbei ist p wieder die Kreisfrequenz der Modulation. Durch Zerlegen ergibt sich:

$$(45,2) \quad E \cos(\omega t + m \sin p t) = E J_0(m) \cdot \cos \omega t$$
$$- E J_1(m) \{\cos(\omega - p)t - \cos(\omega + p)t\}$$
$$+ E J_2(m) \{\cos(\omega - 2p)t + \cos(\omega + 2p)t\}$$
$$- E J_3(m) \{\cos(\omega - 3p)t - \cos(\omega + 3p)t\}$$
$$+ \cdots .$$

Die Ausdrücke $J_0(m)$, $J_1(m)$ usw. stellen BESSELsche Funktionen erster Art der Ordnung 0, 1, 2 usw. dar, mit dem Argument m. Diese Ausdrücke sind tabelliert. Ihre absolute Größe wird von einer bestimmten Ordnung an kleiner bei steigender Ordnungszahl, wenn man einen festen Wert von m betrachtet. Für sehr kleine Werte $m \ll 1$ ist $J_0(m) = 1$ und $J_1(m) = m/2$, während $J_2(m)$ proportional zu m^2, $J_3(m)$ proportional zu m^3 usw. sind. Folglich entsteht in diesem Fall in erster Näherung aus der Formel (45, 2) die Gleichung:

$$(45,3) \quad E \cos(\omega t + m \sin p t) = E \cos \omega t - \frac{1}{2} m E \cos(\omega - p)t +$$
$$+ \frac{1}{2} m E \cos(\omega + p)t + \cdots .$$

Wenn man vom Vorzeichen des einen Seitenbandes, d. h. von der Phase der betreffenden Schwingung absieht, ist dieser Ausdruck (45, 3) identisch mit (45, 1). Bei größeren Werten von m geht die relative Größe der Amplituden der durch die Frequenzmodulation entstehenden Schwingungsfrequenzen aus der Abb. 172 hervor. Wir bekommen somit im allgemeinen eine große Anzahl neuer Frequenzen, die von ihren Nachbarfrequenzen alle den Abstand p haben. Bei steigendem Wert von m liegen diese Frequenzen alle ungefähr in einem Band der Gesamtbreite $2mp = 2\Delta\omega$ (vgl. Abb. 172).

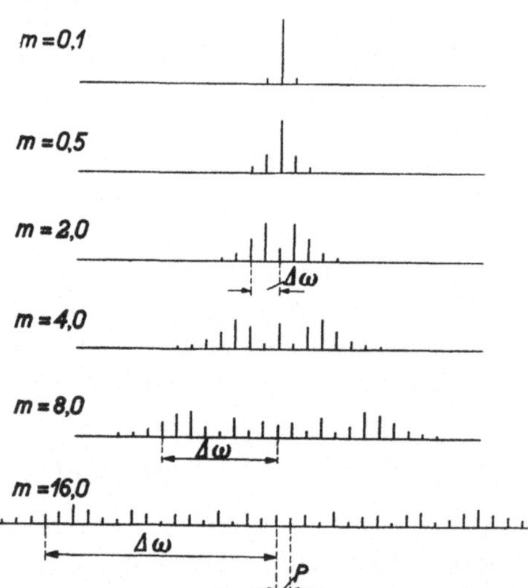

Abb. 172. Zerlegung einer frequenzmodulierten Trägerwelle in die einzelnen Frequenzbestandteile. p ist die Kreisfrequenz der Modulation, m die Modulationstiefe und $\Delta\omega = mp$. Die Zeitabhängigkeit der modulierten Spannung wird durch cos $(\omega t + m \sin p t)$ gegeben (t die Zeit). Horizontal: Frequenz in linearem Maßstab, vertikal: Amplitude der einzelnen Frequenzkomponenten in linearem Maßstab. Diagramme für verschiedene Werte von m.

Bei der praktischen Anwendung der Frequenzmodulation zur Nachrichtenübermittlung (Modulation durch Musik, Sprache oder Bild) ist von vornherein ein bestimmtes Frequenzintervall festgelegt, das übertragen und empfangen werden soll. Wir nennen diese Gesamtbandbreite B, wobei die Grenzen des zu übermittelnden Frequenzgebietes symmetrisch zu einer mittleren Frequenz, der unmodulierten Trägerfrequenz $\omega/2\,\pi$, liegen: $\omega/2\,\pi - B/2$ und $\omega/2\,\pi + B/2$. Wenn man nach Analogie mit dem Fall der Amplitudenmodulation m die Modulationstiefe der Trägerwelle mit einer Modulationsfrequenz $p/2\,\pi$ nennt, so muß nach dem in Abb. 172 enthaltenen Ergebnis im Sender m umgekehrt proportional zu p gewählt werden, also $m = \Delta\omega/p$, wobei $\Delta\omega$ eine durch die Gesamtbandbreite B bestimmte Konstante ist: $\Delta\omega = 2\,\pi B/2$. Diese Regel wird bei praktischen Anwendungen der Frequenzmodulation stets eingehalten. Im Kurzwellengebiet können genügend große Bandbreiten B zur Verfügung gestellt werden, damit auch für die höchsten Tonmodulationsfrequenzen (z. B. $p/2\,\pi = 7,5$ kHz) noch beträchtliche Modulationstiefen m erreicht werden, z. B. $B = 150$ kHz, $m = \Delta\omega/p = 10$. Diese Modulationstiefen sind beim Empfang zur Unterdrückung von Störungen erwünscht.

Für die Hochfrequenzverstärkerstufen und die Überlagerungsstufen ergibt sich in einem Empfangsgerät für frequenzmodulierte Signale kein Unterschied gegenüber dem Fall der Amplitudenmodulation. Die Bandbreite der verwendeten Kreise muß so gewählt werden, daß das ganze benutzte Frequenzband verstärkt wird. Wir verweisen hier nach §§ 29, 30, 38 und 42.

Nach den Hochfrequenz-, Misch- und Zwischenfrequenzstufen wird eine Begrenzerstufe benutzt. Diese Stufe hat eine Kennlinie, welche in Abb. 173 schematisch dargestellt ist. Wenn die Eingangsamplitude dieser Stufe größer wird als E_g (Abb. 173), ändert sich die Ausgangsamplitude nicht mehr. Die Grenzamplitude E_g ist so gewählt, daß die Amplituden fast sämtlicher Frequenzen des Eingangssignals der Begrenzerstufe größer sind als E_g. Im Signal nach der Begrenzerstufe sind somit fast für alle Frequenzen gleiche Amplituden vorhanden.

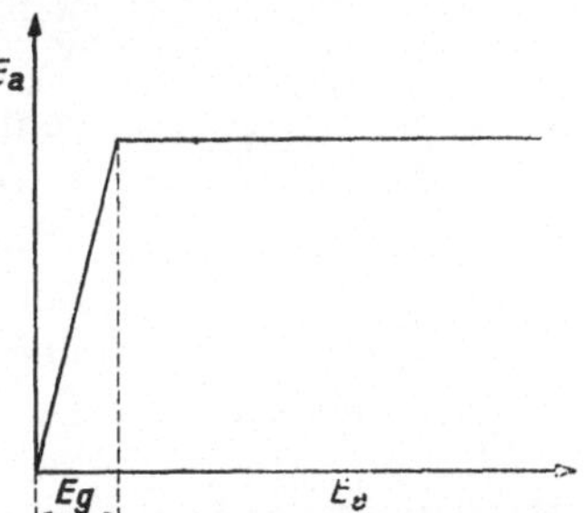

Abb. 173. Kennlinie einer Amplitudenbegrenzerstufe. Horizontal: Eingangsamplitude E_e (mit Grenzamplitude E_g). Vertikal: Ausgangsamplitude E_a. Die Kurve ist schematisch idealisiert und zeigt nur den allgemeinen Verlauf.

Auf die Begrenzerstufe folgt eine Umformerstufe, in der die Frequenzmodulation in Amplitudenmodulation umgesetzt wird. Eine hierfür geeignete Schaltung ist in Abb. 174 dargestellt. Die Selbstinduktion L ist mit der Kapazität auf die niedigste Frequenz des betrachteten Frequenzbandes abgestimmt. Der Widerstand R ist so groß gewählt, daß im gesamten betrachteten Frequenzgebiet der durch die Reihenschaltung RLC fließende Strom der gleiche ist. In diesem Fall wird die von der Reihenschaltung LC abgenommene Spannungsamplitude E_a

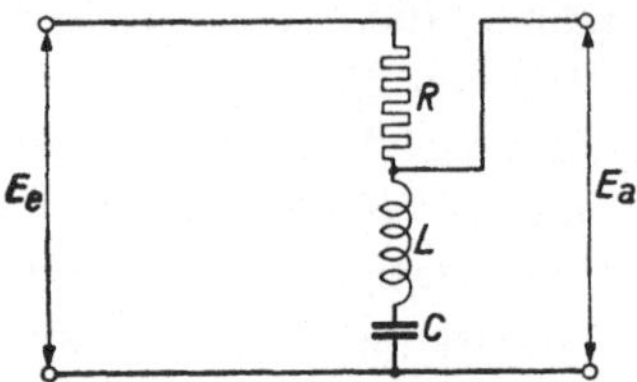

mit dem Absolutwert der Impedanz dieser Reihenschaltung proportional. Durch Verwendung einer möglichst verlustfreien Selbstinduktion und Kapazität kann erreicht werden, daß diese Ausgangsamplitude E_a der Umformerstufe als Funktion der Frequenz die in Abb. 175 gezeichnete Kennlinie aufweist. Die Ausgangsamplitude ist proportional mit der Differenz der betrachteten Frequenz und der Frequenz F_u der unteren Grenze des Frequenz-

Abb. 174. Umformerstufe für die Bildung einer amplitudenmodulierten Ausgangsspannung E_a aus einer frequenzmodulierten Eingangsspannung E_e. R Widerstand, L Selbstinduktion, C Kapazität. Nähere Beschreibung im Text.

bandes, welche zugleich der Abstimmung der Reihenschaltung LC entspricht. Mit Hilfe dieser Anordnung wird die Frequenzverschiebung (Modulation) der Trägerwelle in eine mit dieser Verschiebung proportionale Amplitudenänderung der Ausgangsspannung umgeformt. Bei

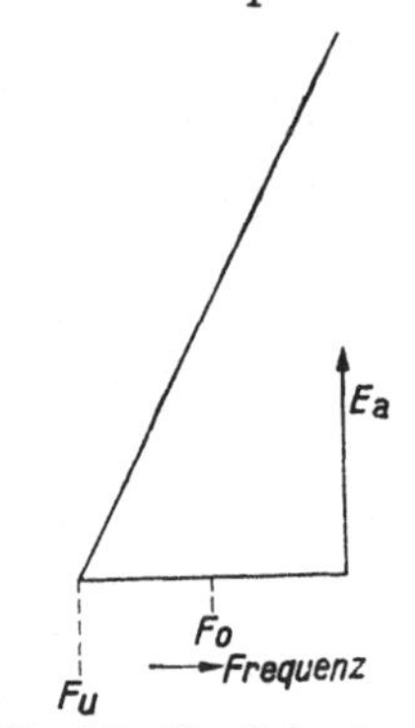

der Betrachtung der Wirkungsweise dieser Stufe ist es nützlich, den Begriff des Augenblickswertes der Frequenz für die frequenzmodulierte Trägerwelle $E \cos(\omega t + m \sin pt)$ einzuführen. Diese Augenblicksfrequenz ist durch den Differentialquotienten des Argumentes der Kosinusfunktion nach der Zeit definiert und beträgt somit: $\omega/2\pi + (mp \cos pt)/2\pi$. Die Frequenzänderung der modulierten Trägerwelle gegenüber dem unmodulierten Wert ist $mp \cos pt/2\pi$. Da m gleich $\Delta\omega/p$ ist, erhält man hierfür den Wert $\Delta\omega \cos pt/2\pi$. Wenn der Wert der Ausgangsamplitude für die Frequenz F_0 der unmodulierten Trägerwelle E_{a0} beträgt, so erreicht sie für die Frequenz $F_0 + \Delta\omega/2\pi$ den Wert $2E_{a0}$ und für die Frequenz $F_0 - \Delta\omega/2\pi$ den Wert 0. Die Ausgangsamplitude ändert sich also nach der Gleichung $E_{a0}(1 + \cos pt)$, d. h. wir haben

Abb. 175. Kennlinie der in Abb. 174 gezeichneten Stufe. Horizontal: Frequenz in linearem Maßstab. F_0 Frequenz der unmodulierten Trägerwelle, F_u untere Frequenzgrenze des betrachteten Bandes. Vertikal: Ausgangsamplitude E_a der Umformerstufe (Abb. 174) in linearem Maßstab.

am Ausgang eine hundertprozentige Amplitudenmodulation erhalten.

Die Frequenzmodulation erlaubt eine bedeutende Verringerung des Rauschens infolge BROWNscher Elektronenbewegung und Schroteffekt. Hierzu überlegen wir, daß nach der Umformerstufe im Gleichrichter und im Niederfrequenzverstärker nur ein Frequenzband benutzt wird, das etwa von 0 bis 10 kHz verläuft. Diesem Frequenzband entspricht in Abb. 175 ein Band, das links und rechts von F_0 je 10 kHz breit ist, insgesamt also 20 kHz. Nur das Elektronenrauschen in diesem Band wird im Lautsprecher wiedergegeben. Gegenüber der Signalmodulation wird die Rauschamplitude näherungsweise um den Faktor $10^4/(F_0 - F_u)$ verringert. Da $F_0 - F_u$ z. B. gleich 75 kHz gewählt werden kann, wird das Verhältnis der Rauschamplitude zur Signalamplitude auf etwa 13% des ursprünglichen Wertes am Eingang des Gerätes herabgedrückt. In Wirklichkeit ist die erzielte Verringerung des relativen

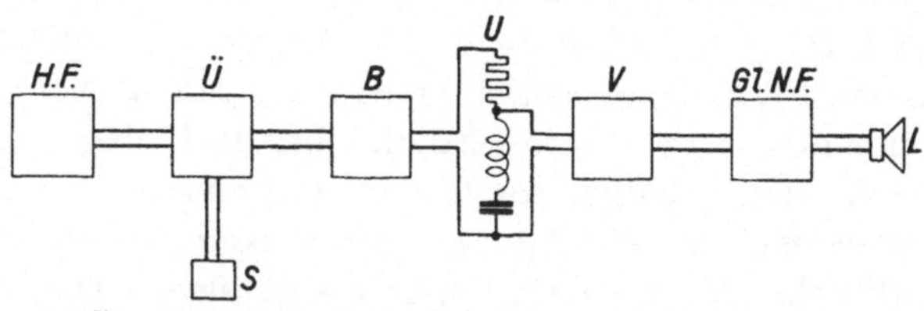

Abb. 176. Allgemeine Übersicht eines Empfangsgerates für frequenzmodulierte Trägerwellen. *H.F.* Hochfrequenzverstärkerstufe für das ganze Frequenzband (Abb. 172). *Ü* Überlagerungsstufe mit Schwingröhre *S*. *B* Begrenzerstufe (Abb. 173). *U* Umformerstufe (Abb. 174). *V* Zwischenfrequenzverstarkerstufe. *Gl.N.F.* Gleichrichter und Niederfrequenzverstärker. *L* Lautsprecher.

Rauschpegels oft noch bedeutender. Diese Eigenschaft der Übertragung durch Frequenzmodulation ist so wichtig, daß es sich in mehreren Fällen lohnt, die größeren Komplikationen im Sender und im Empfänger mit in Kauf zu nehmen. Die Gesamtanordnung der Stufen eines Empfangsgerätes für frequenzmodulierte Signale ist in Abb. 176 dargestellt.

Schrifttum: *3, 4, 5, 6, 7, 36, 95, 106, 167.*

VII. Anhang zur Erläuterung einiger Ausführungen im Text.

Anhang zu § 1. Die elektrische Feldstärke ist in einer ebenen elektromagnetischen Welle stets senkrecht zur magnetischen gerichtet. Dieser Satz folgt aus den MAXWELLschen Grundgleichungen für den Vakuumraum:

$$\frac{\partial H_z}{\partial y} - \frac{\partial H_y}{\partial z} = (9 \cdot 10^{12})^{-1} \frac{\partial F_x}{\partial t} \, ;$$

$$\frac{\partial H_x}{\partial z} - \frac{\partial H_z}{\partial x} = (9 \cdot 10^{12})^{-1} \frac{\partial F_y}{\partial t} \, ;$$

$$\frac{\partial H_y}{\partial x} - \frac{\partial H_x}{\partial y} = (9 \cdot 10^{12})^{-1} \frac{\partial F_z}{\partial t} \, ;$$

$$\frac{\partial F_z}{\partial y} - \frac{\partial F_y}{\partial z} = - 10^{-8} \frac{\partial H_x}{\partial t} \, ;$$

$$\frac{\partial F_x}{\partial z} - \frac{\partial F_z}{\partial x} = - 10^{-8} \frac{\partial H_y}{\partial t} \, ;$$

$$\frac{\partial F_y}{\partial x} - \frac{\partial F_x}{\partial y} = - 10^{-8} \frac{\partial H_z}{\partial t} \, .$$

Hierbei sind H_x, H_y und H_z die drei Komponenten der magnetischen Feldstärke, gerichtet nach den drei zueinander rechtwinkligen Koordinatenrichtungen x, y, z, ausgedrückt in Gauß, und F_x, F_y, F_z die entsprechenden drei Komponenten der elektrischen Feldstärke, ausgedrückt in Volt cm^{-1}. Mit $\partial/\partial t$ ist die Differentiation in bezug auf die Zeit t gemeint (Längen in cm, Zeit in Sek. ausgedrückt). Die Fortpflanzungsrichtung sei z, die Frontebenen seien parallel zur x, y-Ebene. Dann verschwinden die Differentialquotienten $\partial/\partial x$ und $\partial/\partial y$. Aus den obigen Gleichungen geht hervor, daß in diesem Fall $\partial H_z/\partial t = 0$ und $\partial F_z/\partial t = 0$ ist, was bei periodischen Feldern ohne zeitunabhängigen Anteil bedeutet $H_z = 0$ und $F_z = 0$. Die Vektoren H und F sind also parallel zu den Frontebenen gerichtet (transversale Wellen). Wenn wir nun noch annehmen: $F_y = 0$, so wird offenbar nach obigen Gleichungen auch $H_x = 0$. Wir behalten somit nur eine einzige Komponente der elektrischen Feldstärke: F_x und eine einzige Komponente der magnetischen Feldstärke: H_y in jedem Punkt des Raumes. Die obigen Gleichungen vereinfachen sich demnach zu:

$$(\text{A}, 1, 1) \qquad -\frac{\partial H_y}{\partial z} = (9 \cdot 10^{12})^{-1} \frac{\partial F_x}{\partial t} \, ;$$

$$(\text{A}, 1, 2) \qquad \frac{\partial F_x}{\partial z} = -10^{-8} \frac{\partial H_y}{\partial t} \, .$$

Bei periodischen Vorgängen pflanzen sich die Wellenfrontebenen (Ebenen gleicher Schwingungsphase) mit der Lichtgeschwindigkeit $3 \cdot 10^{10}$ cm sec^{-1} fort. Dem Zuwachs dt entspricht demnach ein Zuwachs dz, der das $3 \cdot 10^{10}$ (cm sec^{-1}) fache beträgt. Folglich gilt für die Werte der magnetischen Feldstärke H und für jene der elektrischen Feldstärke F nach Gl. (A, 1, 1): $H = 3 \cdot 10^{10}(9 \cdot 10^{12})^{-1} F = (300)^{-1} F$. Aus Gl. (A, 1, 2) ergibt sich das gleiche. Hiermit ist die Gl. (1, 1) des § 1 bewiesen.

Anhang zu § 3. Beim Zeichnen der Abb. 2 und 3 sind folgende Formeln benutzt (Schrifttum *33*): Wir legen die x-Koordinate in die Achse des kreiszylindrischen Drahtes, der sich von $x = 0$ bis $x = l$ erstreckt. Der Abstand eines Punktes von der Drahtachse wird mit r bezeichnet. Dann ist:

$$(\text{A}, 3, 1) \quad \left\{ \begin{aligned} F_{x1} &= 30\,A \left(\frac{\sin m\,r_2}{r_2}(-1)^n - \frac{\sin m\,r_1}{r_1} \right); \\[4pt] F_{x2} &= 30\,A \left(\frac{\cos m\,r_2}{r_2}(-1)^n - \frac{\cos m\,r_1}{r_1} \right); \\[4pt] H_1 &= -\frac{A}{10\,r} \left(\sin m\,r_2 \cdot (-1)^n - \sin m\,r_1 \right); \\[4pt] H_2 &= -\frac{A}{10\,r} \left(\cos m\,r_2 \cdot (-1)^n - \cos m\,r_1 \right); \\[4pt] F_{r1} &= 30\,A \left(\frac{\sin m\,r_2}{r_2}\frac{l-x}{r}(-1)^n + \frac{\sin m\,r_1}{r_1}\frac{x}{r} \right); \\[4pt] F_{r2} &= 30\,A \left(\frac{\cos m\,r_2}{r_2}\frac{l-x}{r}(-1)^n + \frac{\cos m\,r_1}{r_1}\frac{x}{r} \right). \end{aligned} \right.$$

Unter A ist die Amplitude der elektrischen Stromstärke verstanden, deren Verteilung auf der Drahtoberfläche durch $A \sin(n\,\pi x/l)$ beschrieben wird. Weiter ist $r_1^2 = r^2 + x^2$, $r_2^2 = r^2 + (l - x)^2$ und $m = 2\pi/\lambda$ (λ Wellenlänge), während $l = n\lambda/2$ ist. Der Zeiger x deutet an, daß die betreffenden Feldstärkekomponenten parallel zur Drahtachse gerichtet sind, der Zeiger r, daß die Feldstärkekomponente senkrecht zur Drahtachse gerichtet ist. Der Zeiger 1 bedeutet, daß die betreffende Komponente den Phasenunterschied 0 oder 180° (eine halbe Periode) mit dem Strom im Draht aufweist, der Zeiger 2, daß die betreffende Komponente einen Phasenunterschied von 90 (oder 270°) mit dem Wechselstrom im Draht aufweist (ein Viertel oder drei Viertel Periode). Die angeschriebenen Feldstärken sind Amplitudenwerte. Für eine Halbwellenantenne ist $n = 1$. Wir interessieren uns für die Werte dieser Feldstärkeamplituden auf der Drahtoberfläche. Hier kann in erster Näherung für normale Drahtdurchmesser angenommen werden: $r_1 = x$, $r_2 = l - x$, $r = r_0$. Wenn diese Vereinfachungen in die Gleichungen (A, 3, 1) eingeführt werden, ergibt sich für $n = 1$:

$$(A, 3, 2) \quad \begin{cases} F_{x1} = -30\,A \cdot \dfrac{l \sin m\,x}{x\,(l - x)}\,; \\[2mm] F_{x2} = 30\,A \cdot \dfrac{(2\,x - l)\cos m\,x}{x\,(l - x)}\,; \\[2mm] H_1 = \dfrac{A}{5\,r_0}\sin m\,x; \quad H_2 = 0\,; \\[2mm] F_{r1} = 0;\; F_{r2} = \dfrac{60\,A}{r_0}\cos m\,x\,. \end{cases}$$

Nur in der Umgebung der Drahtenden sollten für F_{x1}, H_1, H_2 und F_{r1} die genaueren Formeln (A, 3, 1) verwendet werden.

Anhang zu § 6. Die von einer Empfangsantenne mit der Stromverteilung $A_n \sin n\,\pi x/l$ aus einem ebenen, eintreffenden Wellenzug aufgenommene Leistung wird durch Integration des Ausdrucks (6, 1) über die Antennenlänge, d. h. von x bis l, gewonnen ($2l = n\lambda$):

$$A_n\cos\omega t \cdot F_0\cos\gamma \int_l^l \cos(\omega t - 2\pi x \sin\alpha/\lambda)\cdot\sin(n\pi x/l)\cdot dx = A_n F_0\cos\gamma\cdot\cos\omega t$$

$$\times \left[\frac{-\dfrac{l}{n\pi}\cos(n\pi x/l)\cdot\cos(\omega t - 2\pi x\sin\alpha/\lambda) + \dfrac{2\,l^2}{n^2\lambda\pi}\sin\alpha\sin(n\pi x/l)\cdot\sin(\omega t - 2\pi x\sin\alpha/\lambda)}{1 - \left(\dfrac{2\,l}{n\,\lambda}\right)^2\sin^2\alpha}\right]_0^l$$

$$= A_n F_0\cos\gamma\cdot\cos\omega t\left[\frac{l}{n\pi}\cos\omega t\left\{(-1)^{n+1}\cos\left(\frac{2\pi l\sin\alpha}{\lambda}\right) + 1\right\}\right.$$

$$\left. + \sin\omega t\cdot\sin\left(\frac{2\pi l\sin\alpha}{\lambda}\right)\right]\cdot\cos^{-2}\alpha\,.$$

Zur Berechnung der mittleren Leistung (Wirkleistung) integrieren wir diesen Ausdruck über dt von $t = 0$ bis $t = 2\pi/\omega$ und dividieren das Ergebnis durch $2\pi/\omega$ (Mittelwertbildung über eine Periode). Es ergibt sich:

$$A_n F_0\cos\gamma\cdot\frac{l}{n\pi}\cdot\frac{(-1)^{n+1}\cos\left(\dfrac{2\pi l\sin\alpha}{\lambda}\right) + 1}{\cos^2\alpha}\,,$$

oder

$$A_n F_0 \cos\gamma \cdot \frac{l}{n\,\pi} \cdot \frac{\sin^2\left(\dfrac{\pi\,l\sin\alpha}{\lambda}\right)}{\cos^2\alpha}$$

für n gerade und

$$A_n F_0 \cos\gamma \cdot \frac{l}{n\,\pi} \cdot \frac{\cos^2\left(\dfrac{\pi\,l\sin\alpha}{\lambda}\right)}{\cos^2\alpha}$$

für n ungerade.

Diese Wirkleistung setzen wir der von der Antenne wieder ausgestrahlten Leistung gleich:

$$\frac{A_n^2}{2}\,R\,,$$

wobei R der Strahlungswiderstand nach Tabelle (4, 1) und Gl. (4, 2) ist. Folglich wird für $\gamma = \alpha$:

$$A_n = \frac{F_0\,2\,l}{n\,\pi\,R} \cdot \frac{\begin{Bmatrix}\cos^2\\ \sin^2\end{Bmatrix}\left(\dfrac{\pi\,l\sin\alpha}{\lambda}\right)}{\cos\alpha}\,,$$

wobei in den geschweiften Klammern cos zu wählen ist für ungerades n und sin für gerades n.

Es sei darauf hingewiesen, daß das Empfangsrichtdiagramm einer vorgelegten Antenne mit unbekannter Empfangsstromverteilung durch Anwendung des Reziprozitätssatzes (§ 2) aus dem Senderichtdiagramm der gleichen Antenne abgeleitet werden kann, ohne das es notwendig ist, die Empfangsstromverteilung zu berechnen.

Anhang zu § 7. Bei der Ableitung der Formeln in § 7 kann die bei Wechselstromaufgaben übliche komplexe Rechenweise mit großem Nutzen angewandt werden (vgl. Schrifttum *46*). Wenn wir unter E, J, Z_{11}, Z_{12}, Z_{22} komplexe Zahlen verstehen, schreiben sich die Gl. (7, 1) und (7, 2) des Textes:

$$E_1 = Z_{11}J_1 + Z_{12}J_2\,;$$
$$E_2 = Z_{12}J_1 + Z_{22}J_2\,.$$

Hieraus ergibt sich die Lösung:

$$(A,\,7,\,1)\qquad J_1 = \frac{Z_{22}E_1 - Z_{12}E_2}{Z_{22}Z_{11} - Z_{12}^2}\quad\text{und}\quad J_2 = \frac{Z_{11}E_2 - Z_{12}E_1}{Z_{22}Z_{11} - Z_{12}^2}\,.$$

Diese allgemeine Lösung kann in einfacher Weise auf die im Text behandelten Sonderfälle angewandt werden. Wenn wir setzen: $E_2 = E_1 = E$, $Z_{11} = Z_{22} = Z$, wird:

$$J_1 = J_2 = J = \frac{E}{Z + Z_{12}}\,,$$

während durch Trennung der reellen und imaginären Teile: $Z = R + jX$ und $Z_{12} = R_{12} + jX_{12}$ hervorgeht:

$$\left|\frac{J}{E}\right| = [(R + R_{12})^2 + (X + X_{12})^2]^{-1/2}\,,$$

d. h. die Gl. (7, 5), die nur eine andere Schreibweise der Gl. (7, 3) und (7, 4) darstellt. Zur Ableitung der Gl. (7, 7) und (7, 8) setzen wir

$E_2 = E_1 \exp(-j\psi) = E_1 \cos\psi - jE_1 \sin\psi$. Dann ergibt sich aus (A, 7, 1), wenn man $Z_{11} = Z_{22} = Z = R + R_a + j(X + X_a)$ und $Z_{12} = R_{12} + jX_{12}$ setzt:

$$(A, 7, 2) \quad \frac{J_2}{E_1} = \frac{R_{12} + jX_{12} - (R + R_a)\cos\psi + (X + X_a)\sin\psi + j(R + R_a)\sin\psi - j(X + X_a)\cos\psi}{R_{12}^2 - X_{12}^2 + 2jX_{12}R_{12} - (R + R_a)^2 - (X + X_a)^2 - 2j(X + X_a)(R + R_a)}.$$

Hieraus geht durch Ordnung der Glieder und Bildung der absoluten Beträge im Zähler sowie im Nenner unmittelbar die Gl. (7, 7) des Textes hervor. Den Phasenwinkel ψ_2 setzen wir gleich $\psi_{2z} - \psi_{2n}$, wobei ψ_{2z} den Phasenwinkel des Zählers von (A, 7, 2) darstellt und ψ_{2n} den Phasenwinkel des Nenners. So ergibt sich Gl. (7, 8). Die direkte Ableitung der Gl. (7, 7) und (7, 8) des Textes aus den Gl. (7, 1) und (7, 2) führt zu sehr umständlichen Rechnungen. Dieses Beispiel ist sehr geeignet, den großen Nutzen und die Überlegenheit der komplexen Rechenweise darzutun.

Anhang zu § 9. Die Gesetze der Brechung und Reflexion elektromagnetischer Wellen an einer Trennungsebene zwischen zwei verschiedenen homogenen Medien können aus den MAXWELLschen Grundgleichungen abgeleitet werden. Hierzu schreiben wir diese Grundgleichungen für ein Medium mit einer Leitfähigkeit σ (Ohm^{-1} cm^{-1}) und einer dielektrischen Konstante ε an:

$$(A, 9, 1) \quad \begin{cases} \dfrac{\partial H_z}{\partial y} - \dfrac{\partial H_y}{\partial z} = 0{,}4\,\pi\,\sigma\,F_x + (9 \cdot 10^{12})^{-1}\,\varepsilon\,\dfrac{\partial F_x}{\partial t}\,; \\[2ex] \dfrac{\partial H_x}{\partial z} - \dfrac{\partial H_z}{\partial x} = 0{,}4\,\pi\,\sigma\,F_y + (9 \cdot 10^{12})^{-1}\,\varepsilon\,\dfrac{\partial F_y}{\partial t}\,; \\[2ex] \dfrac{\partial H_y}{\partial x} - \dfrac{\partial H_x}{\partial y} = 0{,}4\,\pi\,\sigma\,F_z + (9 \cdot 10^{12})^{-1}\,\varepsilon\,\dfrac{\partial F_z}{\partial t}\,; \\[2ex] \dfrac{\partial F_z}{\partial y} - \dfrac{\partial F_y}{\partial z} = -\,10^{-8}\dfrac{\partial H_x}{\partial t}\,; \\[2ex] \dfrac{\partial F_x}{\partial z} - \dfrac{\partial F_z}{\partial x} = -\,10^{-8}\dfrac{\partial H_y}{\partial t}\,; \\[2ex] \dfrac{\partial F_y}{\partial x} - \dfrac{\partial F_x}{\partial y} = -\,10^{-8}\dfrac{\partial H_z}{\partial t}\,. \end{cases}$$

Hierbei sind F_x, F_y, F_z die drei Komponenten der elektrischen Feldstärke (Volt cm^{-1}) und H_x, H_y, H_z die drei Komponenten der magnetischen Feldstärke (GAUSS). Diese Differentialgleichungen stellen eine Erweiterung der im Anhang zu § 1 angeschriebenen Gleichungen für den freien Raum dar. Aus ihnen können unmittelbar die Gleichungen:

$$(A, 9, 2) \quad \begin{cases} \dfrac{\partial H_x}{\partial x} + \dfrac{\partial H_y}{\partial y} + \dfrac{\partial H_z}{\partial z} = 0\,; \\[2ex] \dfrac{\partial}{\partial x}\left(\sigma F_x + \dfrac{\varepsilon}{4 \cdot \pi \cdot 9 \cdot 10^{11}}\dfrac{\partial F_x}{\partial t}\right) + \dfrac{\partial}{\partial y}\left(\sigma F_y + \dfrac{\varepsilon}{4 \cdot \pi \cdot 9 \cdot 10^{11}}\dfrac{\partial F_y}{\partial t}\right) + \\[2ex] \qquad + \dfrac{\partial}{\partial z}\left(\sigma F_z + \dfrac{\varepsilon}{4 \cdot \pi \cdot 9 \cdot 10^{11}}\dfrac{\partial F_z}{\partial t}\right) = 0 \end{cases}$$

abgeleitet werden. Wir wählen die x, y-Ebene als Grenzebene zwischen zwei Medien, wobei für positive Werte von z die Leitfähigkeit σ gleich Null und die dielektrische Konstante ε gleich 1 ist, während für negative Werte von z diese Konstanten feste vorgeschriebene Werte haben. Die drei Komponenten H_x, H_y, H_z sind beiderseits der Trennebene stetig. Wir bilden den zweiten Ausdruck (A, 9, 2) für einen Punkt im unteren Medium, das einen unendlich kleinen Abstand von der Trennebene aufweist. Da σ und ε sich in den x- und y-Richtungen nicht ändern, schreibt sich diese Gleichung in diesem Falle:

$$(A,9,3) \qquad q\frac{\partial F_x}{\partial x} + q\frac{\partial F_y}{\partial y} = - F_z\frac{\partial q}{\partial z} - q\frac{\partial F_z}{\partial z},$$

wobei $q = \sigma + \dfrac{j\,\omega\,\varepsilon}{4\,\pi \cdot 9 \cdot 10^{11}}$. Hierbei haben wir angenommen, daß die Feldstärken von der Zeit durch einen Faktor $\exp(j\omega t)$ abhängen. Die linke Seite dieser Gl. (A, 9, 3) ist endlich. Der erste Ausdruck rechts wird unendlich groß, da q sich an der Trennfläche sprunghaft ändert. Folglich muß auch der zweite Ausdruck rechts unendlich groß sein, d. h. die Komponente F_z, welche senkrecht zur Trennebene gerichtet ist, ändert sich sprunghaft, wenn man die Ebene durchschreitet. Aus den letzten drei Gl. (A, 9, 1) kann man andererseits schließen, daß sowohl $\partial F_x/\partial z$ als $\partial F_y/\partial z$ an der Trennebene endlich sein müssen. Die Komponenten F_x und F_y, welche tangential zur Trennebene gerichtet sind, ändern sich demnach stetig beim Durchschreiten der Trennebene.

Diese Regeln genügen zur Ableitung der Reflexions- und Brechungsgesetze. Wir nehmen auf Abb. 25 Bezug. Die x-Achse liegt in der Trennebene und in der Zeichenebene von links nach rechts. Die y-Achse senkrecht zur Zeichenebene in der Trennebene von vorne nach rückwärts. Die z-Achse ist senkrecht zur Trennebene in der Zeichenebene von unten (Medium II) nach oben (Luft) gerichtet. Der Koordinatennullpunkt ist der betrachtete Einfallspunkt. Im Fall 1 (vgl. § 9) ist die elektrische Feldstärke der einfallenden, gebrochenen und reflektierten Wellen parallel zu y gerichtet, hat also nur die Komponente F_y. Im Fall 2 (vgl. § 9) ist die magnetische Feldstärke der drei genannten Wellen parallel zu y gerichtet, hat also nur die Komponente H_y. Im Fall 1 hat die magnetische Feldstärke zwei Komponenten H_z und H_x, wobei für die einfallende Welle gilt: $\mathrm{tg}\,\vartheta = H_z/H_x$. Im Fall 2 hat die elektrische Feldstärke zwei Komponenten, wobei für die einfallende Welle gilt: $\mathrm{tg}\,\vartheta = F_z/F_x$. Wir bezeichnen die Feldstärkekomponente der einfallenden Welle durch einen Index e, jene der reflektierten Welle durch einen Index r und jene der gebrochenen Welle durch einen Index g. Für die einfallende Welle gelten die Gl. (A, 1, 1) und (A, 1, 2), wobei die dort z genannte Koordinatenrichtung mit der Fortpflanzungsrichtung der einfallenden Welle übereinstimmt (in unseren Koordinaten wird dieses z durch $z\cos\vartheta_e - x\sin\vartheta_e$ ausgedrückt), die dort y genannte Koordinatenrichtung mit unserer vorliegenden y-Richtung, während die dort x genannte Koordinate durch $x \cos \vartheta_e + z \sin \vartheta_e$ ausgedrückt wird. Als Zeitabhängigkeit der Feldstärken setzen wir den Faktor $\exp(j\omega t)$ an und als Abhängigkeit der Feldstärken von der z-Richtung in den genannten Gl. (A, 1, 1) und (A, 1, 2) den Faktor $\exp(jkz)$, wobei z entgegen der Fortpflanzungsrichtung positiv gerechnet wird. Wir erhalten somit:

$$(A,9,4) \quad \begin{cases} F_{ye} = A_e \exp\left[j\omega t + jk(z\cos\vartheta_e - x\sin\vartheta_e)\right] ; \\ H_{xe}\cos\vartheta_e + H_{ze}\sin\vartheta_e = \dfrac{k}{\omega \cdot 10^{-8}} A_e \exp\left[j\omega t + jk(z\cos\vartheta_e - x\sin\vartheta_e)\right] . \end{cases}$$

Die Amplitude A_e hängt nicht von t oder von den Koordinaten ab. Die elektrische Feldstärke ist im Medium I an der Trennebene: $F_{ye} + F_{yr}$ und im Medium II: F_{yg}. Die Stetigkeitsbedingung ergibt: $F_{ye} + F_{yr} = F_{yg}$, folglich $A_e + A_r = A_g$, wenn A_r und A_g die zur reflektierten und zur gebrochenen Welle gehörigen Amplituden sind:

$$(A,9,5) \quad \begin{cases} F_{yr} = A_r \exp\left[j\omega t - jk(z\cos\vartheta_r + x\sin\vartheta_r)\right] ; \\ F_{yg} = A_g \exp\left[j\omega t - jk_1(-z\cos\vartheta_g + x\sin\vartheta_g)\right] . \end{cases}$$

Aus den Gl. (A, 9, 1) kann gefolgert werden, daß $k = \omega/c$ ist, wobei c die Fortpflanzungsgeschwindigkeit in der Luft ($\sigma = 0$, $\varepsilon = 1$) bedeutet, während k_1 durch die Formel:

$$(A,9,6) \quad \begin{cases} k_1^2 = j \cdot 0{,}4 \cdot 10^{-8} \cdot \pi \cdot \sigma \cdot \omega - \dfrac{\omega^2}{9 \cdot 10^{20}} \varepsilon = k^2 \left(\dfrac{j \cdot 9 \cdot 4 \cdot \pi \cdot 10^{11} \cdot \sigma}{\omega} - \varepsilon \right) = \\ = k^2 (j \, 6000 \cdot \sigma \cdot \lambda - \varepsilon) . \end{cases}$$

gegeben ist, wobei λ die Wellenlänge in m, gemessen in Luft, darstellt.

Wir schreiben nun die Bedingung an, daß die Tangentialkomponente von H, also H_x, die Trennebene stetig durchschreitet, also $H_{xe} + H_{xr} = H_{xg}$:

$$\frac{\partial H_x}{\partial t} = j\omega H_x = 10^8 \frac{\partial F_y}{\partial z} ,$$

was unter Berücksichtigung von (A, 9, 4) und (A, 9, 5) ergibt:

$$(A,9,7) \qquad A_e \cos\vartheta_e - A_r \cos\vartheta_r = A_g \frac{k_1}{k} \cos\vartheta_g .$$

In analoger Weise erhält man aus der Stetigkeit von H_z an der Trennebene:

$$(A,9,8) \qquad - A_e \sin\vartheta_e - A_r \sin\vartheta_r = - A_g \frac{k_1}{k} \sin\vartheta_g .$$

Diese Gleichungen, zusammen mit der bereits abgeleiteten Gleichung:

$$(A,9,9) \qquad A_e + A_r = A_g ,$$

sind erfüllt, wenn gilt:

$$(A,9,10) \quad \begin{cases} \vartheta_e = \vartheta_r , \quad \dfrac{k_1}{k} \sin\vartheta_g = \sin\vartheta_e , \\[2ex] \dfrac{A_r}{A_e} = f_1 = \dfrac{1 - \dfrac{k_1}{k}\dfrac{\cos\vartheta_g}{\cos\vartheta_e}}{1 + \dfrac{k_1}{k}\dfrac{\cos\vartheta_g}{\cos\vartheta_e}} = \dfrac{\cos\vartheta_e - \sqrt{n^2 - 1 + \cos^2\vartheta_e}}{\cos\vartheta_e + \sqrt{n^2 - 1 + \cos^2\vartheta_e}} , \\[2ex] n^2 = \dfrac{k_1^2}{k^2} \quad \text{(Quadrat des Brechungsindex)} . \end{cases}$$

Wir haben hiermit das Brechungsgesetz von SNELLIUS sowie das Reflexionsgesetz abgeleitet und zugleich die Formel für den Reflexionskoeffizienten f_1.

Im Fall 2 lauten die entsprechenden Formeln für die Komponente H_y der magnetischen Feldstärke:

$$H_{ye} = B_e \exp\left[j\omega t + jk(z\cos\vartheta_e - x\sin\vartheta_e)\right];$$
$$H_{yr} = B_r \exp\left[j\omega t - jk(z\cos\vartheta_r + x\sin\vartheta_r)\right];$$
$$H_{yg} = B_g \exp\left[j\omega t - jk_1(-z\cos\vartheta_g + x\sin\vartheta_g)\right].$$

Wir erhalten aus der Stetigkeitsbedingung der Feldstärkekomponenten F_x und H_y sowie von $qF_z = k_1^2 F_z(j\omega \cdot 4\pi \cdot 10^{-9})^{-1}$ (vgl. A, 9, 3) an der Trennebene wieder das Reflexionsgesetz sowie das Brechungsgesetz von SNELLIUS und dazu den in § 9 eingeführten Reflexionskoeffizienten f_2:

$$(A, 9, 11) \qquad f_2 = \frac{n^2\cos\vartheta_e - \sqrt{n^2 - 1 + \cos^2\vartheta_e}}{n^2\cos\vartheta_e + \sqrt{n^2 - 1 + \cos^2\vartheta_e}}.$$

Der im Text eingeführte Verlustwinkel δ wird durch den Quotienten des imaginären Teiles von n^2 und des reellen Teiles von n^2 bestimmt, nach Gl. (A, 9, 6):

$$(A, 9, 12) \qquad \mathrm{tg}\,\delta = 6000 \cdot \sigma \cdot \lambda/\varepsilon.$$

Für die Ableitung der zu Abb. 30 gehörigen Formeln sei auf das Schrifttum verwiesen (*165*).

Anhang zu § 10. Durch die in Abb. 34 gezeigten Spiegelungsregeln können die in Abb. 35 und 36 gezeigten Kurven, so weit sie den Fall einer unendlich gut leitenden Trennebene betreffen, in einfacher Weise berechnet werden. Wir gehen von den Formeln des Anhanges zu § 7 aus, wobei im Falle der Horizontalantenne J_2 (Strom der gespiegelten Antenne) gleich $-J_1$ (Strom der wirklichen Antenne) ist und im Falle der Vertikalantenne $J_2 = J_1$. Es entstehen die Formeln:
Horizontalantenne:

$$(A, 10, 1) \qquad J_1 = \frac{E_1}{Z - Z_{12}};$$

Vertikalantenne:

$$(A, 10, 2) \qquad J_1 = \frac{E_1}{Z + Z_{12}}.$$

Hierbei haben wir $Z_{11} = Z_{22} = Z$ gesetzt. Der Wirkwiderstand ergibt sich in beiden Fällen, indem man den reellen Teil des Nenners bildet. Mit $Z = R + jX$ und $Z_{12} = R_{12} + jX_{12}$ erhält man für den Antennenwiderstand die Ausdrücke:

Horizontalantenne:

$$(A, 10, 3) \qquad R_a = R - R_{12};$$

Vertikalantenne:

$$(A, 10, 4) \qquad R_a = R + R_{12}.$$

Hierbei ist für die Abb. 35 und 36 jeweils der Wert R_a/R abgetragen und $R = 73$ Ohm gesetzt, während R_{12} für den Fall der Horizontalantenne aus der Abb. 13 entnommen werden kann und für den Fall der Vertikalantenne aus der Abb. 18.

Anhang zu § 11. Die Gl. (11, 2) und (11, 3) des Textes müssen zur vollständigen Erfassung ihres Inhaltes komplex aufgefaßt werden. Sowohl die Spannung E, der Strom J als auch die Impedanzen Z und Z_0 sind komplexe Zahlen. Der Reflexionskoeffizient f wird demnach ebenfalls durch eine komplexe Zahl dargestellt, deren absoluter Betrag in Abb. 39 gezeichnet ist.

Anhang zu § 12. Bei den Gl. (12, 3) und (12, 5) des Textes sind Formeln für den Wechselstromwiderstand bei kurzen Wellen der Anordnungen von Abb. 40 und 41 benutzt. Diese Formeln beruhen auf der Voraussetzung, daß die Wechselströme nur bis zu einer sehr geringen Tiefe an der Oberfläche der Leiter von Abb. 40 und an der Außenfläche des Innenleiters sowie an der Innenfläche des Außenleiters von Abb. 41 fließen, wie in Gl. (12, 8) und (12, 9) erläutert. Die Vernachlässigung von $^1/_4$ in bezug auf $(\omega/2\,r_g \cdot 10^9)^{1/2}$ ist im Kurzwellengebiet bei genügend kleinem Leiterwiderstand fast immer zulässig. Als Beispiel sei $r_g = 2 \cdot 10^{-4}$ Ohm/cm und $\omega = 2\,\pi \cdot 3 \cdot 10^7$ (10 m Wellenlänge). Dann wird $(\omega/2\,r_g \cdot 10^9)^{1/2}$ etwa gleich 22.

Die Formel (12, 4) für den Dämpfungskoeffizienten α_s durch Leistungsausstrahlung ist als eine Näherung zu betrachten, wobei z. B. in praktischen Fällen nur ein Teil der wirklich auftretenden Strahlungsverluste in Rechnung gesetzt wird. Diese Strahlungsverluste bedingen einen Strahlungswiderstand R_s für die ganze Leitungslänge, wobei in Gl. (12, 4) der Wert:

$$(A, 12, 1) \qquad R_s = 120\,\pi^2 \left(\frac{D}{\lambda}\right)^2 \text{ Ohm}$$

benutzt wurde. Wenn wir ein kurzes gerades Drahtstück der Länge D betrachten (kurze Antenne), durch das ein Wechselstrom der Wellenlänge λ fließt, so beträgt der Strahlungswiderstand dieses Drahtstückes $80\,\pi^2 \cdot (D/\lambda)^2$ Ohm. Eine am Ende kurzgeschlossene Übertragungsleitung enthält an einem solchen Ende eine kurze Antenne dieser Art. Hierdurch entstehen zusätzliche Strahlungsverluste, die zu denjenigen der Formel (A, 12, 1) hinzukommen und verhältnismäßig mehr in Betracht kommen für kürzere Übertragungsleitungen. Die Formel (A, 12, 1) gilt nur für Leitungen, deren Länge mehrere Wellenlängen beträgt.

Anhang zu § 13. Die zu den Abb. 47 und 48 gehörende Formel lautet in komplexer Schreibweise:

$$(A, 13, 1) \qquad \frac{Z_i}{R_0} = \frac{\operatorname{\mathfrak{Cof}} q\,\dfrac{x}{\lambda} + \dfrac{R_0}{R_e}\operatorname{\mathfrak{Sin}} q\,\dfrac{x}{\lambda}}{\operatorname{\mathfrak{Sin}} q\,\dfrac{x}{\lambda} + \dfrac{R_0}{R_e}\operatorname{\mathfrak{Cof}} q\,\dfrac{x}{\lambda}},$$

$$\text{mit} \qquad q = \alpha\lambda + j\,2\,\pi.$$

Man erhält:

$$(A, 13, 2)\qquad \frac{Z_i}{R_0} = \frac{\cos\dfrac{2\pi x}{\lambda}\left(1 + \alpha x\dfrac{R_0}{R_e}\right) + j\sin\dfrac{2\pi x}{\lambda}\left(\alpha x + \dfrac{R_0}{R_e}\right)}{\cos\dfrac{2\pi x}{\lambda}\left(\alpha x + \dfrac{R_0}{R_e}\right) + j\sin\dfrac{2\pi x}{\lambda}\left(1 + \dfrac{R_0}{R_e}\alpha x\right)}\,.$$

Unter gänzlicher Vernachlässigung der Dämpfung ergibt sich die Formel:

$$(A, 13, 3)\qquad \frac{Z_i}{R_0} = \frac{\cos\dfrac{2\pi x}{\lambda} + j\sin\dfrac{2\pi x}{\lambda}\cdot\dfrac{R_0}{R_e}}{\cos\dfrac{2\pi x}{\lambda}\cdot\dfrac{R_0}{R_e} + j\sin\dfrac{2\pi x}{\lambda}}$$

und

$$(A, 13, 4)\qquad \left|\frac{Z_i}{R_0}\right| = \frac{\left\{\left(\dfrac{R_0}{R_e}\right)^2 + \left(\sin\dfrac{2\pi x}{\lambda}\cos\dfrac{2\pi x}{\lambda}\right)^2\left(\dfrac{R_0^2}{R_e^2} - 1\right)^2\right\}^{1/2}}{\left(\cos\dfrac{2\pi x}{\lambda}\right)^2\dfrac{R_0^2}{R_e^2} + \left(\sin\dfrac{2\pi x}{\lambda}\right)^2}$$

und

$$(A, 13, 5)\qquad \operatorname{tg}\psi_i = \frac{R_e}{2R_0}\sin\frac{4\pi x}{\lambda}\left(\frac{R_0^2}{R_e^2} - 1\right).$$

Diese Gl. (A, 13, 4) und (A, 13, 5) wurden bei den Abb. 47 und 48 benutzt. Setzt man in Gl. (A, 13, 2) $x = \lambda/4$ und $R_e = 0$, so ergibt sich $Z_i/R_0 = 1/\alpha x$ (vgl. § 16).

Anhang zu § 14. Zur Formel (14, 4) bemerken wir folgendes: Die bei der Theorie der Übertragungsleitungen benutzten Konstanten, wie Selbstinduktion einer Längeneinheit, Widerstand einer Längeneinheit, Kapazität einer Längeneinheit sowie die Größen Dämpfungskoeffizient und Wellenimpedanz bzw. Wellenwiderstand sind nur dann von der betrachteten Stelle der Leitung unabhängig, wenn die Leitung unendlich lang ist und auf ihrer ganzen Länge einen homogenen Bau besitzt. Bei kurzen Leitungsstücken treten an den Leitungsenden merkliche Abweichungen von der Wellenfortpflanzung auf langen Leitungen auf. Hierdurch werden die obengenannten Größen eine Funktion der betrachteten Stelle auf der Leitung. Ein Beispiel hierzu findet sich für den Dämpfungskoeffizienten α in § 12 bei der Behandlung der Verluste durch Strahlung von Paralleldrahtleitungen. Eine frei im Raum angeordnete Drahtantenne kann als ein kurzer Leiter einer Übertragungsleitung betrachtet werden, wobei sich der zweite Leiter in sehr großer Entfernung befindet. Für diese besondere Leitung sind die obenerwähnten Größen natürlich von der betrachteten Stelle abhängig. Auch der Wellenwiderstand. Der Wert (14, 4) ist deshalb als Näherung aufzufassen, die einen gewissen Mittelwert für gebräuchliche Antennendrähte darstellt.

Anhang zu § 16. Für $R_e = 0$ kann die Gl. (A, 13, 2) wie folgt geschrieben werden:

$$(A, 16, 1)\qquad \frac{R_0}{Z_i} = \frac{\cos\dfrac{2\pi x}{\lambda} + j\alpha x\sin\dfrac{2\pi x}{\lambda}}{\alpha x\cos\dfrac{2\pi x}{\lambda} + j\sin\dfrac{2\pi x}{\lambda}} = \frac{\alpha x + j\sin\dfrac{2\pi x}{\lambda}\cos\dfrac{2\pi x}{\lambda}(\alpha^2 x^2 - 1)}{\alpha^2 x^2\left(\cos\dfrac{2\pi x}{\lambda}\right)^2 + \left(\sin\dfrac{2\pi x}{\lambda}\right)^2}\,.$$

Wenn am Eingang einer solchen Leitung eine Kapazität geschaltet wird, damit die entstehende Eingangsimpedanz zu einem Wirkwiderstand wird, muß diese Kapazität C_0 der Formel:

$$(A, 16, 2) \qquad 2\,\omega\,C_0\,R_0 = -\;\frac{\sin\dfrac{4\,\pi\,x}{\lambda}\,(\alpha^2\,x^2 - 1)}{\alpha^2\,x^2\left(\cos\dfrac{2\,\pi\,x}{\lambda}\right)^2 + \left(\sin\dfrac{2\,\pi\,x}{\lambda}\right)^2}$$

genügen [imaginärer Teil der Admittanz in Gl. (A, 16, 1) muß gleich $-\omega\,R_0\,C_0$ sein]. Der entstehende Wirkwiderstand der Gesamtanordnung wird durch den reziproken reellen Teil der Admittanz (A, 16, 1) gegeben:

$$(A, 16, 3) \qquad R_i = R_0\,\frac{\alpha^2\,x^2\left(\cos\dfrac{2\,\pi\,x}{\lambda}\right)^2 + \left(\sin\dfrac{2\,\pi\,x}{\lambda}\right)^2}{\alpha\,x}\,.$$

Für $x = \lambda/4$ wird $R_i = R_0/\alpha x$. Das Maximum des Ausdrucks (A, 16, 3) liegt bei einem kleineren Wert von x als $\lambda/4$, und dieser x-Wert hängt von α ab. Man soll aber den Phasenwinkel der Wellenimpedanz berücksichtigen.

Anhang zu § 20. Hauteffekt bei dünnen Drähten. Die Formel für das Verhältnis des Wechselstromwiderstandes R_w zum Gleichstromwiderstand R_g eines solchen Drahtes lautet angenähert:

$$\frac{R_w}{R_g} = 1 + 0{,}30\left(\frac{\mu}{\lambda\,r_g}\right)^2\,.$$

Hierbei ist μ die Permeabilität des Drahtmaterials bei der betreffenden Wellenlänge (bei 20 cm ist sie für massive Eisendrähte etwa 10 bis 20), λ die benutzte Wellenlänge in Luft, ausgedrückt in m, und r_g der Gleichstromwiderstand eines Drahtabschnittes von 1 cm Länge, ausgedrückt in Ohm. Diese Formel gilt, solange der zweite Summand rechts klein gegenüber 1 ist. Für die im Text genannten Konstantandrähte ist r_g etwa 20, $\mu = 1$ und erhält man bei $\lambda = 0{,}2$ m etwa $R_w/R_g = 1{,}02$, also eine Widerstandserhöhung von etwa 2%.

Anhang zu § 23. Es handelt sich um die Berechnung der Eingangsimpedanz zwischen den Punkten 1 und 2 der in Abb. 94 gezeichneten Ersatzschaltung eines Widerstandes mit verteilter Kapazität. Diese Ersatzschaltung kann als Stück einer Übertragungsleitung aufgefaßt werden, die eine verteilte Kapazität pro Längeneinheit im Betrage c (Farad/cm) hat und einen verteilten Widerstand im Betrage r (Ohm/cm). Die Eingangsimpedanz Z einer solchen Leitung, die am fernen Ende kurzgeschlossen ist, wird durch den Ausdruck:

$$(A, 23, 1) \qquad Z = \frac{r}{\sqrt{j\,\omega\,r\,c}}\,\mathfrak{T}\mathfrak{g}\{(j\,\omega\,r\,c)^{1/2}\,l\}$$

gegeben. Hierbei ist l die Länge des betrachteten Leitungsstückes (cm). Wir können diese Impedanz am Eingang der Leitung durch die Parallelschaltung eines Widerstandes R mit einer Kapazität C darstellen:

$$\frac{1}{Z} = \frac{1}{R} + j\,\omega\,C = \frac{\sqrt{\omega\,r\,c}}{r\sqrt{2}}\,(1 + j)\,\frac{1}{\mathfrak{T}\mathfrak{g}\{(j\,\omega\,r\,c)^{1/2}\,l\}}\,.$$

Wenn a_1 der Halbmesser des benutzten Widerstandes ist und a_2 der Innenhalbmesser der Röhre, so gilt:

$$c = \frac{10}{18}\left(2{,}3 \lg \frac{a_2}{a_1}\right)^{-1} [p\,\text{F/cm}]\,.$$

Bei einigermaßen größerer Länge l und größeren Werten von r kann die Funktion $\mathfrak{T}\mathfrak{g}$ gleich 1 gesetzt werden. Dann ergibt sich:

$$C = \sqrt{\frac{c}{2\,\omega\,r}} \quad \text{und} \quad R = \frac{\sqrt{2\,r}}{\sqrt{\omega\,c}}\,.$$

Als praktisches Beispiel sei $l = 3{,}5$ cm, $r = 10^5/3{,}5 = 28{,}5$ kOhm/cm, $\omega = 1{,}74 \cdot 10^8$ (10,8 m Wellenlänge). Man errechnet für R den Wert etwa 23 kOhm. Der gemessene Wert für diesen Fall beträgt etwa 26 kOhm. Bei kürzeren Wellen wird die Übereinstimmung zwischen Messung und Rechnung schlechter. Man kann verschiedene Punkte angeben, die bei obiger Rechnung nicht oder nicht ganz berücksichtigt worden sind. Die Kapazität c pro Längeneinheit befindet sich in Wirklichkeit nicht nur zwischen der Oberfläche des zentralen Widerstandes und der Innenoberfläche des Mantels, sondern auch zwischen letzterer Oberfläche und tiefer gelegenen Schichten des Widerstandes. Sie darf auch nicht verlustfrei angenommen werden, da parallel zu den zuletztgenannten Anteilen auch Widerstände vorhanden sind. Bei sehr hohen Frequenzen wird auch die Selbstinduktion des verwendeten Widerstandes eine Rolle spielen. Bei sehr kurzen Leitungen ist die Kapazität pro Längeneinheit nicht mehr überall die gleiche, sondern nimmt nach den Leitungsenden stark zu.

Man kann alle diese Punkte grundsätzlich erfassen, wenn eine Leitung zugrunde gelegt wird, die folgende Größen pro Längeneinheit enthält: Reihenwiderstand, Selbstinduktion, Kapazität und Parallelwiderstand. Durch geeignete Wahl dieser Größen können die Rechenergebnisse mit den Meßergebnissen besser in Einklang gebracht werden.

Anhang zu § 24. Der aktive Teil der Admittanzen hängt direkt mit dem Betrieb einer Röhre als Verstärker zusammen. Da namentlich im Kurzwellengebiet dieser „aktive" Teil der charakteristischen Röhrenadmittanzen weitaus größer ist als der „kalte" Teil, werden wir uns in erster Linie mit diesen aktiven Admittanzen beschäftigen. Wir beantworten zunächst allgemein die Frage: „Wie hängen die aktiven Admittanzen von der Frequenz ab?" Wir können zwei Ursachen für eine Frequenzabhängigkeit dieser Admittanzen angeben. 1. Bei höheren Frequenzen können Elemente der Vierpolschaltung, die bei niedrigen Frequenzen vernachlässigt werden können, in bezug auf die übrigen Elemente beträchtlicher werden und einen Beitrag zu den aktiven Vierpoladmittanzen liefern. Solche Elemente sind z. B.: Induktionskoeffizienten der Zuleitungen zwischen Röhrenanschluß am Sockel und Röhrenelektrode im Vakuumkolben, **Kapazitäten zwischen den Elek-**

troden. 2. Bei höheren Frequenzen sind die Zeiten, welche die Elektronen
zum Durchlaufen der Strecken zwischen den Elektroden in der Röhre
brauchen, nicht mehr vernachlässigbar kurz, gemessen an einer Periode
der Wechselspannung. Diese endlichen Laufzeiten können ebenfalls die
aktiven Röhrenadmittanzen beeinflussen. Durch beide Ursachen gelangt die Kreisfrequenz ω in der Kombination $j\omega$, und nur in dieser
Kombination, in die Formeln für die aktiven Admittanzen. Man kann
dies so begründen, daß die erste Ursache der Einschaltung von Impedanzen an irgendwelchen Stellen der Vierpolschaltung gleichkommt.
In solchen Impedanzen tritt die Frequenz nur in der Kombination $j\omega$
auf. Bei der zweiten Ursache gelangt die Elektronenlaufzeit t zwischen
irgend zwei Röhrenelektroden in dem Produkt $j\omega t$ in die Formeln.
Wir betrachten als Beispiel die aktive Eingangsadmittanz $\mathfrak{C}_{akt}$ und
setzen:

$$\mathfrak{C}_{akt} = \frac{1}{R_{e\,akt}} + j\,\omega\,C_{e\,akt}\,.$$

Durch die Reihenentwicklung

(A, 24, 1) $\qquad \mathfrak{C}_{akt} = A_0 + A_1(j\omega) + A_2(j\omega)^2 + \cdots,$

wobei A_1, A_2, ... reelle Größen sind, entstehen für $1/R_{e\,akt}$ und
$C_{e\,akt}$ durch Trennen der reellen und imaginären Teile in (A, 24, 1)
die Formeln:

$$\frac{1}{R_{e\,akt}} = A_0 - A_2\,\omega^2 + A_4\,\omega^4 + \cdots,$$
$$C_{e\,akt} = A_1 - A_3\,\omega^2 + A_5\,\omega^4 + \cdots.$$

In Worten lautet dieses allgemeingültige Ergebnis: Die reellen und die
durch ω dividierten imaginären Teile der aktiven Admittanzen sind
gerade Funktionen der Frequenz.

Wir bemerken an dieser Stelle, daß dieses Ergebnis nur für die
aktiven Admittanzen gilt und im allgemeinen nicht für die kalten und
für die warmen Admittanzen. Bei den kalten und somit auch bei den
warmen Admittanzen können z. B. dielektrische Verluste in den Röhren-
isolationsmaterialien einen Frequenzgang verursachen, der keine gerade
Funktion der Frequenz ist. Die Röhrentemperatur ist im allgemeinen
niedrig genug, damit keine Änderungen solcher Verluste vom kalten
zum warmen Zustand auftreten. Wenn solche Änderungen wohl auftreten und einen meßbaren Einfluß haben, kann auch der Frequenzgang der reellen und imaginären Teile der aktiven Admittanzen von
einer geraden Funktion abweichen. Im Kurzwellengebiet, z. B. oberhalb 10 MHz, sind die kalten Admittanzen bei modernen Röhren viel
kleiner als die warmen (und somit als die aktiven) Admittanzen. Deshalb ist die Behandlung der aktiven Admittanzen meistens genügend,
um einen Überblick über die Kurzwellenadmittanzen zu geben.

Anhang zu § 32. In einem Kreis, der Widerstand, Selbstinduktion
und Kapazität enthält, entsteht eine effektive Spannungsschwankung,

deren quadratischer Mittelwert in einem kleinen Frequenzintervall B durch die Formel (32, 1) des Textes berechnet werden kann, wenn R den reellen Teil der Impedanz zwischen den zwei betrachteten Anschlußpunkten bezeichnet. Das Frequenzintervall B muß für diese Definition so klein gewählt werden, daß dieser Wert R innerhalb des betrachteten Intervalls konstant ist. Wir betrachten jetzt den Fall eines Schwingungskreises, der durch Parallelschaltung eines Widerstandes R, einer Kapazität C und einer Selbstinduktion L gebildet ist. Der reelle Teil der Impedanz ist:

$$Re\,(Z) = \frac{1}{R\left\{\frac{1}{R^2} + \left(\omega\,C - \frac{1}{\omega\,L}\right)^2\right\}}.$$

Wenn $\omega_0^2\,L\,C = 1$ ist und $\omega_1 = \omega - \omega_0$, so ergibt sich (vgl. § 30):

$$Re\,(Z) = \frac{1}{R\,(2\,\pi\,B\,C)^2}\,\frac{1}{1 + \frac{\omega_1^2}{\pi^2\,B^2}} = \frac{R}{1 + \frac{\omega_1^2}{\pi^2\,B^2}},$$

wobei B die durch Abb. 126 definierte Bandbreite des betrachteten Kreises darstellt. Für ein kleines Frequenzintervall $d\omega_1$ beträgt der quadratische Mittelwert der Spannungsschwankungen:

$$e^2 = 4\,k\,T \cdot Re\,(Z) \cdot d\omega_1/2\,\pi.$$

Wenn wir die entstehenden Spannungsschwankungen mit einem Siebkreis messen, dessen Durchlaßgebiet viel größer ist als B und um die Abstimmfrequenz $\omega_0/2\,\pi$ herum angeordnet, so erhalten wir den Wert:

$$(\text{A}, 31, 1) \left\{ \begin{aligned} \overline{E^2} &= \int_{-\infty}^{\infty} 4\,k\,T \cdot Re\,(Z)\,\frac{d\,\omega_1}{2\,\pi} = \frac{4}{2\,\pi}\,k\,T\,R \int_{-\infty}^{\infty} \frac{d\,\omega_1}{1 + \frac{\omega_1^2}{\pi^2\,B^2}} = \\ &= 4\,k\,T\,R\,B \cdot \frac{\pi}{2}. \end{aligned} \right.$$

Wenn der genannte Siebkreis ein Durchlaßgebiet B hat (rechteckige Siebkurve), das symmetrisch um die Frequenz $\omega_0/2\,\pi$ herum liegt, so müssen die Integrationsgrenzen lauten: von $\omega_1 = -\,\pi B$ bis $\omega_1 = +\,\pi B$, und man erhält als Ergebnis:

$$(\text{A}, 32, 2) \qquad E^2 = 4\,k\,T\,R\,B\,\frac{\pi}{4}.$$

Da die Ergebnisse in praktischen Fällen meistens zwischen diesen beiden Werten (A, 32, 1) und (A, 32, 2) liegen, erscheint als Mittelwert die Annahme im Text gerechtfertigt, wobei gilt:

$$(\text{A}, 32, 3) \qquad E^2 = 4\,k\,T\,R\,B.$$

Der zu Anfang dieses Anhanges zu § 32 verwendete Satz gilt auch für elektrische Kreise mit verteilter Selbstinduktion und Kapazität. Ein praktisch wichtiger Fall hängt mit Übertragungsleitungen zusammen. Eine nach einer Richtung unendlich lange Übertragungsleitung hat eine Impedanz am Eingang, die gleich der Wellenimpedanz der Leitung ist. Bei geeigneter Dimensionierung ist diese Wellenimpedanz reell, d. h. ein Wellenwiderstand. Zwischen den Eingangsanschlüssen dieser Übertragungsleitung entstehen Spannungsschwankungen, deren quadratischer Mittelwert durch die Formel (A, 32, 3) gegeben ist, wobei R den Wellenwiderstand der Leitung und B die betrachtete Bandbreite darstellen. Der Ersatzrauschwiderstand einer solchen Leitung ist demnach gleich dem Wellenwiderstand. Eine mit dem Wellenwiderstand abgeschlossene Übertragungsleitung endlicher Länge weist am Eingang die gleiche Impedanz auf wie die eben betrachtete unendlich lange Leitung. Der Ersatzrauschwiderstand ist bei verschwindend kleiner Dämpfung längs der Leitung auch der gleiche.

Eine weitere interessante Frage bezieht sich auf das Rauschen einer Empfangsantenne. Wir betrachten die beiden Anschlüsse nahe zur Mitte einer abgestimmten Halbwellenantenne. Zwischen diesen Anschlußpunkten mißt man als Impedanz einen Widerstand von etwa 70 Ohm für die Wellenlänge, welche der Abstimmung entspricht. Ist zwischen diesen Punkten nun auch ein Rauschwiderstand von etwa 70 Ohm vorhanden, und welche Temperatur muß diesem Widerstand zuerkannt werden? Es zeigt sich, daß der Rauschwiderstand gleich dem Strahlungswiderstand angenommen werden kann, wobei aber die Temperatur sehr niedrig (etwa gleich der Temperatur des Weltraumes) ist. Folglich kann man auch sagen: Der Strahlungswiderstand rauscht praktisch nicht. Wenn der Antennenstrahlungswiderstand R_a parallel zu einem Schwingungskreis mit dem Widerstand R_{kr} in der Abstimmung angeordnet ist, so beträgt der Gesamtwiderstand dieser Parallelschaltung $R = R_a R_{kr}/(R_a + R_{kr})$. Der Rauschwiderstand der Anordnung ist aber:

$$(A, 32, 4) \qquad R_r = R\, \frac{R_a}{R_a + R_{kr}},$$

also auf jeden Fall kleiner als R. Diese Formel gilt auch, wenn R_a ein transformierter Antennenstrahlungswiderstand ist. R_a kann durch Transformation jeden Betrag aufweisen.

Das im Text im Zusammenhang mit der Formel (32, 2) betrachtete Röhrenrauschen stammt aus den Stromschwankungen des Anodenstromes. Die in Gl. (32, 2) einzusetzende Steilheit bleibt dem absoluten Betrage nach für praktisch verwendete Röhren bis z. B. 1 m Wellenlänge herab fast unverändert. Dieses Röhrenrauschen bleibt bis zu 1 m herab bei den meisten Röhren praktisch auch unverändert.

Wenn wir die Eingangsanschlüsse einer Röhre betrachten, so ist im Kurzwellengebiet zwischen diesen Anschlüssen ein reeller Teil der Eingangsimpedanz vorhanden, der etwa proportional mit dem Quadrate der Wellenlänge nach kürzeren Wellen abnimmt. Folglich wird der gesamte Widerstand des Eingangskreises (wir nehmen einen

Schwingungskreis parallel zum Röhreneingang an) in der Abstimmlage im Kurzwellengebiet in bedeutendem Maße durch den Röhreneingangswiderstand bedingt. Es erhebt sich nun die Frage, ob die Rauschspannungsschwankungen dieses Gesamtwiderstandes nach der Gl. (32, 1) des Textes berechnet werden können, wobei R der Wert des Gesamtkreiswiderstandes in der Abstimmung wäre und T die Zimmertemperatur. Diese Frage ist offenbar für die Beurteilung des Rauschens im Kurzwellengebiet von grundlegender Bedeutung. Es hat sich gezeigt, daß für das Rauschen des Eingangskreises mit dem Röhreneingang parallel ein höherer Wert in die Formel (32, 1) eingesetzt werden muß als der Wert R, der dem Gesamtwiderstand dieses Kreises in der Abstimmlage entspricht. Wenn R fast ganz durch den Eingangswiderstand R_e der Röhre und nur wenig durch den Abstimmwiderstand R_k des Schwingungskreises bestimmt wird ($R^{-1} = R^{-1}_k + R^{-1}_e$), so muß in die Formel (32, 1) etwa das Zwei- bis Dreifache des Wertes R eingesetzt werden. Wenn andererseits R fast ganz durch R_k bedingt wird, so muß in die Formel (32, 1) ungefähr dieser R-Wert eingesetzt werden. Wenn wir den Wert, der in diese Formel eingesetzt werden muß, mit R^1 bezeichnen, so ist demnach $R^1 = 2c^2 R$. Der Faktor c^2 ist etwa 0,5, wenn R_k klein ist im Vergleich zu R_e, und etwa 1 bis 1,5, wenn R_k groß ist im Vergleich zu R_e (nach Mitteilung von Dr. C. J. BAKKER).

Anhang zu § 33. Die Wirkungsweise einer Gegentaktverstärkerröhre geht aus folgender Überlegung hervor. Wir nehmen an, der Eingangskreis und der Ausgangskreis bestehen beide aus zwei gleichen Hälften, die symmetrisch in bezug auf das Gehäuse (Erde) angeordnet sind und zwischen denen keine Kopplung besteht. Die Steilheit jeder Hälfte der Gegentaktröhre sei S (vgl. Abb. 117). Der gesamte Eingangskreis mit dem Röhreneingang parallel soll in der Abstimmlage den Widerstand R aufweisen. Auch der Ausgangskreis mit dem Röhrenausgang parallel soll in der Abstimmlage den Widerstand R haben. Dann hat jede der Kreishälften mit einer Hälfte des Röhreneingangs bzw. des Röhrenausgangs parallel den Widerstand $R/2$ in der Abstimmlage. Man kann dies aus der Bemerkung ersehen, daß die Gesamtkreise aus der Reihenschaltung der beiden Kreishälften hervorgehen. In einer Kaskadenverstärkeranordnung ist der Wert R bei kurzen Wellen wesentlich durch den Röhreneingangswiderstand bestimmt. Wenn die Wechselspannung über dem Eingangskreis E beträgt, also $E/2$ über jeder Kreishälfte, so errechnet man als Verstärkung pro Stufe:

$$S \cdot \frac{R}{2} \cdot \frac{E}{2} \bigg/ \frac{E}{2} = S \frac{R}{2} = R \frac{S}{2}.$$

Wir müssen also den Röhreneingangswiderstand (für die ganze Gegentaktröhre) mit der halben Steilheit einer Röhrenhälfte multiplizieren. Wir gewinnen daher bei Kaskadenstufen mit einer Gegentaktpentode gegenüber einer einfachen Pentode der gleichen Konstruktion erst, weil der Eingangswiderstand der Gegentaktanordnung auf mehr als das Doppelte des Wertes für die einfache Pentode gebracht werden kann. Man gelangt zum gleichen Ergebnis, wenn angenommen wird, daß die Spulenhälften am Eingang und am Ausgang je 100% miteinander gekoppelt sind.

Diese Verhältnisse können bei Verwendung von Elektrodensystemen mit Sekundäremissionskathode (vgl. Abb. 165 und 166) günstiger gestaltet werden. Die Steilheit zur Sekundärkathode ist im Betrage nur wenig (z. B. 20%) niedriger als die Steilheit nach der Anode. Beide Steilheiten haben einen gegenseitigen Phasenwinkel, der für die in Abb. 165 und 166 gezeigten Elektrodensysteme etwa 130° bei 1 m Wellenlänge und etwa 175° bei 10 m Wellenlänge beträgt. Das Supplement dieses Phasenwinkels ist proportional mit der Frequenz (50° bei 1 m und 5° bei 10 m Wellenlänge). Man kann Sekundärkathode und Anode schalten, wie in Abb. 167 für die erste Stufe angegeben. Wenn die Steilheiten nach diesen beiden Elektroden im Betrage gleich wären und einen Phasenwinkel von 180° hätten, würde man die Verstärkung einer Stufe durch Anwendung dieser Schaltung verdoppeln gegenüber dem Fall, daß die Sekundärkathoden nicht zur Verstärkung benutzt würden. Wenn S die Steilheit einer Hälfte der Gegentaktröhre (Abb. 165) darstellt (nach der Anode) und R wieder den Eingangswiderstand der Gegentaktröhre, würde man ungefähr eine Verstärkung pro Stufe in Kaskadenanordnung erhalten von SR bei Verwendung der Schaltung von Abb. 167. In Wirklichkeit erhält man bei 1 m Wellenlänge etwas weniger (z. B. 30% weniger). Aus diesem Grunde ist für Sekundäremissions-Gegentaktröhren in Kaskadenstufen im Text als Verstärkung das Produkt von Eingangswiderstand und Steilheit angegeben und nicht von Eingangswiderstand und halber Steilheit wie bei Gegentaktpentoden.

Anhang zu § 34. Im Text wird mehrmals vom Satz Gebrauch gemacht, daß die in einer Röhre erreichbare Überlagerungssteilheit etwa $^1/_4$ des maximalen Augenblickswertes der Steilheit im Betriebe während einer Periode der Hilfswechselspannung (Oszillatorspannung) beträgt. Wir nehmen als einfachen Fall an, die Steilheit des Anodenstromes in bezug auf kleine Änderungen der Steuergitterspannung verlaufe als Funktion der Spannung auf dem Gitter, dem die Oszillatorspannung zugeführt wird, gerade. Während einer Periode der Oszillatorspannung soll diese Steilheit nach der Funktion $S_{max}(1 - \sin \omega_h t)/2$ schwanken. Die maximale Steilheit ist also S_{max} und die kleinste Steilheit ist 0. Der Anodenstrom wird beim Vorhandensein einer Signalspannung $E_i \sin \omega_i t$ auf dem Steuergitter:

$$\tfrac{1}{2} S_{max}(1 - \sin \omega_h t)\, E_i \sin \omega_i t = \tfrac{1}{2} S_{max}\, E_i \sin \omega_i t - \tfrac{1}{4} S_{max}.$$

$$E_i \cos(\omega_h - \omega_i)\, t + \tfrac{1}{4} S_{max}\, E_i \cos(\omega_h + \omega_i)\, t.$$

Wenn wir uns auf die Komponente des Anodenstroms mit der Kreisfrequenz $\omega_h - \omega_i = \omega_0$ beschränken, ergibt sich, daß die hierzu gehörige Steilheit $S_c = S_{max}/4$ ist, was wir zeigen wollten. Wenn die Steilheit keine reine Sinusfunktion der Zeit ist, wie hier angenommen, bleibt der Faktor $^1/_4$ doch ungefähr richtig (Schrifttum *139*).

Anhang zu § 38. Bei der Behandlung des Rauschens einer Diode, die als Mischröhre verwendet wird, können wir vom folgenden Satz (Schrifttum *145* Bd. 2, S. 122 bis 123) ausgehen: Die Rauschspannungsschwankungen zwischen Anode und Kathode einer Diode kann man durch einen Widerstand erzeugt denken, der gleich dem Innenwiderstand der Diode ist bei den benutzten Betriebsbedingungen und dessen Temperatur etwa 5/8 der Kathodentemperatur beträgt. Dieser Innenwiderstand wird durch Bildung des Differentialquotienten der Anodenspannung V_a nach dem Anodenstrom J_a erhalten: $\partial V_a/\partial J_a$. Der reziproke Wert dieses Innenwiderstandes ist die Steilheit $\partial J_a/\partial V_a$. Beim Betrieb der Diode als Mischröhre schwankt diese Steilheit zwischen einem Maximalwert und einem sehr kleinen Wert während einer Periode der Oszillatorwechselspannung. Die Gestalt der Steilheitskurve und der Kurve für den Innenwiderstand (reziproke Steilheit) als Funktion der Zeit hängt von der gewählten Oszillatoramplitude, von der Gleichspannung zwischen Anode und Kathode sowie von der verwendeten Diode ab. Wir nehmen an, diese Gestalt sei für die Innenwiderstandskurve als Funktion der Zeit angenähert durch eine Dreiecksfigur, wie in Abb. 70 gezeichnet, darstellbar. Wenn R_{max} den Maximalwert der Innenwiderstandskurve bezeichnet, so ist der mittlere Wert des Innenwiderstandes während einer Periode der Oszillatorspannung durch

$$(A, 38, 1) \qquad\qquad R_m = \frac{b R_{max}}{2\pi}$$

gegeben [vgl. (19, 3) und Abb. 70]. Der Wert R_{max} fällt mit dem kleinsten Wert des Diodenstromes im Verlauf einer Periode der Oszillatorspannung zusammen. Für sehr kleine Diodenströme kann der Strom J_a als Funktion der Diodenspannung V_a durch eine Exponentialfunktion dargestellt werden:

$$(A, 38, 2) \qquad\qquad J_a = A \exp(c V_a).$$

Bei den gebräuchlichen Dioden mit indirekt geheizter Kathode ist c etwa gleich 10 (Volt)$^{-1}$. Aus (A, 38, 2) erhält man $\partial J_a/\partial V_a = 1/R = c J_a$, also $R_{max} = 1/c J_{a\,min}$, wobei $J_{a\,min}$ den Minimalwert des Diodenstromes während einer Periode darstellt. Der Faktor $b/2\pi$ in Gl. (A, 38, 1) dürfte unter normalen Betriebsbedingungen zwischen etwa $^1/_2$ und etwa $^1/_{10}$ liegen. Setzt man letzteren Wert voraus, so ergibt sich:

$$(A, 38, 3) \qquad\qquad R_m = \frac{10^{-2}}{J_{a\,min}}.$$

Für $J_{a\,\text{min}}$ gleich 10^{-7} Amp. erhält man $R_m = 10^5$ Ohm. Bei diesen Überlegungen ist zu beachten, daß einer Verringerung von $J_{a\,\text{min}}$ auch eine Verringerung von b in Gl. (A, 38, 1) entspricht (vgl. Abb. 70). Zur Berechnung des Ersatzrauschwiderstandes der Diodenschaltung muß dieser mittlere Innenwiderstand auf $^5/_8$ der Kathodentemperatur gebracht werden. Die Temperatur moderner indirekt geheizter Kathoden ist etwa $1100°$ absolut. Da die Zimmertemperatur etwa $300°$ absolut beträgt, erhält man den Ersatzrauschwiderstand R_r aus R_m durch Multiplikation mit $^5/_8 \cdot 1100/300 = 2{,}3$. Folglich ist $R_r = 2{,}3\,R_m$. Die so erhaltenen Werte des Rauschwiderstandes einer Diodenmischröhre liegen in praktischen Fällen etwa zwischen 50 und 200 kOhm. Ihnen gegenüber kann der Ersatzrauschwiderstand des Eingangskreises sowie des Eingangwiderstandes der Diode im Kurzwellengebiet infolge von Elektronenlaufzeiteffekten (vgl. Anhang zu § 32) vernachlässigt werden.

Anhang zu § 41. Der Rauschwiderstand R^1 des Eingangskreises der ersten Verstärkerröhre mit dem Röhreneingang und dem transformierten Wellenwiderstand der Übertragungsleitung parallel, ist, wie im Anhang zu § 32 erwähnt, größer als der Gesamtwiderstand dieses Kreises in der Abstimmlage. Wenn wir die durch Gl. (41, 2) ausgedrückten Verhältnisse zugrunde legen, wird letztgenannter Widerstand $R/2$, nämlich Kreis mit Röhreneingang parallel gleich R und dazu parallel der transformierte Wellenwiderstand ebenfalls im Betrage R. Wenn dieser Widerstand $R/2$ fast ganz durch den Röhreneingangswiderstand bestimmt wird, so ergibt sich, daß R^1 etwa 2- bis 3mal $R/2$ beträgt. Im Falle, daß $R/2$ viel kleiner ist als der Röhreneingangswiderstand, ergibt sich, daß R^1 ungefähr gleich $R/2$ ist. Wir setzen $R^1 = c^2 R$ (vgl. Anhang zu § 32). Durch diese Überlegungen sind wir in der Lage, eine Formel für das Verhältnis der Signalspannung zur Rauschspannung am Eingang der ersten Röhre abzuleiten. Für die Rauschspannung gilt:

$$E_r^2 = 4\,k\,T\,B\,(R^1 + R_r)\,, \qquad R^1 = c^2 R\,.$$

Für die Signalspannung gilt nach Gl. (41, 2):

$$\frac{E_e}{E} = \frac{1}{2}\left(\frac{R}{R_w}\right)^{1/2} = \frac{1}{2}\,\frac{1}{c}\left(\frac{R^1}{R_w}\right)^{1/2}.$$

Folglich wird:

$$\frac{E_e}{E_r} = \frac{E}{2\,c\,(4\,k\,T\,B\,R_w)^{1/2}}\left(\frac{R^1}{R^1 + R_r}\right)^{1/2}$$

Wir setzen nun $(4\,kTBR_w)^{1/2}$ gleich E_w, der „Rauschspannung" des Wellenwiderstandes und erhalten:

$$(\text{A}, 41, 1) \qquad \frac{E_e}{E_r} = \frac{E}{E_w\,2\,c}\left(\frac{R^1}{R^1 + R_r}\right)^{1/2}.$$

Der Faktor c^2 liegt nach obiger Definition etwa zwischen $^1/_2$ und $^3/_2$, also c zwischen etwa 0,7 und 1,2. Die Formel (A, 41, 1) ist in Abb. 163 veranschaulicht worden.

Wenn der transformierte Wellenwiderstand der Übertragungsleitung im Betrage R letzten Endes durch Transformation des Strahlungswiderstandes einer Antenne zustande gekommen ist, so muß die Formel (A, 32, 4) zur Berechnung von c angewandt werden. Der Rauschwiderstand der Parallelschaltung des transformierten Strahlungswiderstandes, des Kreiswiderstandes und des Röhreneingangswiderstandes ist dann auf jeden Fall kleiner als $R/2$. Kreis und Röhreneingang parallel haben den Widerstand R und einen Rauschwiderstand R_1, der zwischen R und etwa $3R$ liegt. Dieser Rauschwiderstand auf Zimmertemperatur muß mit einem Rauschwiderstand R der Temperatur Null parallelgeschaltet werden. Der Gesamtrauschwiderstand der Anordnung liegt zwischen $R/4$ und $R/8$, wenn R_1 bzw. gleich R und gleich $3R$ ist. In diesem Fall liegt der Faktor c also etwa zwischen 0,5 und 0,35.

VIII. Schrifttum.

Nach Autoren alphabetisch geordnet.

Die Nummern stimmen mit den Zahlen am Ende jedes Paragraphen überein.

1. AIKEN, C. B.: Theory of the diode voltmeter. Proc. Inst. Radio Engrs., N. Y. Bd. 26 (1938) S. 859—876.
2. ARDENNE, M. v.: Spannungsmessungen bei extrem hohen Frequenzen mit dem Dioden-Voltmeter. Z. Hochfrequenztechn. Bd. 48 (1936) S. 117.
2a. — Der Fernsehempfang in „Fernsehen" von F. SCHRÖTER. Berlin: Julius Springer 1937.
3. ARMSTRONG, E. H.: Frequency modulation advances. Electronics, N. Y. June 1935 S. 188.
4. — Phase-frequency modulation. Electronics, N. Y. Nov. 1935 S. 17.
5. — High power frequency modulation. Electronics, N. Y. May 1936 S. 25.
6. — Frequency modulation demonstrated. Electronics, N. Y. March 1939 S. 14.
7. — A method of reducing disturbances in radio signalling by a system of frequency modulation. Proc. Inst. Radio Engrs., N. Y. Bd. 24 (1936) S. 689—740.
8. BAKKER, C. J., and G. DE VRIES: On vacuum tube electronics. Physica, Haag Bd. 2 (1935) S. 683—697.
9. — Einige Eigenschaften von Empfängerröhren bei kurzen Wellen. Philips techn. Rdsch. Bd. 1 (1936), S. 171.
10. — u. B. VAN DER POL: Report on spontaneous fluctuations of current and potential. C. R. Union Rad. sci. int. Venise Bd. 5 (1938) S. 217—227.
11. BALLANTINE, S.: Fluctuation noise in radio receivers. Proc. Inst. Radio Engrs., N. Y. Bd. 18 (1930) S. 1377—1387.
12. BANERJEE, S. S., u. B. N. SINGH: On the radiation resistance of tapered wire transmission lines. Phil. Mag. Bd. 22 (1936) Nr. 150 S. 955—967.
13. BARON, M. G.: Récepteurs modernes pour ondes métriques. Onde électr. Bd. 17 (1938) S. 498—503.
14. BARROW, W. L.: On the impedance of a vertical half-wave antenna above an earth of finite conductivity. Proc. Inst. Radio Engrs., N. Y. Bd. 22 (1935) S. 150—167.
15. — Transmission of electromagnetic waves in hollow tubes of metal. Proc. Inst. Radio Engrs., N. Y., Bd. 24 (1936) S. 1298—1328.
16. — u. L. J. CHU: Theory of the electromagnetic horn. Proc. Inst. Radio Engrs., N. Y. Bd. 27 (1939) S. 51—64.
17. — u. F. D. LEWIS: The sectorial electromagnetic horn. Proc. Inst. Radio Engrs., N. Y. Bd. 27 (1939) S. 41—50.
18. BENHAM, W. E.: A contribution to tube and amplifier theory. Proc. Inst. Radio Engrs., N. Y., Bd. 26 (1938) S. 1093—1170.
19. BERGMANN, L.: Messungen im Strahlungsfelde einer in Grund- und Oberschwingungen erregten stabförmigen Antenne. Ann. Phys., Lpz. Bd. 82 (1927) S. 504—540.
20. BEVERAGE, H. H., CH. W. RICE u. E. W. KELLOGG: The wave antenna. J. Amer. Inst. electr. Engrs. Bd. 42 (1923) S. 258—269, 372—381, 510—519, 636—644, 728—738.

20a. BLOK, L.: Bekämpfung von Radiostörungen. Philips techn. Rundschau
       Bd. 4 (1939) S. 249—256.
21.   BOELLA, M.: Sul comportamento alle alte frequenze di alcuni tipi di resistenze
       elevate in uso nei radiocircuiti. Alta Frequ. Bd. 3 (1934) S. 132.
22.   BRESSI, A.: Misure sistematiche di resistenze elevata ad alta frequenza.
       Alta Frequ. Bd. 7 (1938) S. 551—571.
23.   BRILLOUIN, L.: Propagation d'ondes électromagnetiques dans un tuyau.
       Rev. gén. Électr. Bd. 40 (1936) S. 227.
24.   — Theoretical study of dielectric cables. Electr. Commun. Bd. 16 (1937—38)
       S. 350—372.
25.   BRUCE, E.: Developments in short wave directive antennas. Proc. Inst.
       Radio Engrs., N. Y. Bd. 19 (1931) S. 1406—1433.
26.   — A. C. BECK u. L. R. LOWRY: Horizontal rhombic antennas. Proc. Inst.
       Radio Engrs., N. Y. Bd. 23 (1935) S. 24.
27.   BUCHHOLZ, H.: Die Quasioptik der Ultrakurzwellenleiter. Elektr. Nachr.-
       Techn. Bd. 15 (1938) S. 297.
28.   BURROWS, CH. R.: The exponential transmission line. Bell Syst. techn. J.
       Bd. 17 (1938) S. 555—573.
29.   BUSCH, H.: Theorie der Beverage-Antenne. Jb. drahtl. Telegr. Bd. 21 (1923)
       S. 290—312, 374—390.
30.   CARRARA, N.: Microonde. Trasmissione, propagazione e ricezione. Alta Freq.
       Bd. 6 (1937) S. 104 u. 209.
31.   CARSON, J. R.: Reciprocal theorems in radio communication. Proc. Inst.
       Radio Engrs., N. Y. Bd. 17 (1929) S. 952 — Bell Labor. reprint Nr. 400.
32.   — S. P. MEAD u. S. A. SCHELKUNOFF: Hyper frequency wave guides. Bell
       Syst. techn. J. Bd. 15 (1936) S. 310—333.
33.   CARTER, P. S.: Circuit relations in radiating systems and applications to
       antenna problems. Proc. Inst. Radio Engrs., N. Y. Bd. 20 (1932) S. 1004
       bis 1041.
34.   — u. G. S. WICKIZER: Ultra high frequency transmission between the RCA
       building and the empire state building in New York City. Television, N. Y.
       (Collected Papers) Bd. 1 (1936), S. 391—404. — New York, RCA; Proc. Inst.
       Radio Engrs., N. Y. August 1936.
35.   CHIPMAN, R. A.: Resonance curve methods for the absolute measurement
       of impedance at frequencies of the order 300 Mc/s. J. Applied Physics Bd. 10
       (Jan. 1939) S. 27—38.
36.   CROSBY, M. G.: Frequency modulation propagation characteristics. Proc.
       Inst. Radio Engrs., N. Y. Bd. 24 (1936) S. 898—913.
37.   DAHME, A.: Dämpfungsmessungen an Hochfrequenzkabeln im Bereich der
       Meterwellen. Z. Hochfrequenztechn. Bd. 52 (1938) S. 1—9.
38.   DARBORD, R.: Réflecteurs et lignes de transmission pour ondes ultra-courtes.
       Onde électr. Bd. 11 (1932) S. 53—82.
39.   DAVID, P.: Les parasites en T. S. F. Onde électr. Bd. 14 (1935) S. 69—85,
       140—151, 216—220.
40.   DIDLAUKIS, M., u. H. KADEN: Die inneren Ungleichmäßigkeiten von koaxialen
       Breitbandkabeln. Elektr. Nachr.-Techn. Bd. 14 (1937) S. 13.
41.   DUNMORE, F. W.: A unicontrol radio receiver for ultra-high frequencies
       using concentric lines as interstage couplers. Proc. Inst. Radio Engrs., N. Y.
       Bd. 24 (1936) S. 837—849.
42.   ECKART, G., u. H. PLENDL: Die Ausbreitung der ultrakurzen Wellen. Ergebn.
       exakt. Naturw. S. 325—366. Berlin: Julius Springer 1938,
43.   ELECTRONICS: Cathode Ray amplifier tubes. Electronics, N. Y. April 1939 S. 9.
44.   ENGSTROM, E. W., u. R. S. HOLMES: Television receivers. I. Electronics N. Y.
       April 1938 S. 28; II. Electronics N. Y. June 1938 S. 20.

45. Esau, A., u. O. H. Roth: Empfangsstörungen durch Ultrakurzwellen-Diathermieapparate. Z. Hochfrequenztechn. Bd. 48 (1936) S. 113.

45a. Fischer, J.: Einführung in die klassische Elektrodynamik. Berlin: Julius Springer 1936.

46. Fraenckel, A.: Theorie der Wechselströme. 2. Aufl. Berlin: Julius Springer 1921.

47. Freeman, R. L.: Use of feedback to compensate for vacuum tube input capacitance variations with grid bias. Proc. Inst. Radio Engrs., N. Y. Bd. 26 (1938) S. 1360—1366.

48. Friis, H. T., C. B. Feldman u. W. M. Scharpless: The determination of the direction of arrival of short radio waves. Proc. Inst. Radio Engrs., N. Y. Bd. 22 (1934) S. 47.

49. — u. C. B. Feldman: A multiple unit steerable antenna for short wave reception. Bell Syst. techn. J. Bd. 16 (1937) S. 337—419.

50. Fritsch, V.: Die Anwendung der kurzen Wellen in der Funkgeologie. Beitr. angew. Geophysik Bd. 17 (1937) S. 190—205.

51. George, R. W.: A study of ultra-high-frequency wide-band propagation. Proc. Inst. Radio Engrs., N. Y. Bd. 27 (1939) S. 28—35.

52. Gerber, W.: Dämpfungsbestimmung von Hochfrequenzkabeln durch Messung der Spannungsüberhöhung im Resonanzzustand. Techn. Mitt. schweiz. Telegr.- Teleph.-Verw. Bd. 16 (1938) Nr. 3.

53. Green, E. T., F. A. Leibe u. H. E. Curtis: The proportioning of shielded circuits for minimum high frequency attenuation. Bell Syst. techn. J. Bd. 15 (1936) S. 248—283.

54. Grosskopf, J.: Über den Scheinwiderstand gespreizter Doppelleitungen. Telegr.- u. Fernspr.-Techn. Bd. 28 (1939) S. 8—15.

55. Hahn, W. C., u. G. F. Metcalf: Velocity modulated tubes. Proc. Inst. Radio Engrs., N. Y. Bd. 27 (1939) S. 106—116.

56. Hallen, E.: Theoretical investigations into the transmitting and receiving qualities of antennae. Nova Acta Regiae Soc. Scient. Upsaliensis Bd. 11 (1938), Nr. 4, S. 1—44.

56a. Handel, P. v., u. W. Pfister: Die Ausbreitung der ultrakurzen Wellen (cm-, dm-, m-Wellen) längs der gekrümmten Erdoberfläche. Z. Hochfrequenztechn. Bd. 47 (1936) S. 182.

57. Hansell, C. W., u. P. S. Carter: Frequency control by low power factor line circuits. Proc. Inst. Radio Engrs., N. Y. Bd. 24 (1936) S. 597—619.

58. Hara, G.: Induktivität, Kapazität, Wellenwiderstand einer geraden Antenne. Mem. Ryojun Coll. Engng. Bd. 7 (1934) S. 189—208.

59. — Radiation and line constants of linear conductor systems and applications to antenna problems. Mem. Ryojun Coll. Engng. Bd. 9 (1936) S. 121—194.

60. — Strahlungsleistung und Stromverteilung einer geraden Antenne. Z. Hochfrequenztechn. Bd. 44 (1934) S. 185—193.

61. Harris, W. A.: The application of superheterodyne frequency conversion systems to multirange receivers. Proc. Inst. Radio Engrs., N. Y. Bd. 23 (1935) S. 279—295.

62. Hempel, W.: Über die Anwendbarkeit der Doppelleitung als Meßinstrument im Bereich der Dezimeterwellen. Elektr. Nachr.-Techn. Bd. 14 (1937) S. 33.

63. Herold, E. W.: An analysis of admittance neutralization by means of negative transconductance tubes. Proc. Inst. Radio Engrs., N. Y. Bd. 25 (1937) S. 1399—1413.

64. — W. A. Harris u. T. J. Henry: A new converter tube for all wave receivers. RCA Review July 1938 S. 67—77.

65. Hollmann, H. E.: Physik und Technik der ultrakurzen Wellen. 2 Bde. Berlin: Julius Springer 1936.

65a. HOLMES, R. S., u. A. H. TURNER: An urban field strength survey at thirty and one hundred megacycles. Proc. Inst. Radio Engrs., N. Y. Bd. 24 (1936) S. 755—770.

66. ĬSSAKOWITSCH-KOSTA, S.: Anpassung von Speiseleitungen an Kurzwellen-Sendeantennen. Elektr. Nachr.-Techn. Bd. 10 (1933) S. 9—19.

67. JANSKY, K. G.: Minimum noise levels obtained on short wave radio receiving systems. Proc. Inst. Radio Engrs., N. Y. Bd. 25 (1937) S. 1531—1541.

68. JOHNSON, J. B., u. F. B. LLEWELLYN: Limits to amplification. Bell Syst. techn. J. Bd. 14 (1935) S. 85—96.

69. JONKER, J. L. H., u. J. W. M. VAN OVERBEEK: The application of secondary emission in amplifying valves. Wireless Engr. Bd. 15 (1938) S. 150—156.

70. KAUZMANN, A. P.: New Television amplifier receiving tubes. RCA Review Bd. 3 (1939) S. 271—289.

71. KEEN, R.: Wireless Direction Finding. 803 S. London: Iliffe 1938.

72. KING, R.: Electrical measurements at ultra high frequencies. Proc. Inst. Radio Engrs., N. Y. Bd. 23 (1935) S. 885—934.

73. KÖHLER, J. W. L.: Thermokreuze. Philips techn. Rdsch. Bd. 3 (1938) S. 170.

73a. KORSHENEWSKY, N. VON: Über die Schwingungen eines Oszillators im Strahlungsfeld. Z. techn. Phys. Bd. 10 (1929) S. 604.

74. KRAUSE, W. A.: Hochfrequenzmessungen bei 1 m Wellenlänge. Z. Hochfrequenztechn. Bd. 45 (1935) S. 128.

75. LABUS, J.: Rechnerische Ermittlung der Impedanz von Antennen. Z. Hochfrequenztechn. Bd. 41 (1933) S. 17—23.

76. LANDON, V. D., u. J. D. REID: A new antenna system for noise reduction. Proc. Inst. Radio Engrs., N. Y. Bd. 27 (1939) S. 188—191.

77. LEHMANN, G.: Mesures d'amortissement dans les circuits à très haute fréquence. Onde électr. Bd. 16 (1937) S. 58—70.

78. LINDERN, C. G. A. VON, u. G. DE VRIES: Eine Kurzwellen-Telephonie-Verbindung zwischen Eindhoven und Tilburg. Philips techn. Rdsch. Bd. 2 (1937) Heft 6.

79. — — Eine drahtlose Verbindung mittels Dezimeterwellen zwischen Eindhoven und Nymegen. Philips techn. Rdsch. Bd. 2 (1937) Heft 10.

80. LOEB, J.: Relais passifs pour ondes métriques et décimétriques. Onde électr. Bd. 17 (1938), S. 338—361.

81. MAILANDT, H.: Verstärkung und Selbsterregung von Dezimeterwellen in den normalen Schaltungen mit Gittersteuerung. Z. Hochfrequenztechn. Bd. 50 (1937) S. 158.

82. MARTYN, D. F., u. A. L. GREEN: The characteristics of downcoming radio waves. Proc. Roy. Soc., Lond. A Bd. 148 (1935) S. 104—120.

83. MASON, W. P., u. R. A. SYKES: The use of coaxial and balanced transmission lines in filters and wide band transformers for high radio frequencies. Bell Syst. techn. J. Bd. 16 (1937) S. 275—302.

84. MERTZ, P., u. K. W. PFLEGER: Irregularities in broad band wire transmission circuits. Bell Syst. techn. J. Bd. 16 (1937) S. 541—559.

85. MILLER, J. M., u. B. SALZBERG: Measurements of admittances at ultrahigh frequencies. RCA Review Bd. 3 (1939) S. 486—504.

86. MOSER, W.: Die Übertragung der Energie vom Sender zur Antenne bei kurzen Wellen. Elektr. Nachr.-Techn. Bd. 5 (1928), S. 422—426.

87. MOULLIN, E. B.: Spontaneous fluctuations of voltage. Oxford University Press 1938 251 S.

88. MOUROUX, L.: Résumé de quelques schémas et systèmes antiparasites. Onde électr. Bd. 17 (1938) S. 575—581.

89. NERGAARD, L. S.: Electrical measurements at wave lenghts less than two meters. Proc. Inst. Radio Engrs., N. Y. Bd. 24 (1936) S. 1207—1229.

89a. NIESSEN, K. F., u. G. DE VRIES: Über die Empfangsimpedanz einer Empfangsantenne. I. Strahlungswiderstand. II. Reaktanz und Abbildungen. Physica Bd. 6 (1939) S. 601—627.

90. NOBILE, G.: Nuovo sistema di modulazione per microonde. Alta Frequ. Bd. 7 (1938) S. 29.

91. OLLENDORFF, F.: Die Absorption kurzer Wellen in Gebäuden. Elektr. Nachr.-Techn. Bd. 9 (1932) S. 181—194.

91a. PERCIVAL, W. S.: An electrically cold resistance. Wirel Eng. Bd. 16 (1939) S. 237—240.

92. PETERSON, H. O., u. D. R. GODDARD: Field strength observations of transatlantic signals, 40 to 45 Megacycles. Proc. Inst. Radio Engrs, N. Y. Bd. 25 (1937) S. 1291—1299.

93. VAN DER POL, B.: Hoe groot zyn de stroomen en spanningen in onze ontvangantenne? Rad. Wereld Bd. 3 (1926) S. 28—30.

94. — Enkele physische beschouwingen over ultra-korte golven, mede in verband met de uitzendingen von het Philips laboratorium. Tijdschr. Ned. Radio Gen. Bd. 3 (1927) S. 161—184.

95. — Frequency modulation. Proc. Inst. Radio Engrs., N. Y. Bd. 18 (1930) S. 1194—1205.

96. — u. H. BREMMER: The diffraction of electromagnetic waves from an electrical point source round a finitely conducting sphere, with applications to radiotelegraphy and the theory of the rainbow. I. Phil. Mag. Bd. 24 (1937) S. 141 — II. Bd. 24 (1937) S. 825.

97. — — The propagation of radio waves over a finitely conducting spherical earth. Phil. Mag. Bd. 25 (1938) S. 817.

98. — — Further note on the propagation of radio waves over a finitely conducting sphere. Phil. Mag. Bd. 27 (1939) S. 261—276.

98a. — — Die Fortpflanzung von Radiowellen über die Erde. Philips techn. Rundschau Bd. 4 (1939) S. 258—266.

99. POLEDRELLI, C.: Considerazioni sul dimensionamento ottimo di linee bifilari ad alta frequenza. Alta Frequ. Bd. 7 (1938) S. 435—448.

100. PONTECORVO, P.: On the behaviour of resistors at high frequencies. Wireless Engr. Bd. 15 (1938) S. 500.

101. — L'influenza della capacità distributa sul comportamento dei resistori alle alte frequenze. Alta Frequ. Bd. 7 (1938) S. 570—581.

102. PRAKKE, F., J. L. H. JONKER u. M. J. O. STRUTT: A new „all glass" valve construction. Wireless Engr. Bd. 16 (1939) S. 224—230.

103. RATCLIFFE, J. A.: The absorption of energy by a wireless aerial. Proc. Camb. Phil. Soc. Bd. 27 (1931) S. 588—592.

104. — u. J. L. PAWSLEY: A study of the intensity variations of downcoming wireless waves. Proc. Camb. Phil. Soc. Bd. 29 Part 2 (1933) S. 301—318.

104a. — u. F. W. G. WHITE: The state of polarization of downcoming wireless waves of medium length. Phil. Mag. Bd. 16 (1933) S. 423—440.

105. RICHARDS, C. R.: Ein Fernsehempfänger. Philips techn. Rdsch. Bd. 2 (1937) S. 33—38.

106. RODER, H.: Noise in frequency modulation. Electronics, N. Y. May 1937.

107. RHODE, L., u. H. SCHWARZ: Dämpfungsmessung bei Meterwellen. Z. Hochfrequenztechn. Bd. 50 (1937) S. 98.

108. ROTH, O. H.: Über die Wirkungsweise ein- und mehrdrähtiger Reflektoren. Z. Hochfrequenztechn. Bd. 48 (1936) S. 45.

109. SALZBERG, B.: Notes on the theory of the single stage amplifier. Proc. Inst. Radio Engrs., N. Y. Bd. 24 (1936) S. 879—897.

110. — On the optimum length for transmission lines used as circuit elements. Proc. Inst. Radio Engrs., N. Y. Bd. 25 (1937) 1561—1564; Bd. 27 (1939) 579.

111.   SAMUEL, A. L., u. N. E. SOWERS: A power amplifier for ultra-high frequencies. Proc. Inst. Radio Engrs., N. Y. Bd. 24 (1936) S. 1464—1483.

112.   — A negative grid oscillator and amplifier for ultra-high frequencies. Proc. Inst. Radio Engrs., N. Y. Bd. 25 (1937) S. 1243—1252.

113.   SAPHORES, J.: General properties of dielectric guides. Electr. Commun. Bd. 16 (1937—38) S. 346—349.

114.   SCHIENEMANN, R.: Trägerfrequenzverstärker großer Bandbreite mit gegeneinander verstimmten Einzelkreisen. Telegr.- u. Fernspr.-Techn. Bd. 28 (1939) S. 1—7.

115.   SCHRÖTER, F.: Fernsehen. Berlin: Julius Springer 1937.

116.   SCROGGIE, M. G.: Valve input resistance. Wireless Wld. Bd. 10 (1938) S. 400—402.

117.   SINCLAIR, D. B.: New type 493 vacuum thermocouples for use at high frequencies. Gen. Radio Experim. Bd. 13 (March 1939) S. 5—8.

118.   SMITH, E. W., u. R. F. O'NEIL: Marconi T. C. M. High frequency cables. Marconi Rev. Bd. 70 (1938) S. 32—43.

119.   SOMMERFELD, A.: Das Reziprozitätstheorem der drahtlosen Telegraphie. Z. Hochfrequenztechn. Bd. 37 (1931) S. 167—169.

120.   SOUTHWORTH, G. C.: Hyper-frequency wave guides. Bell Syst. techn. J. Bd. 15 (1936) S. 284—309.

121.   — Some fundamental experiments with wave guides. Proc. Inst. Radio Engrs., N. Y. Bd. 25 (1937) S. 807—822.

122.   STAAL, C. J. H. A.: Allseitig parabolische Richtstrahler für Mikrowellen. Philips Transmitting News Bd. 4 (1936) Heft 3.

123.   STERBA, E. J., u. C. B. FELDMAN: Transmission lines for short wave radio systems. Proc. Inst. Radio Engrs., N. Y. Bd. 20 (1932) S. 1163—1202.

124.   STRUTT, M. J. O.: Strahlung von Antennen unter dem Einfluß der Erdbodeneigenschaften. Ann. Phys., Lpz. Bd. 1 (1929) S. 721—772.

125.   — Sicherung von Räumen durch elektrische Wellen. Brit. Patentschr. 337 904 (1930).

126.   — Reflexionsmessungen mit sehr kurzen elektrischen und mit akustischen Wellen. Elektr. Nachr.-Techn. Bd. 7 (1930) S. 387—395.

127.   — Messung der elektrischen Erdbodeneigenschaften zwischen 20 und $2 \cdot 10^7$ Hertz. Elektr. Nachr.-Techn. Bd. 7 (1930) Heft 10.

128.   — Dielektrische Eigenschaften verschiedener Gläser in Abhängigkeit der Frequenz und der Temperatur. Arch. Elektrotechn. Bd. 25 (1931) S. 715 bis 722.

129.   — Strahlung von Antennen unter dem Einfluß der Erdbodeneigenschaften. D. Strahlungsmessungen mit Antennen. Ann. Phys., Lpz. Bd. 9 (1931) S. 67—91.

130.   — Berechnung der Impedanz zylindrischer Leiter von beliebiger Querschnittsform. Elektr. Nachr.-Techn. Bd. 8 (1931) S. 269—276.

131.   — Skineffekt. Ann. Phys., Lpz. Bd. 8 (1931) S. 777—793.

132.   — Die Permeabilität von Eisen, Nickel und Kobalt zwischen 10^6 und 10^7 Hertz. Z. Phys. Bd. 68 (1931) S. 632—658.

133.   — Bemerkungen über die Hochfrequenzpermeabilität von Eisen und Nickel. Z. Phys. Bd. 72 (1931), S. 557—558.

134.   — Der Einfluß der Erdbodeneigenschaften auf die Ausbreitung elektromagnetischer Wellen. Z. Hochfrequenztechn. Bd. 39 (1932) S. 177—185; Bd. 39 (1932) S. 220—225.

135.   — Erweiterung der Siebkettentheorie. Arch. Elektrotechn. Bd. 26 (1932) S. 273—278.

136.   — Eine einfache Methode zur Bestimmung der Dämpfung von Übertragungsleitungen. Z. Hochfrequenztechn. Bd. 41 (1933) S. 98—100.

137. STRUTT, M. J. O.: On conversion detectors. Proc. Inst. Radio Engrs., N. Y. Bd. 23 (1935) S. 981—1008.
138. — u. A. VAN DER ZIEL: Messungen der charakteristischen Eigenschaften von Hochfrequenzempfangsröhren zwischen 1,5 und 60 MHz. Elektr. Nachr.-Techn. Bd. 12 (1935) S. 347—354.
139. — Mixing valves. Wireless Engr. Bd. 12 (1935) S. 59—64.
140. — Whistling notes in superheterodyne receivers. Wireless Engr. Bd. 12 (1935) S. 194—197.
141. — Diode frequency changers. Wireless Engr. Bd. 13 (1936) S. 73—80.
142. — Frequency changers in all wave receivers. Wireless Engr. Bd. 14 (1937) S. 184—192.
143. — u. A. VAN DER ZIEL: Erweiterung der bisherigen Messungen der Admittanzen von Hochfrequenzverstärkerröhren bis 300 MHz. Elektr. Nachr.-Techn. Bd. 14 (1937) S. 75—80.
144. — Characteristic constants of h. f. pentodes. Measurements at frequencies between 1,5 and 300 Mc/s. Wireless Engr. Bd. 14 (1937) S. 478—488; Onde électr. Bd. 16 (1937) S. 553—577.
145. — Moderne Mehrgitter-Elektronenröhren. Bd. 1: Bau, Arbeitsweise, Eigenschaften. Berlin: Julius Springer 1937. Bd. 2. Elektrophysikalische Grundlagen. Berlin: Julius Springer 1938.
146. — Die charakteristischen Admittanzen von Mischröhren für Frequenzen bis 70 MHz. Elektr. Nachr.-Techn. Bd. 15 (1938) S. 11—18.
147. — u. A. VAN DER ZIEL: Messungen der komplexen Steilheit moderner Mehrgitter-Elektronenröhren im Kurzwellengebiet. Elektr. Nachr.-Techn. Bd. 15 (1938) S. 103—111.
148. — — Das Verhalten von Verstärkerröhren bei sehr hohen Frequenzen. Philips techn. Rdsch. Bd. 3 (1938) S. 104—112.
149. — — The causes for the increase of the admittances of modern high-frequency amplifier tubes on short waves. Proc. Inst. Radio Engrs., N. Y. Bd. 26 (1938) S. 1011—1032; vgl. auch Elektr. Nachr.-Techn. Bd. 13 (1936) 260.
150. — u. K. S. KNOL: On the absolute measurement of alternating currents and the calibration of thermocouples in the decimeter-wave-range up to 500 megacycles per second. Physica, Haag Bd. 5 (1938) S. 205—214.
151. — Moderne Kurzwellen-Empfangstechnik. Funktechn. Mh. (1938) Heft 10 S. 309; Heft 11 S. 331.
152. — Etages à haute fréquence, étages changeur de fréquence et détecteur des récepteurs de télévision. Onde électr. Bd. 18 (1939) 14—26, S. 83—91.
153. — u. K. S. KNOL: Messungen von Strömen, Spannungen und Impedanzen bis 20 cm Wellenlänge herab. Z. Hochfrequenztechn. Bd. 53 (1939) S. 187 bis 195.
154. — u. A. VAN DER ZIEL: Some dynamic measurements of electronic motion in multigrid valves. Proc. Inst. Radio Engrs., N. Y. Bd. 27 (1939) S. 218 bis 225.
155. — Neue Röhren und Methoden zur Ultrakurzwellenverstärkung. Hauptvortrag 2. internat. Fernsehtagung, Zürich, Sept. 1939.
156. TANI, K.: Theory of the complex antenna. Rep. Radio Res. Japan Bd. 3 (1933) S. 19—88.
157. TELEVISION: Collected adresses and Papers. R. C. A. Inst. techn. Press Vol. I (1936); Vol. II (1937).
158. THEILE, H. U.: Über den Empfang von Dezimeterwellen. Z. Hochfrequenztechn. Bd. 50 (1937) S. 149—157.
159. WHEELER, H. A.: Transmission lines with exponential taper. Proc. Inst. Radio Engrs., N. Y. Bd. 27 (1939) S. 65—71.

160. Wolff, I., E. G. Linder u. R. A. Braden: Transmission and reception of centimeter waves. Proc. Inst. Radio Engrs., N. Y. Bd. 23 (1935) S. 11—23.

161. Yagi, H.: Beam transmission of ultra short waves. Proc. Inst. Radio Engrs., N. Y. Bd. 16 (1928) S. 715—741.

162. Ziegler, M.: Die Ursachen des Rauschens in Verstärkern. Philips techn. Rdsch. Bd. 2 (1937) Heft 5 S. 136—141.

163. — Der Beitrag der Verstärkerröhren zum Rauschen von Verstärkern. Philips techn. Rdsch. Bd. 2 (1937) Heft 11 S. 329—334.

164. — Das Rauschen von Rundfunkempfängern. Philips techn. Rdsch. Bd. 3 (1938) S. 193—201.

165. Zuhrt, H.: Über die Dämpfung von Kurzwellen durch leitende Wände. Z. Hochfrequenztechn. Bd. 41 (1933) S. 205—207.

166. — Die Leistungsverstärkung bei ultrahohen Frequenzen und die Grenze der Rückkoppelungsschwingungen. Z. Hochfrequenztechn. Bd. 49 (1937) S. 73.

167. — Die Störverminderung bei Frequenzmodulation in Abhängigkeit von der Amplitudenbegrenzung. Z. Hochfrequenztechn. Bd. 54 (1939) S. 37—44.

Sachverzeichnis.